Rock Mechanics

Felsmechanik

Mécanique des Roches

Supplementum 12

Ingenieurgeologie und Geomechanik als Grundlagen des Felsbaues

Vorträge des 30. Geomechanik-Kolloquiums
der Österreichischen Gesellschaft für Geomechanik

Engineering Geology and Geomechanics as Fundamentals of Rock Engineering

Contributions to the 30th Geomechanical Colloquium
of the Austrian Society for Geomechanics

Salzburg, 7.–9. Oktober 1981

Herausgegeben für / Edited for
Österreichische Gesellschaft für Geomechanik
von / by L. Müller, Salzburg

1982 Springer-Verlag Wien New York

Mit 185 Abbildungen

CIP-Kurztitelaufnahme der Deutschen Bibliothek

Ingenieurgeologie und Geomechanik als Grundlagen des Felsbaues: Vorträge d. 30. Geomechanik-Kolloquiums d. Österr. Ges. für Geomechanik, Salzburg, 7. bis 9. Oktober 1981 = Engineering geology and geomechanics as fundamentals of rock engineering / hrsg. für Österr. Ges. für Geomechanik von L. Müller. — Wien, New York: Springer, 1982.

(Rock mechanics: Suppl.; 12)
ISBN-13:978-3-211-81697-4

NE: Müller, Leopold [Hrsg.]; Geomechanik-Kolloquium ⟨30, 1981, Salzburg⟩; Österreichische Gesellschaft für Geomechanik; PT

ISSN 0080-3375
ISBN-13:978-3-211-81697-4   e-ISBN-13:978-3-7091-8665-7
DOI: 10.1007/978-3-7091-8665-7

Inhaltsverzeichnis — Index — Table des matières

Rock Mechanics, Suppl. 12, 1–18 (1982)

**Rock Mechanics
Felsmechanik
Mécanique des Roches**
© by Springer-Verlag 1982

Geomechanik – Felsbaumechanik – Felsbau

Von

L. Müller-Salzburg

Mit 2 Abbildungen

Zusammenfassung – Summary

Geomechanik – Felsbaumechanik – Felsbau. Seit seinem ersten Kolloquium im Jahre 1951 gehörte es zum Konzept des damals gegründeten „Salzburger Kreises", fachübergreifend zu arbeiten – etwas damals völlig Ungewöhnliches, für das erst Voraussetzungen (insbesondere hinsichtlich der bestehenden Terminologie-Verwirrung) geschaffen werden mußten. Denn schon die ersten Gehversuche auf diesem Gebiet, welches erst ein Fachgebiet werden sollte, hatten deutlich gemacht, daß nur im engsten Miteinander jene Synthese aus Geologie, Ingenieurgeologie, Geophysik, Werkstoffmechanik, Bau- und Bergwissenschaften entstehen konnte, die wir heute als Geomechanik bezeichnen dürfen; ein Wissensgebiet mit einem Januskopf, dessen Blick zum einen auf die Probleme des Bauens in und auf Fels, des Felsbaus also und des Bergbaus gerichtet ist, zum anderen auf das Verständnis des Baues der festen Erdkruste, auf die Tektonik also. Denn auch diese Seite der Geomechanik zu bearbeiten, lag (gemäß der Cloosschen Definition ihres Begriffes) von Anbeginn an in der Absicht der an der Gründung Beteiligten. Es lag also nahe (und ist mittlerweile zur selbstverständlichen Gewohnheit geworden), das fachübergreifende Gespräch auch zu einem gründlichen Meinungsaustausch zwischen Theoretikern und Praktikern zu machen – gleichfalls etwas damals recht Ungewöhnliches.

Ein Rückblick auf die den frühen fünfziger Jahren folgende Entwicklung, deren Hemmungen wie deren förderliche Anstöße, wie er aus Anlaß dieses Kolloquium-Jubiläums erwartet werden darf, läßt erkennen, daß diese Tendenzen unserer (immer noch) jungen Wissenschaft absolut förderlich waren. Im gleichen Maß aber hat sich das in seinen Hauptteilen bereits 1950 vorliegende wissenschaftliche Konzept, welches bewußt an geniale Vorleistungen von *Hans Cloos, Bruno Sander* und *Josef Stini,* aber auch an *Albert Heim* anknüpfte, als tragfähig und entwicklungsfähig erwiesen. Dies ermutigt dazu, die damals abgesteckte Leitlinie auch weiterhin zu verfolgen, welche nicht nur theoretisch weitergeführt, sondern auch die Baupraxis wesentlich befruchtet hat.

Diese Leitlinie, welche am deutlichsten durch die Unterscheidung von Gestein und Gebirge und durch die vordergründige Berücksichtigung der gefügebedingten Anisotropie charakterisiert werden kann, hat viele Fachleute überzeugt und ist in machen Ländern aufgegriffen worden; sie ist aber andererseits doch ein Spezifikum der „Österreichischen Schule der Geomechanik" (*Ch. Jäger*) geblieben.

Die Darstellung dieser Entwicklung kommt nicht daran vorbei, auch manche Erscheinungen der gegenwärtigen Anwendungen dieser Geomechanik, insbesondere auch der Forschung, kritisch zu beleuchten, und mündet in den Versuch, aus der Gegenwart Lehren für die Zukunft zu ziehen.

0080–3375/82/Suppl. 12/0001/$ 03.60

Geomechanics – Rock Mechanics – Rock Engineering. Since its first Colloquy in 1951, it was an essential part of the conception of the then founded "Salzburg Circle" to work interdisciplinarily; this had been completely unusual at that time, and at first the preconditions, especially regarding the existing terminology, had to be found. Already the first "attempts of of walking" in this field, which was just going to become a discipline, made obvious that only in the closest cooperation that synthesis of geology, engineering geology, geophysics, mechanics of materials, engineering- and mining sciences could be achieved that we now can call geomechanics; a field of knowledge with a Janus face, whose look is directed on one hand to the problems of constructing in and on rock, i.e. rock engineering and mining, on the other hand on the understanding of the structure of the solid earth crust, i.e. on tectonics. Also the consideration of this side of geomechanics was (according to *Cloos'* definition of its conception) from the first beginning the intention of those concerned with the foundation of our team. Therefore it was obvious and has meanwhile become a matter of course, to make the interdisciplinary discourse also a profound exchange of views between theorists and practical men, what had then been rather unusual.

A retrospect to the development after the early fifties, to the restraints as well as to the supporting impulses, as can be expected of our this year's anniversary Colloquy, will show that these tendencies have been absolutely conducive to our (still) young science. In the same extent, however, the scientific concept which had already been existing in 1950 and which deliberately connected to the ingenious fundamentals by *Hans Cloos, Bruno Sander* and *Josef Stini*, but also by *Albert Heim*, have proved to be sound and developable. This encouraged to further on follow the then traced leading ideas which have brought progresses not only in theory but also in engineering practice.

These leading ideas that can be characterized most distinctly by distinguishing between rock and rock mass and by primarily considering the anisotropy due to fabrics, has convinced many experts and has been taken up in several countries. It nevertheless indeed remained a particularity of the "Austrian School of Geomechanics" (*Ch. Jäger*).

Talking about this development, one cannot help throwing critical light also on some statements on the present application of geomechanics, especially also on research work, and it leads to the attempt to draw from the present time the necessity to learn for the future.

Erlauben Sie mir, daß ich den Gedankenreigen dieses XXX. Kolloquiums über Fragen aus dem Grenzgebiet zwischen Geologie, Ingenieurgeologie, Gefügekunde, Geophysik, Bergbau- und Ingenieurwissenschaften, insbesondere der Werkstoffmechanik — so ähnlich hieß es in den Einladungen zu den ersten Kolloquien — mit dem eröffne, was mich in dieser Stunde besonders bewegt: Mit einem tief empfundenen Dank, den ich richten möchte

— an alle diejenigen, welche die Bestrebungen dieses Kreises bzw. der aus ihm hervorgegangenen „Österreichischen Schule der Geomechanik", wie *Charles Jäger* ihn nennt, durch ihr Interesse, durch Beifall und Kritik mitgetragen haben;

— an die nach hunderten zählenden Vortragenden, Diskussionsredner und Verhandlungsleiter, welche Stein um Stein — vielleicht sollten wir, um im gewohnten Bilde zu bleiben, besser sagen: Kluftkörper und Kluftkörper — hinzugefügt und zu einem funktionellen Gefüge geordnet haben;

— ganz besonders auch den Männern der ersten Stunde, die sich zu dem 1951 noch ganz neuen Konzept geomechanischer Forschung und Praxis bekannt haben, ob sie nun hier zu unser aller Freude anwesend seien oder nicht, ob sie noch am Leben sind oder wir ihre Gegenwart nur noch in unserem Inneren vernehmen dürfen;

– schließlich an meine Freunde und engeren Mitarbeiter, welche mir bei meinen eigenen Bemühungen um das neue Fach behilflich waren. Besonders dankbar erinnere ich mich da jener ungezählten langen Winternächte nördlich des Polarkreises, in welchen wir uns zu dreien, *Franz Kahler*, und der leider vor kurzem von uns gegangene *Walter Zanoskar*, und ich, um die ersten Konzepte einer Geomechanik-Wissenschaft mit der für den Status nascendi charakteristischen überschäumenden Fülle von Gedanken und Plänen ereiferten.

– Dankbar erinnern möchten wir uns mancher Hilfe der Stadtgemeinde und des Landes Salzburg, einiger Ministerien sowie des Verlages, welcher unsere tastenden Vor-Schritte im Druck verbreitete.

– Dank sei auch diesem Salzburger Boden gesagt, auf dem etwas Neues so leicht gedeiht. Wenn man in der Literatur vielfach vom „Salzburger Kreis" (*Höfer*) spricht, so geht das äußerlich auf Prof. *Föppls* Anregung zurück, diese Kolloquien immer nur in dieser lieben Stadt abzuhalten. (Auf anderen Seins-Ebenen mag das wohl noch tiefere Zusammenhänge haben).

Diesen Dank sage ich nicht aus Höflichkeit, sondern aus der ehrlichen Überzeugung, daß alles, was in diesen 30 Jahren erarbeitet wurde und ans Licht der Welt gekommen ist, in bestem Sinne des Wortes Gemeinschaftsleistung dieses Kreises war. Das gilt auch für viele jener Leistungen, die dem Forschergeist und der ideenspendenden Kraft Einzelner entsprungen sind; denn wie ein Schriftsteller nichts allein schreibt – in stummer Zwiesprache sieht er sich seiner Leserschaft gegenüber –, so empfindet auch der in Zusammenhängen der Natur Forschende Anstoß und Kritik und Anregung, wenn er seine Gedanken in einem Kreis Gleichbestrebter austauschen darf.

Gerade unser Kreis war in dieser Hinsicht sehr fruchtbar, weil er von vorneherein nicht als ein Forum, auf ihm zu glänzen, nicht als eine Bühne, ins Rampenlicht der Wissenschaft zu treten – also nicht als eine der üblichen Fachtagungen –, sondern als Kolloquium, als ein Mit-Einander-Reden aufgezogen war. Vielleicht war das einer der glücklichsten Vorsätze dieses Kreises, geboren aus der Bescheidung persönlicher Erfahrung, aus welcher, nachdem sich mein erstes Buchmanuskript „Geomechanik" 1946 als unzureichend erwiesen hatte, die Lehre zu ziehen war, daß „einer allein nichts kann", wie schon Schiller wußte.

Auch jetzt noch, da unsere Kolloquien längst über jene Teilnehmerzahl hinausgewachsen sind, in der jeder jeden kannte und die einen ganz ungezwungenen, von keinen Hemmungen belasteten Gedankenaustausch ermöglichte (und ohne weiteres erlaubte, sich eine Blöße zu geben) – auch jetzt noch wird die größere Freiheit und Spontaneität der Wechselrede als wertvoll empfunden.

Ein ebenso glücklicher Gedanke war es, dieses Gespräch zwischen Männern der Wissenschaft und der Praxis sich entspinnen zu lassen. Diese Besonderheit unseres Kreises war eine Konsequenz seiner personellen Zusammensetzung und auch das ist – glücklicherweise – eine gute Gewohnheit geblieben, der wir viel verdanken.

Interdisziplinär zu arbeiten, war damals alles andere als selbstverständlich. Noch erinnere ich mich an das schallende Gelächter des ganzen Professorenkollegiums der Havard-Universität, welches ausbrach, als mich 1959 der leider vor kurzem verstorbene Prof. *Casagrande* mit den Worten vorstellte: „Denken Sie sich, der veranstaltet Tagungen, auf welchen Geologen und Ingenieure, ja sogar

Bergleute und Bauingenieure, miteinander reden sollen" und hinzufügte: „Ja, so etwas gibt es!".

Ganz so grundlos war dieses Gelächter gar nicht; denn auch wir hatten — abgesehen von der den meisten Fachleuten eigenen Überheblichkeit und Besserwisserei — Verständigungsschwierigkeiten, nicht nur sprachlich-terminologischer, sondern begrifflicher, physikalischer, kinematischer Natur, die dem sehr verschiedenen Denken der in den einzelnen Fachgebieten Erzogenen entsprang. Unter Scherung, unter Deformation, unter Stetigkeit, Homogenität, Anisotropie, unter Diskontinuität, Brüchen, Klüften, Fließen usw. verstand damals der Geologe etwas grundsätzlich anderes als der Gefügekundler usw. (Viel hat uns dabei die eherne Begriffsschärfe der Gefügekunde geholfen. Dennoch hat uns dieses Zusammenreden hinsichtlich der Nomenklatur und der Begriffe Jahre ehrlichen Bemühens gekostet. Deshalb muß ich es bedauern, wenn nun von neuem wieder, unter dem Einfluß der sprachlich unerlaubten Übernahme angelsächsischer Benennungen ins Deutsche anstelle des Stinischen eingeführten Sprachgebrauchs, unter den Gesteinsfugen nach einem unhaltbaren Unterscheidungsmal zwischen Klüften und Störungen unterschieden wird, wenn das Wort Störung einmal einer großmaßstäblichen, dann wieder einer kleinmaßstäblichen Diskontinuität zugeordnet wird, oder wenn junge Geologen gar neue Worte zusammenbasteln).

Wenn wir uns zurückversetzen wollen in die Zeit der Gründung des Salzburger Kreises, müssen wir das vor dem Hintergrund der Zeit tun. Es war kurz nach dem Krieg; eine Zeit der Rückbesinnung und der Besinnung in die Zukunft, eine Zeit der guten Vorsätze, eine Zeit des Hinüberrettens wertvoller Gedanken aus der Vergangenheit und des Abfilterns von Untauglichem, das die Vergangenheit hinterlassen hatte. Es war eine Zeit, in der sehr viele Menschen wußten, daß es ein Glück bedeuten könne, neu beginnen zu dürfen. Damals wurde der Salzburger Ingenieurverein gegründet, die Internationale Paracelsus-Gesellschaft und vieles andere noch. *Stini* und *Cloos* lebten noch, *Stini* als Gründungsteilnehmer, war bei allen unseren Veranstaltungen zugegen, bis zu seinem Tode. *Sander* sagte seine Teilnahme zu (was er selten im Leben getan hat) und kam. *Mirko Ros* kam, leider einen Tag vor dem ersten Kolloquium, da er am Gründungstage selbst wieder in Zürich sein mußte, was wieder *Sander* sehr bedauert hat, der ihn seit Jahrzehnten gerne hatte kennenlernen wollen.

Es war schon einiger Idealismus nötig, die Idee der Geomechanik weiterzutragen und zu verbreiten, zumal so manches, insbesondere was die Diskontinuumsmechanik betrifft, sich als schwieriger und schwerer faßbar bewies, als es in dem Feuereifer des Beginnens geschienen hatte. Was immerhin erreicht wurde, konnte nicht gemessen werden an finanziellen Erfolgen, sondern eher am Gegenteil: Geld, das mit den neuen Erkenntnissen zu verdienen war, mußte in selbst finanzierte Modellversuche, Literaturforschungen und anderes hineingesteckt werden.

Ein Jubiläum wie das heutige wäre eigentlich ein Anlaß zu einem Rechenschaftsbericht.

— Was hat diese Kolloquienrunde aufzuweisen? Was Neues gebracht? Welche Ideen zur Diskussion gestellt?

– Sind seine Leistungen so spezifisch zu nennen, daß mit Recht von einem „Salzburger Kreis" gesprochen werden darf? Was war das Spezifikum?

– Hat es praktische Früchte getragen? Bauen wir heute besser? billiger? sicherer? schöner? umweltschonender?

– Ist das theoretische Gebäude tragfähig geblieben und sind Ansätze da, die in die Zukunft weisen?

Nun, es war, bei aller gebotenen Bescheidenheit zu sagen, doch nicht wenig, was da im Laufe der Zeit durch unsere Kolloquien hindurch in die technische Öffentlichkeit geflossen ist. Soviel jedenfalls, daß auch die knappste Aufzählung den gebotenen Rahmen sprengen würde. Eine lange Reihe ganz neuer Begriffe, die es vor 30 Jahren noch nicht gab, theoretische Erkenntnisse, praktische Auswirkungen derselben, Meßinstrumente und Baumethoden, die unserem engsten Kreis entsprossen sind, habe ich schon beim XX. Kolloquium aufgezählt. Für diejenigen, die an der Wissenschaftsgeschichte interessiert sind, ist in der Tafel 1 eine kurze, keineswegs vollständige Chronologie zur Entwicklung der Geomechanik im Sinne der Österreichischen Schule gegeben. Eine Liste aller Kolloquienvorträge und -veröffentlichungen der 30 Jahre weist über 300 Vorträge auf.

Bei allem noch so berechtigtem Stolz, mit dem wir auf diese Bilanz blicken, darf aber niemals vergessen werden, daß all dies nicht möglich gewesen wäre ohne die gewaltigen Vorleistungen, auf denen wir aufbauen konnten und die uns als Verpflichtung zum Weiterarbeiten überliefert waren. Wir stehen immer auf den Schultern anderer.

So ist es uns ein Bedürfnis, daran zu erinnern,

daß der große *Albert Heim* bereits 1878, und nochmals 1912 auf die latenten Spannungen und den Spannungszustand im Gebirge hingewiesen und daraus tunnelbautechnische Konsequenzen (geschlossene Sohle, gerundeter Querschnitt) gezogen hatte (Abb. 1),

daß unser Gründungsmitglied *Josef Stini* seit 1923 in seiner statistisch erfaßten Kluftmessung unermüdlich die mechanische Berücksichtigung des Einflusses der Klüfte gefordert, Ordnung in die Gebirgsdruckbegriffe gebracht, die Bedeutung des Kluftwasserdruckes aufgezeigt und ganzen Generationen von Bauingenieuren die Bedeutung der Ingenieurgeologie für das Bauwesen (man darf sagen:) eingehämmert hat, auf eben jene Ingenieurgeologie, welche de facto die Mutter unserer Art von Geomechanik ist;

daß *Bruno Sander* und *Walter Schmid* bereits 1930 mit den klaren Begriffen ihrer Gefügekunde unseren Quantifizierungsbestrebungen ein Fundament gegeben und unermüdlich auf die Anisotropie der mechanischen Eigenschaften hingewiesen haben;

daß erstmals bei *Hans Cloos* der Begriff und Gedanke der Geomechanik 1936 aufschien und wir an seinen genialen Modellversuchen gelernt haben, Struktur als erstarrte Bewegung zu sehen und zu analysieren.

Wir sollten auch *Hochstetter* nicht vergessen, der schon 1874 den Unterschied von Gesteins- und Gebirgseigenschaften erkannt hat; *Obertis* erste Druckkammerversuche zur E-Modulbestimmung; *Schwinners* (1925) Bemühungen um physikalisch exakte Begriffe in der Tektonik, *Schmids* (1926) Berechnung der

Abb. 1. Vorkämpfer der Geomechanik: *Albert Heim, Josef Stini, Hans Cloos, Bruno Sander*

Spannungsverteilung in der Umgebung kreisförmiger Hohlräume sowie *Fenners* (1938), *Wiedemanns* und *Imhofs* (1948) erste Versuche, Tunnel berechenbar zu machen, *Talobres* bereits 1957 erschienene Buchdarstellung einer Felsmechanik

Tafel 1. *Zur Chronologie früher Arbeiten des „Salzburger Kreises"*
(und ihrer Einflüsse auf andere Kreise)

1933 Untersuchungen über „Die Mechanik der Klüfte"

1936 Begriff der Geomechanik (*Cloos*)

1943 Feldstudien zur Kluftentstehung in Norwegen

1947 *Kusnezov*, erste Darstellung des Spannungsgleichgewichts

1948 Versuch eines Geomechanik-Konzeptes

1949 Kluftdarstellung durch Einheitsquadrate – Kluft-Koordinaten – Standardisierung
    Freispielanker – Vorgespannte Anker
    Erste Felsbewehrungen, Verankerungen (Festung Hohensalzburg)
    Erste Extensometer (Festung Hohensalzburg)
    Berechnung der optimalen Kavernenrichtung

1950 Kaverne Braz – erste mit Felsankern gesicherte Kaverne

1951 Internationale Arbeitsgemeinschaft für Geomechanik

1952 Zweikreiskompaß nach Prof. *Clar*
    Gebirgsdruck-Gleichung – Torre (*Eichinger, Müller*)

1953 Spannungsoptik unter Eigengewichtswirkung (*Föppl*)
    Schicht-Anisotropie und Spannungsfortleitung (*Föppl*)
    Hydrodynamische Theorie fester Stoffe *(Torre)*

1954 Erste Bündelanker (Sylvenstein-Kaverne)

1955 Durchtrennungsgrad (*Pacher*)

1956 Optische Berg-Sonde
    Felsbewehrungen Passau, Harburg

1957 Fernseh-Bohrlochsonde mit Gefüge-Einmessung (*Müller*)
    Geomechanische Modellversuche
    Erste verankerte Stützmauer (Taxenbach)

1959/ Erster Großversuch in situ (Vajont)
1960 Schrägstellung des Dichtungsschirmes unter Staumauern (*Pacher*)
    Drainagen unter Staumauern
    Deformations-Indikator (*Müller*)

1959 Modellversuche an Böschungen geklüfteter Medien unter Eigengewicht
    Erste geomechanische Modellversuche (Vajont, Kurobe, Grancarevo) – gefügetreue
    und äquivalente

1960   Großversuche Kurobe; Erste gefügebezogene Staumauerberechnung (Kurobe)
       „Interfels"-Gründung
       Erste Ausführung der Neuen Österreichischen Tunnelbaumethode (Schwaikheim)

1961   Gebirgs-Eigenschaften sind Verband-Eigenschaften
       Begriff des Restverbandes

1962   Bemessung von Hohlraumbauten – Halbsteife Schale ■
       1. Kongreß der Internationalen Gesellschaft für Felsmechanik in Salzburg

1963   Rutschung ins Staubecken Vajont
       Erste Reibung auf Klüften (*Krsmanovic*)
       Modellversuche zur Sperreneinbindung (*Krsmanovic*; Grancarevo)

1964   Erste Felsmechanik-Vorlesung in der BRD (München, *Müller*)
       Übersetzungen Salzburger Veröffentlichungen in China und USSR

1965   Gründung der Abteilung Felsmechanik an der Universität Karlsruhe (*Müller*)

1966   Felsmechanik-Kongreß Lissabon
       Studien zur Klufthydraulik (*Louis*, Karlsruhe)
       Dynamische Modellversuche

1967   Methode Malina zur Spannungs- und Verformungsberechnung unter Einschluß der
       Klüfte
       Modellstudien Böschungsproblem

sowie *Zienkievicz* und Co-Autoren, welche bereits 1968 die ersten Finite-Element-Berechnungen unter der Voraussetzung nicht vorhandener Zugfestigkeit des Materials gegeben haben, um nur einiger der bedeutendsten Pioniere zu gedenken.

Eine erstaunenswerte Frühleistung offenbart sich dem Chronisten, wenn er vernimmt, daß *Kusnezov*, wofür ich ein Dokument aus seiner Hand besitze (Abb. 2), bereits 1947 die Spannungsverteilung auf Klüften mit Hilfe des Mohrschen Kreises bestimmt hat, freilich ohne daß wir in Mitteleuropa davon Kenntnis hatten.

Daß unser Kreis auch Ausstrahlung bewiesen hat, in weite Teile der Welt, dürfen wir oft auf Tagungen und Fernreisen feststellen.

Aus unserer Gesellschaft ist 1962 die (in Salzburg gegründete) Internationale Gesellschaft für Felsmechanik hervorgegangen. Manchem von uns ist noch das harte Ringen in Erinnerung, in dem es darum ging, anstatt einer Internationalen Gesellschaft (nach dem Muster anderer Gesellschaften) eine übernationale Gemeinschaft von Wissenschaftern zu haben, wie es unsere seinerzeitige Internationale Arbeitsgemeinschaft für Geomechanik gewesen war und wie sie m.E. dem Zusammenwirken und gegenseitigen Verstehen der Nationen noch weit besser hätte dienen können. Weniger bekannt dürfte sein, daß seit den frühen sechziger Jahren viele unserer Publikationen in tausenden von Exemplaren in russischer

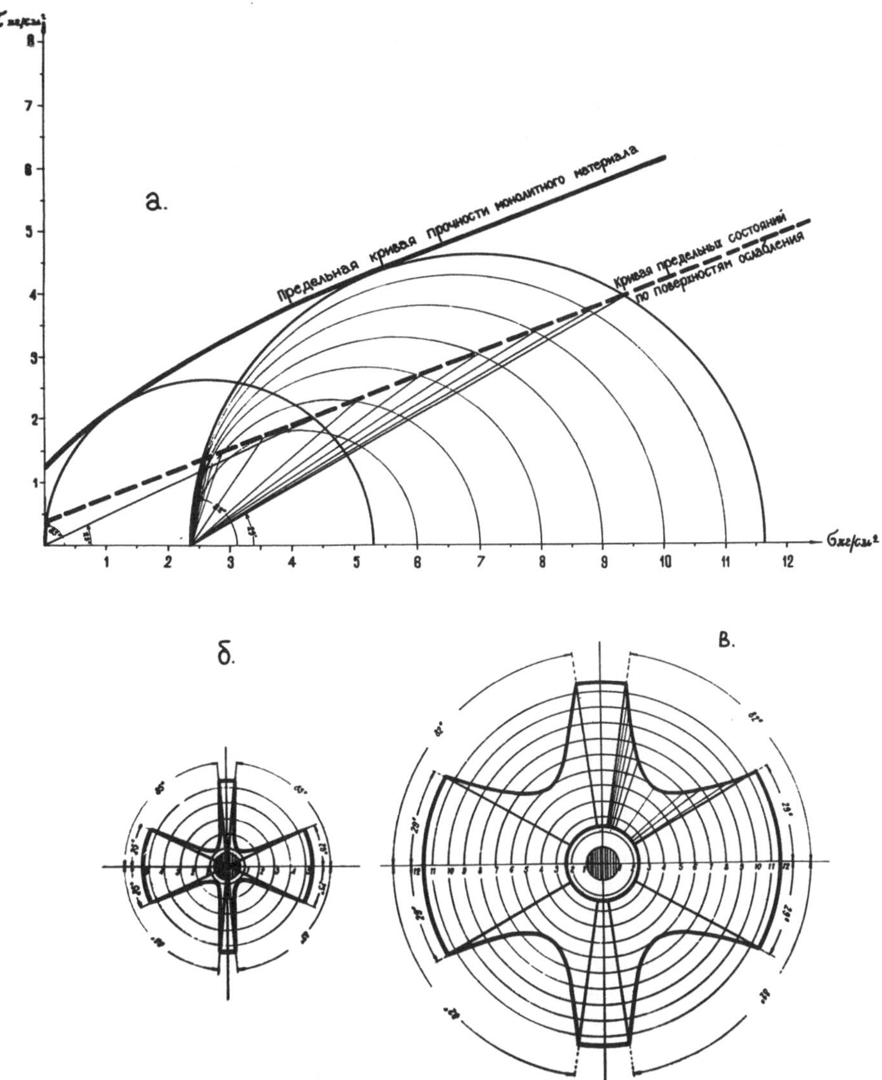

Abb. 2. Reibungs- und Gleitbedingungen auf Trennflächen unter einem bestimmten zweiachsigen Spannungszustand im Gesteinsmaterial, *Kusnezov*, 1947

und chinesischer Übersetzung und zum Teil in japanischen Nachschriften gehaltener Vorträge in Umlauf sind. Diese Ausstrahlung auf andere Erdteile, eine Art Wissenschaftsexport, begann schon früh. Sie hatte zur Folge, daß in vielen Ländern Geomechanik wie in unserem Kreis als Mechanik diskontinuierlicher Medien aufgefaßt und praktiziert wird und daß man dort – oft mit einer logischen Konsequenz, die einen mit Neid erfüllen könnte – jene innige Koppelung (und Rückkoppelung) zwischen Felsmechanik und Ingenieurgeologie zur täglichen Praxis werden ließ, ohne welche alle Felsmechanik unfruchtbar ist, ja

Tafel 2. *Kolloquien-Thematik*

Koll. Nr.	1	2	3	4	5	6	7	8	9	10	11	12	13	14	15	16	17	18	19	20	21	22	23	24	25	26	27	28	29	30	Summe
Zahl d. Vortragenden	2	5	5	3	4	8	6	8	6	14	12	11	19	16	12	10	21	13	11	18	20	20	16	19	20	26	21	18	19	24	397
Theor. Felsmech.	1	5	4	3	2	7	6	5	4	12	7	7	13	10	10	6	14	5	5	9	10	3	5	1	7	7	11	3	8	10	200
Felsbaupraxis	1	2			2	4	3	3	2	4	4	6	11	7	5	5	10	8	6	11	13	17	12	18	13	20	13	15	13	14	222
Bösch., Rutsch.	1				1	4	2	1				1	3	3	5	1	1	2	1		7	1	1	1	1	2	2	2	1	6	50
Wasser-, Staumauerbau	1		1	1	2	1	2	3	2	3	3	5	4	1	3	4			2	1			2	1	1	2			4	5	55
Tunnelbau	1		3		2	3	2	1	2	1	2	2	3	3		12	5	6	8	9	10	9	17	10	19	19	9	11	10		177
Bergbau								1				3	1		4	3	3	4		4	2	4	1	7	2	3	4	1	2	1	54
Geol., Ing. Geol.	1	2	1		2	5	5	6	6	10	9	7	9	7	4	2	12	7	5	11	12	15	13	17	14	15	9	16	12	17	251
Gefüge	1	1	1		3	3	4	4	3	4	4	6	10	6	6	3	8	4	4	7	11	4	8	6	6	4	2	8	5	7	143
Bergwasser								1				2				1	8			1	2				3	1		3	1		21
Gebirgsspannungen		1	2	1			1		3	2		1	2	1	2	3	2	2	1	4	5	12		4	12	1	3	7	3	8	86
Tektonik	1	1					1	2	2	2	1	2	2									2			4			4		3	27
Berechnungen		1	2	2	1	2	5	3		3	4	4	4	8	8	5	12	6	4	12	8	4	1	1	4	3	6	1	6	5	129
Modelle, Versuche		4		2	3	6	2	1	2	3	3	5	6	7	5	5	12	6	4	10	6	6	1	3	5	4	2		6	4	123

sogar Gefahren bringen kann, auf welche aber in vielen Teilen der Welt heute wieder weniger Gewicht gelegt wird als vor etwa 10 Jahren. Daß auf unseren Kolloquien diese beiden Wissenschaften (sowie der Felsbau und die Geopraxis) eine wirklich dauerhafte Ehe eingegangen und auf viele Anwendungsgebiete ausgedehnt haben, läßt die Tafel 2 erkennen.

Daß heute in der BRD an fast allen Technischen Hochschulen Felsmechanik-Lehrstühle und -Versuchsanstalten (oder wenigstens -Kurse) eingerichtet sind, auch das dürfen wir als eine Ausstrahlung der „Österreichischen Schule", wie sie *Ch. Jäger* 1962 bezeichnete, betrachten, welche ja in ihrem eigenen Lande über Derartiges noch nicht verfügt.

Nicht immer ging das ohne ernstes Ringen und ohne Dramatik ab. Im wesentlichen wurde, Italien und Japan ausgenommen, das weltweite Interesse für unsere, die Diskontinuität des Felsmaterials in den Vordergrund stellende Geomechanik eigentlich erst — schrecklich zu sagen! — durch die Katastrophen von Malpasset und Longarone geweckt und gefördert. Bis dahin meldete man sich auf geotechnischen Tagungen mit felsmechanischen Themen ohne Echo zu Wort. Selbst *Terzaghi*, der sich oft gegen unsere Richtung ausgesprochen hat, und mit dem ich bei Prof. *Gottstein* in München eine ganze Nacht gerungen habe, um ihn von den materialbedingten Wesensunterschieden zwischen Felsmechanik und Bodenmechanik zu überzeugen, hat mir erst wenige Tage vor seinem Tode in einem langen handgeschriebenen Brief bekundet, er sehe nun erst, da er (in meinem Buch) erstmals eine Gesamtdarstellung in Händen habe, daß diese, sich auf *Stinis* Statistische Kluftmessung beziehenden Geomechanik-Bestrebungen, auf dem rechten Wege seien.

Vielleicht die stärkste Wirkung auf die Fachwelt bekundet die große Zahl von Tagungsteilnehmern, welche im Laufe der Jahre von hier Anregungen mitgenommen haben und Erfahrungen mitgeteilt bekamen, welche fast alle nach einer Leitlinie, nach einem roten Faden, ausgerichtet waren. Es mögen viele Tausende gewesen sein, welche im Lauf der Jahre sozusagen durch die Österreichische Schule gegangen sind.

Dieser rote Faden, der sich wie ein Leitmotiv durch die Gedankenwelt des Salzburger Kreises zieht (und der sich schon in so mancher Situation als Ariadnefaden erwiesen hat), gibt uns, wenn er sich als reißfest erweist, eine Berechtigung, von einem eigenen Kreis, von so etwas wie einer „Schule" zu sprechen. Genaugenommen sind es mehrere solcher Fäden, welche miteinander verknotet sind und diese Verknüpfung ist vielleicht der beste Teil der Anstrengungen, die unsere Kolloquien charakterisieren.

Gestein und Gebirge zu unterscheiden, scheint uns grundlegend wichtig, weil nur die Gesteinseigenschaften Eigenschaften der Gesteinssubstanz sind, die Gebirgseigenschaften aber, die Eigenschaften des geschichteten, geschieferten, geklüfteten Gesteins, nur wenig von der Gesteinssubstanz, ganz wesentlich aber vom Gefüge, den Trennflächen und Schwächestellen abhängen.

Demnach ist es nur konsequent, Geomechanik mit *Sander* als Mechanik geregelter Teilkörpersysteme zu betrachten. Diese Teilkörpersysteme, welche das Ergebnis tektonischer Gebirgszerbrechung sind, weisen nur noch „Restfestigkeit" auf, deren Größe der Verband der Kluftkörper bestimmt; wir sprechen von

„Verbandfestigkeit" bzw. verbandbedingten Eigenschaften. Das Gebirge befindet sich ja, längst vor unserem technischen Eingriff, im post-failure-Bereich tektonischer Beanspruchungen. Deshalb spielt eine von genetischen Vorstellungen gereinigte Beschreibung, die statistische Erfassung der Kleinklüfte und die örtliche Erfassung der Großklüfte eine entscheidende Rolle.

Eine hohe Anisotropie des Gebirges in bezug auf seine mechanischen Eigenschaften kommt — im Gegensatz zur Mechanik gekörnter Medien — dadurch zustande, daß alle Teilkörperverschiebungen und damit jede Deformation der Gebirgsmassen durch die Diskontinuitäten geschient, in gewisse Richtungen gelenkt sind. Die Festigkeitsanisotropie versuchen wir in Modellversuchen und in Großversuchen in situ zu erfassen. Leichter als diese ist die kinematische bzw. Formänderungsanisotropie vorzustellen, wenn man dem von *Stini* entworfenen Vergleich folgt, daß sich geklüfteter Fels ähnlich wie Trockenmauerwerk verhalte. Jede Art von Anisotropie ist abhängig von dem im Gebirge jeweils herrschenden Spannungszustand, welcher seinerseits wieder dadurch anisotrop wird, daß wir es im Felsbau, sowohl in Hohlräumen wie an Böschungen, fast immer mit Entspannung zu tun haben.

Alle diese Dinge sind nicht mittels Kontinuumsmechanik in den Griff zu bekommen. Weder die Erscheinung, daß Brüche nicht wie in Böden muschelförmig verlaufen, sondern die Form von „Bruchnischen" annehmen, noch die räumliche Dilatanz beim Bruchvorgang, noch die enorme, durch Modellversuche und praktische Erfahrung nachgewiesene Wirkung der Querstützung bzw. der Querdehnung (Querauflockerung) können anders als durch gefügemechanische Untersuchung erkannt und quantifiziert werden. Es war wesentlich *Malinas* Verdienst, daß die noch 1963 von *Eichinger* für unmöglich gehaltene rechnerische Erfassung des Diskontinuums möglich geworden ist.

Fels als ein Zweiphasensystem zu begreifen, ist hinsichtlich der statischen Wirkung des Wassers als Kluftwasserschub und Auftrieb wegen der Gefahr des Hydraulischen Grundbruches wie auch wegen der allgemeinen Herabsetzung der Gebirgsfestigkeit durch den Kluftwasserdruck, aber auch hinsichtlich seiner dynamischen Wirkungen als Strömungsdruck wesentlich.

Eine wichtige Frage erhebt sich: Tun wir recht daran, an diesem Konzept auch in Zukunft festzuhalten? Schneiden wir damit nicht etwa eine gewisse Weiterentwicklung ab? Nein, in der Vergangenheit war es vor allem die Bewährung des Konzeptes in der Praxis, die uns seine Brauchbarkeit, an ihren Früchten also, hat erkennen lassen.

Unsere Theorien haben sich recht gut als eine Grundlage des Felsbaus erwiesen und wollen mehr als das auch gar nicht sein. Darüber hinaus aber waren sie für die Praxis des Felsbaus weit mehr als Anregungen, haben zu neuen Baumethoden — Felsbewehrungen, verankerten Stützmauern, „Knopfloch-Gründungen", der Neuen Österreichischen Tunnelbauweise, zur Schrägstellung von Dichtungsschirmen unter Staumauern usw. geführt. Seit 1950 die ersten Extensometer auf der Festung Hohensalzburg eingebaut wurden und 1960 meßtechnische Tunnelbeobachtungen im Wetzawinkel und im Loibltunnel, bald danach auch im NÖT-Tunnel Schwaikheim durchgeführt wurden, hat die Meßtechnik, speziell durch Mitglieder unseres Kreises — denken wir nur an die großzügigen

Installierungen in Vajont und Grancarevo, an die Bohrloch-Fernsehsonde (1958) und die ersten Querversetzungsmeßketten (Deformationsindikatoren, 1960) – eine enorme Ausweitung erfahren und es dürfte als ein Weltrekord angesehen werden, wenn in der 200 m hohen Kölnbreinsperre 960 Meßstellen, zum großen Teil im Untergrund, oft mehr als wöchentlich, zum Teil über fast 100 km fernmeldend, abgelesen werden.

Als Grundlage aller Geomechanik habe ich bereits 1933 in meiner Dissertation, welche ein Kapitel „Mechanik der Klüfte" enthält, den Modellversuch, den Großversuch und die Messung von Spannungen im Felskörper fordert und von einem Zeitalter der physikalischen Aufklärung in der Geologie spricht, eine tektonische Mechanik als Grundlagenforschung gefordert. Dies ist leider einer der am stiefmütterlichsten behandelten und mit keinerlei Forschungsmitteln – auch nicht in der BRD – bedachten Forschungszweige gewesen und geblieben. Wir bauen also an einem Gebäude ohne Fundament.

Damit sind wir jedoch bereits bei den Problemen der Gegenwart angelangt, welche freilich auch nicht verschwiegen werden dürfen.

Eines der offenen Probleme besteht darin, daß in vielen Ländern das Denken in geomechanischen Begriffen lange nicht so tiefwurzelnd Eingang gefunden hat wie das ihrer um 30 Jahre älteren Schwester, der Bodenmechanik. Ganz besonders gilt dies für viele Ingenieurbüros, auch für sehr bedeutende, ja für diese oft am meisten. Das hängt zum Teil damit zusammen, daß die Felsmechanik wesentlich komplizierter und rechnerisch weniger leicht in den Griff zu bekommen ist als die Bodenmechanik, vor allem aber damit, daß sie an den meisten Universitäten nur den Spezialisten des Grundbaues, nicht aber allen Bauingenieuren nahegebracht wird.

Da ein gleiches für die Ingenieurgeologie gilt, wird die Sache nur noch schlimmer und sehr große Katastrophen der letzten Zeit sind ein einziger Beweis dafür, daß *Stini* Recht hatte, wenn er unentwegt eine ausreichende Grundausbildung aller Ingenieure forderte, weil ohne eine solche die beratenden Spezialisten der Geotechnik nicht auf jenes Verständnis bei den Ingenieuren stoßen, ohne welches ein Aneinandervorbeireden und Inkonsequenzen der Projektierung und Ausführung unvermeidlich sind.

So wünschen sich viele gebrauchsfähige Rezepte und greifen nach übermäßig simplifizierten geologischen Angaben und „Kennziffern", welche den Ingenieur die Verpflichtung übersehen lassen, die leider komplexen geologischen Fakten einsichtig zur Kenntnis zu nehmen. Der laute Ruf nach guide-lines und standardization ist nur eine Folge dieser Ratlosigkeit.

Ein weiteres Gegenwartsproblem scheint mir darin zu liegen, daß zwar viel, aber nicht immer praxisnahe geforscht wird und die Forschungsergebnisse auch nicht bis zum „Abnehmer" durchsickern. Dem kann meines Erachtens nur dadurch Abhilfe geschaffen werden, daß man davon abgeht, den Forschungsbetrieb allein Theoretikern und Dissertanten zu überlassen, die niemals selbst in der Praxis gestanden haben.

Das alles wäre reparierbar. Weit ernster scheint mir jedoch eine immer mehr sich durchsetzende Entwicklung, welche so leicht nicht umgelenkt werden kann, da sie zu innig mit dem Zeitgeist unseres (in so mancher Hinsicht) zu Ende gehenden Jahrhunderts zusammenhängt. Im Lichte dieser Entwicklung kann manchem das Konzept unseres Salzburger Kreises unmodern erscheinen. Es ist nicht unmodern, es ist nur nicht in Mode. In Mode ist ein „Fortschritt" in eine Richtung, welche – nicht nur nach meiner Ansicht, sondern nach Meinung amerikanischer Talsperrenkommissionen und berühmter Fachleute – die großen geotechnischen Katastrophen der letzten Jahre verursacht hat.

Weltweit geht ein Trend durch die Naturwissenschaften, und zwar durch alle, auch durch Biologie, Medizin, Landwirtschaft usw., welcher vor mehr als drei Jahrhunderten begonnen hat, nun aber ausufert und einer Asymptote zuzusteuern scheint, jenseits derer diese Entwicklung nicht weitergehen kann. So wie alle Naturwissenschaft, so ist auch die Geologie, und ganz besonders die Ingenieurgeologie, vom Abschreiben zum Beschreiben, von da zum Quantifizieren (nach *Salomons* Maß, Zahl und Gewicht) und von da zur Formulierung sogenannter „Gesetze" fortgeschritten. Wir selbst glauben, auf den Spuren *Stinis* wandelnd, zu dieser Entwicklung nicht wenig beigetragen und von ihr profitiert zu haben. Die gesamte moderne Technik ist ein einziger Rechtfertigungsbeweis für die Brauchbarkeit dieses Weges, welchen *Galilei* mit den Worten vorgezeichnet hat: „Messen, was meßbar ist". Leider hat er hinzugefügt: „Und was nicht meßbar ist, meßbar machen", wodurch er, gelinde gesprochen, einen logischen Gewaltakt gesetzt hat. Noch deutlicher hat es Lord *Kelvin* ausgedrückt "when you can measure what you are speaking about, and express it in numbers, you know something about it"; aber auch er hat einen unerlaubten Zusatz gemacht: "but when you cannot express it in numbers, your knowledge is of a meagre and unsatisfactory kind . .". Das ist ganz einfach nicht wahr! Die ganze Entwicklung der Naturwissenschaft und der Technik wäre nicht möglich gewesen, wenn alles das, was man nicht in Ziffern ausdrücken kann, als unsicher gälte. Alles, auch das Quantifizierbare, ist zuerst geahnt, dann qualitativ gesehen und erst viel später messend verfolgt worden. Ein solches Denken führt letztlich dazu, alles das, was sich nicht quantifizieren läßt, also alle Qualitäten zu unterschlagen, einfach zu ignorieren.

In vielen europäischen Ländern führt dieser fast irrationale feste Glaube an die Computer-„Intelligenz" einerseits und dieses grundsätzliche Mißtrauen in qualitative Bewertungen, welches im Grunde ein Mißtrauen gegen den Menschen ist, dazu, daß z.B. im Tunnelbau immer mehr und nach immer mehr verbesserten Methoden gerechnet wird; daß man im Talsperrenbau aber, wo die geomechanischen Rechenmöglichkeiten noch wenig zur Kenntnis genommen worden sind, zu nicht mehr naturentsprechenden Kontinuumsansätzen greift, welche mathematisch sehr, geomechanisch aber überhaupt nicht befriedigen. In beiden Fällen glaubt man an das Rechenergebnis, auch wenn im Tunnelbau der Wert desselben gering ist, weil viele Parameter unbekannt bleiben oder bestenfalls nur sehr roh eingeschätzt werden können, da sie sich vor Ort täglich ändern, sodaß nicht selten einfach „Hausnummern" eingesetzt werden. Im Falle der Staumauerberechnungen wird darüber hinweggesehen, daß der fast immer vorhandene große mechanische Einfluß der Klüfte die ganze schöne Kontinuumsberechnung unrealistisch und unwahr macht. Dennoch fühlt man sich beruhigt, abgesichert, während man in Wahrheit sich nur selbst belogen hat. Solche Gleichgewichtsstörungen im Denken führen schließlich dazu, den Planer, den guten Konstrukteur, in seiner Bedeutung zu unterschätzen und die Leistung des Rechenkünstlers überzubewerten – eine Leistung, gegen welche an sich nichts gesagt werden soll, da sie unentbehrlich ist und zu welcher dieser Kreis selbst Entscheidendes beigetragen hat, wie wir glauben. Wer jedoch nichts anderes gelernt hat als rechnen, nie in einem Tunnel, nie auf einer Felsbaustelle tätig war, der kennt die eigentlichen Probleme nicht und ist im Grunde nicht urteilsfähig, weil ihm unter den Hilfen, welche man zur Urteilsbildung nun einmal braucht, nur eine einzige zur Verfügung steht.

Dieses geistige Hinken nach der einen, nun eben gerade in Mode gekommenen Seite führt mehr und mehr dazu, den schöpferischen Prozeß des Konstruierens – „Konstruieren heißt Dichten", hat ein Bedeutender einmal gesagt – zu unterschätzen und den Ingenieur, wie *Semenza* in diesem Kreis sich ausdrückte, zu einem Lagerhalter von Lösungen herabzustufen, der für jede neue Aufgabe nur die richtige Schublade zu ziehen hätte. Das immer häufiger zu erlebende Verlangen nach Normung von Berechnungen, nach Kochrezepten für Planungen und Ausführungen aller Art ist ein verdächtiges Anzeichen dafür, daß es solche Unter-Ingenieure bereits gibt. Ihr Ideal ähnelt dem Dukatenesel des Märchens, von dem sie erwarten, daß er hinten Lösungen ausspuckt, wenn sie ihn vorne nur mit den rechten Daten füttern.

In den Ländern, die (geographisch oder mental) westlich vom Kontinent liegen, äußert sich der Trend zum Quantifizieren um jeden Preis darin, daß man sich an Indizes, an Qualitätsziffern und dgl. klammert, welche die Vielfalt der Natur eines Gebirges auf die Weise beschreiben sollen, daß Elastizität, Plastizität, Kohäsion, innere Reibung, Klüfte, Durchtrennungsgrad, vorhandene Spannungen, Kluftwasserdruck usw., alles in einen Eintopf gerührt, zu einer einzigen Ziffer eingeschmolzen werden, an welche man glaubt, weil dieser Glaube im Gegensatz zur Realität, so schön einfach ist.

Das Bedenklichste an dieser Entwicklung ist, daß alle, die durch die Autorität der Wissenschaft und der Wissenschafter, durch die Gewalt des Zeitgeistes und die Gewaltsamkeit der Ausbildungsmethoden dahin gezwungen wurden, immer mehr „auf analytische Prozeduren zunehmender Kompliziertheit vertrauen und ihre angeborene aber auf den Schulen unterdrückte Urteilsfähigkeit als einen nicht quantitativen Teil der Planungsarbeit abwerten". So drückt sich *Ralph B. Peck* in seiner großartigen Fünften Laurits Bjerrum Memorial Lecture aus. Diese Vorlesung trifft in einer so einmaligen und erschütternden Weise ins Zentrum dieses Problems, daß ich am liebsten Fotokopien derselben unter Sie verteilt hätte und wünschte, *Peck* würde selbst an meiner statt zu Ihnen sprechen. *Peck* wirft die Frage auf: Wo ist all unsere Urteilsfähigkeit hingekommen? Er stützt sich auf *Terzaghi* und auf *Bjerrum*, welche sicherlich rechnen konnten, aber sich selbst nie als Theoretiker sondern als Ingenieure gefühlt haben. Kritisch spricht er vom Mißbrauch bzw. übermäßigen Gebrauch der Theorie (nicht gegen die Theorie als solche), und weist darauf hin, daß ein noch so großer Aufschwung der Ingenieurwissenschaften nicht auf Urteilsfähigkeit verzichten kann. „Theorie kann unsere Urteilsfähigkeit fördern, sie kann aber auch Urteilsbildung verhindern, wenn sie ohne Unterscheidungsvermögen und ohne kritischen Gebrauch verwendet wird . . . Ob es uns paßt oder nicht – etliche Aspekte bleiben in geotechnischen Ingenieuraufgaben grundsätzlich bestehen (und dies besonders beim Entwurf von Talsperren), welche einer theoretischen Behandlung noch nicht zugänglich sind und möglicherweise niemals zugänglich sein werden. . . . es ist eindeutig evident, daß die meisten Versagensfälle moderner Erddämme, ausgenommen diejenigen durch Überflutung, das Ergebnis genau dieser unangebrachten Überbewertung sind."

Fehlbeurteilungen, unbekannte oder unerwartete Schwächestellen im Untergrund sind in aller Regel die Ursache von Dammbrüchen. „Aber relativ wenig findet sich davon in einschlägigen Publikationen. Natürlich ist nicht die gegenwärtige Begeisterung für die Vervollkommnung der analytischen Verfahren an sich für den Bruch der jüngst entworfenen Dämme verantwortlich zu machen." „Es ist aber wahrscheinlich, daß die" einseitige „Konzentration der Bemühungen in dieser Linie die Anstrengungen ablenkt, welche auf die Untersuchung derjenigen Faktoren besser ausgedehnt werden könnten, welche zu Fehlerursachen geworden sind." . . . „Ich wage", sagte er, „die Behauptung, daß neun von zehn Mißerfolgen der jüngsten Zeit nicht aufgrund von einem ungenügenden Stand der Technik, sondern deswegen sich ereignet haben, weil Dinge übersehen wurden" . . . oder wegen „einer überoptimistischen Einschätzung der geologischen Bedingungen. . . . So lang der Mythos anhält, daß nur das, was gerechnet werden kann, die Kunst des Ingenieurs ausmacht, wird den Ingenieuren ein Ansporn fehlen, ihr bestes Urteilsvermögen auf jene verdammten Probleme anzuwenden, welche nicht durch Berechnung gelöst werden können." „Wohin ist unser Urteilsvermögen also gekommen? Es ist dahin entschwunden, wo die Verlockungen persönlicher Anerkennung und Aufstiegs am größten sind – ins Planungsbüro, wo die nackte Schönheit der Rechenkünste oft von der Realität losgelöst ist. Es ist entschwunden in die Forschungsinstitute, in das faszinierende Bemühen, die Eigenschaften des wirklichen Materials für die Zwecke der Berechnung zu idealisieren, und in die Lösung verwickelter Probleme der Spannungsverteilung und Verformung eines idealisierten Materials. Der Ansporn zu beruflicher Reputation verleitet die besten Leute in diese Richtung."

Die Möglichkeit, aus dieser mißlichen Situation herauszukommen, hängt nicht vom Erwerb neuer Kenntnisse ab. „Es hängt von unserer Fähigkeit ab, das beste technische Urteilsvermögen an Probleme heranzubringen, welche im wesentlichen nicht-quantitativ sind, deren Lösungen im wesentlichen nichtnumerisch sind. Dieses Urteilsvermögen zu entwickeln und zum Tragen zu bringen, erfordert ein Überdenken unserer gegenwärtigen Ansichten darauf hin, worin das höchste Niveau unserer Ingenieurpraxis gegründet ist. Ohne abzugehen von der Notwendigkeit vernünftiger und sinnvoller Ingenieurberechnungen und von dem Ansporn für diejenigen, welche sie ausführen können, müßte mindest ein ebenso hohes Berufsprestige und Pouvoir den Männern der Urteilsfähigkeit zuerkannt werden. Auch wenn deren Urteil nicht in Form von Ziffern ausgedrückt ist."

In meinen eigenen, nunmehr fast 50 Berufsjahren habe ich viele und schwere Mißerfolge auf dem Gebiet des Felsbaus gesehen, aber keinen, der durch eine ungenügende oder fehlerhafte Berechnung verursacht gewesen wäre. Alle gingen auf falsche Interpretation der geologischen Daten, auf unzutreffende Eingangswerte von Berechnungen oder auf Unverständnis der geologischen Gesamtsituation zurück.

Das alles, was ich in etwas breiter Form ausführen zu müssen glaubte, ist der Grund, weshalb wir unsere Kolloquien so disponiert haben, daß von fast 400 Vorträgen in 30 Jahren 51 % theoretische Inhalte, 56 % Inhalte der Felsbaupraxis betrafen, daß in 63 % der Vorträge Geologie und Ingenieurgeologie, in 36 % derselben von Gefüge und in 31 % von Modellversuchen und Geländeversuchen gesprochen wurde. Wir glauben die Bedeutung der Theorie also weder überschätzt noch unterschätzt zu haben.

Deshalb bin ich überzeugt, daß es auch heute noch berechtigt ist, unseren Leitmotiven zu folgen. Sie bilden ein unentbehrliches Gegengewicht gegen den meines Erachtens unseligen Trend der Zeit. In einer Zeit wie der unseren scheint es mir das wichtigste, jedem Ding sein ihm zukommendes Maß zu geben (oder wiederzugeben), die Gewichte auszubalancieren. Unser abendländisches Entweder-Oder-Denken ist uns dabei freilich sehr im Weg. Ganz selten haben wir uns in unserem Kreis über geotechnische Indizes unterhalten; manche mögen das als eine Lücke empfinden. Quantifizierung tut not und kann äußerst wertvoll sein, wenn es zur Gewichtung der einzelnen geologischen Faktoren verwendet wird. Es taugt aber nicht zur Beschreibung der Gesamtsituation. Auch unterdrückt es mitunter die Qualität.

Datenverarbeitungen sind ein ausgezeichnetes Hilfsmittel zur vernünftigen Verwertung von klassifizierten Einflußgrößen. Zusammenfassende Indizes aber, wie sie unsere computergläubige Zeit so sehr liebt, sind etwas dem Geiste der Physik und der Mathematik Widersprechendes. Sie gehen von der falschen Voraussetzung aus, daß die wahrzunehmenden Einflüsse additiv oder multiplikativ überlagert werden können. Eine solche Überlagerung ist aber nicht möglich, weil weder die Klassifizierungen noch die Faktoren gleichgewichtig sind und weil deren Gewicht in jeder der möglichen Kombinationen verschiedener Einflüsse ein anderes ist. Der Einfluß gewisser Faktoren kann sich ändern, wenn andere Faktoren gleichzeitig vorhanden sind, ohne daß diese Wechselwirkung – heute sagt man interaction – bekannt wäre oder mathematisch formuliert werden könnte. Z.B. können Klüftigkeit, Wassereinflüsse, Kluftorientierung durch An- oder Abwesenheit gewisser Faktoren in den Vordergrund treten, durch An- oder Abwesenheit andere Faktoren wiederum ganz unwirksam gemacht werden.

Das ist nicht Pessimismus oder bloße „Einstellung", sondern ganz einfach logische Nüchternheit, welche nötig ist, um der Gefahr zu entgehen, sich an ziffernmäßigen Formulierungen und Mathematisierungen zu berauschen, weil sie, zugegebenermaßen, so schön sind.

Mit der morgigen Generalversammlung der Österreichischen Geomechanik-Gesellschaft werden wir, wie ich annehme, eine neue, eine jüngere Generation in die Leitung der Gesellschaft wählen. Das wird neue Impulse geben, neue Ideen, und das ist gut so. Nur aus der Ferne des Alters wollte ich deshalb unseren jungen Freunden noch einmal Erfahrungen vermitteln und Empfehlungen mitgeben.

Seien Sie sich vor allem der Verantwortung des Ingenieurs, des Geologen, des Felsmechanikers bewußt: Sie kann riesengroß werden. Bedeutende Männer habe ich unter ihrer Last zusammenbrechen sehen.

Wie die Gründung unserer Gesellschaft vor dem Hintergrunde der damaligen Zeit gesehen werden muß, so müssen Gegenwart und Zukunft vor dem Vordergrund der gegenwärtigen Zeitsituation gesehen werden, die freilich eine gänzlich andere geworden ist. Nach den Katastrophen von Tarbela, von Vajont, von Teton und anderen großen Dämmen haben wir alle Ursache, über die Grundlinien unserer Arbeit nachzudenken. Die Zukunft, die zu immer größeren Bauobjekten auf immer schwierigerem Baugrund fortschreitet, kann, in einer Zeit, welche sowieso eine Zeit der Umbrüche ist, gefahrvoll werden. Der Fortschritt kann im Fortschritt ersticken, wenn er übermäßig angeheizt wird. Entwicklungen sind Einbahnstraßen, sie erlauben kein Zurück! Ehe man in sie einbiegt, sollte man sich dessen versichern, ob es keine Sackgassen sind.

Beim Vorwärtsfahren auch in den Rückspiegel blicken, ist eine gute Gewohnheit. Die Ziele aber liegen vorne. Je mehr das Leben (nicht nur der Menschen) im technisch umgestalteten Lebensraum gefährdet wird, desto wichtiger werden jene Wissenschaften, die im unmittelbaren Zusammenhang mit der Natur und ihren Gesetzen arbeiten. Zu ihnen gehören Geomechanik und Geopraxis. Sorgen Sie für eine mehr praxisbezogene Forschung! Sorgen Sie für den Ausbau des Fundamentes aller Geomechanik, der Tektonomechanik; und überlegen Sie wohl, ob die Zukunft in einer Zeit, in welcher ernste Männer heute sogar von einem Ende des Naturwissenschaftlichen Zeitalters sprechen, revolutionär oder evolutionär gestaltet werden sollte.

Glückauf!

Anschrift des Verfassers: Univ.-Prof. Baurat h.c., Dipl. Ing. Dr. techn. Dr. mont. h.c. *Leopold Müller-Salzburg*, Ingenieurkonsulent für Bauwesen, Paracelsusstraße 2, A-5020 Salzburg, Österreich.

Rock Mechanics, Suppl. 12, 19–26 (1982)

**Rock Mechanics
Felsmechanik
Mécanique des Roches**
© by Springer-Verlag 1982

Baugeologie, Geomechanik und Geotektonik heute

Von

E. Clar und W. Demmer

Mit 1 Abbildung

Zusammenfassung — Summary

Baugeologie, Geomechanik und Geotektonik heute. Österreichs Baugeologie hat eine lange und auch international anerkannte Tradition. Die moderne verkehrsmäßige Erschließung des alpinen Raumes um die Jahrhundertwende, die ihren Schwerpunkt im Eisenbahnbau hatte, bedeutete die erste große geotechnische Herausfoderung, die es in enger Zusammenarbeit zwischen Ingenieuren und Geologen zu bewältigen galt. In dieser Zeit wurden bereits im schwierigsten Gebirge Tunnelbauten ausgeführt, die weder vom Kosten- noch vom Zeitaufwand Vergleiche mit dem gegenwärtigen Baugeschehen zu scheuen brauchen. Nahtlos schloß sich der zweite große Aufgabenkomplex im Zusammenhang mit dem beginnenden Ausbau der Wasserkräfte zur energiewirtschaftlichen Nutzung an, und in dieser Aera wirkte bereits mit *Josef Stini*, ein Mann, der zum Wegweiser nicht nur der Baugeologie Österreichs werden sollte. In über 350 Fachveröffentlichungen war es ihm noch möglich, das gesamte interdisziplinäre Wissensgebiet der Baugeologie zu erfassen und zu einer heute unbestrittenen Selbständigkeit zu führen.

Von *Stinis* Gedankengut ausgehend, das sich zwar stets um die Synthese zwischen dem Ingenieurwesen und den Naturwissenschaften bemühte, schließlich aber doch deutlich naturwissenschaftlich betont blieb, entwickelte sich von Salzburg aus als zweiter technisch ausgerichteter Wissenszweig neben der bereits etablierten Bodenmechanik noch die Felsmechanik. Sie hat in den letzten 30 Jahren ihre Eigenständigkeit mehr als bewiesen und ist im Baugeschehen als einziger Wissenszweig imstande, die geotektonischen Erkenntnisse, die wir in den beiden letzten Jahrzehnten über die Tiefsee- und Weltraumforschung gewonnen haben, technisch zu verwerten.

Engineering Geology, Geomechanics and Geotectonics Today. Austria's engineering geology has a long tradition of international reputation. It was the development of the Alpine region for the provision of up-to-date traffic routes — mainly railways — around the turn of the century that constituted the first great geotechnical challenge to be met by engineers and geologists in close cooperation. At that time, tunnels were already driven through extremely difficult rock at an expense of time and money that compares very favourably with the present tunnelling practice. A second important task immediately followed with the beginning of the development of the hydro-potential for energy generation. It was during that period that a man made a name for himself who was to become a pioneer in engineering geology and whose fame spread well beyond Austria's boundaries: *Josef Stini*. In more than 350

0080–3375/82/Suppl. 12/0019/$ 01.60

technical publications he succeeded in dealing with the whole interdisciplinary field of engineering geology and thus made it a branch of knowledge whose independence is now undenied.

On the basis of *Stini's* ideas, which, although always aiming at a synthesis between engineering and science, finished with a distinct bias towards the latter, a new branch with the stress on engineering developed in Salzburg. This was rock mechanics, which thus was added as a separate branch to the already established branch of soil mechanics.

Rock mechanics has more than proved its independence over the last 30 years and is the only discipline employed in construction to be able to translate into engineering practice the geotectonical knowledge we have gained over the last two decades in deep-sea and space research.

Das XXX. Geomechanik-Kolloquium bietet einen guten Anlaß, wieder einmal eine Standortbestimmung der Baugeologie vorzunehmen, wobei insbesondere die fachlichen Verbindungen zur Felsmechanik angesprochen werden sollen. Andere Schwerpunkte der Zusammenarbeit weisen zur Bodenmechanik, Hydrologie, Geophysik und selbstverständlich zur geologischen Grundlagenforschung.

Zur Felsmechanik zurückkehrend tritt der Baugeologe als Mittler von veränderbaren naturwissenschaftlichen Voraussetzungen für ein Baugeschehen auf, welche der Bauingenieur nach feststehenden physikalischen Gesetzen in seine Projektabsichten einbinden muß. Dabei streut der Betrachtungsbereich von den kontinentalen Großstrukturen der Erdkruste bis in die Mikroformen der Mineralkomponenten und ihres Gefüges. Wenn daher der Schwerpunkt der Baugeologie in der Beschreibung der Summe aller geologischen Einflüsse auf ein Bauvorhaben liegt und nicht in der rechnerischen Umsetzung des gesammelten Beobachtungsmaterials im Hinblick auf konkrete Konstruktionseinheiten, so sollte das nicht abschätzig bewertet werden, denn das breite Forschungsspektrum und die hohen jährlichen Zuwachsraten an neuen Erkenntnissen lassen kaum mehr einen Raum für exakte statische oder dynamische Analysen offen. Dieses Feld muß zumindest nach der österreichischen Modellvorstellung von den technischen Wissenschaften abgedeckt werden. Der Baugeologe hat dafür die geotechnischen Grundlagen so genau wie möglich zu erheben, wobei sich seine Studien nicht nur auf den unmittelbaren Nahbereich der Baugrube oder des Stollens konzentrieren dürfen, sondern den gesamten Raum einschließen müssen, der für eine wechselseitige Beeinflussung noch denkbar erscheint.

Der Dialog mit dem Bauingenieur beginnt aber nicht erst nach dem Abschluß dieser Studien, sondern er muß schon vor der Inangriffnahme der geologischen Feldarbeiten die technischen Zielsetzungen definieren. Erst wenn diese technischen Zielsetzungen mit allen wesentlichen Details dem Geologen bekannt und von ihm auch verstanden worden sind, kann er eine Arbeit beginnen, die sich durch ihre Betrachtungsschwerpunkte deutlich von den üblichen Feldarbeiten der geologischen Grundlagenforschung unterscheiden kann — aber nicht muß. Denn daß die geologische Grundlagenforschung fast für ein ganzes Jahrhundert imstande war, alleine dem modernen Felsbau zu dienen, und dieser wieder im gleichen Zeitraum von einem Bauingenieur betrieben werden konnte, der seine Kenntnisse über die Bearbeitung und das Verhalten des Gebirges im wesentlichen nur von dem historisch gewachsenen Bergbau bezog, zeigen doch die bewundernswerten Verkehrstunnelbauten des vorigen Jahrhunderts. Die Impulse dafür setzte der Eisenbahnbau, der in Europa in der Barriere des Alpenbogens einem zunächst unüberwindbaren Hindernis gegenüberstand. Die große Besiedlungsdichte im alpinen Raum, die Rohstoffvorkommen und vor allem der Wunsch nach einer modernen und leistungsfähigen Verbindung zum Mittelmeer, also grundsätzlich gleiche Motive, wie sie auch den gegenwärtigen Verkehrswegebau bestimmen, forderten die Bauingenieure im Alpenraum zu Höchstleistungen heraus.

Österreich darf stolz sein, mit dem Bau der Semmeringbahn auch den großen Gebirgstunnelbau eingeleitet zu haben. Die im Jahre 1854 eröffnete Paßstrecke beinhaltet nämlich schon neben zahlreichen kürzeren Lehnentunneln einen 1470 m langen Scheiteltunnel auf 900 m Seehöhe.

1871 folgte die Fertigstellung des 13,6 km langen Mont-Cenis Tunnels zwischen Frankreich und Italien, 1882 des 15 km langen Gotthard Tunnels und 1884 des 10,2 km langen Arlbergtunnels.

Nach der Jahrhundertwende ging der Eisenbahntunnelbau in den Alpen unvermindert weiter, denn nur Tunnel, die tiefer liegende Täler verbinden konnten, erlaubten es auch im Winter den Verkehr zu sichern.

Zu erwähnen sind vor allem der 20 km lange Simplontunnel, der 1906 fertiggestellt wurde, im gleichen Jahr, als in Österreich der 8,1 km lange Karawankentunnel dem Verkehr übergeben werden konnte.

Andere Meilensteine im Eisenbahntunnelbau waren der 1909 fertiggestellte, 8,5 km lange Tauerntunnel sowie der 14,6 km lange, 1913 dem Verkehr übergebene, Lötschberg-Tunnel.

Als eine der wenigen Ausnahmen in der vom Eisenbahntunnelbau dominierten 2. Hälfte des 19. Jahrhunderts wurde auch schon ein 3430 m langer Straßentunnel in den Seealpen zwischen Frankreich und Italien ausgebrochen, nämlich der 1882 fertiggestellte Colle di Tenda Tunnel.

Diese großen Ingenieurleistungen im Felsbau waren aber nicht zuletzt deshalb möglich, weil die Alpen auch schon zu jener Zeit zu den geologisch am besten erkundeten Gebirgszügen der Erde gezählt haben. Dies bedenkend gewinnt erst der mutige Bau des Anden-Tunnels zwischen Argentinien und Chile unter dem Cumbre Paß am Südfuß des Aconcagua seine überragende Bedeutung. Denn der schon im Jahre 1910 fertiggestellte 8,1 km lange Bahntunnel hatte ja mit Sicherheit keine gleichwertigen geologischen Grundlagen zur Verfügung. Sonst wurde zu jener Zeit außerhalb Europas kein vergleichbarer Felsbau vorgenommen.

Wenn man in den alten Bauberichten blättert, so bemerkt man, daß diese Ära des Eisenbahntunnelbaues vom Geist und der Schaffenskraft weniger Einzelpersönlichkeiten geprägt war. Kaum jemals wird eine Teamarbeit erkennbar oder eine engere Zusammenarbeit mit dem Geologen erwähnt. Zu jener Zeit schuf der Geologe auch nur ein petrographisches Erwartungsmodell, in welchem mitunter die Fossilien genauer beschrieben waren als Klüfte und Störungen. Bei der Bauausführung bestand meist seine Aktivität nur darin, das geologische Prognoseprofil entsprechend den Beobachtungstatsachen zu korrigieren. Viel mehr hatte er nicht zu tun und viel mehr wurde gewöhnlich auch von ihm nicht verlangt.

Die intensivere Zusammenarbeit zwischen dem Bauingenieur und dem Geologen setzt erst mit dem Wasserkraftwerkebau etwa ab dem Jahre 1920 ein. Jetzt galt es ein neues Kräftespiel zu beherrschen, für das keine gleichwertigen Modelle vorhanden waren, wie sie noch der Bergbau für den Verkehrstunnelbau bot. Während ja beim Felshohlraumbau die Kräfteeinwirkungen vom Gebirge her kommen, mußten jetzt konzentrierte Kräfte mit einer oft erheblichen horizontalen Komponente in das Gebirge eingeleitet werden. Bei der Lösung dieser neuen Aufgaben gewann zwangsläufig auch das Felsgefüge eine immer größere bautechnische Bedeutung, so daß die diesbezüglichen theoretischen Studien von *B. Sander* plötzlich auch für die Praxis einen besonderen Stellenwert erlangten. Dies erkannte vor allem der Geologe und Kulturtechniker *J. Stini*, der zeitlebens nicht müde wurde, auf die untrennbare Einheit zwischen dem Bauwerk und seinem Untergrund hinzuweisen. *Stini* vermochte aufgrund seiner technischen Ausbildung als erster klar zu definieren, welche Natureinflüsse bei einem Bauvorhaben zu berücksichtigen sind, wobei er mit unerreichtem Einfühlungsvermögen selbst versteckteste Zusammenhänge erkannte. Diese Gabe und sein breites naturwissenschaftliches Wissen hob ihn unter den auch technisch interessierten Geologen in eine fachliche Position, die durchaus mit jener *Terzaghis* auf dem Sektor der Bodenmechanik oder später *L. Müller* auf dem Gebiet der Felsmechanik gleichzusetzen ist. Eine vergleichbare internationale Anerkennung blieb ihm allerdings aufgrund seiner persönlichen Bescheidenheit und dem Umstand, daß er seine mehr als 350 Fachpublikationen, darunter auch zahlreiche Bücher, ausnahmslos nur in Deutsch schrieb, versagt.

Indem *Stini* im Zuge seiner Beratungen niemals kategorisch technische Maßnahmen nach einem nur ihm einsichtigen Grund forderte, sondern stets bemüht war, im Gelände und in der Diskussion durch Argumente zu überzeugen, weckte er nicht nur bei seinen Schülern großes Interesse, die Natur immer besser kennen zu lernen, sondern auch bei seinen technischen Partnern. *Leopold Müller* war einer von ihnen. Ihm genügten bald nicht mehr die zweckorientierten gelegentlichen Zusammenkünfte und Gespräche auf der Baustelle, sondern er wollte mit einer kleinen Gruppe Gleichinteressierter mehr über das Felsgebirge erfahren, um es technisch noch gezielter als Baugrund und Baustein nützen zu können.

Dieser Wunsch wurde vor 30 Jahren realisiert, im gleichen Jahr, als Österreichs damals höchste Talsperre, die 120 m hohe Bogengewichtsmauer Limberg innerhalb der Kraftwerksgruppe Kaprun fertiggestellt wurde. Weitere Großbauten zeichneten sich am Horizont schon deutlich ab, so daß nichts unversucht bleiben durfte, künftig einmal das Gebirge mit allen seinen Diskontinuitäten auch rechnerisch erfassen zu können. In diesem Bemühen kann der Salzburger Weg, vorgezeichnet und geführt durch *Stini* und *Müller*, als einzig zielführender angesehen werden. Er geht nämlich von der Geländebeobachtung aus und nicht vom Kleinversuch oder der Theorie. In Detailkartierungen werden die Informationen zunächst einmal von der Natur bezogen und dann wird erst versucht, Gesetzmäßigkeiten herauszufiltern, die auch eine modellmäßige oder rechnerische Analyse erlauben. Daß dieser Weg im Felsbau gewöhnlich wesentlich dornenreicher ist als in der Bodenmechanik oder, daß es auch genügend Fälle geben wird, wo dieser Weg mit heutigen Mitteln in einer Sackgasse endet, darf dabei keinesfalls entmutigen. Denn ohne die Hoffnung gibt es keinen Fortschritt. Und daß in der Felsmechanik, die sich aus dem Salzburger Kreis nahtlos als ein heute eigenständiger technischer Wissenszweig entwickelt hat, ungeheure Fortschritte erzielt wurden, ist unbestritten. Für den Geologen war beispielsweise ein solcher Meilenstein des Fortschritts die Vorstellung eines Rechenprogrammes mit Finiten Elementen durch *Malina* 1967, in welchem plötzlich das Zusammenwirken mehrerer Gefügeparameter erfaßt werden konnte. Damals mußte sich der Geologe in die Enge getrieben sehen, denn in der geforderten Genauigkeit und in dem Umfang, wie nun die geologischen und insbesondere die gefügekundlichen Daten verarbeitet und geotechnisch umgesetzt werden konnten, wurden sie bis dahin kaum geliefert.

Eine gewisse Ernüchterung ließ jedoch nicht lange auf sich warten, denn künftig aufgesammelte Gesteins- und Gefügedaten, die sich nicht mehr mit statistischen Aussagen begnügten, sondern aus dem Betrachtungsbereich lage- und qualitätsgetreue Totalinformationen anstrebten, wurden von den Technikern gelobt, aber niemals im erwarteten Maß verwertet.

In der Folge gefiel sich zwar die Felsmechanik in der unermüdlichen Veröffentlichung neuer Berechnungsbeispiele und Großversuche, doch aus der Sicht des Geologen schien sie sich dabei immer weiter von den beobachtbaren Tatsachen in der Natur zu entfernen. Und dieser Trend nahm mit der Gründung der Internationalen Gesellschaft für Geomechanik eher zu, obwohl man den Eindruck hat, daß sich die Praxis weltweit doch das richtige Augenmaß für die sichere Einfügung eines Bauwerks in die Natur bewahrt hat und damit bewußt oder unbewußt den Salzburger Weg beschreitet. Die Natur kennt nämlich noch andere Maßeinheiten, als einen wohl definierten Prüfkörper und auf ihn einwirkende Kräfte, und dazu gehört vor allem die Zeit. Sie kann die Voraussetzung für den Auf- oder Abbau tektonischer Spannungen sein, die wieder zu rheologischen Erscheinungen führen können, ferner kann sie bei entsprechenden Voraussetzungen Auslaugungen oder Erosionen bewirken, oder Verwitterungseinflüsse angreifen lassen, die allgemein stets festigkeitsmindernd sind.

Die naturgetreue Erfassung der Gebirgseigenschaften ist daher nicht nur ein Maßstabproblem, auf das schon *Sander* bei der Beschreibung seiner Bereichsgrößen hinweist, sondern auch ein Zeitproblem. Auf letzteres wurde ja gerade in Salzburg bei vorangegangenen Kolloquien schon wiederholt aufmerksam gemacht. Die Auswirkung dieser Einflußgrößen hilft uns aber nur die Naturbeobachtung kennenzulernen und dafür hat der Geologe das geschulte Auge. Ohne die genaue Beobachtung des Gebirgsverhaltens hätte es ja weder einen historischen, oder sogar prähistorischen Bergbau geben können, noch die Entwicklung der Neuen Österreichischen Tunnelbauweise. Und es ist sicherlich kein Zufall, daß diese ökonomische Baumethode abermals nicht von Mathematikern, sondern von Praktikern auf den Stollenbaustellen Prutz-Imst sowie Schwarzach entwickelt wurde. Erst nachträglich haben dazu *L. v. Rabcewicz, L. Müller, F. Pacher* und *K. Sattler* auch die theoretischen Grundlagen geschaffen.

Die Geologen bieten die Zusammenarbeit mit der Felsmechanik nicht zuletzt auch deshalb an, weil als Fernziel die rechnerische Behandlung der von der Geologie gelieferten Grundlagen von den Bereichsgrößen der Baustellendimensionen zu einer echten Geomechanik in den Maßstäben der geologischen Gebirgsstrukturen und der erdweiten Krustenverformungen betrachtet wird.

Dieses Fernziel ergibt sich schon aus zahlreichen, bis jetzt noch nicht befriedigend erklärbaren Meßergebnissen über unerwartete Spannungsverhältnisse, wie sie beispielsweise nach *G. Spaun* im Orange Fish-River-Tunnel auftraten, aber auch in anderen Untertagebauten beobachtet wurden. In diesem Zusammenhang sind aber auch noch Hebungs- oder Senkungsvorgänge zu erwähnen sowie durch Baueingriffe induzierte Beben.

Der Wunsch nach einer Erweiterung der Felsmechanik zu einer Geomechanik ergibt sich aber vor allem auch durch die faszinierenden Entdeckungen über den Bau unserer festen Erdkruste in den vergangenen 20 Jahren. Wenn nämlich die Geologen gefragt würden, welche neuen Erkenntnisse auf ihrem Fachgebiet als die bedeutendsten angesehen werden, die innerhalb der vergangenen 30 Jahre, seit dem Bestehen der Salzburger Kolloquien gewonnen wurden, so müßte die Entscheidung eindeutig auf die wissenschaftlich einwandfrei abgesicherte Plattentektonik fallen.

Schon 1974 wurde an dieser Stelle über die überraschenden Ergebnisse der Tiefseeforschung berichtet, nach denen die Lithosphäre, also die Kontinente und die Ozeanböden, in große Platten zerlegt ist, die sich in ständiger Triftbewegung befinden. Schon damals wurde aber auch angedeutet, daß Auswirkungen auf das Baugeschehen für möglich gehalten werden und daher entsprechende Meßbeobachtungen in regionaler Aufteilung zu empfehlen sind (Abb. 1).

Heute liegen schon aus vielen Teilen der Erde die ersten Ergebnisse vor und sie beweisen, daß wir unsere Bauwerke in oder auf einem Untergrund errichten, der nicht nur durch die Nachgiebigkeit des Gründungsfelsens bestimmt wird, sondern der auch noch großtektonischen Bewegungen unterschiedlichen Ausmaßes unterliegt. Um hier Größenordnungen anzudeuten, hebt sich beispielsweise der Alpine Raum der Schweiz nach *E. Gubler* um durchschnittlich 1,5 mm, womit frühere Berechnungen von *Trümpy*, die 0,4—1 m/Jahr ergaben, deutlich übertroffen werden.

In Österreich haben *E. Senftl* und *Ch. Exner* schon 1973 durchschnittliche Hebungen innerhalb der letzten 60 Jahre am Tauernsüdrand von 1,2 mm festgestellt und aus der Karpaten-Balkan-Region wird 1981 von einem Streubereich der vertikalen Krustenbewegungen von —4 bis +6 mm/Jahr berichtet. Die horizontalen Krustenbewegungen können noch wesentlich größere Jahresraten ergeben. So entfernt sich Afrika und Südamerika um jährlich rund 4 cm, während sich die sogenannte Nazca-Platte im Ozeanboden westlich Südamerikas vom Ostpazifischen Rücken sogar um 15 bis 16 cm/Jahr trennt (Abb. 1).

Entlang der San Andreas-Verwerfung, die am W-Rand der kalifornischen Küste in einer Erstreckung von rund 1100 km verläuft, werden 2 Großschollen horizontal gegeneinander verschoben, wobei von durchschnittlichen Jahresbeträgen von derzeit etwa 5 cm berichtet wird. Nach dem Erdbeben vom 18. April 1906, das San Franzisco zerstörte, wurden jedoch Vertikalbewegungen von bis zu 1 m und Horizontalbewegungen im Zentrum Kaliforniens von 5—7 m beobachtet.

Daß sich die rezenten Krustenbewegungen auch auf die Gebirgsspannungen auswirken müssen, ist logisch und kann auch schon von einigen Forschern wie zum Beispiel *J. H. Illies, F. Scheidegger* etc. nachgewiesen werden.

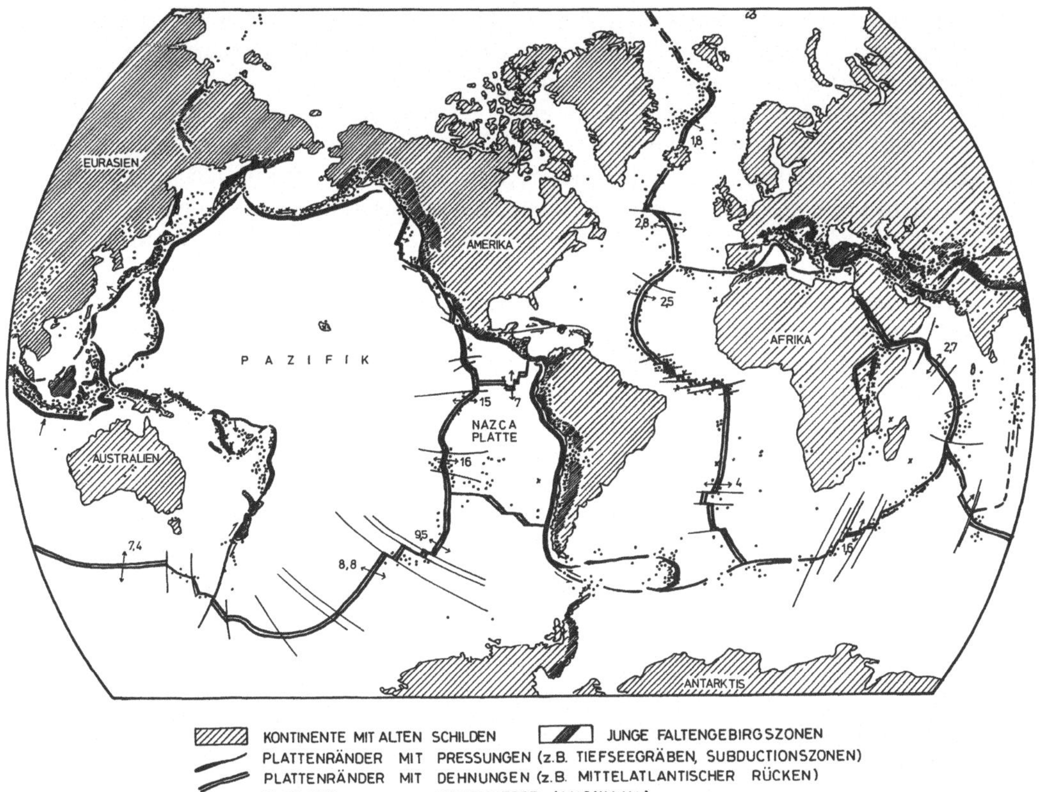

Abb. 1. Überblick über die Großstrukturen der Erdkruste (zusammengestellt nach Grundlagen von *A. Gansser* sowie *P.D. Lowman*, Jr. und Ergänzungen aus der Literatur)
Synopsis of the main-structures of the earth's crust (evaluated on the basis of *A. Gansser* as well as *P. D. Lowman*, Jr. and completions out of the literature)

Es ist daher auch Aufgabe der Baugeologie, auf die regionalen tektonischen Einflüsse aufmerksam zu machen, denn sie können je nach Betrachtungsraum großen Schwankungen unterliegen. Die weltweite Forschung auf dem Gebiet der Geotektonik und auch der Seismik muß die empfindlichen Zentren der Erdkruste immer weiter eingrenzen, wobei auch die moderne Satellitenbildauswertung große Möglichkeiten bietet.

Vor allem sollte die Seismik größte Anstrengungen unternehmen, um unsere Baugruben aber auch unseren Lebensraum wirkungsvoll abzusichern. Denn von der Dynamik unserer Erde und von der Existenz ungeheurer Energien zeugen die mehr als 1 Million Beben, die jährlich weltweit mit Meßinstrumenten registrierbar sind. Davon sind immerhin 150 000 sprürbar aber 2–3 erreichen die Stärke von Weltbeben. Diesen 2–3 Beben stehen wir leider noch immer ziemlich hilflos gegenüber, und in dieser Beziehung sind wir in den vergangenen 30 Jahren seit dem 1. Geomechanik-Kolloquium in Salzburg, zumindest was die exakte Vorhersage betrifft, kaum weitergekommen. Trotzdem kann die Fels- und Geomechanik in Zusammenarbeit mit dem Seismiker und dem Geologen jetzt schon bedeutende Beiträge zur Linderung der Schäden leisten, die erwiesenermaßen großteils erst durch Folgewirkungen auftreten.

Alle diese Aspekte werden bei unseren künftigen Großbauten noch genauer zu berücksichtigen sein, damit sich weder ein Malpasset noch ein Vaiont wiederholt. Dabei wird uns die Zukunft eher noch neue Möglichkeiten für technische Fehlleistungen bescheren, denkt man dabei nur an das weltweit noch immer nicht befriedigend gelöste Problem der Endlagerung radioaktiver Substanzen. Auch die gigantischen Flußumleitungen, die in Sibirien untersucht werden, oder die Wasserkraftprojekte, bei denen in 100 km langen Kanälen Wasser vom Mittelmeer in Depressionszonen geleitet werden soll, wie das Ägypten zur Quattara Senke und Israel zum Toten Meer plant, und schließlich auch die Meeresuntertunnelungen, die Japan bereits mit dem 54 km langen Seikan-Tunnel in Angriff genommen hat und wo früher oder später weitere Projekte zwischen Calais und Dover oder durch die Straße von Gibraltar folgen werden, alle diese Projekte erreichen Dimensionen, bei denen nicht das geringste technische Risiko in Kauf genommen werden darf. Da es sich dabei durchwegs um Tiefbauten handelt, zu denen auch in anderen Bereichen wie beispielsweise für unterirdische Speicherräume, für die Schweden schon deutliche Zeichen setzt, der Zukunftstrend führt, steht auch der Baugeologe vor einer verantwortungsvollen Zukunftsaufgabe.

Anschriften der Verfasser: Prof. Dr. *E. Clar*, Wilhelm-Exner-Gasse 15/26, A-1090 Wien, Österreich; Dr. *W. Demmer*, Konsulent für Baugeologie, Hovengasse 6, A-2100 Korneuburg, Österreich.

Rock Mechanics, Suppl. 12, 27—46 (1982)

Rock Mechanics
Felsmechanik
Mécanique des Roches
© by Springer-Verlag 1982

Numerical and Physical Modeling of Flexural Slip Phenomena and Potential for Fault Movement

By

W. H. Roth, J. Sweet, and **R. E. Goodman**

With 18 figures

Summary — Zusammenfassung

Numerical and Physical Modeling of Flexural Slip Phenomena and Potential for Fault Movement. In the course of a site evaluation study for a proposed liquified natural gas (LNG) terminal on the West Coast of the United States, geomechanical studies were undertaken to complement conventional geological investigations. The geologic structure under investigation was a flexural fold formed by a compressional tectonic environment. It consists of an approximately 4000 foot thick shale deposit, with bedding planes dipping roughly 45 degrees and outcropping at the rock surface. Continuous folding had produced several reverse bedding plane faults, with slip separations at the bedrock surface of up to 8 feet in the last 100 000 to 200 000 years.

The purpose of the analysis was to evaluate the amount of fault slippage to be expected from a postulated instantaneous strain release caused by any imaginable trigger event. A plane strain finite element analysis, with elasto-plastic solid elements, and slip surfaces, to represent existing and potential faults was performed. In addition, in order to study the 3-dimensional effects of faults crossing the bedding plane strike, physical modeling was also performed. The model geometry and boundary conditions of the numerical model were based on geological observations and measurements. Other input data were derived from an extensive rock testing program involving field and laboratory testing techniques. In situ measurements of normal stresses in the plane of bedding were performed utilizing over-coring techniques in 45 degree-inclined borings.

After application of gravity, the numerical model was laterally compressed to reach a characteristic state of stresses indicated by an upper bound of storable elastic strain energy within the system. This state of limiting equilibrium represented the in situ stress state for the strain release analysis. By comparing the so calculated stresses, with the stresses measured in the field, at corresponding locations, it was possible to check the analysis results. The calculated stresses at limiting equilibrium were roughly twice the measured values, indicating conservative analysis assumptions.

The potential bedrock offset was evaluated without addressing the likelihood of its occurring. For this purpose, it was assumed that the existing shear strength of a selected bedding plane would drop to its residual value, due to transient overstressing by some unspecified event. Several computer runs, taking into account the statistical uncertainties of the most important material parameters, suggested a most likely amount of potential future bedrock offset of less than 1 inch, due to elastic strain release.

0080—3375/82/Suppl. 12/0027/$ 04.00

*Numerische und physikalische Methoden zur Untersuchung von Biegegleiten in Tonge-
stein.* Für eine geplante Flüssiggasanlage im tektonisch aktiven Süden der amerikanischen
Westküste war das künftige Verhalten einer gefalteten Tongesteinformation zu beurteilen.
Zur Ergänzung und Erweiterung von üblichen indirekten statistischen Methoden — Rückschluß
aus vergangenem Verhalten — wurden geomechanische Methoden angewandt, die hier beschrieben sind. Die geplante 1 km x 1 km-Anlage soll auf einer gefalteten, ca. 1200 m starken
Tongesteinformation gegründet werden, deren Bettungsflächen ca. 45° geneigt sind. Kontinu-
ierliches Falten während der letzten 100 000 bis 200 000 Jahre hat Biegegleitverformungen
bis zu 2,5 m in mehreren Bettungsflächen verursacht.

Die von einer plötzlichen Entspannung von aufgespeicherter elastischer Energie zu erwartenden künftigen Verformungen waren zu berechnen. Die Methode der finiten Elemente
— mit elastisch-plastischem Verformungsgesetz und Gleitelementen — wurde für die zwei-
dimensionale Berechnung angewandt. Dreidimensionale Effekte von diagonalen Gleitflächen,
welche die Bettungsflächen kreuzen, wurden an einem physikalischen Modell untersucht. Die
Festigkeits- und Verformungsparameter des Tongesteins wurden in Feld- und Laborversuchen
ermittelt. Zusätzlich wurden auch in-situ Spannungsmessungen — in Bohrungen normal zu
den 45° Bettungsflächen — durchgeführt.

Nach dem Aufbringen der Gravitationsspannungen wurde das numerische Modell einer
horizontalen Verformung ausgesetzt. Dabei wurde ein Spannungszustand mit höchstmöglich
gespeicherter elastischer Energie erzeugt. Dieser Spannungszustand war dann der Ausgangs-
punkt für einen simulierten plötzlichen Biegegleitbruch einer ausgewählten Bettungsfläche.
Zur Kontrolle wurden die gemessenen Spannungen mit berechneten Werten verglichen. Die
Berechnung lieferte ca. doppelte Werte, was zu konservativen Resultaten führte.

Die von einem Biegegleitbruch zu erwartende Verformung wurde ohne Berücksichtigung
der Wahrscheinlichkeit des Auftretens eines solchen Bruches berechnet. Es wurde angenommen, daß die zur Zeit bestehende Scherfestigkeit plötzlich absinkt (z.B. durch eine vorüber-
gehende dynamische Überbeanspruchung im Falle eines Erdbebens). Mehrere Berechnungs-
gänge — mit Berücksichtigung der statistischen Streuung der Materialeigenschaften des Tongesteins — ergaben, daß eine Biegegleitverschiebung an der Felsoberfläche im Falle eines Bruches
mit großer Wahrscheinlichkeit 3 cm nicht überschreiten würde.

Introduction

The problem of ground rupture is a critical question for site selection in
seismically active areas. Usually this problem is addressed by purely geological
evaluations. In breaking with this traditional approach complementary geomechanical studies, based on physical rock properties and in situ stresses, were
successfully employed in the course of a recent site evaluation study for a
liquified natural gas (LNG) facility in *California*.

California's energy plan for the near future includes the importation of LNG
by ship. The necessary unloading and gasification facilities are to be constructed
on the *Pacific* coast, approximately 100 miles north of *Los Angeles*. The geomechanical aspect of the site evaluation study (*Dames & Moore*-report, 1980)
for the proposed LNG plant is the subject of this paper.

Geology

Figure 1 shows the regional setting for the site, which is located in an area
of high seismic activity and crossed by numerous faults. The critical question for
the site centered around its seismic behavior. Which of the faults are capable of

producing sizable earthquakes? Are the onsite faults seismic or aseismic? If they are secondary, aseismic faults, how would they behave in response to an earthquake?

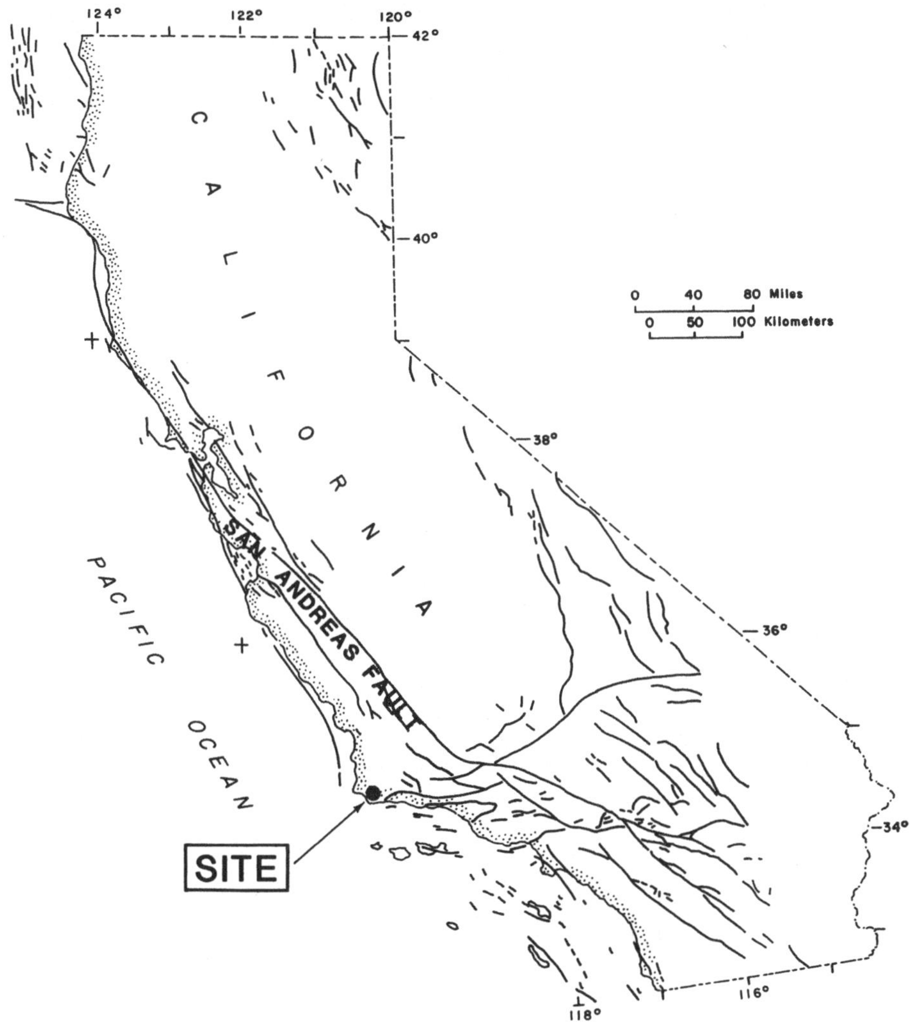

Fig. 1. Fault Map of California
Karte der Bruchgräben in Kalifornien

As seen in Figure 2, the site sits on the north limb of a flexural fold involving approximately 4000 feet of shale. Tectonic compression causes reverse fault movement in the major fault zones shown on the left and right boundaries. It also causes continuous folding in the shallow region of the up-thrown block which contains the *Sisquoc* formation under study.

The extent of geologic trenching represents approximately 12 man-years of fieldwork conducted by *Dames & Moore* between October, 1979 und July,

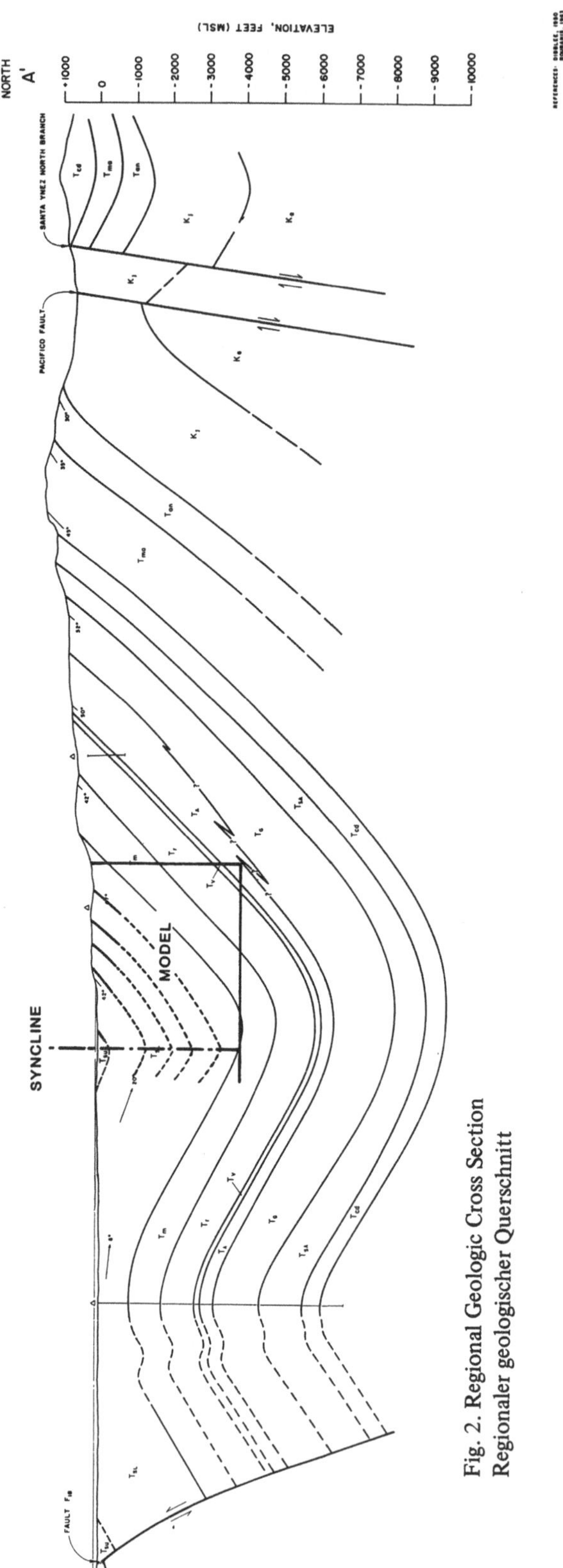

Fig. 2. Regional Geologic Cross Section
Regionaler geologischer Querschnitt

1980. Roughly 2 kilometers of trenches through alluvial covers of 20–30 feet, and 10–20 feet into bedrock, were excavated with heavy earth moving equipment.

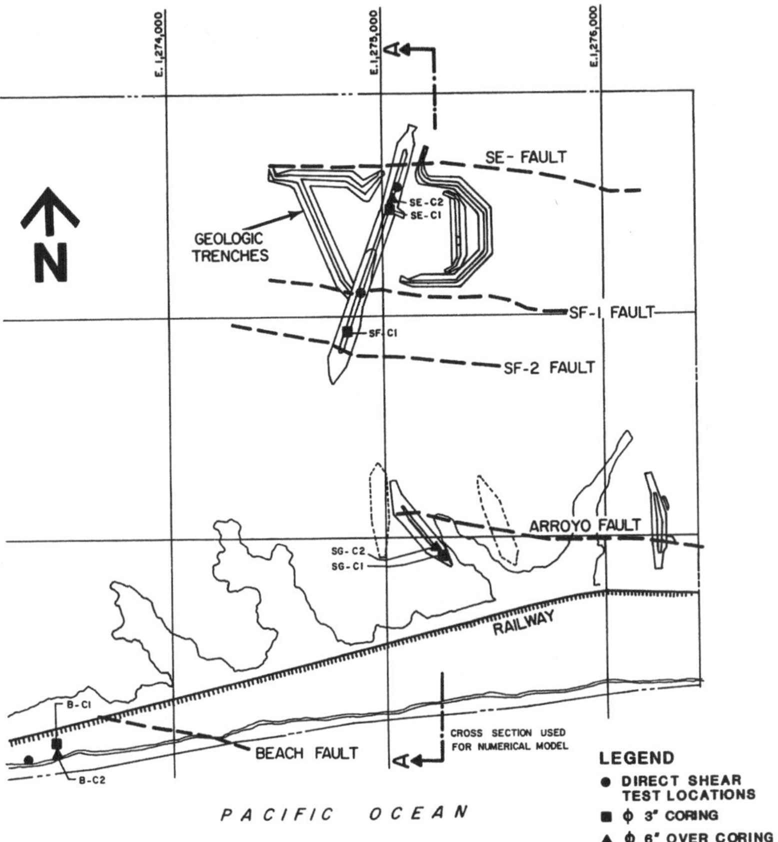

Fig. 3. Site Plot Plan
Lageplan

Figure 3 presents a detailed plan of the actual site. The dashed lines on this figure are bedding plane faults with offsets of the bedrock surface from a few inches to 8 feet. The nature and behavior of these faults is the chief concern. Very detailed logs were made of all faults and other morphological features. A typical bedding plane offset covered by approximately 15 feet of alluvium is shown in Figure 4.

Rock Exploration and Testing

Rock borings were performed for subsurface investigations, and for laboratory and field testing. Drilling locations were selected on the beach and on the bottom of large trenches. Four drill rigs were working simultaneously.

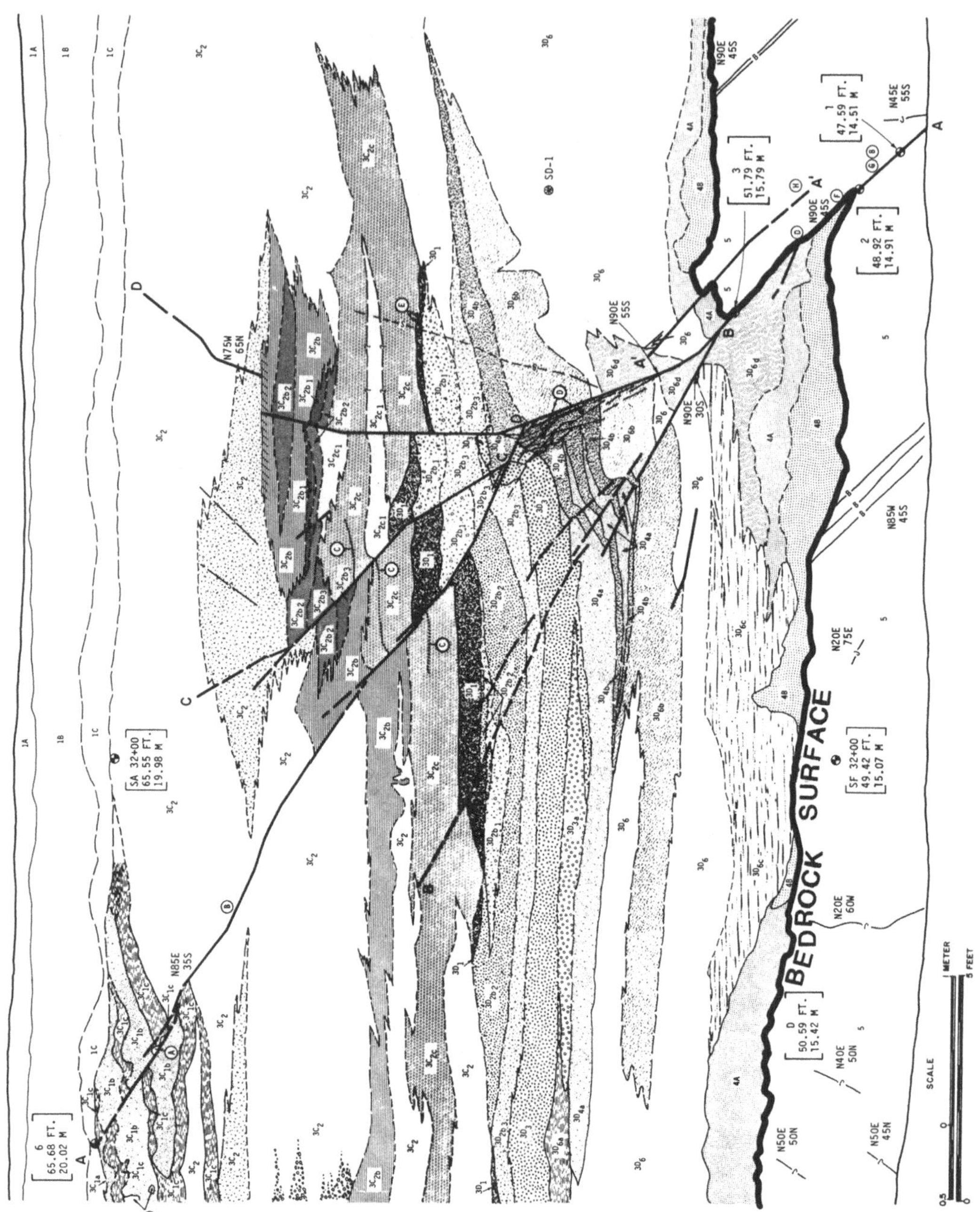

Fig. 4. Typical Bedding Plane Offset
Typische Biegegleitverwerfung

All borings were oriented normal to the bedding planes, and located such that they would penetrate major onsite bedding plane faults at depths of approximately 80 feet. Figure 5 shows the location of borings projected into a single cross section. Relatively good core recovery was obtained from the 3-inch coring with a 10 foot double core barrel.

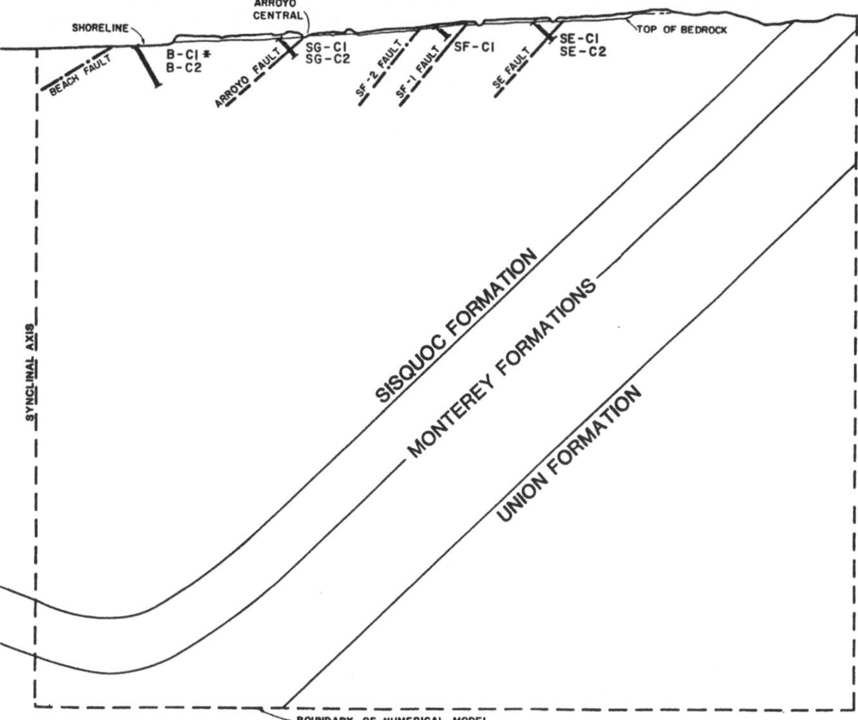

Fig. 5. Local Geologic Cross Section
Örtlicher geologischer Querschnitt

Results of tests conducted on rocks and soils of the site are summarized in Table 1. To evaluate the bedding plane shear strength of the shale, multi-stage direct shear tests were conducted in the field and in the laboratory. In addition, direct shear tests were performed on gouge material obtained from major faults on the site. Samples for direct shear were up to 12 by 18 inches in plan. Testing in the field was performed using a portable direct shear machine.

Strength data for the shale were obtained by unconfined and triaxial compression tests. Numerous point load tests performed on rock cores suggested essential isotropy with regard to compressional strength.

The elastic properties of the shale were obtained by four methods:
1. Laboratory strain measurements in triaxial compression tests;
2. Axisymmetric compression tests on overcoring specimens ("biaxial tests")
3. Borehole pressure meter tests; and
4. Measurements of pressure wave velocities.

The simulation of a stress build-up accomplished over geological time requires considerable adjustment of material strength parameters to reflect long term behavior (*Price,* 1966; *Fyfe* et al., 1979). However, the scientific knowledge of rock creep behavior is scarce. A few creep tests were performed to

        W. H. Roth, J. Sweet, and R. E. Goodman:

Table 1. *Average Material Properties of Shale*

TEST		NUMBER	ϕ (DEGR)	C (psi)	E (psi)	ν (-)	REMARKS
POINT LOAD	AXIAL	78		310 TO 530			COMPRESSIVE STRENGTH ≈ 2 C
	DIAMETER	150		270 TO 590			
DIRECT SHEAR		41	37 23	78 33			PEAK AND RESIDUAL BEDDING PLANE SHEAR STRENGTH
		4	18	0			FAULT GOUGE
TRIAXIAL COMPRESSION		40	35 12	350 800	$2.5 \ 10^5$	0.38	BILINEAR MOHR-COULOMB ENVELOPE
BIAXIAL COMPRESSION		12			$3.5 \ 10^5$		
PRESSUREMETER		11			$4.3 \ 10^5$		
PRESSURE WAVE VELOCITY		CONTIN-UOUS			$2.1 \ 10^5$ (STATIC)		

MOISTURE CONTENT = 22%
DRY DENSITY = 100 psf (1.60 t/m^3)

qualitatively confirm characteristics reported in the literature. A long term strength of 30 to 40 percent of the instantaneous strength was considered reasonable for this material, as shown in Figure 6. Considering both creep and sample size effects (*Bieniawski*, 1968; *Bieniawski* and *Van Heerden*, 1975; *Pratt* et al., 1972), it was dicided to utilize only 25 percent of the instantaneous laboratory strength for the analysis.

In-situ stress measurements were attempted at the site, using the method of over-coring with the *U.S. Bureau of Mines* borehole deformation gage (*Hooker* and *Bickel*, 1974). While this procedure generally works well in competent rocks, its success rate drops sharply in weaker material such as the on-site shales. After some initial failures one out of three boreholes delivered measurements of excellent quality.

Figure 7 summarizes the stress measurement results. The maximum and minimum stress in the plane of measurement is plotted on the left. After penetrating the fault zone, at approximately 80 feet of depth, the rock quality im-

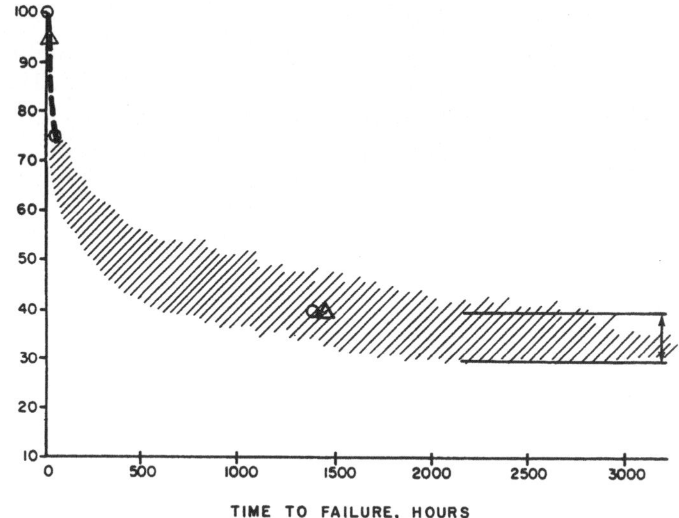

Fig. 6. Long Term Rock Strength
Abnahme der Felsfestigkeit mit der Zeit

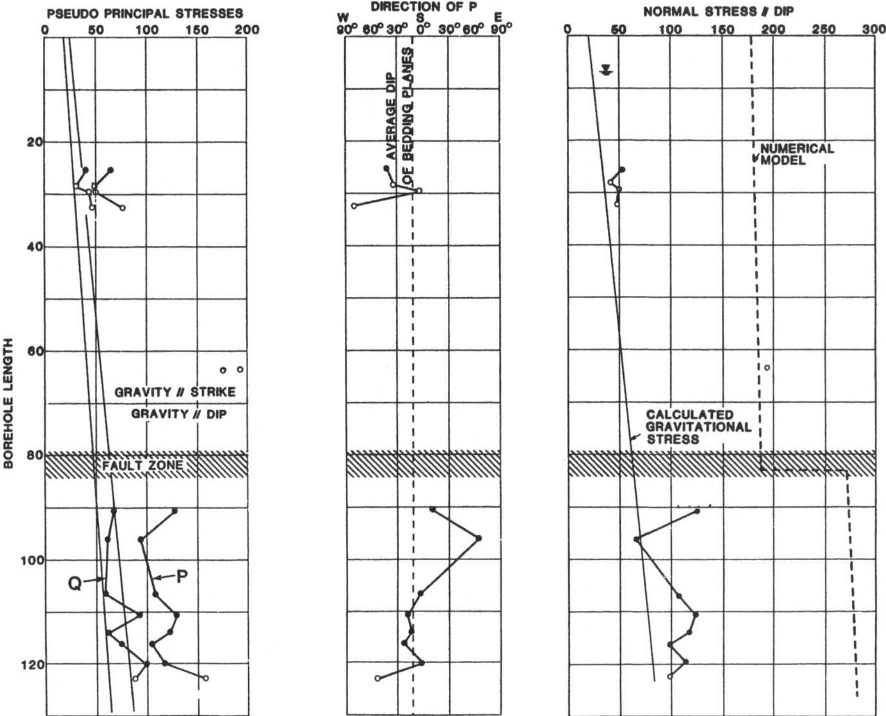

Fig. 7. Results of In-Situ Stress Measurements
Ergebnisse der in-situ Spannungsmessungen

proved enough to obtain almost continuous measurements. It took two months of drilling to obtain the data shown on this diagram.

For reference, the two full lines on the left-hand plot represent the theoretical gravity stresses in strike and dip direction for a homogeneous half space. The maximum measured stress P is roughly 50 percent higher than this reference stress, indicating lateral compression. The dashed line on the center plot represents the bedding-plane-dip direction. The average compressional direction is seen to coincide with the bedding-plane-dip. The right-hand plot shows the normal stresses parallel to bedding plane dip. They are considerably less than the corresponding normal stresses that were computed in the numerical model, shown by the dashed line. This is due to conservative assumptions in our analysis. The stress jump in the fault zone was found to be characteristic for fault-slip conditions in the numerical model results.

Numerical Analysis

Figure 8 shows a schematic sequence of the folding at the site. During folding, the structure was uplifted and it was simultaneously or subsequently leveled by erosion. For the geomechanical model, one-half of a wave length was considered.

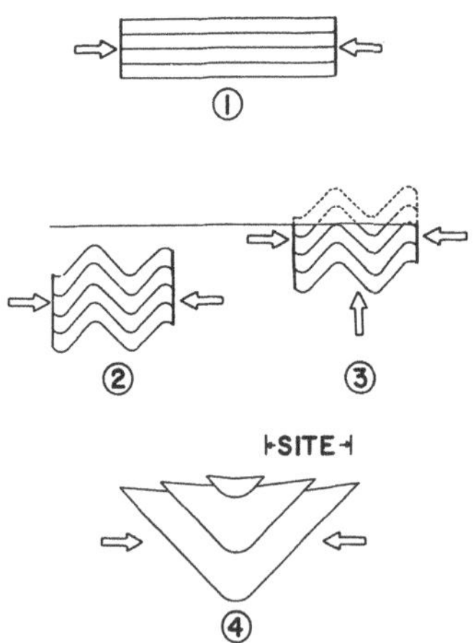

Fig. 8. Evolution of Flexural Folding
Entstehung der Faltung

The analysis could not realistically attempt to simulate the entire geologic history comprising millions of years of folding. Instead, only the present fold geometry was represented, allowing for slip failure along existing bedding plane faults, and applying boundary conditions compatible with the regional tectonics. A plane strain finite element model with elasto-plastic solid elements and rigid-plastic slip joints (*Sweet*, 1979) was set up using the mesh depicted in Figure 9. The heavy lines indicate the slip surfaces. To initialize the model, gravity forces were first applied; then the model was shortened laterally.

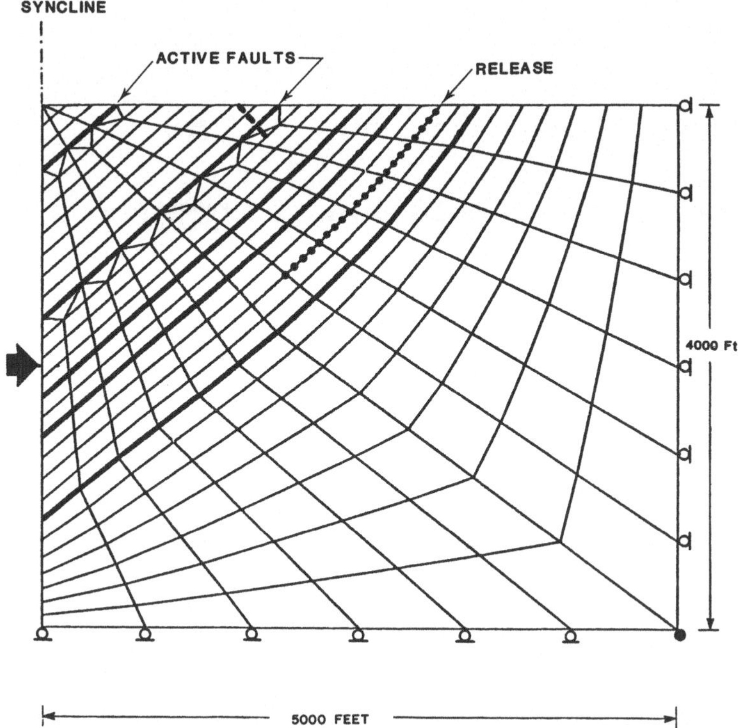

Fig. 9. Finite Element Mesh
Finite Elemente

Aside from the major faults considered in this model, several minor bedding plane faults with small or zero offsets are present at the site. Omitting them contributed to a conservative analysis in that the amount of storable elastic strain energy increased.

Calculated and Observed Fault Displacements

The applicability of the flexural slip mechanism to the site was evaluated by calculating fault displacements consistent with estimates of recent crustal deformation. At the time the bedrock platforms were shaped by ocean wave activity, all contemporary fault offsets were erased. Hence, today's offsets have been created since then. Applying the crustal shortening that was accumulated in this time frame should result in fault offsets comparable to values observed in the field. Figure 10 shows this comparison.

While the range computed is reasonable for the four southern faults, a markedly exaggerated offset was calculated for the northernmost fault farthest away from the synclinal axis. In reality, additional flexural slip faults must exist to the north of this fault, but since geological trenching terminated there no information on their locations was available. When additional faults were added to the model for subsequent parameter studies, a more realistic distribution of fault offsets across the site was computed.

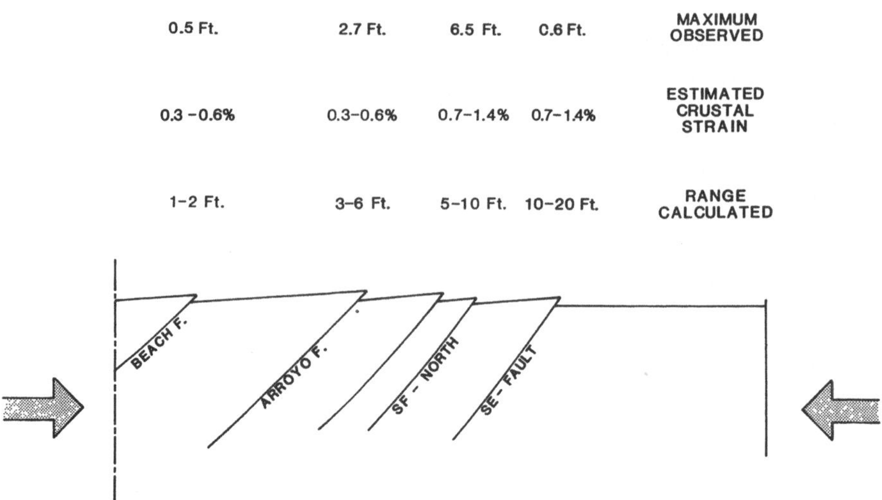

Fig. 10. Calculated and Observed Bedrock Offsets
Errechnete und gemessene Biegegleitverschiebungen

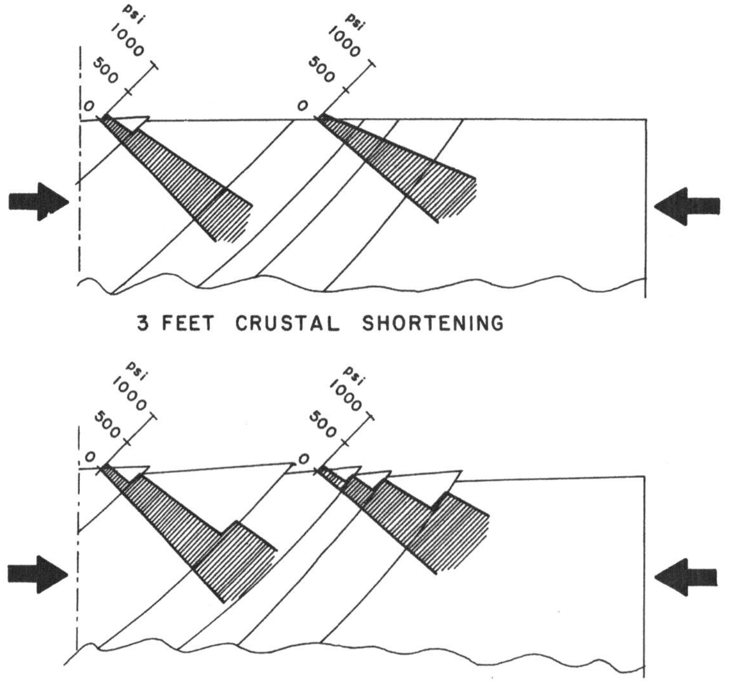

Fig. 11. Normal Stresses Parallel to Bedding Planes
Druckspannungen parallel zu den Bettungsflächen

Stress Conditions

Figure 11 shows the calculated normal stresses in the plane of bedding along two lines intercepting the modeled faults. During initial compression, most of the faults had not yet reached their failure conditions. Therefore, the normal stress profiles display continuous stress distributions.

At the final compression stage, all faults are at limiting equilibrium. The shear stresses are limited by fault shear strength, and bedding plane slippage has occurred. The normal stress distributions now show sharp discontinuities across the slipping faults. At this stage, additional compression did not significantly alter the state of stress or the amount of stored strain energy. Additional compression did, of course, result in further bedding plane slippage, which, from this point on, stayed roughly proportional to the applied lateral shortening.

The state of limiting equilibrium is characterized by upper bound ratios of shear-stress-to-normal-stress (τ/σ) in intact bedding planes. Figure 12 shows this ratio (termed the "failure level") plotted against the amount of lateral shortening. At limiting equilibrium τ/σ is close to an asymptotic upper bound value. As long as the friction ratio corresponding to the peak shear strength of the bedding plane (cohesion is neglected) is higher than the local failure level, no discrete slippage will occur.

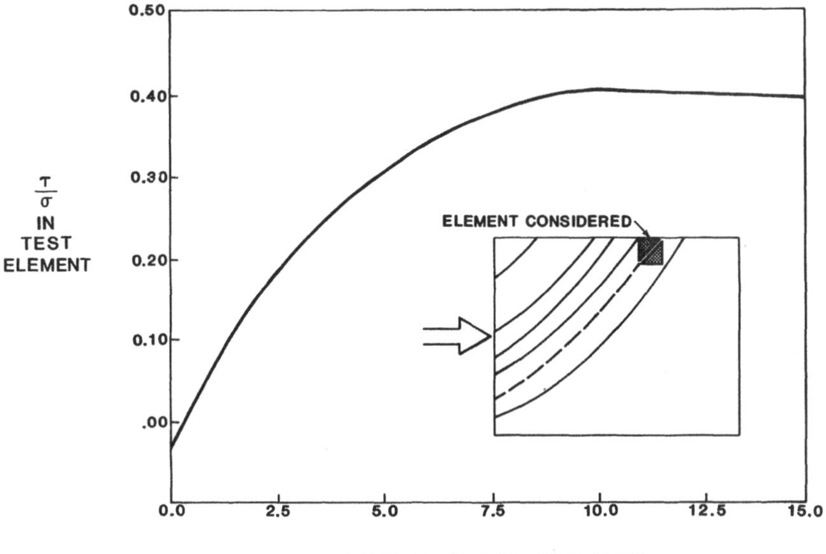

Fig. 12. Bedding Plane Shear Stresses Versus Lateral Shortening
Veränderung der Scherspannungen in den Bettungsflächen mit Zunahme der horizontalen Verkürzung

If the shear strength of a bedding plane were to drop, caused by any imaginable trigger event, to a residual value below the failure level, then the shear stresses must relax, and discrete slippage must occur. This mechanism is the basis for computing potential future bedrock offsets due to instantaneous strain release.

Potential Fault Offsets

The numerical technique developed to predict fault release offsets is described elsewhere (*Sweet* and *Roth*, 1981). To evaluate this technique it was tested with the simple case of flexural slip shown in Figure 13 ——— a laminated beam simply supported that is loaded in bending. Slip on a potential fracture in the center creates two beams lying on top of each other, and — assuming zero friction — acting independently of each other.

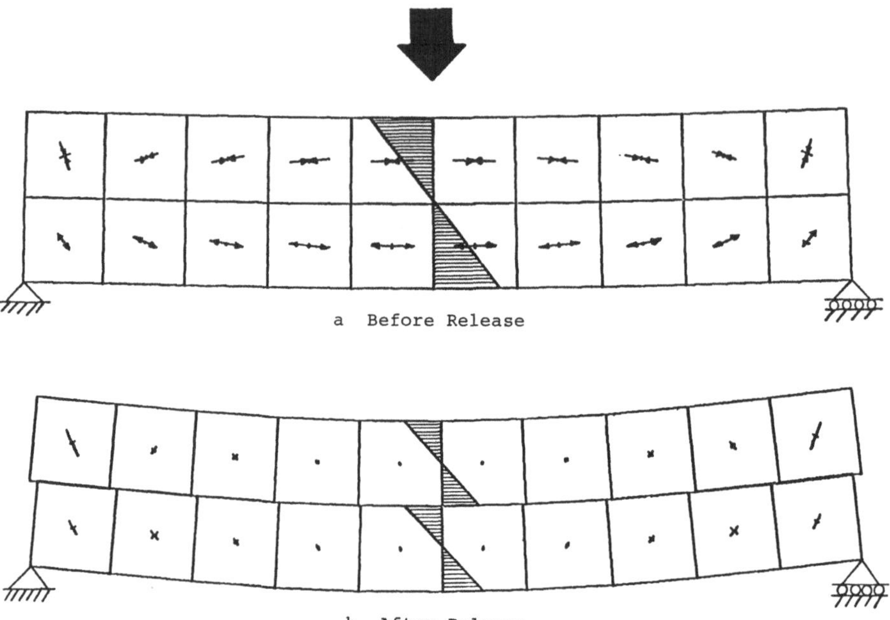

Fig. 13. Flexural Slip in Bending Beam
Biegegleiten in einem Träger auf zwei Stützen

After slipping, the stress distribution shows a large stress jump from tension on the lower side of the upper beam to compression on the upper side of the lower beam. This stress characteristic, superimposed by gravity stresses is responsible for the stress jumps computed in the fold model as shown earlier. The offsets at the ends of the beam are equivalent to the bedrock offsets on the surface of a flexural fold.

For the model under consideration two types of potential fault slippage were evaluated:

1. A potential displacement on a presently locked fault (the intact bedding plane in Figure 14a) whose static, locked-in shear stresses are lower than the peak shear strength, but higher than the residual strength; and

2. A potential displacement on an "active" fault that is at limiting equilibrium for the static case, but is driven by transient dynamic stresses during an earthquake. This is called an active fault" in Figure 14a.

Figure 14b represents a plot of the failure level (τ/σ) vs. the distance from the synclinal axis, along the intact bedding plane. The failure level increases steeply towards the bedding plane outcrop at the rock surface. The peak shear strength expressed in terms of a friction ratio is higher than the maximum failure level. Discrete slippage would occur if the shear strength were to drop to a residual value. Such a drop could, for instance, be caused by temporarily over-stressing the bedding plane during an earthquake.

Figure 14c shows the condition for the "active fault", whose shear strength is already at its residual value. The plot of failure level vs. distance from the synclinal axis now has a cut-off at the top, which indicates the zone of discrete slippage during folding. To estimate possible fault slippage during an earthquake of a certain magnitude, a simplified pseudo-static analysis was performed. This analysis applied (statically) a uniform average shear stress, representing the effect of an irregular transient shear stress history.

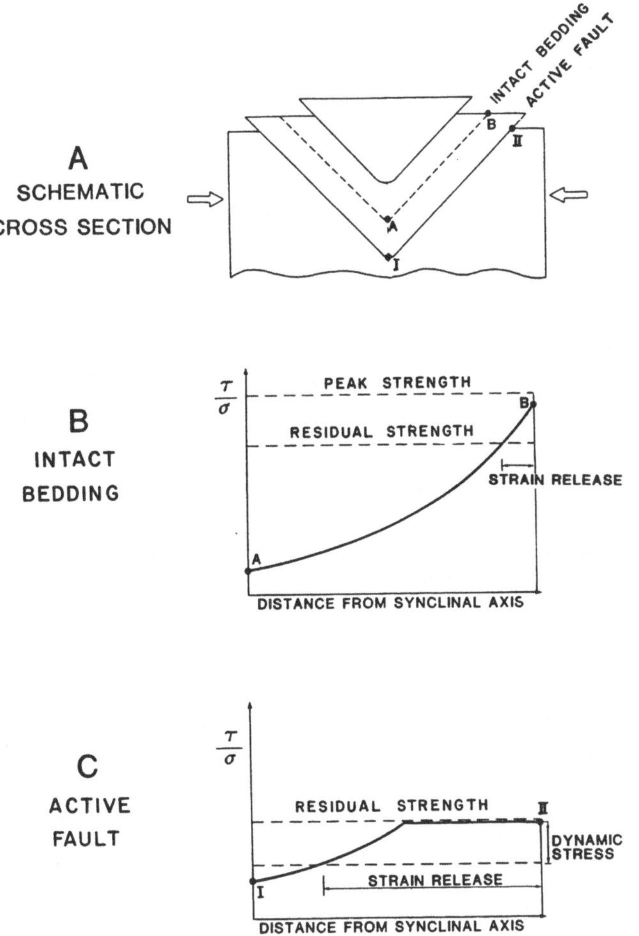

Fig. 14. Bedding Plane Shear Stresses at Limiting Equilibrium
Scherspannungen in den Bettungsflächen im Zustand des plastischen Grenzzustandes

The final analysis released strain from a "locked" fault by virtue of a sudden drop in bedding plane shear strength. A location of special interest was selected between two active faults, and a number of computer runs were made taking into account the statistical data scatter of the rock properties. A "first order" probability analysis resulted in the probability distribution of potential bedrock offsets presented in Figure 15.

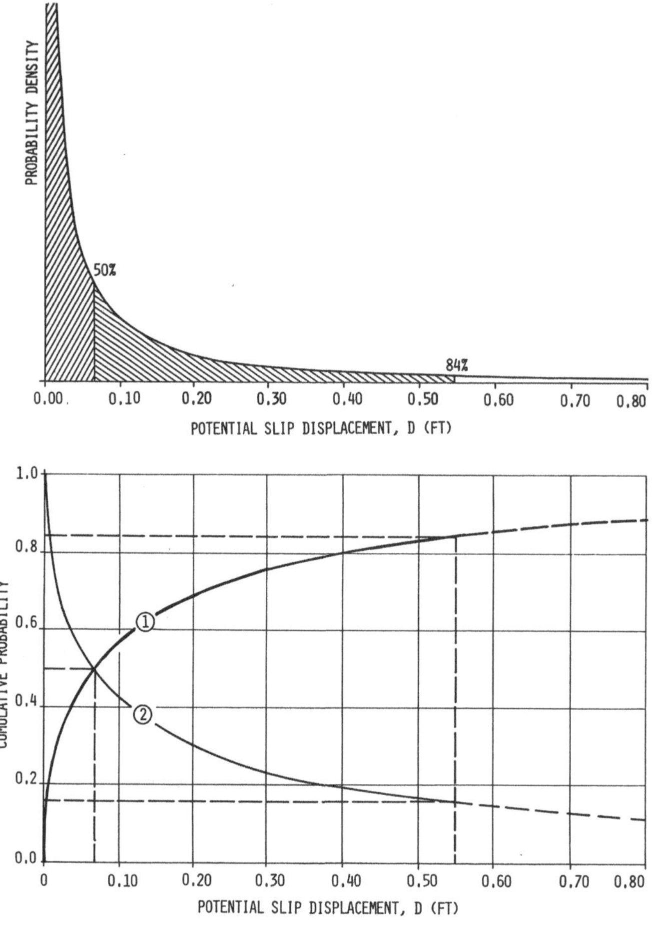

Fig. 15. Probability Distribution of Potential Bedrock Offset
Wahrscheinlichkeit der zu erwartenden Biegegleitverschiebungen

The analysis was performed without addressing the likelihood of a trigger event occurring. The results suggest that if a trigger event were to occur, and if, as a result of this event, the bedrock should rupture, the most likely potential fault slip is less than 1 inch. This value corresponds to the 50 percent cumulative probability of the distribution presented on Figure 15.

Since the actual syncline was not symmetrical as modeled, the question was raised as to how asymmetry might affect the results. To simulate the effect of asymmetric folding, a non-uniform displacement boundary was applied to the model, such as indicated in "C" on the right of Figure 16. The strain release analysis resulted in slightly lower offsets for the asymmetric case, and it was concluded that the assumption of symmetry gave conservative results.

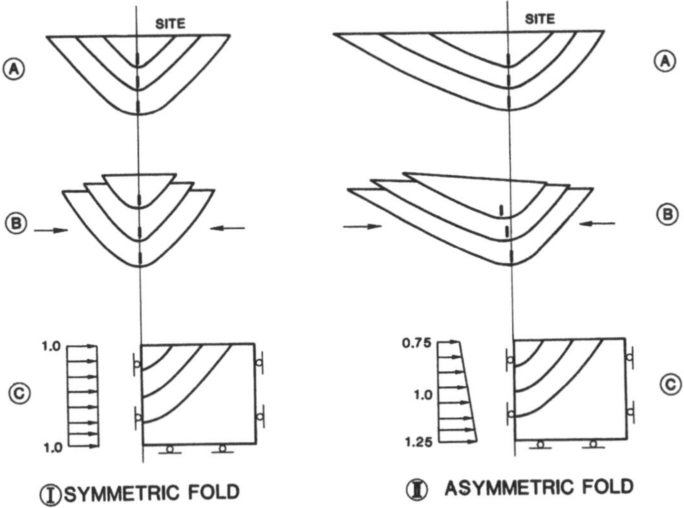

Fig. 16. Symmetric versus Asymmetric Folding
Symmetrische und asymmetrische Faltung

Physical Model Testing

In order to evaluate 3-dimensional effects of vertical faults crossing the direction of bedding plane strike, physical model tests were performed. A sand-oil-flower model material was selected to model the shale. The active faults were simulated by a graphite-type material sandwiched between two sheets of aluminum foil.

The model box depicted in Figure 17 was 4 feet by 2—1/2 feet, with a depth of 1 foot. The model was incrementally compressed, and the resulting displacements on the surface were measured. Figure 18 presents surface profiles across the model after it has been shortened.

The measured surface offsets were very similar to the ones obtained from the numerical analysis (even to the extent that excessive fault slippage also showed up on the outermost fault, farthest away from the synclinal axis, as observed in the numerical model).

The conclusions from the physical model study were:

1. Bedding plane faults spaced most closely yielded the least amount of fault slip;

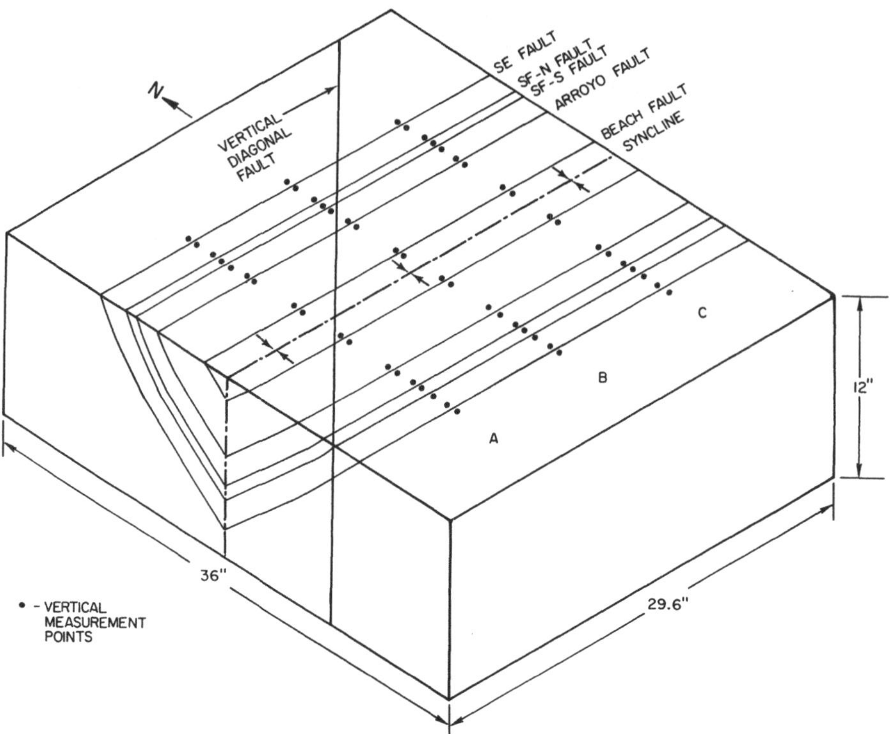

Fig. 17. Physical Model of Flexural Folding
Physikalisches Modell der Faltung

PHYSICAL MODEL TEST RESULTS

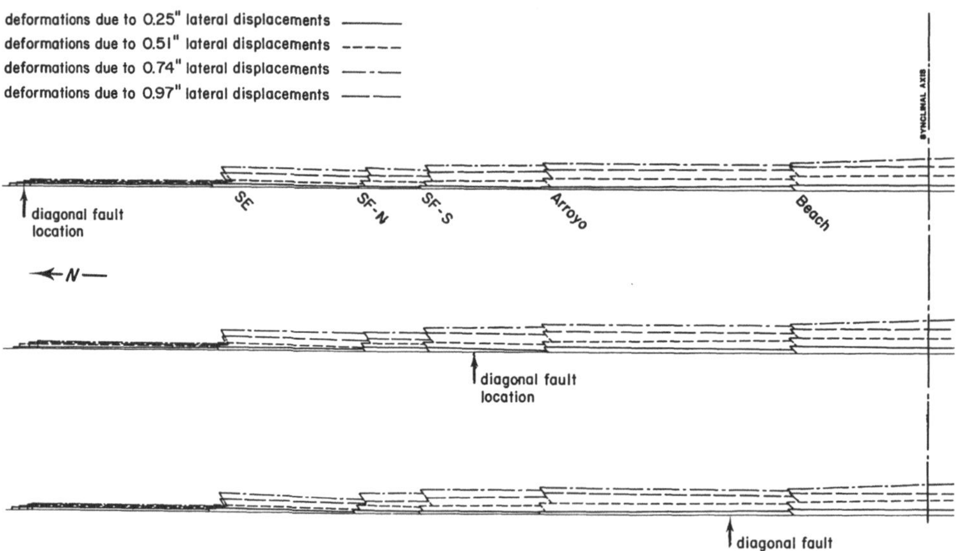

Fig. 18. Physical Model Test Results
Ergebnis des Modellversuches

2. Fault slip appeared to be predominantly controlled by the number and frictional properties of the bedding plane faults, and not by the material properties of the "rock"; and

3. Although the diagonal fault did displace left laterally by a small amount, it had little or no effect on the bedding plane fault behavior.

Conclusion

Traditionally, site evaluation studies in seismically active areas are based on purely geological methods. The past has been our only indicator of the future for geologic time spans. However, the steady long-term process of geologic evolution is actually composed of shorter steps whose effects may not be fully recognized by geologic methods alone. For human scale intervals of 50 or 100 years, short period variations may be extremely important. Therefore, when possible, it is desirable to complement geologic investigations with geomechanical studies. The latter considers the present conditions within a given system based on in-situ stresses and mechanical properties of geologic materials.

For the subject project, the decision was made to undertake mechanistic studies because of a good understanding of the tectonic mechanism at the site. The performance of the established numerical model complemented conclusions derived from geology, and provided the owner with a narrower range of estimates of potential bedrock offsets than would have been possible from traditional geological studies alone.

Postscript

A remarkable opportunity to validate the geomechanical model has been afforded at the time of writing this paper. Near the site, in a quarry on a syncline of similar shape and in the same tectonic environment, a fault broke on what had been an intact bedding plane (*Yerkes* et al., 1981). The rupture caused a magnitude 2.5 earthquake with locally sharp accelerations. The fault is more than half a kilometer long with a maximum dip slip displacement of 10 inches. This case is now being studied.

Acknowledgement

The authors are indebted to *Western LNG Terminal Associates* for their consistent cooperation and willing support of this study, and for their permission to publish this paper.

The following persons participated in aspects of this study: *Jack Yaghoubian, Art Darrow, Jeff Nolan, Roy Patterson, Gordon Appel, Gordon Matheson, Robin McGuire, Tim Harper,* and numerous others of *Dames & Moore*; and *Anders Bro, Bernard Amadei,* and *Richard Nolting* of the *University of California, Berkeley*; and *Neville Price* of *Imperial College, London.*

References

Bieniawski, Z. T.: The Effect of Specimen Size on Compressive Strength of Coal. Int. J. Rock Mech. Min. Sci. *5*, 325–335 (1968).

Bieniawski, Z. T., Van Heerden, W. L.: The Significance of In-Situ Tests on Large Rock Specimens. Int. J. Rock Mech. Min. Sci. *12*, 101–113 (1975).

Dames & Moore, Report: Final Geoseismic Investigation, Proposed LNG Terminal, Little Cojo Baÿ, California, Vol. 7, 8, for Western LNG Terminal Associates. Exhibit Nos. R-25 and R-26, Federal Regulatory Commission, Washington, D.C. 1980.

Fyfe, W., Price, N. J., Thompson, A.: Fluids in the Earth's Crust. Amsterdam: Elsevier 1979.

Hooker, V. E., Bickel, D. C.: Overcoring Equipment and Techniques Used in Rock Stress Determination. Information Circular 8618, U.S. Bureau of Mines. 1974.

Pratt, H. R., Black, A. D., Brown, W. D., Brace, W. R.: The Effect of Specimen Size on the Mechanical Properties of Unjointed Diorite. Int. J. Rock Mech. Min. Sci. *9*, 513–530 (1972).

Sweet, J.: SATURN, A Multi-dimensional Two-phase Computer Program Which Treats the Nonlinear Behavior of Continua Using the Finite Element Approach. Joel Sweet and Associates, Report No. JSA-79-016, September 1979.

Sweet, J., Roth, W. H.: Instantaneous Strain Release on a Flexural Slip Fault. Abstract submitted to Fourth International Conference on Numerical Methods in Geomechanics, Edmonton, Canada, May/June 1982.

Yerkes, R. F., Bonilla, M. G., Ellsworth, W. L., Lindh, A. G., Tinsley, J. C.: Reverse Faulting and Crustal Unloading Near Lompoc, North-West Transverse Ranges, California. Abstract, Annual Meeting Geol. Society of America, 1981.

Addresses of authors: *Wolfgang H. Roth*, Associate, Dames & Moore, Los Angeles; *Joel Sweet*, Consulting Engineer, Del Mar; *Richard E. Goodman*, Professor of Geological Engineering, University of California, Berkeley, CA 94720, U.S.A.

Rock Mechanics, Suppl. 12, 47–61 (1982)

**Rock Mechanics
Felsmechanik
Mécanique des Roches**
© by Springer-Verlag 1982

Probabilistic and Statistical Methods in Engineering Geology
I. Problem Statement and Introduction to Solution

By

H. H. Einstein and **G. B. Baecher**

With 5 figures

Summary – Zusammenfassung

Probabilistic and Statistical Methods in Engineering Geology – Part I. Uncertainty about geologic conditions and about geotechnical parameters is probably the most distinctive characteristic of geotechnical engineering and engineering geology. Evidence for this are the role of engineering judgement and design approaches that cannot be found in any other engineering discipline. However, a more quantitative and systematic treatment of uncertainty through the use of statistical and probabilistic methods can greatly aid the engineering geologist and geotechnical engineer. In this Supplementum 12 a first part of a paper on this topic will be presented, describing sources of uncertainty and their consequences. Traditional approaches for analyzing uncertainty and their deficiencies are discussed leading to the conclusion that they can gain from being complemented by probabilistic and statistical methods (Part II of the paper describing the details of such methods will be published in a future issue of Rock Mechanics).

Wahrscheinlichkeitstheoretische und statistische Methoden in der Baugeologie – Teil I. Unsicherheit über geologische Zustände und geotechnische Parameter ist vermutlich das bezeichnendste Merkmal der Geotechnik und der Baugeologie. Dies zeigt sich in der Rolle, welche die Erfahrung spielt, und in Entwurfsprozessen, die in keiner anderen Ingenieurdisziplin zu finden sind. Was aber oft fehlt, ist eine quantitative und systematische Behandlung der Unsicherheit. Durch Einführung probabilistischer und statistischer Methoden kann dieser Mangel behoben werden. Der hier publizierte Artikel ist der erste Teil einer Behandlung dieses Themas. Dabei wird zuerst auf die Quellen der Unsicherheit und deren Folgen eingegangen. Dann werden die traditionellen Verfahren zur Behandlung der Unsicherheit diskutiert, was zum Schluß führt, daß sie durch probabilistische und statistische Methoden komplementiert und verbessert werden können. (Teil II dieses Artikels, der in einer zukünftigen Ausgabe von Rock Mechanics veröffentlicht werden wird, wird diese Methoden im Detail behandeln).

I. Introduction

Uncertainty about geologic conditions and geotechnical parameters is perhaps the most distinctive characteristic of engineering geology compared to other engineering fields. This is evidenced by the central role of "engineering judgement", adaptable design approaches, and other procedures for dealing with uncertainty or hedging against it. The profession has developed many qualitative strategies, and the intent of this paper is to show that most can be improved by rational analysis. Rational analysis of uncertainty usually involves probability theory and statistics. These analyses are not meant to replace present approaches − particularly engineering judgement − but to add systematic considerations which are essential to engineering decisions.

Specifically a first part of this paper, presented in this "Supplementum 12" of Rock Mechanics describes sources of uncertainty and their consequences. Traditional approaches for analyzing uncertainty are discussed and their deficiencies pointed out. Also a very short description of probability theory and statistics will be given. All this shows the reader that traditional approaches could gain from being complemented by probabilistic and statistical approaches. Such methods, specifically in application to exploration, design and construction will be described in the second part of this paper which will be published in a forthcoming volume of "Rock Mechanics". The great length that even the summary of these methods requires would by far exceed the extent permissible in Supplementa volumes. The publication of the specific methods in a future Rock Mechanics volume will also make it possible to illustrate them with specific examples.

II. Sources and consequences of uncertainty in engineering geology

Uncertainty in engineering geology has three major sources: 1) Innate spatial variability of geological formations, 2) errors introduced in measuring and estimating engineering properties, and 3) inaccuracies caused by modelling physical behavior.

Spatial variability

The geological subsurface is *spatially variable* in that it is composed of different materials which are stratified, truncated, and in other ways separated into more or less discrete zones. It is also spatially variable in that within an apparently homogeneous body, material properties vary from point to point. While with sufficiently many observations this variability can be precisely characterized, the number of observations is usually limited. Thus, uncertainty remains about material properties or classification at points not observed.

The fact that geological formations are spatially variable and that only a limited number of measurements can be made has important consequences. The principal one is that the subsurface must be described by a limited number of parameters, and that the values for these parameters are imprecisely known. Measured values comprise data points from the range of spatial variation. For instance, triaxial tests on sand from a particular site might result in values of friction angle ranging from $30°$ to $33°$. One accepts the fact that a geotechnical parameter is expressed by a range and also that the actual range may be greater than that manifest in the measured values.

Measurement errors

Uncertainty due to measuring and estimating engineering properties is introduced by sample disturbance, random procedural effects, bias errors, model inadequacy, and statistical fluctuations. These each have random and systematic components, and many are well studied. So-called random errors are presumed to have an average of zero, and to be independent from one test or specimen to the next. Bias errors introduce deviations which are systematically of the same trend. Model inadequacy is caused by the requirements of interpreting observed behavior according to a physical model which may not completely represent physical behavior (e.g., linear elasticity may be assumed to relate measured strains to stress differences). Finally, statistical fluctuations are caused by finite sample sizes (i.e., number of measurements) and the variation of properties from one set of measurements to another.

Model uncertainty

Describing the behavior of an engineering geologic structure (or a "pure" geologic entity for that matter) requires the assumption of a model based on theory or empirical relations. These models are simplifications of reality and thus introduce modelling errors. Modelling errors are caused by uncertainties about the theory assumed to apply to the physical process being studied, boundary and initial conditions which must be chosen, errors introduced by numerical or mathematical approximations, and important factors left out of the model (i.e., omissions). Sometimes, of course, modelling errors in predicting engineering performance and modelling errors in estimating material properties partially compensate.

It is important to note that modelling errors and parametric estimation errors are interdependent. Simple models may be quite inaccurate, but they often require only a few parameters which can be easily estimated. Sophisticated models may be quite accurate, but they often require many parameters which are difficult to estimate. Shearing resistance of soil, for example, can be described with the simple Coulomb (c, ϕ) model or with models consisting of a much larger number of parameters. The "many parameter" model may offer more accurate description of shearing behavior, reducing model uncertainty; on the other hand, only a few tests can be run for each parameter, and statistical uncertainty is increased. Since the Coulomb model requires only two parameters, a large number of tests can be run and statistical uncertainty reduced.

In any engineering study, one can never know what has been left out of an analysis. Thus, in addition to the three major uncertainties, there is uncertainty due to omissions. The real world has properties and interrelationships that can never entirely be included in an analysis. The question is whether those things left out are important. This is the same in probabilistic and deterministic analyses. Unless conditions are hypothesized, they cannot be included in predictions. Many of the major failures of constructed facilities have been attributed to omissions.

In thinking about sources of uncertainty in engineering geology, one is left with the fact that uncertainty is inevitable. One attempts to reduce it as much

as possible, but it must ultimately be faced. It is a well recognized part of life
for the engineer. The question is not whether to deal with uncertainty, but how?
Sections 3 and 4 below will discuss traditional ways of dealing with uncertainty
in exploration and design.

III. Exploration

Exploration usually follows the staged procedure of Fig. 1, with level of
detail increasing as the project advances. Most important are the feedback cycles
through analysis and design. Only by using information on analysis and design is
it possible to determine what additional information and what level of detail
are needed. Obviously, observations during construction are essential to verify
or modify design. Exploration is thus sequential and repetitive.

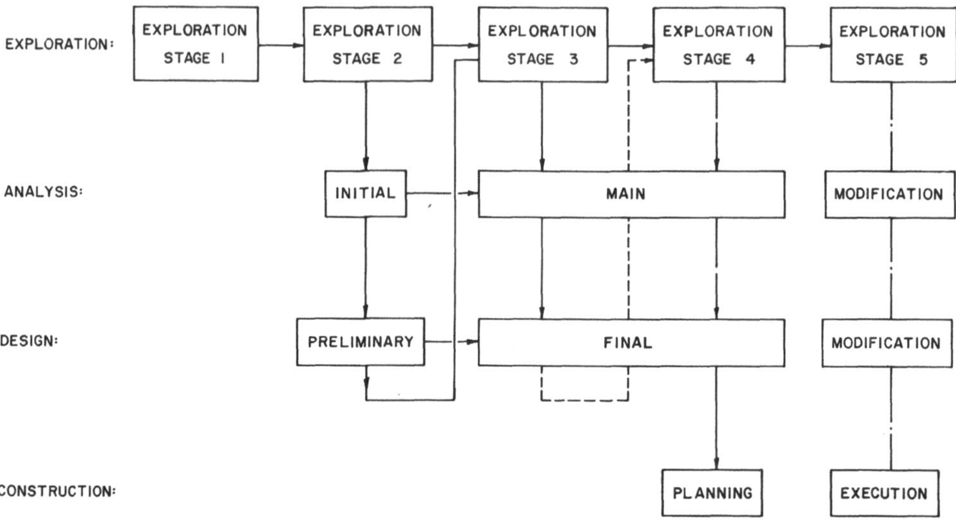

Fig. 1. Exploration Procedure
Erkundungs-Vorgehen

The basic tasks of exploration are shown in Table 1. Obviously, these tasks
occur in each stage, but with different relative importances. The fact that exploration consists of a number of typical processes, whose relative significance
changes with the advance of the project, is important for exploration planning.

Purpose and product of exploration

The *goal* of exploration is to describe the subsurface in a way that can be
used in analysis, design and construction. This requires identification of parameters and interpolation of parameter estimates throughout the ground mass
being characterized. The main *product* of exploration, however, is not these

Table 1. *Exploratory Taxonomy*

Reconnaissance: Reviewing existing qualitative information and subjective opinion to form initial hypotheses about site geology and possible inhomogeneities.

Pattern Recognition and Reconstruction: Recognizing geological forms and extrapolating to areas not actually observed (i.e., mapping).

Search: Finding geological details, or reducing the posterior probability of adverse details to acceptable limits. Locating "non-stationarities" in statistically homogeneous fields.

Sampling Homogeneous Material Properties: Using field and laboratory tests to infer in-situ material properties related to strength, deformation, and permeability. Sampling and characterizing pervasive inhomogeneities (e.g., joints).

parameter estimates but hypotheses on site geology. Formulating such hypotheses and assigning them initial degrees of confirmation is necessarily subjective.

Exploration planning

The central *procedural considerations* in exploration planning are deciding upon techniques for testing and parametric estimation, deciding upon effort allocations in time and space, and deciding how much exploration is enough.

Any observation or testing method has precisions and limitations dependent on the instrument, method and environment in which it is used. Such precisions or limitations are estimated through a mixture of manufacturer information, quantified and non-quantified experience, and experimentation, and result in what can be called the exploration reliability of data. Not only do observations and measurements have varying degrees of reliability, so, too, do the hypotheses for interpolation and explanation.

Probably the most important consideration is the required level of information relative to its use. One must decide not only the parameters to be estimated and at which locations, but also the level of completeness and precision to be attained. Feedback through analysis and design is absolutely essential for this decision. Given that many parameters are typically determined, one must decide whether they should all be made to the same level of completeness, or whether information on some should be "better" than on others. It might be noted in passing that increased exploration does not reduce inherent (i.e., spatial) variability. It only characterizes it more fully. Thus, a low level exploration program may result in a smaller range of observed values than a high level program, and fail to establish the actual range of variation in situ.

Obtaining more and better information is often technically desireable, but becomes a question of economics. The incremental cost of higher levels of exploration may outweigh marginal benefit, and in principle can be approached from an optimization point of view. In practice, this optimization is more difficult because it is often impossible to quantify the benefit accruing from marginal increases in exploration as changes in project cost or risk.

Present limitations

In light of these considerations, current exploration practice is seldom founded on a systematic approach. Quantitative analysis for exploration planning is exceedingly rare.

— Exploration reliability is quantified only to the extent of manufacturers' literature and limited experience with some methods. How factors affecting reliability of a particular method can be tied together, and how they can be incorporated in reliability expressions for an exploration approach is often an open question. Hypotheses on site geology or conditions are seldom compared and tested rationally.

— While the precision of individual experiments can often be established, the precision of estimates of in-situ properties — and more importantly, the range of properties — cannot be assessed with deterministic, often qualitative approaches.

— Finally, economics of exploration is a continuing matter of dispute. Current programs are typically based on a percent of total project cost (e.g., 3 % for large embankment dams). Experience shows that with such effort, exploration programs have been run which were satisfactory, i.e., they have no major gaps. These numbers have nothing to do with optimal conditions. They do not indicate whether a program was overdesigned, components should have been planned differently, or if adding or omitting components would have been economically advantageous.

IV. Design and construction considering uncertainty

In this section two traditional techniques for dealing with uncertainty in design and construction are considered. These are the use of safety factors and observational-adaptable methods.

IV.1. Factor of Safety

A so-called factor of safety (FS) is applied during design to ensure that the performance of a structure is satisfactory, even though actual loads, engineering parameters and computations models may deviate from those assumed. In other words, the uncertainty inherent in engineering predictions leads to a range of possible performance, and a factor of safety is applied to ensure that the realization within this range lies on the acceptable side of the desired performance (Fig. 2).

Many definitions of FS are used. Most common is the ratio 'resisting forces: driving forces', as e.g., in limit equilibrium analysis. Also common is the relation of 'resistance in terms of stresses to applied stresses', as e.g., in models of progressive failure. Somewhat less common in geotechnical engineering, but very common in structural reliability theory is the ratio of a measured geotechnical parameter value to the value of that parameter at which failure occurs. Each of these could be replaced by a safety margin, the difference between resisting and driving forces, stresses, etc.

Fig. 2. Safety Factor — A possible definition
Sicherheitsfaktor — eine mögliche Definition

Severals things about FS are unsatisfactory:

— It is necessary to establish a point limit between satisfactory and unsatisfactory performance, amounting to a precise definition of "failure". For limit equilibrium this is straightforward. For deformations it is not.

— FS is non-invariant to mechanically equivalent definitions of failure, except at FS = 1.0 (Fig. 3). This means that FS's > 1.0 are only ordinal measures of safety. See also *Habib* (1979), *Kovari* (1976). Thus, the comparison of FS for different designs, structures or projects is meaningless.

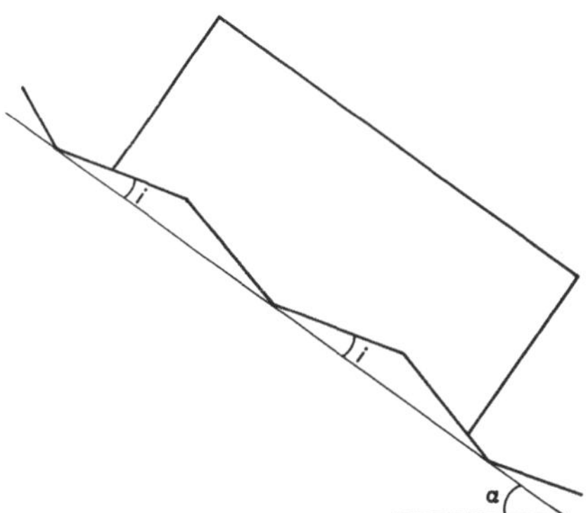

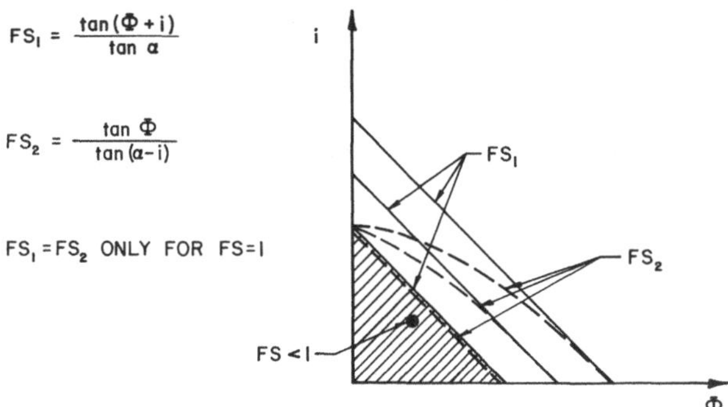

$$FS_1 = \frac{\tan(\Phi + i)}{\tan \alpha}$$

$$FS_2 = \frac{\tan \Phi}{\tan(\alpha - i)}$$

$FS_1 = FS_2$ ONLY FOR FS = 1

FS < 1

Fig. 3. Safety Factor — Dependance upon definition
Sicherheitsfaktor — Abhängigkeit von der Definition

                    H. H. Einstein and G. B. Baecher:

— FS is usually extremely sensitive to load path, and excludes consideration of load path uncertainty. Fig. 4a shows a block on a plane with inclination α. Assume that the friction angle between block and surface varies between $\bar{\phi}_1$ and $\bar{\phi}_2$, such that $\bar{\phi}_2 > \bar{\phi}_1 > \alpha$. The relative safety against sliding of this block under the two hypotheses $\bar{\phi} = \bar{\phi}_1$ and $\bar{\phi} = \bar{\phi}_2$ is different depending on whether loading is an inertial body force F, or an increased weight W. In fact, along the path of increasing weight, both ϕ values are equally safe.

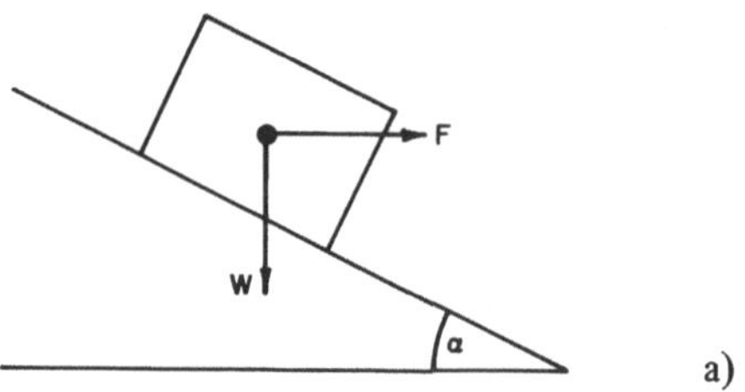

BLOCK ON SURFACE INCLINED AT ANGLE α
SUBJECT TO WEIGHT AND INERTIAL BODY FORCE F

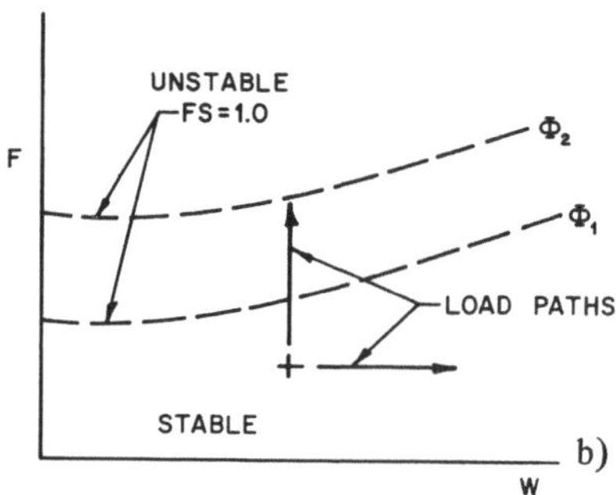

Fig. 4 a, b. Load Path Sensitivity of Factor of Safety
Sicherheitsfaktor — Abhängigkeit von der Belastungsgeschichte

— Traditional definitions of FS do not relate safety to uncertainty in engineering parameters. Steps to improving this situation have been made through partial safety factors (*Brinch-Hansen*, 1960), but have yet to gain wide acceptance.

— FS can be related to costs but not benefits. It therefore cannot be used in optimization.

IV.2. Observational-adaptable methods

The so-called observational approach has been widely discussed and is well known (*Peck*, 1969, *Terzaghi*, 1961, *Casagrande*, 1965). The NATM is, of course, one of the best examples of the method (*Rabcewicz*, 1965, *Pacher*, 1963, *Müller*, 1977). The principle of observational or adaptable methods is outlined in Fig. 5. It is important to emphasize that alternatives are developed during the design phase and selections are made during construction, and that these selec-

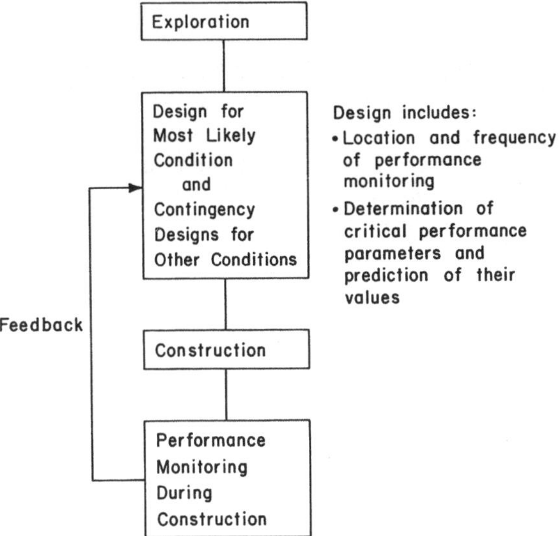

Fig. 5. "Observational Method"
Entwurfsparameter werden aufgrund von
Beobachtungen geändert und in der Aus-
führung berücksichtigt.

tions are based on observed performance. Although certain design changes may
be developed during construction, most have been conceived previously. The
method is not "design as you go".

There are questions about the use of observational-adaptable methods which
are difficult to answer quantitatively using present techniques. These are illustrated for tunneling but applied to other projects, too:

1. In choosing to construct with a non-adaptable usually fully mechanized
method, the method must usually be geared to worst conceivable conditions.
Production rates in unfavorable conditions with the non-adaptable method will
usually be very slow, and costs high. However, in average or good conditions the
non-adaptable mechanized method will usually have high production rates and
low costs. Clearly, adaptable methods will have advantages if there are frequent
changes in geology, particularly if the range is wide. The selection of a non-adaptable or an adaptable method must usually be made in the early design phases
when knowledge of geologic conditions is limited.

2. During construction, conditions may improve and one must decide if a
construction method should be changed. Changes would not be made if conditions once again deteriorate after a short distance, but would be made on the
supposition of some minimum length of favorable geology. In other words, the
decision is made in the context of the economy of the entire tunnel project.
There is uncertainty about conditions to be encountered; on the other hand,
estimates exist. These estimates should be quantitatively assessed and incorporated in the economic decision, but at present cannot be.

V. Probability theory and statistics

Probability theory and the statistical techniques deriving from it provide a formal calculus for describing uncertainty, modelling the relationships among uncertain quantities, and drawing inferences from limited observations. In itself, this does not mean that probability theory or statistical techniques are applicable to all classes of uncertainties — and indeed to many classes they are not — but it does suggest that insight might be gained from their use.

Probability theory is an axiomized branch of mathematical logic which is internally consistent once the axioms are accepted. Within these axioms, the term *probability* is primative, and as one might expect this has led to schools of thought on what the concept means. The principal contending schools are that which hold probability to be a frequency within a long or infinite series of identical trials, and that which holds probability to be a degree of belief. Since only the latter allows probabilities to be defined directly on states of nature, it is usually adopted for applications to engineering geology.

Statistics, on the other hand, is a collection of tools for drawing inferences about the real world from limited numbers or types of observations. It is not an axiomized theory, but rather is built around sets of principles. Depending on the "brand" of statistics used (e.g., frequentist vs. belief), this set of operating principles may differ (see, e.g., *Barnett*, 1973). In the sections that follow, both frequentist and belief approaches are discussed.

V.1. Description of uncertain quantities

In this section a few terms are defined which will be useful later.

Consider an uncertain quantity X with realization x. The function $F(x)$, the cumulative density function (*cdf*) describes the probability that the realization of X is less than or equal to some value x,

$$F(x) = Pr \{X \leqslant x\} \tag{5.1}$$

The derivation with respect to x,

$$f(x) = \frac{d}{dx} F(x) \tag{5.2}$$

the probability density function (*pdf*), and has the property that area under this function between two values x_a and x_b equals the probability of X lying in that interval. Clearly,

$$\int_{-\infty}^{+\infty} f(x)\,dx = 1.0 \tag{5.3}$$

The first moment of $f(x)$ about the origin is said to be the expected value or mean of the distribution,

$$E[X] = \int_{-\infty}^{+\infty} x\,f(x)\,dx \tag{5.4}$$

and the second moment about the mean is said to be the variance,

$$V[X] = \int_{-\infty}^{+\infty} (x - E[X])^2\,f(x)\,dx \tag{5.5}$$

The square root of $V[X]$ is said to be the standard deviation, and the ratio of the standard deviation to the mean is said to be the coefficient of variation,

$$Cov\,[X] = \frac{\sqrt{V[X]}}{E[X]} \tag{5.6}$$

V.2. Inference from samples

Statistical methods are used in drawing inferences about the properties of large populations from observations on some limited number of elements of those population. The purpose of statistical methods is to (1) allow "best" estimates of population parameters or properties, and (2) statements of confidence or precision about those estimates.

Frequentist statistics

In frequentist theory selected functions of sample data are used as estimates of population parameters, and statements of confidence based on the behavior of such estimators in repeated sampling.

Let $T(z)$ be some function of the sample observations $z = \{z_1, \ldots z_n\}$, said to be a statistic of z. Many statistics can be thought of, e.g., the arithmetical average, most frequent value, maximum range, etc. Certain of these have properties in repeated sampling which make them "good" estimators of population parameters.

The properties most often sought in estimators are,

— Unbiasedness, meaning that $E_z[T(z)] = \theta$ the parameter being estimated.

— Minimum variance (or minimum squared error), meaning $E_z[(T(z) - \theta)^2]$ is minimized over all $T(z)$.

— Consistency, meaning that estimator variance approaches zero as the sample size approaches infinity.

— Maximum likelihood, meaning that the estimate of θ is the value which maximizes the conditional probability of the observations actually made. These properties are seldom found simultaneously in the same estimator.

Statements of confidence in an estimate under frequentist theory have to do with the variability of the estimator in repeated sampling, not with uncertainty in the parameter. A confidence interval of 95 % on some estimator is the interval such that, if the actual value of θ lay within that interval then the observed $T(z)$ would fall within the central 95 % area of its own conditional sampling distribution given θ.

Bayesian statistics

In degree of belief or "Bayesian" statistics statements of probability are admitted directly over states of nature, i.e., directly over θ. A set of observations is made and they are combined with prior information to yield a *pdf* on θ. The vehicle for making this combination is *Bayes'* Theorem which states,

$$f'(\theta \,|\, z) \propto f^\circ(\theta)\, L\,(z \,|\, \theta)$$

in which $f'(\,\cdot\,)$ = the posterior (after sampling) *pdf*, $f^\circ(\,\cdot\,)$ = the prior (before sampling) *pdf*, and $L(\,\cdot\,)$ is the likelihood (conditional probability) of the observations given various values of the parameter to be inferred, θ. The advantage of Bayesian methods is that they allow statements of uncertainty to be made directly over θ; the disadvantage is that they require a prior *pdf*. One can easily argue, however, than in any real case either prior data or prior intuition (opinion) exists.

V.3. Subjective probability

From the inception of modern probability theory in the early 1900's there has existed a duality of philosophical thought between what is now called "frequency" and what is now called 'belief". Both satisfy the axioms of probability theory and are therefore equally acceptable definitions. In the 1920's and 30's a subjective view of degree of belief began to emerge in the writings of *Ramsey, Keynes*, and somewhat later, *DeFinetti* and *Savage*. This view holds that probability is not only a belief, but subjective. Since probability within the belief school is always conditional on a state of information, and since any two observers have different experience, there can be no objective degree of belief with which all would agree. Two people can observe the same data, assign differing probabilities to some extent, and both be "right". To a frequentist this is, of course, exasperating; but philosophically it is wholly consistent, and usually models the types of uncertainties engineering geologists deal with better than frequency definitions do.

While one may agree that, philosophically, the concept of subjective probabilities presents no difficulty, how one might go about placing numbers on these beliefs is another question. In fact, the way beliefs are quantified in large measure defines what is meant by subjective probabilities. This is the question *Ramsey* (1926) set his attention to, and which since about 1950 has led to the development of a large literature. *Hogarth* (1973) presents an excellent summary of this literature, so there is little need to dwell on it here. It is perhaps enough to say that well studied techniques have been developed for assessing subjective probabilities; that these techniques are not without deficiencies, but their deficiencies are known; and that successful applications have been made in quantifying geological opinion, from which the geologists or engineers involved have come away with satisfaction in the assessments. The purpose of assessment techniques is not to replace experienced opinion, but to exploit that opinion as much and as efficiently as possible.

VI. Probabilistic and statistical methods in engineering geology

It was shown in the preceding sections that uncertainty is inevitable in Engineering Geology, that exploration, design and construction approaches try to take uncertainty into account but that traditional approaches do this in many aspects very unsatisfactorily. On the other hand, probability theory and statistics provide formal and often more satisfactory ways to treat uncertainty. Specific methods based on these probabilistic and statistical approaches will be presented in a future volume of Rock Mechanics. Keeping with the structure and format of the preceding sections, methods in exploration, design and construction will be outlined and illustrated with practical examples. Specifically, statistical methods in exploration will be concerned with joint surveys and subjective assessment of geologic uncertainty, exploration planning i.e. deciding on the extent of exploration on the basis of expected benefits will also be described. In design and construction it will be possible to advance from traditional factor of safety approaches to reliability analysis, and to assess uncertainty in cost due to geologic and construction variabilities; construction management approaches to deal on a day to day basis with such uncertainties will also be presented.

Although the readers will only see a selection of methods and this in summary form, they should become sufficiently familiar with them to see their great potential in treating engineering geologic problems.

VII. Conclusions

The inherent uncertainty in geology, in the observations and measurements used to obtain information on geology and the subsequent uncertainties in the analytical and design approaches are characteristic of engineering geology. Assessment and consideration of uncertainty have always played a central role in engineering geologic procedures. In this and the companion papers in Rock Mechanics we have attempted to show that benefits derive from the use of systematic, quantitative approaches. Such approaches are useful in planning exploration, evaluating data, estimating facility reliability, and optimizing design and construction decision.

To return to the opening remarks of this paper, uncertainty is more pervasive in engineering geology than any other characteristic. Engineering judgement and subjective assessment have always played important roles. Hopefully, this discussion will go beyond demonstrating the advantages of a new set of techniques. The principles underlying a formal analysis of uncertainty help structure one's very thinking about uncertainty and its effects. In the final analysis this may be more important than determining mere numbers.

References

Alonzo, E. E.: Risk Analysis of Slopes and Its Application to Slopes in the Canadian Sensitive Clays. Geotechnique *26*, 453–472 (1976).

Ashley, D. B., Tse, E. C., Einstein, H. H.: Advantages and Limitations of Adaptable Tunnel Design and Construction Methods. Proceedings, Rapid Excavation and Tunneling Conference, Atlanta, 989–1011, 1979.

Ashley, D. B., Veneziano, D., Einstein, H. H., Chan, M. H.: Geologic Prediction and Updating in Tunneling – A Probabilistic Approach. Proceedings, 22nd U.S. Symposium on Rock Mechanics, MIT, 1981.

Baecher, G. B.: Site Exploration – A Probabilistic Approach. Ph. D. Thesis, MIT, 1972.

Baecher, G. B.: Analyzing Exploration Strategies. In: *C. H. Dowding* (ed.), Site Characterization and Exploration, ASCE/NSF, 1978.

Baecher, G. B.: Progressively Censored Sampling of Rock Joint Traces. Mathematical Geology *12*, 33–40 (1980).

Baecher, G. B.: FOSM Methods in Geotechnical Analysis. In: *Baecher, G. B.* and *Rackwitz, R.*, Notes on Geotechnical Reliability, from a short course given at the Computational Mechanics Centre, Southampton, 1980.

Baecher, G. B., Lanney, N. A.: Sampling for Joint Persistence. 19th U.S. National Symposium on Rock Mechanics, 1978.

Barnett, V.: Comparative Statistical Inference. New York: John Wiley & Sons 1973.

Brinch-Hansen, J., Lundgren, H.: Hauptprobleme der Bodenmechanik. Berlin, Göttingen, Heidelberg: Springer 1960.

Call, R. D., Kim, Y. C.: Composite Probability of Instability for Optimizing Pit Slope Design. 19th U.S. Symposium on Rock Mechanics, 1978.

Call, R. D., Nicholas, D. E.: Prediction of Step Path Failure Geometry for Slope Stability Analysis. 19th U.S. Symposium on Rock Mechanics, 1978.

CANMET: Pit Slope Manual. Department of Energy, Mines and Mineral Resources, 1977.

Casagrande, A.: The Role of the "Calculated Risk" in Earthwork and Foundation Engineering. Proceedings, ASCE *91*, No. SM4, 1–40 (1965).

Chan, M. H.: A Geological Prediction and Updating Model in Tunneling. M. S. Thesis, MIT, 1981.

Cruden, D. M.: Describing the Size of Discontinuities. Int. J. Rock. Mech. and Min. Sc. *14*, 133–137 (1977).

Einstein, H. H., Vick, G. G.: Geologic Model for a Tunnel Cost Model. Proceedings, 2nd Rapid Excavation and Tunneling Conference, San Francisco, 1701–1720, 1974.

Einstein, H. H., Markow, M. J., Chew, K.: Assessing the Value of Exploration for Underground Gas Storage. Proceedings, Rockstore, 1977.

Einstein, H. H., Labreche, D. A., Markow, M. J., Baecher, G. B.: Decision Analysis Applied to Rock Tunnel Exploration. Engineering Geology *12*, 143–161 (1978).

Einstein, H. H., et al.: Risk-Analysis for Rock Slopes in Open Pit Mines. Parts I–V, USBM Technical Report J0275015, 1980.

Epstein, B.: Truncated Life Tests in the Exponential Case. Annals of Mathematical Statistics 25, 555 (1954).

Fisher, R. A.: The Truncated Normal Distribution. British Association of Advanced Science. Math. Tables, I; XXXIII–XXXIV, 1931.

Glynn, E. F.: A Probabilistic Approach to the Stability of Rock Slopes. Ph. D. Dissertation, MIT, 1979.

Habib, P.: Le coefficient de sécurité dans les ouvrages au rocher. Presidential adress, Proceedings, 4th Int. Congr. of the ISRM, Montreux, 1979.

Hald, A.: Maximum Likelihood Estimators of the Parameters of a Normal Distribution Truncated at a Known Point. Skand. Aktuarietidskr. *32*, 119 (1949).

Hasofer, A. M., Lind, N. C.: Exact and Invariant Second Moment Code Format. ASCE Journal of the Engineering Mechanics Division. *100*, 111–121 (1974).

Herget, G.: Analysis of Discontinuity Orientation for a Probabilistic Slope Stability Design. 19th U.S. Symposium on Rock Mechanics, 1978.

Hoek, E., Bray, J. W.: Rock Slope Engineering. Inst. of Mining and Metallurgy, London, 1973.

Hogarth, R. M.: Cognitive Processes and the Assessment of Subjective Probability Distribution. J. of American Statistical Assessment *70*, 271–289 (1975).

Jennings, J. E.: A Mathematical Theory for the Calculation of the Stability of Open Cast Mines. Proceedings, Symposium on the Theoretical Background to the Planning of Open Pit Mines, Johannesburg, South Africa, 1970.

John, K. W.: Graphical Stability Analysis of Slopes in Jointed Rock. J. of Soil Mechanics and Foundations Division, ASCE *94*, 1968.

Kendall, M. G., Stuart, A.: The Advanced Theory of Statistics. New York: Hafner 1967.

Kim, H., Major, G., Ross-Brown, D.: Application of Monte Carlo Techniques to Slope Stability Analyses. Supplement to 19th U.S. Symposium on Rock Mechanics, 1978.

Kim, Y. C., et al.: Economic Aspects of Pit Slope Design. Rock Mechanics Symposium, Vancouver, 1976.

Kovari, K., Fritz, P.: Ein Beitrag zum Problem der Standsicherheit von Felsböschungen. Proceedings, 2. Nat. Tagung für Felsmechanik, Aachen, 1976.

Marek, J. M., Savely, J. P.: Probabilistic Analysis of Plane Shear Failure Mode. Proceedings, 19th U.S. Symposium on Rock Mechanics, 1978.

Matsuo, M.: Reliability in Embankment Design. Department of Civil Engineering, MIT, Technical Report R76-33, 1976.

McMahon, B.: Design of Rock Slopes Against Sliding on Pre-existing Fractures. Proceedings, 3rd Congress Int. Soc. Rock Mechanics, *II-B*: 308-313 (1974).

Merritt, A. H., Baecher, G. B.: Site Characterization in Rock Engineering. State of the Art Paper in Proceedings, 22nd U.S. Symposium on Rock Mechanics, Cambridge, 1981.

Moavenzadeh, F., Markov, M. J.: Tunnel Cost Model. Series of 10 reports (1974–1978).

Morla-Catalan, J., Cornell, C. A.: Earth Slope Reliability by a Level Crossing Method. J. Geot. Div., ASCE *102*, 591–604 (1976).

Müller, L.: Der Felsbau. Bd. 2. Stuttgart: Enke 1978.

O'Reilly, K. J.: The Effect of Joint Plane Persistence on Slope Reliability. M.S. Thesis, MIT, 1980.

Pacher, F.: Deformationsmessungen im Versuchsstollen als Mittel zur Erforschung des Gebirgsverhaltens und zur Bemessung des Ausbaus.

Peck, R. B.: Advantages and Limitations of the Observational Method in Applied Soil Mechanics, 9th Rankine Lecture, Geotechnique *19*, 171–187 (1969).

Priest, S. D., Hudson, J.: Discontinuity Spacings in Rock. Int. J. Rock Mech. Min. Sci. *13*, 135–148 (1976).

Priest, S. D., Hudson, J.: Estimation of Discontinuity Spacing and Trace Lengths Using Scan Line Surveys. Int. J. Rock Mech. Min. Sci. *18*, 183–198 (1981).

Rabcewicz, L.: The Stability of Tunnels Under Rock Load. Water Power 225–229, 266–273 297–302 (1969).

Rackwitz, R., Peintinger, B.: Numerical Uncertainty Analysis of Slopes. Berichte zur Zuverlässigkeitstheorie der Bauwerke, Laboratorium für den konstruktiven Ingenieurbau, Technische Universität München 1980.

Ramsey, F. P.: Truth and Probability. Reprinted in Kyberg and Smokler (eds.), Studies in Subjective Probability. John Wiley & Sons 1926.

Snow, D.: Discussion – Theme III. Int. Congress Rock Mechanics, Lisbon 1966.

Stael von Holstein, C. S.: A Tutorial in Decision Analysis. In Howard, R. A., et al. (eds.), Reading in Decision Analysis, SRI 1974.

Terzaghi, K.: Engineering Geology on the Job and in the Classroom. J. Boston Soc. of Civ. Engs., *48*, 97–109 (1961). Discussions in *49*, 44–95 (1962). (Reprinted as Harvard Soil Mechanics Series No. 62, also in Contributions to Soil Mechanics 1954–1962, Boston Soc. of Civil Engineers, 1965.)

Terzaghi, R.: Sources of Error in Joint Surveys. Geotechnique *15*, 287–304 (1964).

Vanmarcke, E.: On the Reliability of Earth Slopes. J. Geot. Div., ASCE *103*, 1247–1265 (1977).

Vanmarcke, E.: Probabilistic Stability Analysis of Earth Slopes. Engineering Geology (1981).

Veneziano, D., et al.: Three Dimensional Models of Slope Reliability. Dept. of Civil Engineering, MIT, Technical Report R77-17, 1977.

Visca, P. J., Marek, J. M.: Monte Carlo Simulation of Rotational Shear Analysis. Proceedings, 19th U.S. Symposium on Rock Mechanics.

Wu, T. H., Thayer, W. B., Lin, S. S.: Stability of Embankment on Clay, ASCE *101* (GT9), 913–948 (1975).

Addresses of the authors: Prof. *H. H. Einstein, G. B. Baecher,* Massachussetts Institute of Technology, Cambridge, MA-02139 U.S.A.

Rock Mechanics, Suppl. 12, 63–73 (1982)

**Rock Mechanics
Felsmechanik
Mécanique des Roches**
© by Springer-Verlag 1982

Tunnelplanung der Deutschen Bundesbahn in erdfallgefährdetem Gebiet NBS Hannover-Würzburg, Leinebusch-Tunnel

Von

H. Geißler, H. Möker, G. Sauer und **F. Schrewe**

Mit 5 Abbildungen

Zusammenfassung — Summary

Tunnelplanung der Deutschen Bundesbahn in erdfallgefährdetem Gebiet. Die in Planung bzw. teilweise bereits im Bau befindliche Neubaustrecke Hannover-Würzburg der Deutschen Bundesbahn hat eine Gesamtlänge von 327 km. Derzeit sind darin etwa 337 Brücken mit einer Gesamtlänge von 41 km sowie 59 Tunnel mit einer Gesamtlänge von 110 km geplant. Die meisten Tunnelbauten durchörtern den Buntsandstein.

Abweichend davon liegen im niedersächsischen Bergland einige Tunnel und Streckenabschnitte in Schichten des Muschelkalk. Die Strecke führt hier durch bautechnisch schwierige Erdfallgebiete.

Die dabei auftretenden Probleme beim Tunnelbau sollen anhand des Leinebusch-Tunnels (Göttingen) erläutert werden. In unmittelbarer Nähe dieses in den Formationen des Mittleren und Oberen Muschelkalk liegenden Tunnels waren bereits mehrere Erdfälle bekannt. Von den insgesamt 24 Aufschlußbohrungen trafen drei in bis dato noch unbekannte Erdfallschlote.

Nicht nur die Durchörterung dieser teilweise nur schwach verfestigten Versturzmassen, sondern auch die weitere Gefährdung des Bauwerkes durch rezente Suberosionen sind Gegenstand dieses Berichtes. Es werden Lösungsvorschläge konstruktiver und meßtechnischer Art aufgezeigt.

Tunnel Designing in Areas of Subsidence. (The new high-speed railway line from Hannover to Würzburg, Leinebusch-Tunnel). The new railway line from Hannover to Würzburg (Western Germany), which is just being under construction, has a total length of 327 km. It includes 337 bridges (total length 41 km) and 59 tunnels with a length of altogether 110 km. Most of the tunnels are situated in Bunter formations, a horizontally deposited sandstone with alternating layers of claystone.

Another formation is the Muschelkalk, an alternating deposit of limestone and argillite, highly fractured, with many engineering problems.

One of the main problems in tunnelling are the sinkholes, produced by suberosion of gypsum. These deep holes with diameters of 6 to 20 m and depths between 20 and 50 m were encountered in the vicinity of the Leinebusch, a small mountain which was to be passed by the Leinebusch Tunnel. Three of 24 executed exploratory drillings met still unknown sinkholes.

0080–3375/82/Suppl. 12/0063/$ 02.20

Subject of the present paper is not only the intersection of these partly only poorly consolidated rock fall masses, but also the further endangering of the structure by recent suberosions. Proposals for solving these problems by constructive and measuring provisions will be presented.

Einführung

Das Streckennetz der Deutschen Bundesbahn hat über 500 Tunnel mit einer mittleren Länge von 400 m, insgesamt also etwa 200 km Tunnel. Durch die geplanten und teilweise im Bau befindlichen Neubaustrecken wird sich die Anzahl der Tunnelbauwerke bei der Deutschen Bundesbahn um ca. 14 %, die Gesamtlänge der Tunnel sogar um ca. 65 % erhöhen. Diese vorgesehenen Baumaßnahmen sind Teil des Infrastrukturleitplanes, der von der europäischen Eisenbahnverwaltung aufgestellt wurde.

Für die bisher genehmigten Programme waren nach dem Planungsstand 1980 folgende Leistungen zu erbringen:
  − 6 Ausbaustrecken (ABS) mit einer Gesamtlänge von 1083 km
  − 2 Neubaustrecken (NBS) mit einer Gesamtlänge von 430 km
  − 68 Tunnel mit insgesamt ca. 129 km, das sind 34 % der Neubaustreckenlänge.

Die übrigen Baumaßnahmen verteilen sich wie folgt auf die Neubaustreckenlänge (vgl. Abb. 1):

Einschnitt   30 %
Dammstrecke/ebenerdige Strecken   24 %
Brücken   12 %.

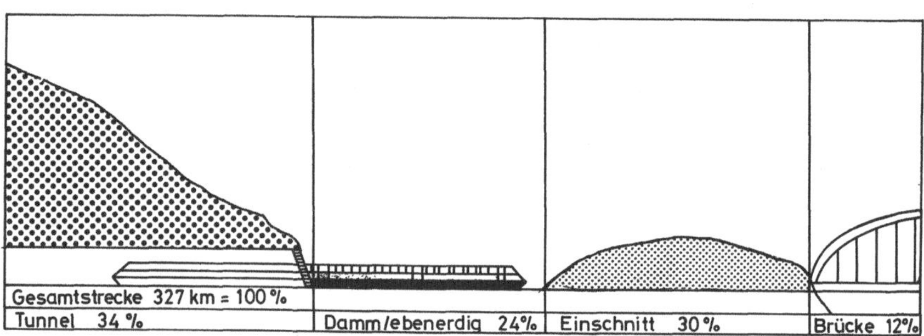

Abb. 1. Streckeneinteilung der Neubaustrecke Hannover-Würzburg
Subdivision of the railway line in tunnel, dam, cutting and bridge sections

Die Neubaustrecken sind trassiert für
Reisezuggeschwindigkeiten von 250 km/h und
Güterzuggeschwindigkeiten von 120 km/h.
Die Projektgruppe Nord der Deutschen Bundesbahn befaßt sich mit dem Bau des auf niedersächsischem Gebiet gelegenen Teiles der Neubaustrecke Hannover-Würzburg. Für diesen 133 km langen Bauabschnitt (Abb. 2) waren ursprünglich 13 Tunnel mit einer Gesamtlänge von ca. 29 km vorgesehen. Aus wirtschaftlichen Überlegungen erhöht sich die Anzahl der Tunnel um 3 auf 16 mit einer

Gesamtlänge von fast 32 km. Die Tunnellängen streuen zwischen 380 und
5500 m. Die mittlere Länge beträgt etwas über 2 km.

Abb. 2. Streckenführung der Neubaustrecke Hannover-Würzburg auf niedersächsischem Gebiet
Map of the new railway line Hannover-Würzburg

Die geplante Neubaustrecke Hannover-Würzburg führt in Niedersachsen
durch erdfallgefährdete Gebiete. Daraus ergeben sich Probleme für die Tunnelplanung, die im folgenden am Beispiel des Leinebusch-Tunnels erläutert werden.

An der Planung des Leinebusch-Tunnels sind beteiligt:
- die Projektgruppe Hannover-Würzburg Nord der Bahnbauzentrale,
  Hannover

- das Consulting-Büro Salzgitter Consult GmbH, Salzgitter (Planung und Entwurf)
- das Büro Prof. H. Duddeck, Braunschweig (Prüfingenieur)
- das Büro Prof. Dr. F. Pacher, Salzburg (Felsmechanik) und
- das Niedersächsische Landesamt für Bodenforschung (NLfB), Unterabteilung Ingenieurgeologie, Hannover.

Die felsmechanischen Laboruntersuchungen hat im Auftrag des NLfB zum großen Teil die Landesgewerbeanstalt Nürnberg durchgeführt.

1. Geologische Situation

Der geplante Leinebusch-Tunnel soll nahe bei Göttingen einen Höhenzug westlich des Leinetal-Grabens auf ca. 1,6 Länge durchfahren. Dieser Höhenzug ist überwiegend aus Gesteinen des Muschelkalk aufgebaut.

Die Tunneltrasse wird von mehreren tektonischen Störungen gequert, die zum Inventar der Zerrungstektonik des in Nord-Süd-Richtung verlaufenden Göttinger Leinetal-Grabens gehören. In Trassennähe fallen morphologische Einsenkungen auf, die rund oder oval ausgebildet sind (Abb. 3). Es handelt sich um Einbrüche des Gebirges, sogenannte Erdfälle, die durch den Einsturz von Hohlräumen im Untergrund entstanden sind.

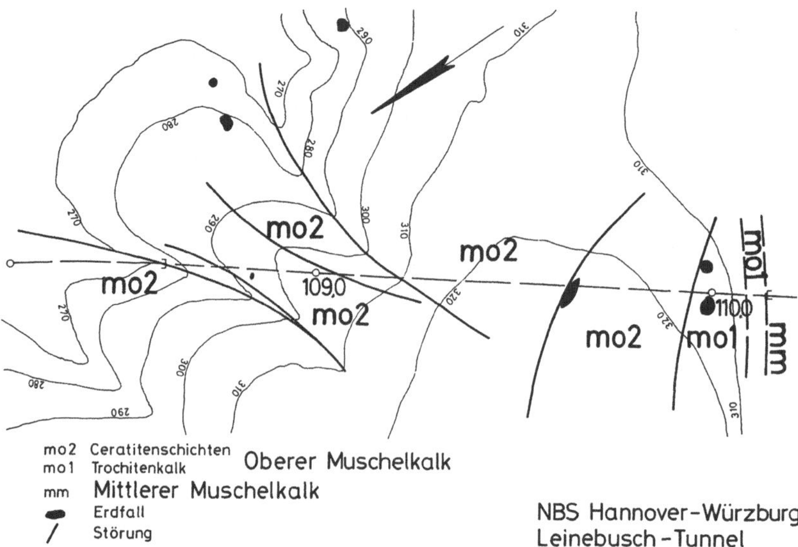

Abb. 3. Tunneltrasse auf dem Großen Leinebusch bei Göttingen
Plan surrounding of Leinebusch-Tunnel near Göttingen

Erdfälle brechen meist mit überhängenden Wänden zur Erdoberfläche durch. Durch Rutschung und Erosion entwickelt sich dann eine zylinderförmige, trichterförmige und schließlich schüsselförmige Hohlform. Ihr Durchmesser bzw. die Abböschung ihrer Ränder ist offenbar von dem Zeitraum abhängig, der seit dem akuten Einbruch vergangen ist. Bei zunehmender Verflachung der Ränder wird im Laufe geologischer Zeiträume eine kaum noch wahrnehmbare flache Geländedepression entstehen. Bei totaler Einebnung ist der Bereich des Einbruchsschlotes allenfalls noch in Gestalt kreisförmiger Abgrenzungen von Vegetationsunterschieden erkennbar.

Im Zuge der geologischen Erkundungen wurden neben den an der Geländeoberfläche erkennbaren, Erdfälle zufällig oder gezielt durch Kernbohrungen nachgewiesen.

Im schematisierten und überhöhten Längsprofil durch den Leinebusch-Tunnel (Abb. 4) erkennt man, daß die Erdfallschlote bis tief in die Schichten des Mittleren Muschelkalk hineinreichen.

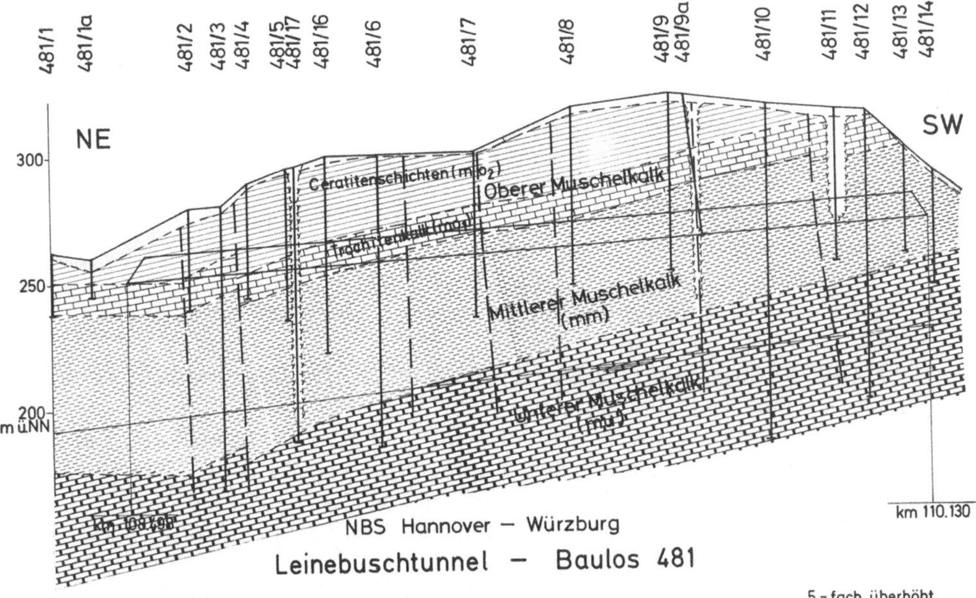

Abb. 4. Geologisches Längsprofil durch den Leinebusch-Tunnel (schematisiert und überhöht) Geological section (schematic)

Das Profil des Mittleren Muschelkalk enthielt ursprünglich zwei Salz- und Anhydritlager. Im untersuchten Gebiet sind das Salz sowie das obere Anhydritlager nicht mehr vorhanden. Der untere Anhydrit ist vollständig in Gips umgewandelt worden. Die Auslaugung dieses maximal 20–30 m mächtigen Lagers und die damit verbundene Hohlraumbildung sind die Ursache für die beschriebenen Einbrüche des Deckgebirges.

Im Vergleich zum Kalkstein hat Gips eine etwa 100 mal höhere Löslichkeit. Deshalb sind Auslaugungsvorgänge bzw. Hohlformbildungen in besonderem Maße begünstigt. Für die Zufuhr frischen Wassers und die Ableitung der mehr oder weniger gesättigten Lösungen sorgt ein entsprechendes Kluftsystem, das sowohl die Deckschicht als auch das Gebirge im Liegenden des Gipslagers durchsetzt. Auf die Größenordnung der Hohlräume, die zu Einbrüchen führen können,

lassen zunächst die Oberflächenformen Rückschlüsse zu. Die Kernbohrungen
haben Kavernen von bis zu 6 m Höhe — mit zwischengeschalteten dünnen Materialbrücken — nachgewiesen.

Der kinematische Ablauf des Hochbrechens der Erdfälle ist noch weitgehend ungeklärt.

Grundsätzlich sind im Tunnel zwei Bereiche zu unterscheiden: Während der nordöstliche Teil Gesteine des Oberen Muschelkalk durchfährt und der problematische Mittlere Muschelkalk bis zu 70 m unterhalb der Tunnelsohle ansteht, verläuft der Tunnel in seinem südwestlichen Abschnitt direkt im Mittleren Muschelkalk.

Bei den Untersuchungen in der Umgebung der Tunneltrasse hat sich gezeigt, daß jüngere Erdfälle in der Regel dort anzutreffen sind, wo über dem Gipslager bzw. über den darin befindlichen Hohlräumen noch ca. 60—90 m Deckgebirge erhalten sind. Die Festgesteine des Deckgebirges bestehen — vom Liegenden zum Hangenden — aus:
- ca. 35 m Tonsteinen, Mergeln und Dolomiten des Mittleren Muschelkalk,
- etwa 15 m des massigen, stark geklüfteten Trochitenkalks (Oberer Muschelkalk) und schließlich
- bis zu ca. 40 m Ceratitenschichten (Oberer Muschelkalk), einem bankigen Wechsel von Kalk- und Tonsteinen.

Für den Grad der Erdfallgefährdung spielen neben der Mächtigkeit des Deckgebirges die Schichtneigung, die morphologische Position und der Verlauf von tektonischen Störungen eine Rolle:

Flache Schichtlagerung begünstigt offensichtlich die Ablaugung mehr als eine stärkere Neigung der Schichten.

Das gehäufte Auftreten von Erdfällen an Talrändern ist augenfällig, so daß die Vorstellung von der Ausbildung eines Ablaugungshanges, der sich den Oberflächenformen anpaßt, sicherlich im Prinzip richtig ist.

Entlang tektonischer Störzonen sind Erdfälle häufig perlschnurartig aufgereiht.

Es scheint so, daß die Nachbruchtätigkeit in den Positionen weitgehend abgeschlossen ist, in denen das Deckgebirge auf weniger als 60 m Mächtigkeit erodiert ist. Die Indizien für längere Zeit zurückliegende Erdfalltätigkeit sind im Gelände flache, kaum erkennbare Depressionen und das Fehlen von steilwandigen Trichtern. In den Bohrungen lassen die Dislokation von Bezugshorizonten, das Fehlen des Gipslagers und an seiner Stelle das Auftreten von verstürztem Gebirge, von Residualbrekzien und Residualtonen erkennen, daß die Subrosion und in ihrer Folge Deckgebirgseinbrüche bereits stattgefunden haben.

2. Quantitative Bewertung der Subrosionserscheinungen im Hinblick auf die Bemessungsansätze

Zur Abschätzung der Konsequenzen, die sich aus den Ablaugungsvorgängen unterhalb der Tunnelsohle für die geplante Baumaßnahme ergeben, mußte versucht werden, eine Vorstellung zu gewinnen über
- die Möglichkeiten der Vorausbestimmung von Erdfällen,
- Form und Abmessung möglicher Erdfälle,

– die Ablaugungsgeschwindigkeit des Gipses und
– die Größenordnung weitspanniger Geländesenkungen infolge Gipsablaugung.

Die Voraberkundung möglicher Hohlräume mit Hilfe flächendeckender geophysikalischer Methoden ist naheliegend, aber nach den bisherigen Erfahrungen im Niedersächsischen Raum bei der zu erwartenden Teufenlage der Hohlräume sowie aufgrund der Beschaffenheit des Deckgebirges nicht erfolgversprechend. Dies wurde auch durch die auf der Trasse des geplanten Leinebusch-Tunnels durchgeführten refraktionsseismischen und geoelektrischen Untersuchungen bestätigt. Somit muß sich das Auffinden und Abgrenzen möglicher Hohlräume (Erdfallfrüherkennung) auf baubegleitende und bauwerksüberwachende Maßnahmen beschränken.

Bedingt durch die Mechanik des Hochbrechens kommt es überwiegend zu kreisförmigen Einbrüchen an der Geländeoberfläche. Die uns bekannt gewordenen registrierten Erdfallereignisse aus dem Mittleren Muschelkalk der Region hatten im Entstehungsstadium Durchmesser von weniger als 10 m.

Neben Hohlraumbildungen sind auch flächenhafte Ablaugungen durch Subrosion – unterirdische Korrosion bei gleichzeitiger Erosion – mit der Konsequenz weitspanniger Senkungen des Geländes denkbar. Den theoretisch möglichen Senkungsbetrag haben wir über den Mineralinhalt des Wassers aus dem Quellteich des nahegelegenen Wasserwerkes Tiefenbrunn unter Berücksichtigung der durchschnittlichen Schüttungsmenge und der Größe des Einzuggebietes rückgerechnet. Die Schätzung ergab, daß unter extremen Bedingungen im Verlauf von 100 Jahren eine Gipslage im Zentimeterbereich abgelaugt werden könnte.

3. Bautechnische Konsequenzen

Die besondere Schwierigkeit bei der Bewertung der Untersuchungsergebnisse resultiert aus dem Fehlen hinreichender Erfahrungen beim Bau unterirdischer Hohlräume in Erdfallgebieten. Als geeignete Maßnahmen, dem Risiko für das geplante Tunnelbauvorhaben zu begegnen, bieten sich an:
– die Abschirmung des Gipslagers vom Grundwasserzustrom,
– eine Sanierung des Untergrundes,
– die Verstärkung des Ausbaues.

Aus ingenieur- und hydrogeologischer Sicht scheiden, weil unkontrollierbar, jene Maßnahmen aus, die darauf abzielen, das zuströmende Grundwasser, sei es durch Ableitung in Wasserstollen oder durch Injektionen, vom Gipslager fernzuhalten.

Eine Sanierung des Untergrundes ist nur in begrenztem Umfange möglich. Sie ist aber zur Optimierung und Ergänzung der somit zwingend erforderlichen konstruktiven Maßnahmen unverzichtbar.

Die Möglichkeit einer Aufständerung des Tunnels kommt, zumindest für den besonders gefährdeten nordöstlichen Teil, nicht in Betracht, weil die Basis des Gipslagers bis zu 70 m unterhalb der Tunnelsohle liegt.

Zur Überbrückung von Erdfällen mit bis zu 10 m Durchmesser wurde eine Längsertüchtigung der Tunnelröhre (geschlossener Querschnitt mit Sohlgewölbe und Längsbewehrung) vorgesehen. Dabei soll die Tunnelröhre den Wegfall eines

Tabelle 1. *Aktuelle Erdfälle aus dem Mittleren Muschelkalk und Oberen Buntsandstein (Röt) auf niedersächsischem Gebiet*
Recent sinkholes due to karstification in the underground

Lokalität	Jahr des Einbruches	primärer Schlotdurch-messer	vermutete Herkunft (Subrosion im . . . .)	Besonderheiten
Vogelbeck bei Salzderhelden	1894	ca. 10 m	Röt	
nördlich Holzminden	1940	„gut 10 m"	Röt	
Veltheim/Ohe	1949	6 m	Mittlerer Muschelkalk	1. Einbruch im Quartär über Unterem Keuper 2. Austritt gespannten Wassers 3. Erweiterung des Schlot-durchmessers auf 20—25 m nach wenigen Tagen
Diemarden bei Göttingen	1968	6 m	Mittlerer Muschelkalk	1. Wasserspiegel in 29 m Tiefe (Niveau des nahen Garte-Baches) 2. Gesamttiefe gelotet: 47 m 3. Verbreiterung des Schlotes bis zum Wasserspiegel auf ca. 15 m
Brunsen bei Einbeck	1970	3—5 m	Mittlerer Muschelkalk	Durchmesser bis 3 m Tiefe $d = 1,7$ m

Vogelbeck bei	1979	ca. 6 m	Röt	
Salzderhelden	1980	ca. 2,5 m		
Gladebeck bei	1980	7–8 m	Mittlerer Muschelkalk	
Hardegsen				
Wasserwerk	1978	ca. 2 m	Mittlerer Muschelkalk	Einbrüche im engeren Bereich
Tiefenbrunn	1980	1,5–2 m		des Wasserentnahmegebietes
bei Göttingen	1980	1,5–2 m		(Quellteich)
	1980	ca. 2 m		

Teiles der Bettung ausgleichen. Größere Hohlräume, denen mit diesen konstruktiven Maßnahmen nicht zu begegnen ist, sollen vom aufgefahrenen und gesicherten Tunnel aus geophysikalisch oder mittels eines Rasters aus Vollbohrungen erkundet und mit Injektionsgut verfüllt werden. Der Tunnelquerschnitt ist auf folgende zusätzliche Lastfälle zu bemessen:

   — Erdfall mittig unter dem Tunnel,
   — Erdfall exzentrisch unter dem Tunnel,
   — Erdfall seitlich der Ulmen.

Abb. 5 faßt die beiden letztgenannten Fälle zusammen. Als Bemessungsgrundlage wird entsprechend den Erfahrungen mit aktueller Erdfalltätigkeit ein Erdfall mit einem Schlotdurchmesser $d = 6 \div 10$ m angenommen.

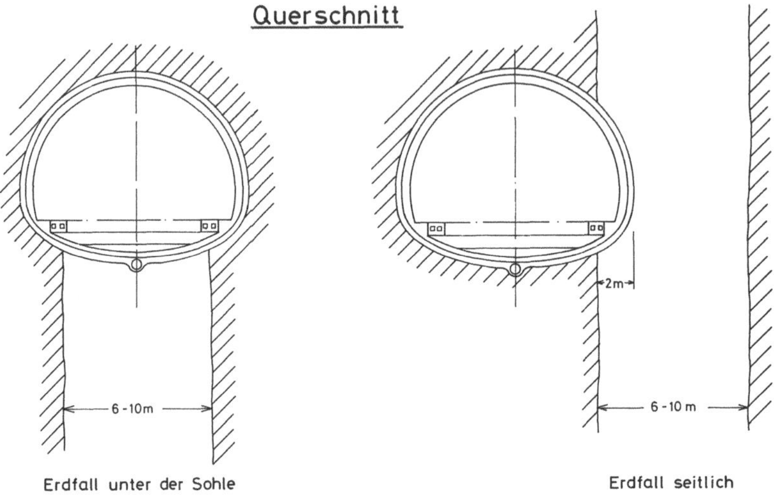

Abb. 5. Lastfälle aus Erdfallgefährdung im Tunnelquerschnitt
Design system due to sinkholes intersecting the tunnel

Weitspannige Senkungen infolge großflächiger Ablaugungen des Gipslagers sollen durch Überfirstung korrigierbar gemacht werden. Die Überfirstung wird in der Größenordnung von 20—30 cm für einen großflächigen Mächtigkeitsverlust des Gipslagers durch Ablaugungen bemessen. Die Überhöhung des Lichtraumprofils ist bautechnisch eine relativ einfache Maßnahme und enthält doch ein großes Maß an Sicherheitsreserven für den späteren Bahnbetrieb.

Die Installation von Erdfallpegeln in ausreichender Tiefe unter der Tunnelsohle bedeutet eine gute Chance zur Früherkennung von Erdfällen am jeweiligen Meßpunkt. Letztlich wird zu prüfen sein, ob ein solches Meßsystem wirtschaftlich ist.

Die Intensität der Gleismeßfahrten muß in jedem Fall der Untergrundsituation angemessen sein, d.h. die Messungen der Niveaulage der Gleise werden häufiger als es dem normalen Turnus entspricht, durchgeführt.

4. Quellfähige Tonminerale

Da unterhalb des Tunnels und im Tunnelquerschnitt selbst Mittlerer Muschelkalk ansteht, war im Zuge der ingenieurgeologischen Untersuchungen neben dem Erdfallrisiko einer weiteren Besonderheit Aufmerksamkeit zu schenken. Es ist bekannt, daß in Sedimenten, die — wie der Mittlere Muschelkalk — in hyperhalinem, d.h. übersalzenem Milieu abgelagert wurden, bevorzugt das Tonmineral Corrensit auftritt. Corrensit ist bei fehlender Wassersättigung äußerst quellfähig. Tatsächlich ergaben die röntgendiffrakometrischen Untersuchungen Corrensitgehalte von z.T. mehr als 20 %. Gleichzeitig weist das Gestein jedoch einen sehr hohen Karbonatgehalt auf. Es ist anzunehmen, daß der Calcit im festen Gesteinsverband eine gewisse Mineralverkittung bewirkt und die Corrensite überwiegend wassergesättigt sind. Damit dürfte die Quellneigung erheblich gemindert sein, was auch durch die Wasseraufnahmefähigkeitsbestimmungen nach *Enslin* (w_{24h} = 47,9 — 64 %) belegt ist. Erfahrungsgemäß ist bei derart niedrigen *Enslin*-Werten nicht mit Quellungen zu rechnen. Die Ergebnisse der durchgeführten Quelldruck- und Quellhebungsversuche liefern ebenfalls keine Hinweise dafür, daß in den karbonatischen Gesteinen und im Residualgebirge des Mittleren Muschelkalks nennenswerte Quelldrücke zu erwarten sind.

5. Abschließende Beurteilung

Hinsichtlich der Erdfallproblematik beim Bau des Leinebusch-Tunnels meinen wir, daß die Konzeption einer Kombination von
— Maßnahmen zur Früherkennung von Erdfällen und zur
— Sanierung des Untergrundes mit
— konstruktiven Maßnahmen (Überfirstung, Längsertüchtigung)
dem Risiko weitgehend gerecht wird.

Anschriften der Autoren: Dr. *Horst Geißler*, Ing.grad. *Heinrich Möker*, Niedersächsisches Landesamt für Bodenforschung, Stilleweg 2, D-3000 Hannover 51, Bundesrepublik Deutschland; Dr. Ing. *Gerhard Sauer*, Felsbau-Tunnelbau, Beratung und Planung, St. Jakob am Thurn 125, A-5412 Puch/Salzburg, Österreich; Dipl.-Ing. *Friedrich Schrewe*, Projektgruppe H/W-Nord der Bahnbauzentrale Dez. 45 NA, Joachimstraße 4/5, D-3000 Hannover 1, Bundesrepublik Deutschland.

Rock Mechanics, Suppl. 12, 75–87 (1982)

Rock Mechanics
Felsmechanik
Mécanique des Roches
© by Springer-Verlag 1982

Fundamentals of Geomechanics for Rock Engineering in China

By

Gu Dezhen and **Wang Sijing**

With 12 figures

Summary — Zusammenfassung

Fundamentals of Geomechanics for Rock Engineering in China. The development of engineering geomechanics in China is closely connected with the large scale of engineering constructions during the last three decades. As a new boundary branch of engineering geology it emphasizes the integration between geoscience and engineering-mechanical sciences. The basic idea of engineering geomechanics is the controlling role of the structure of geologic mass on the stability of rock engineering. The basis for prediction of the future behavior of geologic mass is the understanding of its geologic forming history and the knowledge of its present state. Some fundamental aspects can be summarized as follows:

1. The regional stability of the earth's crust is the important factor for the assessment of the engineering-geologic environment in China.

2. For planning and selection of engineering sites the assessment of mountain (terrain) mass should be based on the correct understanding of the geomechanics background in the area.

3. The study of deformation and failure mechanism on the basis of particular rock mass structure is the prerequisite for the quantitative stability analysis of a given rock engineering.

4. The relationship and interaction between engineering buildings and geologic structure are quite complex and should be taken into account for design and construction.

A large amount of engineering problems is confronted to the geomechanics study in China and the latter would be improved in its practical application.

Grundlegende Probleme der Geomechanik im Felsbau Chinas. Die Ingenieur-Geomechanik ist ein neuer Zweig der Ingenieurgeologie; ihre Entwicklung in China ist durch das große Ausmaß von Ingenieurbauten bestimmt. Ihre wichtigste Aufgabe ist das Studium der Standsicherheitsprobleme geologischer Massen, wie z.B. der regionalen Stabilität der Erdkruste, der Standsicherheit von Gebirgsmassen, Standsicherheitsaufgaben im Felsbau, sowohl im untertägigen als auch im obertägigen. Das Studium der Ingenieur-Geomechanik legt das Hauptgewicht auf deren praktische Anwendung und auf die enge Integration geologischer, Ingenieur- und Werkstoff-Wissenschaften.

Die grundlegende These der Ingenieur-Geomechanik fußt auf der Ansicht, daß die Stabilität Geologischer Körper (Massen) vorwiegend von ihrem Aufbau abhängt. Für geologische Massen verschiedener Kategorien in der oberen Erdkruste kann dieser innere Aufbau durch ein diskontinuierliches Modell charakterisiert werden, welches im wesentlichen aus zwei

0080–3375/82/Suppl. 12/0075/$ 02.60

Strukturelementen besteht: Trennflächen und Kluftkörper. Je nach ihren Gefügemerkmalen können die geologischen Körper für die ingenieurmäßige Beurteilung klassifiziert werden.

Da sich der Aufbau einer geologischen Körpermasse in der geologischen Geschichte der Felsformation, in der tektonischen Durchbewegung und späteren Verwitterung ausbildet, muß die ingenieur-geomechanische Beurteilung den geomechanischen Prozeß, welcher zur Bildung der geologischen Masse geführt hat, in Betracht ziehen.

Nach den Erfahrungen aus der Ingenieurpraxis in China stehen folgende grundlegende Probleme an:

1. muß zur Beurteilung der regionalen ingenieurgeologischen Umwelt die Stabilität der oberen Erdkruste erfaßt werden.

Diese Stabilität der oberen Erdkruste wird (vielfach) von aktiven Störungen beherrscht. Ingenieurbauten können die regionale natürliche Umwelt stark beeinflussen, was eine Umlagerung von Krustenspannungen verursachen kann. Die induzierten Erdbeben von Xingfenjian und einigen anderen Staubecken sind typische Beispiele.

2. müssen die geomechanischen Grundlagen zur ingenieurmäßigen Beurteilung von Gebirgs- (bzw. Boden-)massen klargestellt werden.

Die Fehler in der Ausdeutung der geomechanischen Grundlagen, z.B. eine Mißinterpretation einer überfalteten Struktur als Monoklinale, haben ernsthafte Schäden an Ingenieurbauten verursacht. Zahlreiche Case-histories erweisen die Bedeutung dieses Problems.

Praktische Erfahrungen haben etliche Typen komplexer geomechanischer Zusammenhänge mit unvorteilhaften ingenieurgeologischen Bedingungen erkennen lassen.

3. ist die Voraussetzung des Mechanismus potentieller Instabilität von Felsmassen, aufgrund des Gefüges derselben, grundlegende Voraussetzung für Stabilitätsanalysen im Felsbau.

Die Verformungen des Gebirges im instabilen Zustand können eingeteilt werden in Sprödbruch, en-bloc-Bewegung, Schichtverbiegung und -zerbrechung, Auflockerungsentfestigung und plastische Verformung. Die verschiedenen Mechanismen des Versagens werden von dem jeweiligen Gefüge und Bau des Gebirges diktiert. Viele praktische Fälle zeigen, daß eine korrekte Vorhersage des potentiellen Instabilitäts- bzw. Bruchmechanismus eine wesentliche Vorbedingung für eine Stabilitätsanalyse ist.

4. sollte die Wechselwirkung zwischen Ingenieurbauten und Gebirgsbau analysiert werden, um vernünftige Entwürfe und Konstruktionen im Felsbau zu ermöglichen.

Die Konstruktion eines Ingenieurprojektes ist wohl den Zwängen des geologischen Aufbaus unterworfen, aber der Ingenieurbau kann auch seinerseits das Gebirge beeinflussen, was eine Veränderung des technischen Verhaltens verursachen kann. Ein vernünftiger Entwurf muß im Felsbau den tatsächlichen Arbeitszustand des Gebirges in der Zukunft unter der Wechselwirkung mit den auf ihm errichteten Bauwerken in Betracht ziehen.

Die Berichte von einigen Talsperrenbaustellen zeigen die Wichtigkeit dieses Problems.

Gegenwärtig ist der chinesische Techniker mit neuen schwierigen Aufgaben der Ingenieurbauten konfrontiert. Dabei werden die Prinzipien und Methoden der Ingenieur-Geomechanik in ihrer praktischen Anwendung Verbesserungen erfahren.

Engineering geology is an applied branch of geological sciences; its formation and development is closely related to the engineering constructions. In order to provide really scientific informations for design and construction, the engineering geology on the basis of the study of the natural environment and geologic conditions, has to deal with the assessment of the relationship and interaction between the engineering buildings and the geologic structures. Therefore the development of engineering geology requires a close integration between geological sciences and engineering-mechanics sciences. The experts of these two branches of sciences should work in cooperation to raise engineering geology up to a new horizon.

Under the guidance of this idea, *engineering geomechanics* was established and developed as a basic study of engineering geology by the Institute of Geology, Academia Sinica. The proposed principles and methods of engineering geomechanics are being accepted and applied in the design and construction of most major engineering projects in China.

During the last three decades since the founding of the People's Republic, a large scale of capital engineering constructions has been undertaken in China. However, a lot of engineering projects encountered the complicated geologic conditions and nature hazards, falling into very difficult situations.

Summarizing the various problems in rock engineering, the essential problem can be identified as the *stability of geologic mass*, including regional stability of earth's crust, stability of mountain mass, stability of rock mass, subterrain stability and surface stability.

The engineering practice shows us that the stability of geologic mass is dependent on its internal structure. The most important structures of the geologic mass in the upper earth's crust related to the engineering construction are the systems of structure interfaces causing discontinuity in the geologic mass of various classes and the structure blocks formed by intersection of the structure interfaces. A combinative model of interfaces and blocks is being accepted for characterization of the structure of geologic mass.

The structure of geologic mass is an essential factor influencing the stability of geological engineering. However, its formation is due to the lasting geological history. The profound study of this history would give a knowledge of its present state. Therefore, we must pay more attention not only to the genesis but also to its geological evolution in the post-formation stages. Then, according to its present state of development and distribution, we could predict its future stability and notice the orientation of the rational engineering treatment taking into consideration the effect of natural and engineering forces.

Study of the earth's crust stability for the assessment of engineering-geological environment

For some major and complex engineering projects, the regional geologic environment should be concerned. China is a country with intensive geotectonic movement, prominent activity of new faults and high seismicity. So the stability of the upper earth's crust becomes a key link in the assessment of the regional geologic environment. In addition to the seismicity, the stability of the upper earth's crust could control the developing history of river basins, the hydrogeologic environment, the development of physico-geological processes and some nature hazards in the region. The induced earthquake of the Xinfengjiang reservoir is a typical example in the case of the influence of engineering construction on the environmental conditions and the readjustment of crustal stresses.

The dam of the Xinfengjiang reservoir is a buttress dam with a height of 105 m. After impounding the reservoir, a series of micro earthquakes of magnitude 3—4 appeared. According to the seismological and engineering-geological studies, some measures for strengthening the dam have been taken including the filling of the void space between the buttresses with concrete. The main shock of induced earthquake of magnitude 6.1 had taken place when the strengthening engineering has been just completed. The stability of the dam against the lateral vibration was practically improved at that time, so that the collapse of the dam was avoided except a horizontal crack of length 82 m appeared on the uppermost part of the dam.

There are a regional major Heyuan Fault and a series of NE and NW striking faults stretching across the reservoir. At the lower reach from the reservoir, there is a deep tertiary basin with the red sandstone and claystone; the contact between the granite massive composing the bottom of the reservoir and the tertiary red sediments is the major Heyuan Fault along which a lot of thermal springs are distributed. All the above mentioned situations show an active geotectonics and a good environment for deep underground water circulation. Therefore, the change of infiltration pressure at depth may be a reason for the reservoir induced earthquake (Fig. 1).

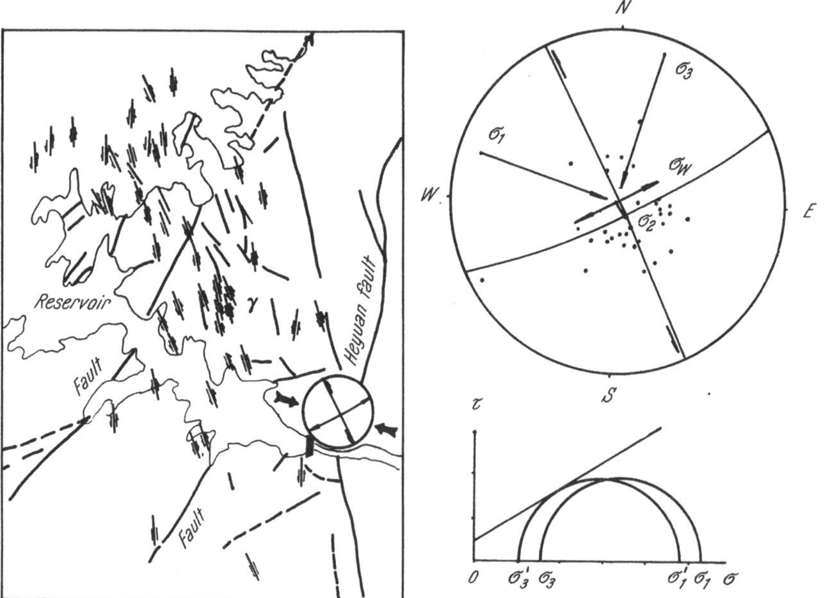

Fig. 1. Fault-plane solution of induced earthquakes in the Xinfengjiang Reservoir
Ermittlung des Zusammenhanges zwischen Störungsflächen und den induzierten Erdbeben im Xinfengjiang-Stausee

The recent study shows that the seepage water may penetrate into depth step by step with the opening and expanding of faults and joints causing the increase of seepage pressure and decrease of the fault strength.

According to the recent informations, the induced earthquakes were also observed in the regions of Danjiangkou and other reservoirs. The magnitudes of these reservoir induced earthquakes are less then 5.0 and the attention of scientific researches is being paid both to the activity of new faults and the hydrogeologic structure of deep circulation.

Analysis of the geomechanics background for assessment of mountain (terrain) mass

The geomechanics background is designated as the type and nature of geologic processes to which the terrain mass subjected and the main features of its loading-deformation history. Detailed analysis of the geomechanics background can provide with deeply understanding the engineering-geologic properties of terrain mass and correctly grasping the real problems.

Under the action of an intensive tectonic squeezing force, the tight and linear folds may be formed with layer overturning and faulting. Without a detailed investigation such an overfolded zone can be easily misunderstood as monoclinal structure. A typical case is the damsite on the Minjiang river in the region of Lunmenshan fold belt. During the excavation of foundation it was found that the rocks are intensively fractured into fragments and a lot of faults are developed. The location of high dam was cancelled and then moved to another damsite.

At a damsite in Hubei province, the bedrock layers are deformed in an overfolded structure with imbricated thrusts. Although the dam foundation is on the

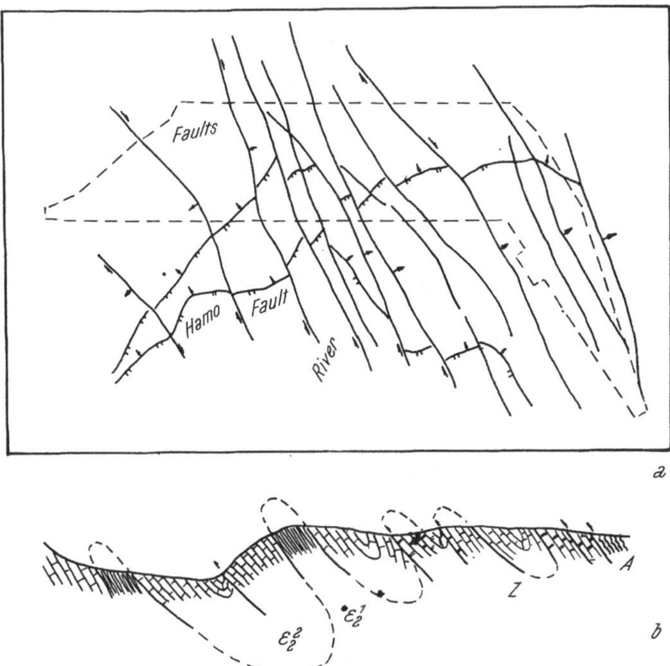

Fig. 2. Fault pattern in the dam foundation (a) and regional geologic structure (b)
Störungsscharen im Gründungsbereich der Talsperre (a) und regionale geologische Struktur (b)

normal limb of the fold, but rocks are still severely fractured, especially with two intersected thrusts and numerous cross tension and tension-shearing faults (Fig. 2). Taking into account the unfavourable geologic conditions, the designed height of the dam was reduced.

The Xinangjian gravity dam of height 105 m is a succeeded example. The rock foundation is composed of Devonian sandstone and shale of an overturned fold (Fig. 3). Even in this case, some severe difficulties were encountered. During construction several rock slides took place on the left bank, so that the left abutment of the dam was turned 10° upstream. In addition to a consolidation grouting, some shale layers were treated with excavation and back concreting.

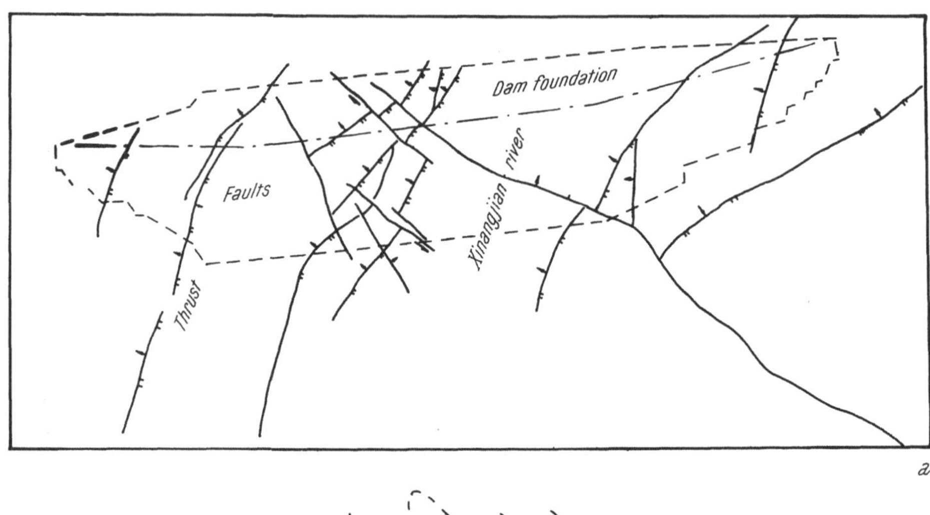

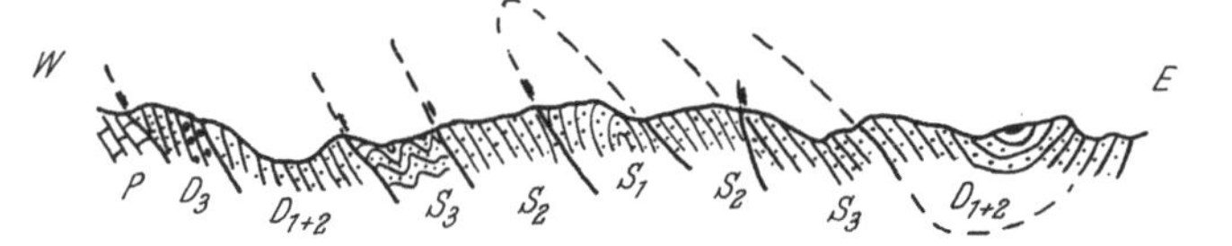

Fig. 3. Fault pattern in the foundation (a) of Xinangjian Dam and regional geologic structure (b)
Störungsscharen im Untergrund (a) des Xinangjian Dammes und regionale geologische Struktur (b)

The above mentioned examples show that the analysis of the geomechanics background is of great importance for selection of engineering sites. Particularly we must pay our attention to differ the complex and unfavourable geomechanics background from normal case. According to engineering practice, the following types of complex geomechanics background can be identified:
1. Weak layers and layers with multiple intercalations.
2. Mountain mass bearing unconformities and paleo-weathered crust.
3. Squeezing fractured zone and alternated zone of intrusive mass.
4. Regional active fault zone.
5. Overfolded and thrust-faulting zone of the tightlinear folds.
6. Faulting and fractured terrain with imbricated or intersected faults.

7. Weathered and stress released slope and creep-deformed slope.

8. Karstified mountain mass.

The mountain (terrain) mass of above mentioned geomechanics background is characterized by unfavourable engineering-geological conditions. If the engineering sites cannot be avoided, the detailed geomechanics investigation should be made to gain a correct engineering assessment.

Study of deformation-failure law on the basis of analysis of rock mass structure

After entering into the stages of design and construction, the rock mass stability becomes one of the most important problems for rock engineering. The reasons responsible for the numerous accidents in many engineering projects are due to the mistakes in prediction of potential mechanism of instability deformation. It may be said that the correct prediction of the mechanism of the potential instability is a basic prerequisite for the quantitative stability analysis of rock mass.

Fig. 4 shows two possible mechanisms of slope deformation in the Jinchung open pit mine. The coefficient of stability against slide is about 1.5–3.0, taking into account the shear strength across the layers (Fig. 4a). However, the slide of the upper part of the slope caused the toppling deformation of the slope bottom (Fig. 4b), and then the fractures and slope movement appeared. The stability coefficient, if it doesn't correspond with the mechanism of the potential instability, cannot express the realistic safety of rock engineering.

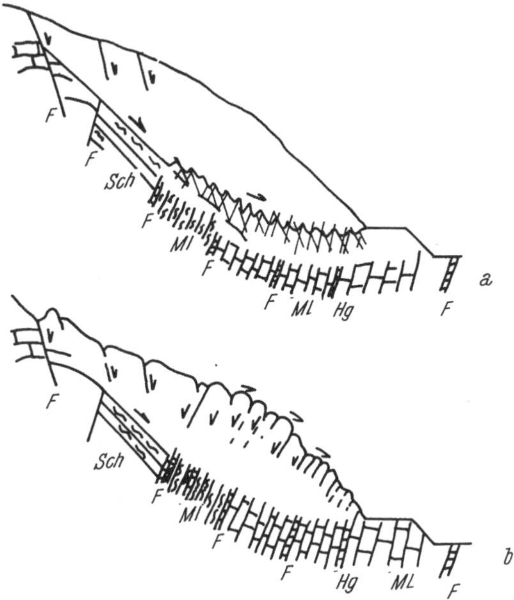

Fig. 4. Potential mechanisms of slope deformation at Jinchung open pit mine
Mögliche Mechanismen der Böschungsbewegung beim Jinchung-Tagebau

Summarizing numerous case-histories, we can identify the following types of the instability mechanisms.

1. Brittle fracturing

For the hard and intact rocks containing the intermittent structure interfaces, the instability of rock mass is usually accompanied by fracture expanding, propagating and cracking. The typical case is rock burst which was observed in the Guangcunba tunnel of Chenkueng railway during excavation. The excavation of Yuzixi underground power houses have also encountered with rock bursts and cracking of the rock pillar between the machine house and the tailwater chamber (Fig. 5). The cracking process was stopped soon after the completion of excavation and rock bolting.

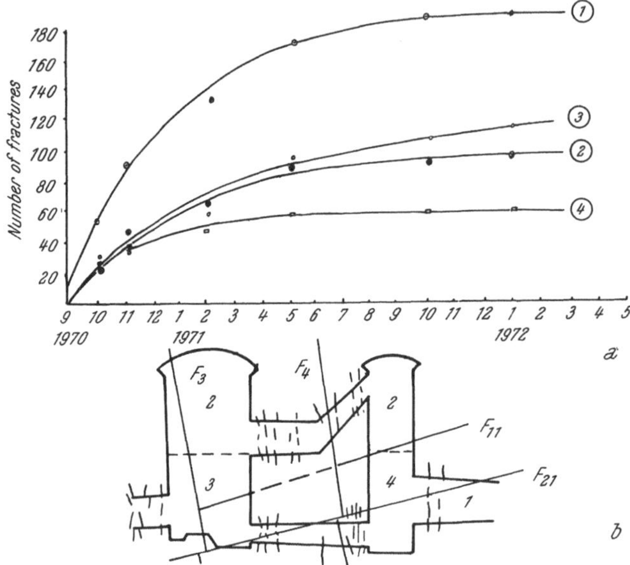

Fig. 5. Brittle cracking in the surrounding rock of Yuzixi underground power house
Sprödbruch im Nebengestein der Krafthauskaverne Yuzixi

2. Block movement

When the intersection of weak structure interfaces forms some separated blocks exposed on the free surfaces of excavation, the block movement can serve different types of rock mass instability, including slide, rotation, falling down and so on. Fig. 6 shows the morphology of rock fall during underground excavation of Yinxiuwan hydroelectric power plant in a granite massive.

3. Layer bending and breakage

When a layered structure subjects to the force perpendicular to the layer plane, its ability against bending is the lowest, so the bending may serve a particular mechanism of instability for layered rock mass. Layer bending usually causes the slide along layer interfaces and cracking across the layer. After

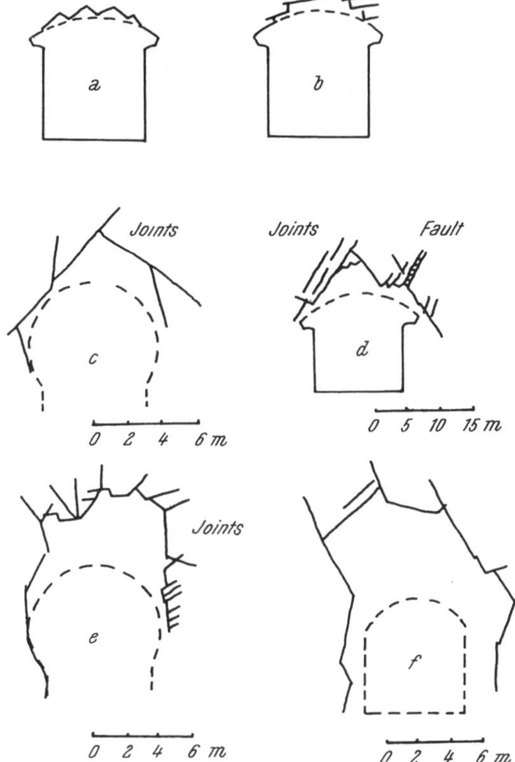

Fig. 6. Rock block collapse during underground excavation in granite
Felsabsturz während der Ausbruchsarbeiten im Granit

bending takes place some rock slides can be caused. Fig. 7 shows the layer
bending on the nature slope in the region of Bikou Hydro-electric power station.
During the excavation of the portal of water conduit tunnel the slope was
heavily supported.

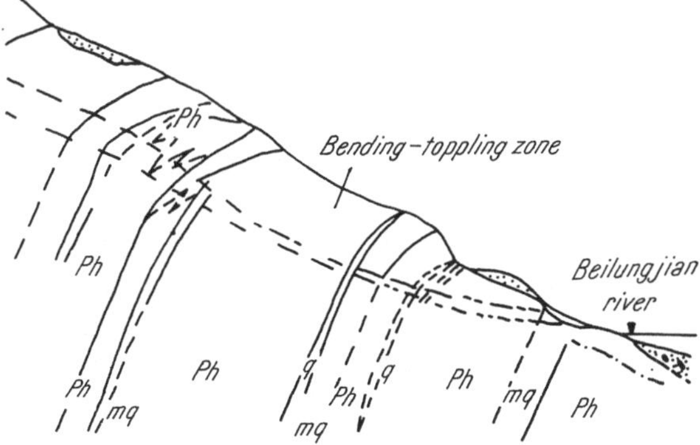

Fig. 7. Bending-toppling deformation of layered rocks in the region of Bikou Reservoir
Verbiegung und Hakenschlagen im Schichtgestein im Bereich des Bikou-Staubeckens

4. Loosening disintegration

For the fractured and fragmented structure under vibration or tension deformation due to squeezing force, the loosening disintegration may occur, causing clastic movement towards the excavation surface. Fig. 8 shows the rock slide on the slope at Dajie open pit mine which is caused by disintegration of the faulted mass at the slope bottom.

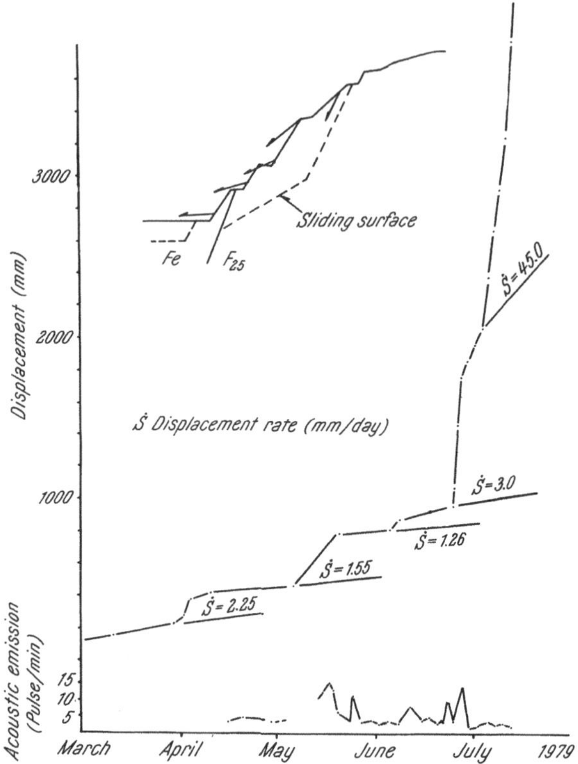

Fig. 8. Slope sliding at Dayie iron open pit mine
Böschungsrutschung beim Dayie-Eisentagbau

5. Plastic deformation

For loosened structure with large amounts of clay material and debris, the plastic deformation may be responsible for the instability. The rheologic and sometimes the swelling behavior are important in such cases. Fig. 9 shows the cracking of the concrete lining of an underground chamber in the potentially swelling andesite porphyry.

According to the experiences gained in engineering practice, the stability analysis should be based on the correct prediction of the mechanism of instability deformation. Moreover, this prediction should be conducted according to the intrinsic properties of the rock mass structure.

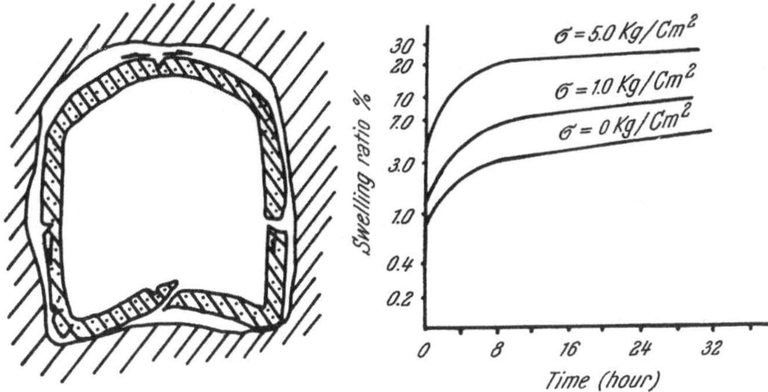

Fig. 9. Swelling deformation of Andesite Porphyry in tunnel
Quellverformung von Andesit-Porphyr im Tunnel

Study of the interaction between engineering structure and rock mass structure for design and construction

Some of the accidents occurred in many engineering projects are caused not fully due to misunderstanding the geologic structure but due to lack of experience on the interaction between the engineering structure and the rock mass structure, and due to mistakes in prediction of the realistic working state of rock mass after its coordination with the action of the engineering structure.

The multiple-arch dam of height 88 m in Anhui Province was founded on a granite massive, which previously was considered as a good foundation (Fig. 10). After impounding the reservoir up to the normal water level, the sliding displacement of foundation rock occurred with formation of cracks in rock and dam, and intensive filtration through the rock foundation. Due to in time drawing off water of the reservoir by the bottom outlet, the collapse of the dam was avoided. Fig. 10b shows the fractures in the foundation. It is obvious that the fractures trace two sets of joints.

Under the condition of the particular rock mass structure, the load of the dam on the slope surface can create a zone of tensile stresses. The joints along the river bank and the joint opening lead the reservoir water into the dam foundation, causing a large lateral filtration pressure, which in turn changes the stress state of the foundation. In this dynamic process the dam foundation loses its equilibrium and the sliding deformation occurs, the dam buttresses are inclined towards the river bed. Here, the load of the dam causes the change of the seepage field, and the latter leads to the instability of the foundation and to the damage of the dam. The remedial works include the additional grouting curtain, the gravity mound, and prestressed cable anchorage in the depth about 20—25 m (Fig. 11). The operation becomes normal after its repairing.

At Shuangpai Hydroelectric station we have another type of interaction between the engineering structure and rock mass structure. The rock foundation of a buttress dam of height 58 m is composed of Devonian sandstone and shale with 5 layers of weak clay intercalations (Fig. 12). The coefficient of friction along the intercalations is about 0.32—0.4. Because the layer is dipping towards

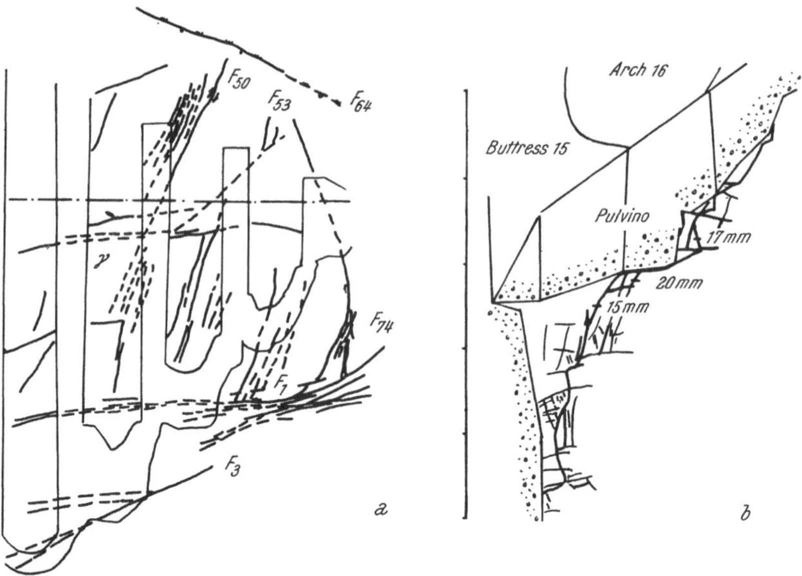

Fig. 10 a, b. Fracturing in granite foundation of a multiple-arch dam
Zerklüftung im Granit-Untergrund einer Pfeilergewölbemauer

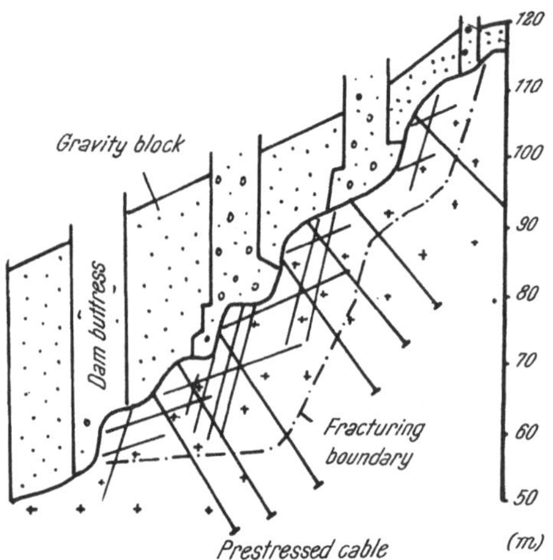

Fig. 11. Prestressing stabilization of fractured granite foundation
Stabilisierung des zerklüfteten Granit-Untergrundes mittels vorgespannter Anker

downstream in 10°, the dam foundation safety can be guaranteed by rock supporting from downstream. However, due to the erosion by spilled water, the
weak intercalations have been intersected and exposed on the wall of the erosion
pit. Thus, the safety of the dam foundation against sliding is severely affected. In
order to ensure the dam safety, some measures have been taken including the
increase of the length of spillway and reinforcement of the rock layers down-

stream by prestressed cables. A similar case occurred at the Huangtenkou Hydro-electric power station. The remedial measure was doubling the length of the spillway.

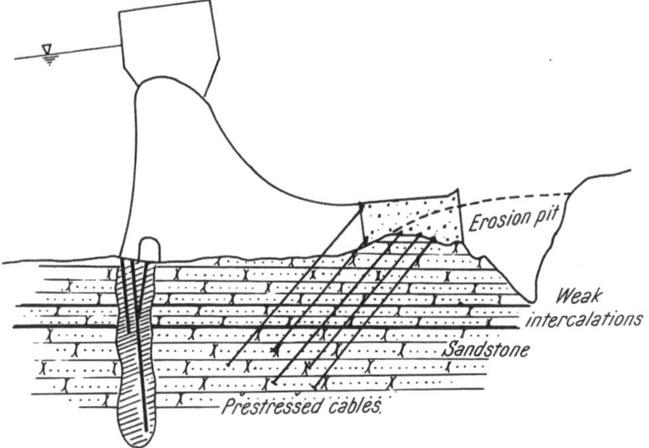

Fig. 12. Prestressing stabilization of dam foundation with weak intercalations
Verbesserung der Standsicherheit des Talsperren-Untergrundes mit nachgiebigen Zwischen-schichten durch vorgespannte Anker

In summary, the interaction between the engineering structure and rock mass structure should be considered as a dynamic process and taken into account to predict the future working state of rock engineering and to take the appropriate measures for controlling the process.

The confronted tasks

At present time, the Chinese technician is meeting the arrival of a new situation of engineering construction for the modernization of the country. In South-western China several hundred million kilowatts of hydro-energy are to be exploited. However, it is a mountainous area with intensive tectonic move-ment, complex natural environments and complex geologic structure. Some complicated problems are being encountered for design of large hydroelectric power stations in this area.

The coal and iron mines in Northern and Northeast China and the polymetal-lic ore mines in Southern China are exploited year by year. The mining extraction is strongly affected by the rock pressure and surface collapse. The design of high slopes of deep open pits also meets some problems concerning the stability of the rock mass. Of course, the construction of the railway lines, highways, under-water tunnels and coastal engineering raises a lot of problems of engineering geo-mechanics. The establishment of some cities and industrial areas will meet more complex environmental geological problems. In the solution of the above mentioned large amount of geological problems, the engineering geomechanics would play an important role and would be improved in its practical application.

Adresses of the authors. Prof. *Gu Dezhen* and Prof. *Wang Sijing*, Institute of Geology, Acade-mia Sinica, Peking, China.

Rock Mechanics, Suppl. 12, 89–95 (1982)

Rock Mechanics
Felsmechanik
Mécanique des Roches
© by Springer-Verlag 1982

Eine Rückrechnung der Festigkeitseigenschaften von geklüfteten Tonen aus Naturbeobachtungen

Von

N. Tschierske

Mit 3 Abbildungen

Zusammenfassung – Summary

Eine Rückrechnung der Festigkeitseigenschaften von geklüfteten Tonen aus Naturbeobachtungen. In einer Schichtstufenlandschaft (Fränkische Alb) wurden auf einer Fläche von 1700 km^2 154 Berge bzw. Bergsporne näher untersucht. Die Schichten sind annähernd waagrecht gelagert; eine 50 m bis 100 m mächtige Tonschicht (Opalinuston) bildet den Sockel der Berge, die Deckschichten bestehen vorwiegend aus Sand- und Kalksteinen.

Es fällt auf, daß an gegenüberliegenden Seiten eines Berges die Sockelhöhe h (vertikaler Abstand der Obergrenze des Tones vom Hangfuß) fast gleich ist, und daß die Größe von h vom Durchmesser D des Berges abhängt.

Dieser Beobachtungsbefund wird gedeutet: die Scherspannung am Hangfuß ist bei allen Bergen gleich; der Zahlenwert entspricht dem der Kohäsion des geklüfteten Tones.

Die Scherspannung am Hangfuß wird nach der Formel berechnet:

$$\tau = 4 \rho g \, \frac{h^2}{D}$$

Durch drei statistische Tests wird zunächst gezeigt, daß die Verwendung dieser Formel in der Aussage: τ = const., durch den Beobachtungsbefund gerechtfertigt ist.

Die Anwendung ergibt den Zahlenwert der Konstanten:

$$\tau_0 = (0{,}14 \pm 0{,}06) \text{ MN/m}^2$$

τ_0 ist normalverteilt: eine nachträgliche Bestätigung der Aussage τ = const.

Für die Aussage, der Zahlenwert entspricht dem der Kohäsion des geklüfteten Opalinustons, spricht:

1. Der Wert ist mit der Kohäsion $c = 0{,}12$ MN/m^2 von Großproben aus geklüftetem Bunten Mergel vergleichbar;

2. Die natürliche Hangform ist quasi-stabil, wenn die Scherspannung am Hangfuß gleich der Kohäsion ist.

A Way of Calculating the Strength Properties of Jointed Clay Based on Field Observations. The study is based on the examination of 154 mountains, resp. mountain spurs in an area of 1700 km^2 in a cuesta landscape (Fränkische Alb). The stratification is almost horizontal; a layer of clay (Opalinuston), 50–100 m thick, forms the base of the mountains, the overlying strata consist mainly of sandstones and limestones.

0080–3375/82/Suppl. 12/0089/$ 01.40

It should be noted that the height of the base (h) is nearly the same on opposite sides of a mountain, and that the value of h depends on the diameter D of the mountain (h = vertical distance between the upper surface of the clay layer and the bottom of the slope).

These observations are interpreted as follows: The shear stress at the bottom of the slope is the same in all the hills; its numerical value corresponds to that of the cohesion of jointed clay.

The shear stress at the bottom of the slope is calculated according to the formula

$$\tau = 4\, \rho\, g\, \frac{h^2}{D}$$

First of all, three statistical tests are made in order to show that the use of this formula in the statement τ = const. is justified by the data of the field observations.

The application gives the value of the constant:

$$\tau_0 = (0.14 \pm 0.06)\ \mathrm{MN/m^2}$$

τ_0 is normally distributed, which is a subsequent confirmation of the statement τ = const.

The statement, that the numerical value of τ_0 corresponds to that of the cohesion of jointed clay, is supported by the facts:

1. The value is comparable to the value of cohesion $c = 0.12\ \mathrm{MN/m^2}$ in large samples of jointed red marl.

2. The natural form of a slope is quasi-stable if the shear stress at the bottom of the slope equals the cohesion.

Natürliche Böschungen sind in der Regel Böschungen gebundener Neigung vom Sicherheitsgrad eins oder nahe eins (*Müller*, 1963, S. 440). Dieser Gedanke wurde auf die Form bestimmter natürlicher Berge angewendet. Die Berge bestehen in ihrem unteren Teil — dem sogenannten Sockel — aus Ton. Der Hangfuß (also jene Stelle, in der sich die durchschnittliche Hangneigung von 10° auf ca. 3° verringert) liegt im Ton. Die deutliche Neigungsänderung ist hier nicht an einen Wechsel im Gestein gebunden, sie wird mit dem Erreichen des Sicherheitsgrades eins zusammenhängen: Würde der Hang nicht deutlich flacher werden, dann läge die Sicherheit unter eins. Faßt man das Verhältnis von Kohäsion des geklüfteten Tones zu auftretender Scherspannung am Hang als Sicherheitsgrad auf, dann läßt sich der Leitgedanke so aussprechen: Die Scherspannung am Hangfuß ist gleich der Kohäsion des Tones.

154 natürliche Berge wurden daraufhin untersucht. Die Untersuchung, die von der Beobachtung der Form der Berge ausgeht, nicht von in-situ-Messungen, wird aus zwei Gründen erschwert:

1. Es liegt noch keine allgemein anerkannte und erprobte Formel zur Berechnung der Scherspannung am Hang vor;

2. Der Zahlenwert der Kohäsion des betreffenden Tones ist m. E. noch nicht ermittelt.

Mit Hilfe einer statistischen Untersuchungsmethode wurden trotzdem brauchbare Ergebnisse erzielt.

Auf den in Tabelle 1 genannten topographischen Karten von Bayern wurden insgesamt 154 Berge bzw. Bergsporne untersucht. Alle Berge gehören einer Schichtstufenlandschaft mit annähernd waagrechter Schichtlagerung an. Der 70 m bis 80 m mächtige Opalinuston bildet den Sockel der untersuchten Berge.

Der Beobachtungsbefund

Tabelle 1

Topogr. Karte 1:25 000	n	τ in bar
6930 Heidenheim	16	1,6 ± 0,7
6734 Neumarkt	12	1,1 ± 0,6
6634 Altdorf	28	1,3 ± 0,6
6534 Happurg	15	1,8 ± 0,6
6434 Hersbruck	19	1,4 ± 0,4
6433 Lauf	5	1,8 ± 0,5
6333 Gräfenberg	12	1,3 ± 0,6
6332 Erlangen N.	5	1,5 ± 0,4
6232 Forchheim	7	1,3 ± 0,6
6132 Buttenheim	10	1,0 ± 0,5
6032 Scheßlitz	11	1,4 ± 0,7
6135 Creußen	9	1,3 ± 0,7
6034 Mistelgau	5	1,9 ± 0,7
	154	1,4 ± 0,6

Der Hangfuß liegt im Opalinuston, nicht an seiner Untergrenze. Auf dem Sockel lagern bis zu 160 m mächtige Deckschichten, vorwiegend aus Sand- und Kalksteinen, im höchsten Stockwerk aus dolomitisiertem Schwammkalk. Bei der Hälfte der untersuchten Berge erreichen die Deckschichten aber nur eine Mächtigkeit von weniger als 50 m.

Abb. 1 zeigt das Profil von einem dieser Berge. Die Profillinie wurde auf der Karte so gelegt, daß die Höhenlinien auf beiden Berghängen annähernd senkrecht geschnitten werden. Nur solche Berge, bei denen dies möglich ist, wurden weiter untersucht; dabei hat sich herausgestellt, daß der Höhenunterschied zwischen Hangfuß und Obergrenze des Tones auf beiden Bergseiten nahezu gleich ist, rundet man auf 5 m, dann sind die Höhenunterschiede gleich. Dieser Höhenunterschied — die Sockelhöhe h — wurde bei jedem Berg bestimmt. Der Durchmesser D des Berges wurde auch aus der Karte abgelesen und sein Wert auf ganze 100 m gerundet. Jedem der 154 Berge entspricht also ein Zahlenpaar h und D.

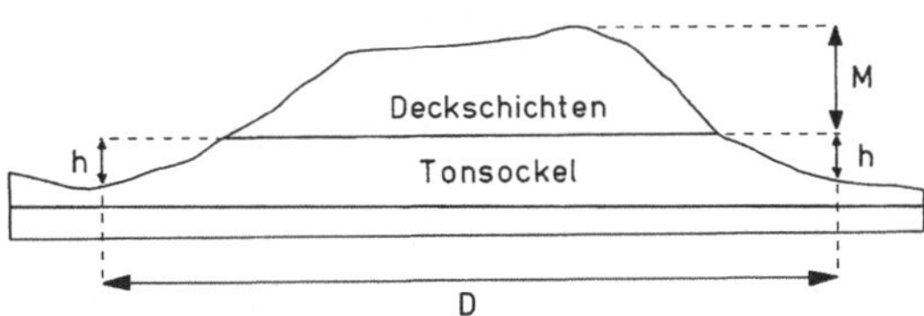

Abb. 1. Definition von h, D und M
Definition of h, D, and M

Zeichnet man alle diese Zahlenpaare als Punkte in ein entsprechendes Diagramm ein (Abb. 2), dann hat die entstandene Punktwolke keine zufällige Form sondern eine deutlich erkennbare elliptische Form. Dies weist auf einen gesetzmäßigen Zusammenhang zwischen h und D hin. (Wäre dieser Zusammenhang nicht durch andere, unkontrollierte Einflüsse teilweise verdeckt, dann lägen alle Punkte auf einer Kurve, vielleicht sogar auf einer Geraden.) Berechnet man den Korrelationskoeffizienten zwischen h und D, dann ist er mit $r = 0{,}74$ mit einer Wahrscheinlichkeit von über 99,9 % von Null verschieden: Es besteht also eine Korrelation zwischen h und D.

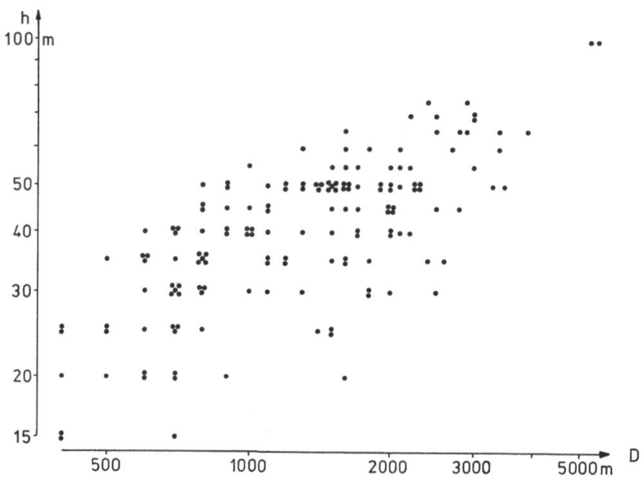

Abb. 2. Zusammenhang zwischen h und D
Correlation between h and D

Deutung des Beobachtungsbefundes

1. Teil: Die Scherspannung τ am Hangfuß ist bei allen Bergen gleich groß.

$$\tau = 4\,\rho\,g\,\frac{h^2}{D}$$

bzw. $\quad \tau = \dfrac{h^2}{D} \quad$ h und D in Meter, τ in bar. $\hfill (1)$

Diese Formel ist in der Praxis noch nicht erprobt; sie wurde theoretisch hergeleitet aus der Vorstellung, der geklüftete Ton verhält sich wie eine anisotrope Newtonsche Flüssigkeit; sie ist auf Berge anwendbar, die nur aus Ton bestehen (*Tschierske*, 1979, S. 110). Die Anwendung der Formel (1) im Zusammenhang mit der Aussage: τ = const., auf die hier untersuchten Berge muß also erst gerechtfertigt werden. Dies geschieht durch drei Kontrollen, wobei jedesmal die Aussage: τ = const., zunächst als gültig angenommen wird und solange umgeformt wird, bis sie unmittelbar mit dem Beobachtungsbefund verglichen werden kann. Fällt der Vergleich zufriedenstellend aus, dann wird man rückschließend sagen, die Formel wurde zu Recht angewendet.

1. In der Aussage: $\tau =$ const., wird der Erwartungswert von h^2/D aus den 154 Zahlenpaaren für die Konstante eingesetzt:

$$\tau = 1{,}4$$

mit (1) wird daraus:

$$h^2 = 1{,}4 \cdot D + 0 \tag{2}$$

Diese Beziehung kann mit dem Beobachtungsbefund verglichen werden. Die Punktwolke im h^2-D-Diagramm legt die Regressionsgerade

$$h^2 = (1{,}3 \pm 0{,}2) \cdot D + (80 \pm 400)$$

mit $r = 0{,}77$ bei der Konfidenzzahl 99 % fest. Die aus (1) gefolgerte Gerade (2) stimmt also mit der Regressionsgeraden des Beobachtungsbefundes überein.

2. Durch Logarithmieren von (2) folgt:

$$\log h = \frac{1}{2} \cdot \log D + 0{,}17$$

Die Punktwolke im $\log h$-$\log D$-Diagramm (Abb. 2) legt die Regressionsgerade

$$\log h = (0{,}45 \pm 0{,}09) \cdot \log D + (0{,}44 \pm 0{,}68)$$

mit $r = 0{,}71$ bei der Konfidenzzahl 99 % fest. Das Ergebnis zeigt wieder die Übereinstimmung zwischen Theorie und Beobachtungsbefund; hier insbesondere die Richtigkeit des Exponenten 2 in der Formel (1).

3. Bei der dritten Kontrolle wird aus $h^2/D =$ const. geschlossen, daß h^2/D nicht von M (Abb. 1) abhängt:

$$\frac{h^2}{D} = 0 \cdot M + 1{,}4$$

Die Mächtigkeit M der Deckschichten wurde bei allen 154 Bergen gemessen. Die Regressionsgerade im τ-M-Diagramm ist:

$$\frac{h^2}{D} = -(0{,}0046 \pm 0{,}0030) \cdot M + (1{,}6 \pm 0{,}2)$$

mit $r = -0{,}31$. Da der Regressionskoeffizient von Null verschieden ist, besteht — im Gegensatz zur Theorie — doch ein schwacher Zusammenhang zwischen τ und M. Bei Bergen mit Mächtigkeiten kleiner als 55 m (das sind 88 Berge) ist dieser Zusammenhang nicht feststellbar. Durch Anbringen einer Korrektur an (1) könnte die Abhängigkeit bei allen 154 Bergen beseitigt werden.

Zwei Korrekturmöglichkeiten

$$\tau' = 4\,\rho\,g\,\frac{(h + 0{,}1 \cdot M)^2}{D}$$

und

$$\tau'' = 4\,\rho\,g\,\frac{h^2}{D}\,\frac{1}{1 - (d/D)^2}$$

(d ist der Bergdurchmesser an der Grenze Sockel-Deckschichten) führen zum gleichen Ziel: τ' bzw. τ'' hängen nicht mehr von M ab und sind normalverteilt ($P(\chi^2)$ = 8 % bzw. 13 %); die Zahlenwerte sind gleich: $\tau' = \tau'' = (1,7 \pm 0,7)$ bar. Die erste Möglichkeit wurde durch Anpassung an das gegebene Zahlenmaterial gefunden, die zweite durch eine theoretische Überlegung analog der, die zu (1) geführt hat.

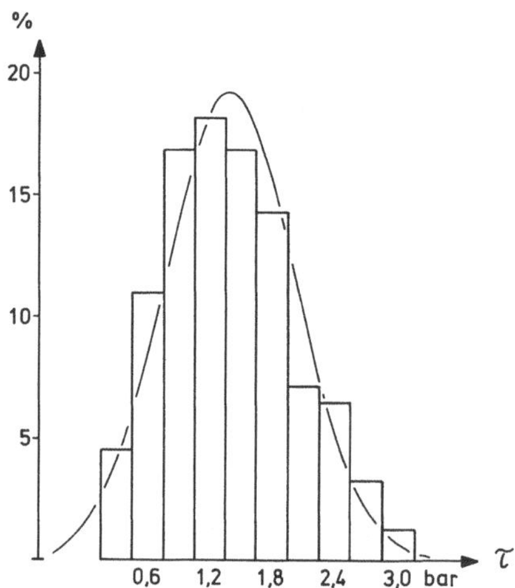

Abb. 3. Häufigkeitsverteilung der Scherspannung am Hangfuß
Frequency density of shear stress at bottom of the slope

Eine Korrektur an (1) wurde hier nicht vorgenommen.

Die drei Kontrollen haben ergeben, daß die Verwendung der Formel (1) in der Aussage: τ = const., durch den Beobachtungsbefund hinreichend gerechtfertigt ist.

Berechnet man nach der Formel (1) die Scherspannung am Hangfuß bei allen Bergen und bildet den Mittelwert davon, dann erhält man τ = 1,4 bar = = 0,14 MN/m² mit der Standardabweichung 0,6 bar. Die Verteilung aller 154 τ-Werte ist eine Gauß-Verteilung: Der χ^2-Test ergibt $P(\chi^2)$ = 58 %. Bedenkt man, daß weder die 154 h-Werte noch die D-Werte normalverteilt sind ($P(\chi^2)$ = 95 % bzw. > 99,9 %), dann ist die festgestellte Normalverteilung von τ bemerkenswert. Danach sind nämlich die beobachteten Abweichungen der Scherspannung vom Mittelwert 1,4 bar rein zufälliger Art; dies steht im Einklang mit der Aussage: Die Scherspannung am Hangfuß ist bei allen Bergen gleich.

2. Teil: Die Scherspannung am Hangfuß ist gleich der Kohäsion c des geklüfteten Tones.

Für die Annahme, daß der Zahlenwert 1,4 bar der Kohäsion des geklüfteten Opalinustones gleicht, spricht:

1. Versuche an Großproben von geklüftetem Bunten Mergel haben einen ähnlichen Wert erbracht: c = 1,2 bar (*Wichter*, 1980, Anhang B 2.3-I).

2. Die natürliche Hangform ist quasi-stabil, wenn τ gleich der Kohäsion ist.

Einer Tieferlegung des Geländes um $\triangle h$ am Hangfuß entspricht eine Vergrößerung der Scherspannung: Sie wird größer als die Kohäsion. Es treten hangparallele, tiefreichende Risse auf; in diese dringt Oberflächenwasser ein, das Tongestein verwittert[1], die Scherfestigkeit nimmt merklich ab (*Spaun*, 1979, S. 337). Ausgleichsbewegungen im verwitterten Gestein schaffen einen neuen Hangfuß: Der Durchmesser D des Berges hat sich dabei um $\triangle D$ vergrößert. Eine geringe Vergrößerung der Sockelhöhe h hat also eine Vergrößerung des Durchmessers D zur Folge; entsprechend hat eine Verkleinerung von h eine Verkleinerung von D zur Folge. Der Quotient h^2/D, die Scherspannung am neuen Hangfuß, kann in beiden Fällen wieder dem Wert der Kohäsion gleichen: Der Zustand — Scherspannung gleich Kohäsion — ist stabil.

Schluß

Die statistische Auswertung des Beobachtungsbefundes an 154 Bergen mit Tonsockel hat gezeigt:

1. Eine bisher nur theoretisch begründete Formel kann erfolgreich auf natürliche Berge angewendet werden;

2. Die Scherspannung am Hangfuß ist bei allen Bergen gleich, nämlich $(1,4 \pm 0,6)$ bar.

Plausibilitätsbetrachtungen haben ergeben, daß dieser Zahlenwert der Kohäsion des geklüfteten Opalinustones gleicht.

[1] In einem Opalinustonhang im Untersuchungsgebiet wurde die starke Zerklüftung beim Übergang von bergfestem zu verwittertem Gestein beobachtet (*Abraham*, 1960, S. 13 u. 18).

Literatur

Abraham, K.-H.: Rohrstollen und Druckschacht des Pumpspeicherwerks Happurg, ein Hohlraumbau in tonigem Gebirge. Der Bauingenieur *35*, 12–20 (1960).

Müller, L.: Der Felsbau I. Stuttgart: Enke 1963.

Spaun, G.: Tunnelbau und Talzuschub. Rock Mechanics/Suppl. *8*, 333–348 (1979).

Tschierske, N.: Über die mögliche Fließbewegung ganzer Tonberge. Rock Mechanics *12*, 99–113 (1979).

Wichter, L.: Festigkeitsuntersuchungen an Großbohrkernen von Keupermergel und Anwendung auf eine Böschungsrutschung. Veröffentlichungen des Institutes für Bodenmechanik und Felsmechanik der Universität Fridericiana in Karlsruhe. H. *84*, Karlsruhe 1980.

Anschrift des Verfassers: *Norbert Tschierske*, Eckenhaid Vogelherd 6, D-8501 Eckental 1, Bundesrepublik Deutschland.

Rock Mechanics, Suppl. 12, 97–105 (1982)

**Rock Mechanics
Felsmechanik
Mécanique des Roches**
© by Springer-Verlag 1982

Photogrammetrische Messungen bei der Bewertung eines Felsgesteinverbandes

Von

E. Adler und **R. Holzer**

Mit 7 Abbildungen

Zusammenfassung — Summary

Photogrammetrische Messungen bei der Bewertung eines Felsgesteinverbandes. Eine der wichtigsten Aufgaben der Ingenieurgeologie besteht in der Bewertung der strukturellen Verschiedenheiten des Felsverbandes und seines Verhaltens in bezug auf das Bauwerk. In diesem Sinne ist die Homogenität der Deformations- und Festigkeitseigenschaften der einzelnen Homogenbereiche von größter Bedeutung. Diesem Zweck dient besonders die quantitative Beschreibung des Felsverbandes auf Grund der bewerteten Elementarkriterien — der Lithologie und der Diskontinuitäten. Im Beitrag widmen wir uns der Bewertung des Felsverbandes mit Mitteln der Photogrammetrie, die eine qualitative und quantitative Interpretation und Auswertung des untersuchten Felsverbandes ermöglicht. An Hand des angeführten Beispieles wird gezeigt, daß man mit photogrammetrischen Messungen einzelne Elemente der Gesamtgestaltung des Felsverbandes auswerten kann.

1. Analyse der geomorphologischen Verhältnisse der Umgebung des untersuchten Objektes;
2. Bestimmung der lithologischen Grenzen;
3. Quantitative Beurteilung der wichtigsten Parameter der Diskontinuitäten und des strukturellen Aufbaues des Felsverbandes (Blockigkeit und Auflockerungsgrad);
4. Ingenieurgeologische Gliederung des Objektes auf Grund der Verschiedenheiten in homogene Bereiche.

Es ist vorteilhaft, bei photogrammetrischen Messungen die Möglichkeiten der analogen und numerischen Auswertung verbunden mit einer geeigneten elektronischen Datenverarbeitung anzuwenden. Die Photogrammetrie kann erheblich zur Rationalisierung und Vervollständigung der ingenieurgeologischen Felduntersuchungen eines Felsverbandes beitragen.

The Evaluation of Rock Mass by Means of Photogrammetric Measurements. One of the important tasks of engineering geology is to recognize structural inhomogeneity and behaviour of rock mass with regard to civil engineering works. The homogeneity of deformation and strength properties of individual homogeneous units is of great importance. The quantitative description of the rock mass based on an evaluation of the lithology and rock discontinuities serves this purpose. The authors deal with the photogrammetric evaluation of rock mass which enables its quantitative and qualitative interpretation. A typical example of using photogrammetry shows the way how to study rock mass structure by evaluation of the individual elements:

0080–3375/82/Suppl. 12/0097/$ 01.80

1. Analysis of the geomorphological conditions of the studied objects;
2. Estimation of the lithological boundaries;
3. Quantitative description of the most important attributes of the discontinuity planes and of the rock mass (blockiness, loosening etc.);
4. Engineering-geological zoning of the rock mass according to the difference of the mechanical properties.

An advantageous way in the photogrammetric methods is to connect the analogous and the numerical evaluation of the rock mass with the automatized data processing. Photogrammetry contributes to the rationalization and optimization of the engineering geological field investigations of the rock mass.

Der Felsgesteinverband dient für viele Bauwerke als Baugrund. Er weist oft große Verschiedenheiten auf. Die Aufgabe der Ingenieurgeologie liegt darin, die Strukturverschiedenheiten des Felsverbandes, seine Eigenschaften und sein Verhalten in bezug auf das Bauwerk zu untersuchen und zu beurteilen. Deshalb konzentriert man sich in erster Linie auf die Zergliederung des Felsverbandes in quasi homogene Bereiche, wobei die Homogenität für die Deformations- und Festigkeitseigenschaften von größter Bedeutung sind.

Diesem Zweck dient die ingenieurgeologische – qualitative und quantitative – Beurteilung des Felsverbandes auf Grund seiner Grundelemente: der Lithologie des Felsverbandes und seiner Diskontinuitäten. Man zergliedert den Felsverband in Grundbereiche, wobei man in-situ-Versuche, Labormethoden und andere Meßverfahren, wie z.B. die Photogrammetrie, verwendet.

In unserem Beitrag widmen wir uns der Bewertung des Felsgesteinverbandes durch photogrammetrische Messungen. Unsere Erfahrungen bei der Anwendung photogrammetrischer Methoden haben gezeigt, daß diese Methoden eine erhebliche Rationalisierung, Vervollständigung und Genauigkeitssteigerung der ingenieurgeologischen Geländeuntersuchungen ermöglichen.

Die photogrammetrischen Aufnahmen des Felsgesteinverbandes ermöglichen eine qualitative und quantitative Interpretation und Auswertung der untersuchten geologischen Objekte (Aufschlüsse, Steinbruchwände, Stollenwände u.ä.) in verschiedenen Maßstäben mit verschiedenem Auflösungsvermögen und unterschiedlicher Genauigkeit in Abhängigkeit von der Aufnahme- und Auswertungsmethode. In dieser Hinsicht ist es bei photogrammetrischen Messungen vorteilhaft, die Möglichkeiten analoger und numerischer Auswertungen – eventuell auch ihre Kombinationen –, verbunden mit einer geeigneten elektronischen Datenverarbeitung, ökonomisch zu gestalten.

Durch photogrammetrische Messungen an Felsgesteinverbänden kann man ihre Gesamtgestaltung durch Auswertung einzelner Elemente beurteilen:

1. Analyse der geomorphologischen Elemente des untersuchten Objektes und dessen Umgebung,
2. Auswertung der lithologischen Grenzen und der Verwitterungszonen der einzelnen Gesteinstypen (qualitative Beurteilung);
3. Quantitative Beurteilung der wichtigsten Parameter der Grundsysteme und der untergeordneten Systeme der Diskontinuitätsflächen und
4. Ingenieurgeologische Gliederung oder Rayonisation des Objektes auf Grund der Verschiedenheiten und quantitativer Charakteristiken in homogene Bereiche.

Bei der Beurteilung der geomorphologischen Besonderheiten des Reliefes konzentrieren wir uns auf

- die Bestimmung der Grundelemente, der Form und der Reliefneigungen,
- das Studium und die Analyse der Geländegestaltungsprozesse (Erosion, Denudation, Verwitterung, Karst u.ä.),
- das Studium der gegenwärtigen Veränderungen des Reliefs,
- die Bestimmung und Begrenzung verschiedener Typen von rezenten Sedimenten, die durch die obengenannten Prozesse entstanden sind; ferner ihre Flächenerweiterung, ihr Volumen und ihre Neigungen.

Die geomorphologischen Elemente werden im Grundriß- und Höhenplan und in einer perspektiven Einzeichnung mit der Möglichkeit, Einheiten verschiedener Neigungen, Formen des Reliefs, reliefbildender Prozesse u.ä. aufzuzeigen, dargestellt. Verschieden orientierte Profile des Felsgesteins erleichtern erheblich die Analyse der Neigungen und der Form des Reliefs.

Bei der Analyse der strukturgeologischen Elemente konzentrieren wir uns auf zwei Grundprobleme

- auf das Studium der lithologischen Verschiedenheiten des Felsgesteins, d.h. auf die Begrenzung verschiedener Typen von Gesteinen,
- auf das Studium der Diskontinuitäten des Felsgesteinverbandes, wobei man vor allem verschiedene genetische Typen der Trennflächen (Schichtung, Schieferungsflächen, tektonische Klüfte u.ä.), Brüche und Störungszonen unterscheiden muß.

Abb. 1. Blick auf die Lokalität mit Höhenschichtlinien und Profilen
Overlook over the locality with contour lines and cross-section lines

Die Unterscheidung der lithologischen Gesteinstypen und die Abgrenzung
einzelner lithologischer Einheiten werden an einer Felswand im slowakischen
Flysch gezeigt. Abb. 1 veranschaulicht diese Lokalität mit eingezeichneten
Schichtlinien und einigen Profilen. Die Lithologie wurde an Hand einer stereo-
photogrammetrischen Interpretation auf Grund verschiedener Phototöne, der
morphologischen Sonderheiten der Gesteine auf den Meßbildern und durch ergänzende ingenieurgeologische Untersuchungen im Gelände durchgeführt. Die
nächsten zwei Abbildungen zeigen die Abgrenzungen der lithologischen Einheiten, in denen Sandsteine, im kleinerem Maße Tonstein oder Wechsel von
Sand- und Tonstein, sowie Böschungssedimente, Verwitterungszonen und Auf-
schüttung vertreten sind. In Abb. 2 sind die lithologischen Einheiten in einem
Grundriß- und Höhenplan dargestellt. Abb. 3 zeigt eine perspektive Einzeichnung der lithologischen Einheiten im Meßbild.

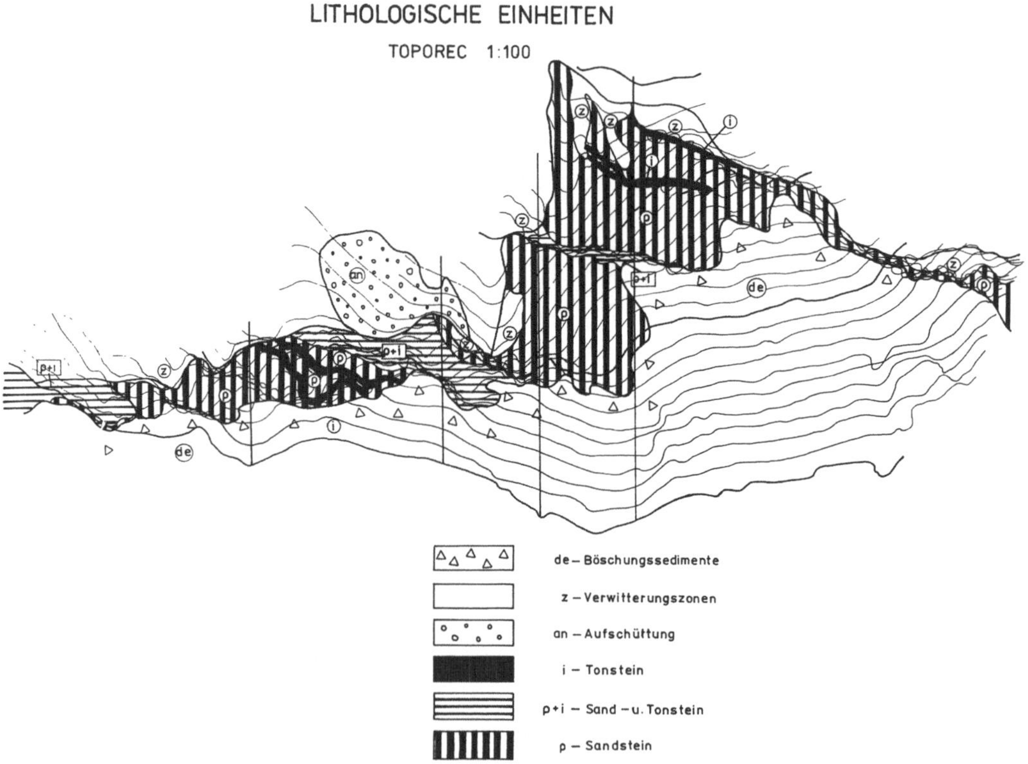

Abb. 2. Plan der lithologischen Einheiten
Plan of the lithological units

Das Hauptelement der Struktur und der Eigenschaften des Felsgesteinverbandes – die Diskontinuitäten – werden durch stereoskopische Interpretation und
numerische Auswertung einer diskreten Punktmenge der einzelnen Diskontinuitätssysteme bestimmt. Nach der Berechnung der räumlichen Orientierung der
Diskontinuitätsflächen mit Hilfe elektronischer Datenverarbeitung – dabei han-

Abb. 3. Perspektiv-Einzeichnung der lithologischen Einheiten
Perspective plotting of the lithological units

DISKONTINUITATENDIAGRAMM

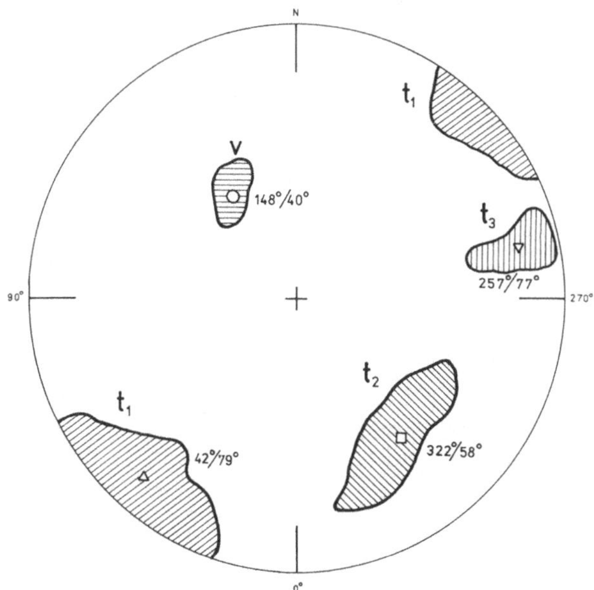

Abb. 4. Diskontinuitätendiagramm
Diagram of discontinuity planes

delt es sich um die Berechnung der Fallrichtung und des Fallwinkels — wurden
die Ergebnisse im Diskontinuitätsdiagramm dargestellt (Abb. 4). Auf Grund
dieses Diagramms werden die einzelnen Diskontinuitätssysteme, die sich durch
ihre Raumlage unterscheiden, endgültig aufgegliedert. In unserem Falle sind das
die Schichtungsflächen mit der repräsentativen Raumstellung 148°/40° und drei
Systeme tektonischer Klüfte mit den repräsentativen Raumstellungen 42°/79°,
322°/58° und 257°/77°.

Bei der Beurteilung der Zergliederung des Felsverbandes durch die Diskontinuitäten und bei der Bestimmung der Blockigkeitseinheiten als Grundkriterium

NORMALABSTANDE DER DISKONTINUITÄTEN

SYSTEM		ORIENTIERUNG	NORMALABSTAND [cm]		
		Fallrichtung/winkel	represent.	max.	min.
v	Schichtung	148°/40°	19	82	4
t_1	tektonische Klüfte	42°/79°	25	45	12
t_2	tektonische Klüfte	322°/58°	66	137	14
t_3	tektonische Klüfte	257°/77°	60	222	12

ELEMENTARBLÖCKE

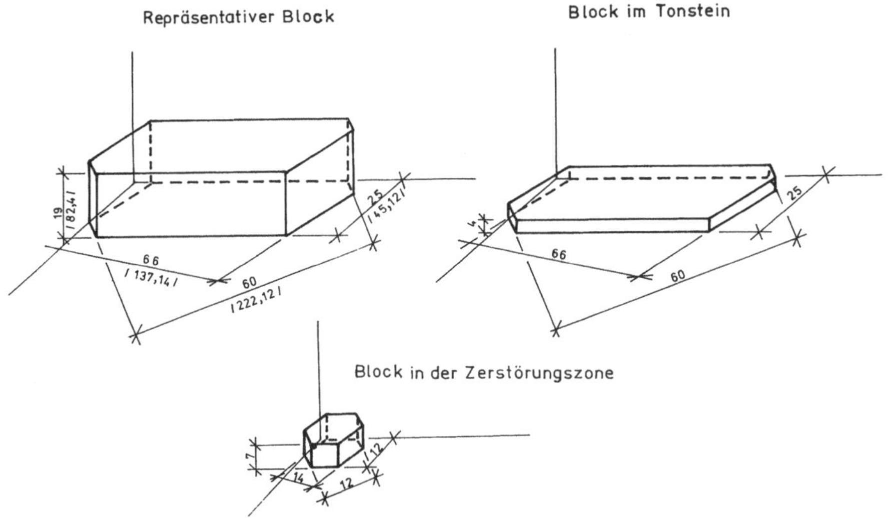

Abb. 5. Darstellung der Elementarblöcke im Felsverband
Shape and size of the basic blocks within the rock mass

der Inhomogenität des Verbandes ist es außergewöhnlich wichtig, den gegenseitigen Abstand der Diskontinuitäten innerhalb jedes einzelnen Systems zu bestimmen. Diese Werte berechnen wir als Normalabstände zwischen den Diskontinuitätsebenen der einzelnen Systeme mit Hilfe elektronischer Datenverarbeitung.

Nach einer statistischen Bearbeitung aller Werte erhalten wir die repräsentativen, maximalen und minimalen Normalabstände, die die Abmessungen des repräsentativen, maximalen und minimalen Kluftkörpers im Felsverband bestimmen (Abb. 5). Das gegenseitige Raumverhältnis der Diskontinuitätsflächen der einzelnen Systeme bestimmt die Blockform. In Abb. 5 sind drei Typen der Elementarblöcke, die im Felsverband der Flyschgesteine am häufigsten auftreten, dargestellt. Dies sind der repräsentative Kluftkörper im Sandstein, im Tonstein und in der Zerstörungszone.

Bei der Zergliederung des Felsverbandes in homogene Bereiche auf Grund der Diskontinuitätsdichte haben wir eine Analyse der Normalabstände jedes Diskontinuitätssystemes und der Klüftigkeitsziffer (Anzahl der Trennflächen pro Meter) verwendet. Dadurch haben wir Bereiche mit ähnlicher Zergliederung mit den Trennflächenmodulen A — 3, B — 6, 5, C — 8, 5, D — 10, E — 15, F — 20 erhalten. Abb. 6 zeigt die Zergliederungszonen des Felsverbandes in einem Grundriß- und Höhenplan. Eine perspektive Einzeichnung dieser Zergliederungszonen im Meßbild ist in Abb. 7 dargestellt.

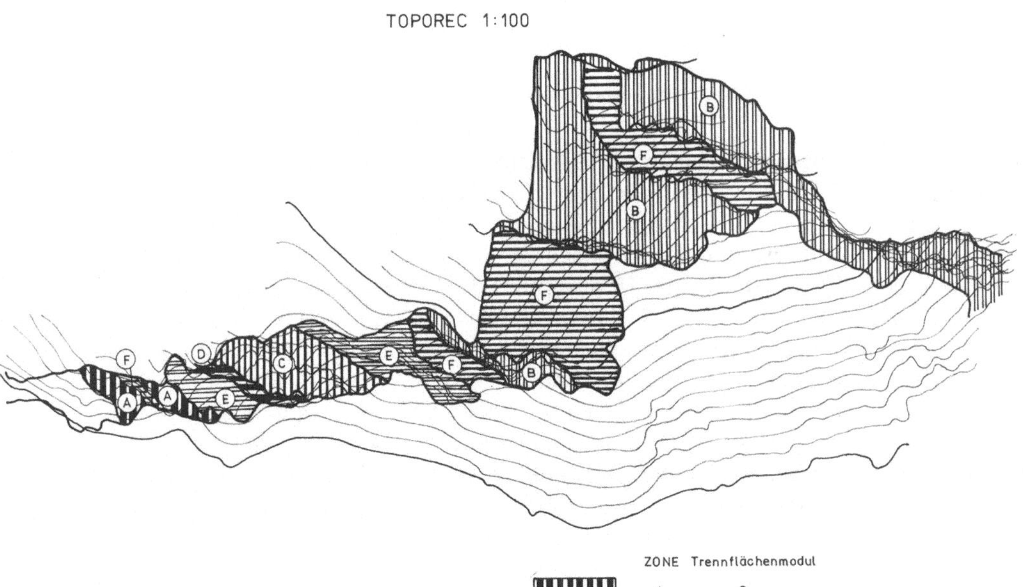

Abb. 6. Zergliederungszonen des Felsverbandes
Zoning of the rock mass

Abb. 7. Perspektiv-Einzeichnung der homogenen Einheiten
Perspective plotting of the homogeneous units

Die homogenen Bereiche des Felsverbandes, aufgegliedert auf Grund seiner lithologischen Sonderheiten und seiner Zergliederung durch die Diskontinuitätsflächen, weisen auf Verschiedenheiten im Gesteinstyp, in der Blockform und dessen Dimensionen und in der Auflockerung des Felsverbandes hin. Auf diese Weise begrenzte Bereiche der Homogenität des Felsverbandes werden in nachfolgenden ingenieurgeologischen Untersuchungen weiter bearbeitet und analysiert.

Die Anwendung der Photogrammetrie bei der Beurteilung eines Felsgesteinverbandes setzt eine sehr enge Zusammenarbeit von Ingenieurgeologen und Photogrammeter voraus. Im schlecht begehbaren Gelände sind die geologischen Feldaufnahmen oft nur lückenhaft und liefern für eine statistische Auswertung ein nur ungenügend repräsentatives Beobachtungsmaterial für eine komplexe und genügend genaue Beurteilung des Felsgesteinverbandes. Die Photogrammetrie kann und soll auch nicht direkte ingenieurgeologische Feldaufnahmen ersetzen. Sie kann aber erheblich zur Rationalisierung, Vervollständigung und Genauigkeitssteigerung der ingenieurgeologischen Untersuchungen eines Gesteinverbandes beitragen.

Literatur

Adler, E., Holzer, R., Ondrášik, R.: Photogrammetry applied to mountain slopes zoning and typology in detailed engineering geological maps. Proceedings X. Congress Carpathian-Balkan Geological Association, Bratislava, 1974.
Dornič, J.: Aerofotogeologie. ÚÚG Praha, 1975.

Matula, M., Hölzer, R.: Engineering geological typology of rock masses. Trans. Tech. Publications, 107–121 (1978).
Petrusevič, M. N.: Aerometody pri geologičeskich issledovanijach. Gosgeoltechizdat, Moskva, 1962.
Rengers, N.: Special applications of photographs in engineering geology. Subject 9. ITC Enschede, 1976.

Anschrift der Verfasser: Dr.-Ing. *Eugen Adler*, Institut für Geodäsie der Slowakischen technischen Universität, Radlinského 11, CS-813 68 Bratislava, ČSSR;
RNDr. *Rudolf Holzer*, Institut für Ingenieurgeologie der Universität Komenius, Zadunajská 15, CS-811 00 Bratislava, ČSSR.

Rock Mechanics, Suppl. 12, 107–121 (1982)

Rock Mechanics
Felsmechanik
Mécanique des Roches
© by Springer-Verlag 1982

Theorie und Praxis im Spiegel der Ausführungsplanung

Von

F. Laabmayr

Mit 14 Abbildungen

Zusammenfassung — Summary

Theorie und Praxis im Spiegel der Ausführungsplanung. Die Geomechanik als junger
Zweig der Naturwissenschaft mit eigenständiger Entwicklung hat im Verlauf von 30 Jahren
eine Fülle an theoretischem Wissen angehäuft. Wie können diese Grundlagen der Praxis nutz-
bar gemacht werden, wie weit und in welchem Umfang stehen sie schon täglich in ihrem
Dienst? Wieviel davon kann als überholt oder unbrauchbar beiseite gelegt werden?

Aufgabe der Ausführungsplanung ist es, wissenschaftliche Theorien, Bauausführung und
die Öffentlichkeit mit ihren politischen und juristischen Vorgaben im Sinne von Wirtschaftlichkeit, Sicherheit und Brauchbarkeit unter einen Hut zu bringen.

Nun ist die Geomechanik wie viele andere Wissenschaftszweige nicht ausschließlich auf
meß-, wäg- und zählbare physikalische und mathematische Grundlagen gegründet, sondern be-
dient sich nicht minder empirischer Methoden und aus gutem Gespür kommender Ansätze.
Dieser Umstand bereitet vielfach großes Kopfzerbrechen und Mißtrauen.

Anhand ausgeführter Beispiele werden Probleme aufgezeigt und dargestellt, wie sich Theorie sinnvoll in die Praxis umsetzen läßt.

Theory and Practice as Reflected in Construction Design of Tunnels and Rock Structures.
Geomechanics as a new branch of natural sciences has gone a way of its own. Within thirty
years it has achieved a great amount of theoretical knowledge. How could these fundamentals be made available for practical use, and how much are they already used every day? How
much of it can be abandoned as inpracticable?

It should be the task of the construction design to combine scientical theory and constructions with public interests with a stress on rentability, security, efficiency. As many other
branches geomechanics is not completely founded on measurable, weighable, countable and
mathematical fundamentals, but uses as well empirical methods. This contrast brings about
many problems.

The following examples will show you the problems but will also teach you how theory
may become practicable in every day life.

1. Einleitung

Die Geomechanik als relativ junger Zweig der Naturwissenschaft schuf im
Verlauf von 30 Jahren die Grundlagen für technisch ausgewogenes und wirt-
schaftliches Bauen im Fels und Lockerboden. Eine Fülle von wissenschaftlichen
Arbeiten und theoretischem Wissen hat sich angesammelt und steht der Ausführ-

rungsplanung zur Verfügung. Gemessen am Umfang der geleisteten wissenschaftlichen und praktischen Arbeit und dem unbestreitbaren Erfolg der Geomechanik besteht anläßlich des 30. Kolloquiums in berechtigter Weise Anlaß zu großer Freude.

Doch der Jubel sollte uns nicht unkritisch werden lassen, denn es ist auch die Zeit gereift, den Weizen von der Spreu zu scheiden. Wieviel von dieser Fülle steht schon im Dienste der Praxis, wieviel kann als überholt und unbrauchbar beiseite gelegt werden?

Im Spiegel der Ausführungsplanung, welche mit der Baudurchführung wie unter einem Ehejoch stets direkt verbunden ist, läßt sich eine derartige Überprüfung gut vornehmen. Sicherlich ist das nicht die Angelegenheit eines Kurzvortrages, sondern ein ständig fortschreitender Prozeß.

Wollte man dieses Ziel schnell erreichen, bedürfte es eines eigenen Institutes, von dem allerdings wieder nicht sicher wäre, ob es etwas Vernünftiges heraus brächte. Ich möchte daher einmal den Versuch machen, anhand von Beispielen zu zeigen, wo die Ausführungsplanung gewissermaßen der wissenschaftliche Schuh drückt und wo nicht selten Uneinsichtigkeit in der Bauausführung Probleme hervorruft. Vor allem soll aber gezeigt werden, daß wir noch lange nicht am Ende unserer Wünsche sind, daß trotz der Fülle an wissenschaftlichen und praktischen Arbeiten noch sehr viel zu tun übrig bleibt, um den bisherigen Fortschritt in Gang zu halten.

Ehe ich auf einige Beispiele zu diesem Thema eingehe, erscheint es mir notwendig, kurz darzulegen, welche unveräußerliche Aufgabe der Planung allgemein, insbesondere aber der Ausführungsplanung im Rahmen der Bautechnik zukommt. Obwohl Zweck und Bedeutung der Planung jedem von uns gewissermaßen von klein auf klar sein müßten, gibt es leider immer noch eine große Zahl von Kollegen, welche Ausführungsplanung als notwendiges Übel, unnützen Aufwand, ja sogar als überflüssig betrachten. Fehl- oder schlecht geplante große und kleine Bauwerke der jüngsten Vergangenheit sprechen eine deutliche Sprache. Viele neigen auch heute noch zur „Stegreifplanung", andere dagegen zur Überbetonung von Politik, öffentlichem Recht und Normen. Ersteres ist sicherlich der bequemere Weg, doch meist mit technisch und wirtschaftlich katastrophalen Folgen verbunden, letztere verringern den für das Spezialgebiet Geomechanik unbedingt erforderlichen freien Spielraum. Gewiß ist es wegen der großen Zahl derer, die auf die Planung Einfluß nehmen, schwer, die goldene Mitte anzusteuern. Doch eines muß klar sein: Sowohl für die Planung als auch für die Ausführung sind in allen Fällen Fachkräfte erforderlich.

Abb. 1 zeigt, welche Komponenten an der Entstehung eines Bauwerks beteiligt sind, wo sie miteinander verknüpft werden und welcher Weg zum Ergebnis führt. Dieses Bild läßt deutlich die Tatsache erkennen, daß ohne Planung das Ziel nicht erreicht werden kann, daß die einzelnen Komponenten ohne sie nicht sinnvoll zusammenwirken können. Die Vielzahl der Komponenten veranschaulicht, wie unangenehm es für die Ausführungsplanung werden kann, wenn Mut und Entschlußkraft unter den Beteiligten fehlen.

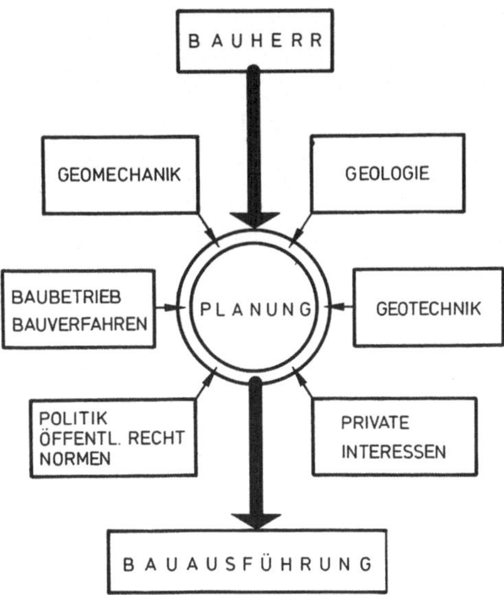

Abb. 1. Maßgebende Komponenten der Planung
Important components of design

Die Planung allgemein, insbesondere die Ausführungsplanung, muß als Drehscheibe zwischen den anderen Gruppen verstanden werden. Sie ist die Verknüpfungsstelle der Planungsziele, der Wünsche, der Ideen und der Erfahrungen zum bestmöglichen Ausführungsvorschlag.

Planung kann nicht sorgfältig genug betrieben werden, von den geotechnischen Vorerkundungen angefangen bis zum kleinsten Detail des einzelnen Bauteils, um die Grenzen des Unwägbaren klein zu halten.

2. Beispiele

2.1. Tunnelbauten mit mittlerer bis hoher Überdeckung

Obwohl es mit der Neuen Österreichischen Tunnelbauweise [1, 5] eine plausible theoretische Gesamtkonzeption gibt, welche auf die geologischen und geotechnischen Verhältnisse, den Einfluß der Zeit usw., ausführlich eingeht, ist man nach wie vor ausschließlich auf rein empirische Dimensionierung des Ausbauwiderstandes angewiesen. Es erhebt sich die Frage: Ist wegen der Kompliziertheit der Zusammenhänge bei Tunnel im Fels, insbesondere mit hoher Überdeckung, der Endstand der Entwicklung in der Dimensionierung erreicht oder handelt es sich um eine vorläufige Resignation? Denn es hat den Anschein, man tritt seit dem mutigen Entwicklungsschritt am Tauerntunnel beinahe auf der Stelle.

Die *rein empirische Dimensionierung* [2, 3] über Messungen im Zuge der Ausführung ist zwar bis dato die wirtschaftlich und technisch beste verfügbare Methode, scheint jedoch noch nicht an der letzten Station ihrer Entwicklung angelangt zu sein, solange sich noch zwei Auffassungen über Entwicklung und Ursachen heftigster Drücke und Verformungen im tieferliegenden Tunnel gegenüber stehen.

Die eine Auffassung vertritt den Grundsatz, *das Gebirge soll sich austoben können*; die andere läßt nach dem Grundsatz: *Schädliche Auflockerungen vermeiden*, nur gedämpfte Entspannungsverformungen zu.

Dieser Auffassungsunterschied resultiert weniger aus der Theorie als vielmehr aus den Zielen des Baubetriebes. Die Interessen von Theorie und Praxis scheinen hier auseinanderzustreben.

Aus überwiegend baubetrieblichen Vorteilen bevorzugt man im alpinen Tunnelbau den sogenannten „Kalottenvortrieb" mit oft mehr als 100 m voreilendem Ausbruch der Kalotte. Diese Vorgangsweise rechtfertigten die Vertreter der ersten Auffassung unter anderem mit dem damit ausreichend verfügbaren Zeit- und Spielraum zur notwendigen Entspannung des Gebirges bei der Druckumlagerung (Abb. 2).

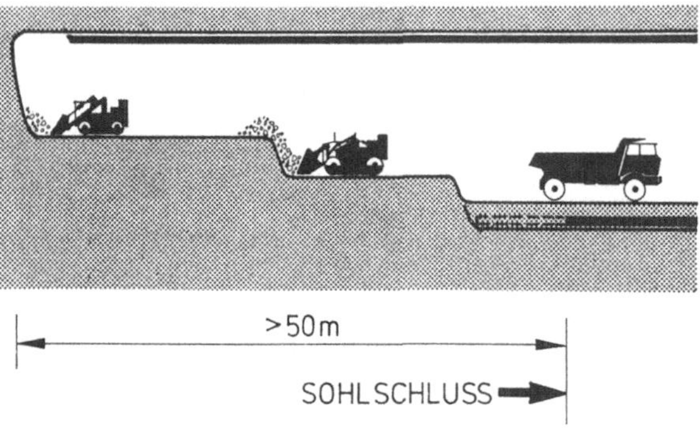

Abb. 2. Kalottenvortrieb mit verzögertem Sohlschluß
Crown heading with delayed invert arch

Dagegen besteht die zweite Auffassung auf einem möglichst kurzen Abstand zwischen dem Ausbruch der Kalotte und dem Sohlschluß, nach dem Grundsatz, es darf zu keinen schädlichen Auflockerungen kommen (Abb. 3).

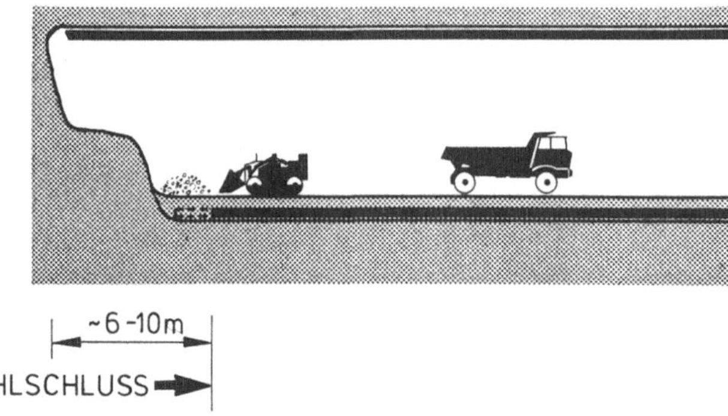

Abb. 3. Kalottenvortrieb mit raschem Sohlschluß
Crown heading with quickly completed invert arch

Gewiß bedeutet ein Zusammenrücken von Kalottenausbruch und Sohlschluß
die Abwicklung der gleichen Anzahl von Handgriffen auf engem Raum. Daß dies
selbst bei mehr als 1000 m Überdeckung zum Erfolg führte, zeigte uns Prof.
Müller im vergangenen Jahr. Genau genommen geht es dabei um die Frage: Handelt es sich bei der Vorgangsweise nach der ersten Auffassung überwiegend um
schädliche Auflockerung bzw. in welchem Ausmaß um echten Umlagerungs-
druck und in welchem Ausmaß um Auflockerungsdruck im Sinne der qualitativen
Darstellung nach *Pacher* [4] (Abb. 4)?

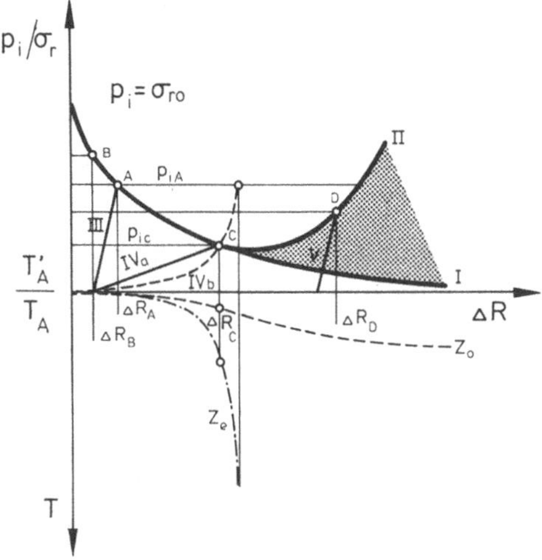

Abb. 4. Wechselspiel von Gebirge und Ausbauwiderstand (nach *Pacher*, 1964)
Ground reaction curve (after *Pacher*, 1964)

Frage: Spielt sich am Ende der Baubetrieb überwiegend im rechten Ast der
Kennlinie ab bzw. nach der Darstellung des Zerstörungsvorganges nach
Rabcewicz im Stadium III [8] (Abb. 5)?
Ich meine, dieses Thema wäre eine angeregte, offene Diskussion wert.
Somit gibt es nach dem heutigen Stand der Entwicklung der Tunnelstatik für
die Ausführungsplanung praktisch keine Berechnungsmethode, die auch nur an-
nähernd eine Eingrenzung der Probleme tiefliegender Tunnel ermöglichen würde,
wenn man von einer Reihe mehr oder weniger hoffnungsvoller Ansätze absieht.
Die Berechnungsansätze auf analytischem Wege haben den Nachteil, an die
Kreisform des Querschnittes gebunden zu sein und mit einer starken Reduktion
der vielen Parameter auf einige wenige, operieren zu müssen.
Die numerischen Methoden, insbesondere die FE-Methode, welche zwar imstande ist, eine erheblich größere Zahl von Parameter in die Berechnung einzuführen, läßt jedoch in der Erfassung des Gefüges, des primären Spannungszustandes, der Beschreibung der Materialeigenschaft und der Erfassung des Zeiteinflus-
ses noch viel zu wünschen übrig.

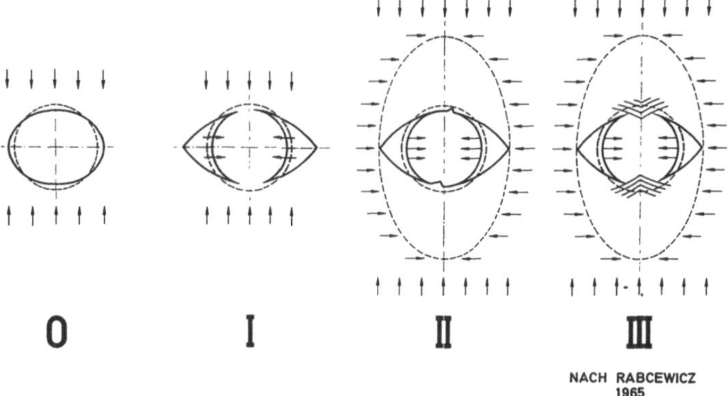

Abb. 5. Schematische Darstellung der Mechanik und des zeitlichen Ablaufes des Verzögerungsvorganges in der Umgebung eines bergmännischen Hohlraumes (aus *Rabcewicz* und *Pacher*, 1968)
Schematical presentation of the mechanical process and the timely sequence of failure around a cavity by rock pressure (after *Rabcewicz* and *Pacher*, 1968)

Vielleicht läßt es sich schaffen, wenigstens für die Bemessung des Innenringes eine brauchbare Berechnungsmethode zu entwickeln, denn aufgrund der Meßergebnisse beim Herstellen des Außenringes bieten sich weitaus günstigere Voraussetzungen für die Auswahl der Parameter. Vielfach muß der Innenring noch vor Abklingen der Umlagerungsverformungen eingebaut werden. Eine brauchbare Berechungsmethode könnte hier einiges an Kosten einsparen.

2.2. Seichtliegende Tunnel

Von weitaus größerer Bedeutung ist die Tunnelstatik für seichtliegende Tunnel, insbesondere im städtischen Bereich [6, 7].

Grundsätzlich besteht auch hier die Problematik, daß wegen der komplizierten Zusammenhänge zwischen Gebirge und dem Hohlraumausbau die rechnerische Behandlung des Tunnelbaus nicht einfacher wird. Aufgrund der seichten Lage und des daraus resultierenden betragsmäßig weitaus geringeren Niveaus der Spannungen und Verformungen wird eine Bemessung des Außen- und Innenringes praktikabel. Allerdings muß ein größerer Sicherheitsspielraum als im alpinen Felstunnelbau eingehalten werden. Mit Rücksicht auf die Überbauung sollten die Verformungen infolge Druckumlagerung gering sein. So leicht man sich im Gebirgstunnelbau aus gewichtigen Gründen einer rechnerischen Bemessung entziehen kann, so wenig ist dies im Bereich städtischer Bebauung möglich.

Im Gegensatz zum Gebirgstunnel mit mittlerer bis hoher Überdeckung kann, mit Ausnahme von seichtliegenden Tunneln im Fels, auf eine Systemankerung als maßgebender Ausbauwiderstand vollkommen verzichtet werden. Den maßgebenden Ausbauwiderstand zur Sicherung des frisch ausgebrochenen Hohlraumes bringt hauptsächlich die Spritzbetonschale bzw. in einem nicht klar definierbaren Ausmaß die darin eingebetteten Tunnelbögen.

Die Verwendung von Tunnelbögen bei seichtliegenden Tunneln in Lockerböden muß derzeit noch als Streitpunkt betrachtet werden, wo Theorie und

Praxis auseinanderklaffen. Ausgehend von der ursprünglichen Aufgabe des Tunnelbogens, als alleinig tragendes Element des Ausbaues zu dienen, hat sich bis heute, trotz Einführung des Spritzbetons, in der Theorie noch teilweise die Auffassung erhalten, wonach für die dauernde Sicherung eines Tunnels in seichter Lage *unter allen Umständen* geschlossene Bögen zu verwenden sind. Geschlossene Bögen, d.h., auch Bögen in der Sohle und in den Ulmen, nicht nur in der Kalotte.

Soweit es sich um Vortriebe in rolligem Lockermaterial handelt, wo ohne geschlossene Pfändung sowohl in der Kalotte als auch in den Ulmen nicht vorzutreiben ist, ist auch heute noch die Bedeutung des Bogens klar. Anders verhält es sich in gut entwässertem Lockerboden mit ausreichender Standzeit (mehr als 8 Std.), beispielsweise in gut verfestigten Sanden oder Mergeln. Hier erscheint der Einsatz von Bögen außerhalb des Kalottenbereiches, von Sonderfällen abgesehen, weder technisch noch wirtschaftlich gerechtfertigt (Abb. 6).

Abb. 6. Einbau und Einspritzen eines geschlossenen Bogens
Fitting and shotcreting of a steel-arch

Warum?

1. Solange der Bogen keinen Kreisring bildet und mit dem Gebirge keinen Kraftschluß besitzt, ist seine Tragwirkung null.

2. Der Bogen als Rinnenprofil oder GI-Profil ergibt keine einwandfreie Verbundwirkung mit dem Spritzbeton. Vielfach ist er die Ursache von Rissen im Spritzbeton.

3. Beim Einbau in den Ulmen und in der Sohle, wo er schon eine Stützung der Kalotte übernehmen müßte, wird er durch Unterschneiden völlig entspannt und hängen die Ulmen- und Sohlteile frei im Raum, und zwar solange, bis sie mit Spritzbeton voll eingespritzt sind.

4. Der freistehende Ulmen- und Sohlabschnitt des frisch ausgebrochenen Ringraumes erfährt keine Stützung, solange der inzwischen eingebrachte Spritz-

beton nicht die ausreichende Festigkeit erreicht. Hat jedoch der Spritzbeton eine ausreichende Festigkeit erreicht, ist er allein imstande, die Stützung zu übernehmen.

5. Der Bogen übernimmt auch sicherlich keine stützende Funktion bei plötzlichem Zutritt von Grundwasser oder bei Fließerscheinungen, solange er völlig ungebettet und ungestützt von derartigen Überraschungen betroffen würde.

Somit verbleibt eigentlich nur eine sehr traditionsgebundene psychologische Wirkung, sowohl für die Ausführenden als auch für die Verantwortlichen. Natürlich läßt sich mit einem engstehenden Bogenausbau, dessen Zwischenräume mit Spritzbeton als Füllmaterial versiegelt sind, ein hoher Ausbauwiderstand, wie er im U-Bahnbau erwünscht ist, erzielen, jedoch die aufgewendeten finanziellen Mittel stehen in keinem Verhältnis zum erzielten Erfolg.

Ich möchte, um Mißverständnissen vorzubeugen, betonen, daß es hier *nicht um die Abschaffung des Tunnelbogens an sich geht*, sondern um seine *undogmatische* und *wirtschaftliche Anwendung*. Man sollte aber auch allmählich die Vorteile eines flächig tragenden Ausbaues akzeptieren und nicht immer wieder auf den Bogen als alleintragendes Gewölbeelement der Hohlraumstützung zurückfallen. Über lange Strecken ausgeführte Tunnel ohne verbleibende Bögen beweisen die Richtigkeit dieser Auffassung.

Um den Problemen des schlechten Verbundes zwischen Spritzbeton und Bogen zu begegnen, haben wir vor einiger Zeit das Thema „Gitterbogen" wiederbelebt. Der bessere Verbund und die bessere Bettung im Spritzbeton lassen eine Verringerung der Wasser- und Luftdurchlässigkeit erwarten.

3. Beispiele aus dem Felsbau

Während im Bereich des Tunnelbaus die Theorie der Praxis immer etwas nachläuft, scheint es im Felsbau manches Mal eher umgekehrt zu sein. Wenn hier von Felsbau gesprochen wird, so ist damit auch der Übergang von Fels zum Lockerboden gemeint. Anhand ausgeführter Beispiele des Straßenbaues im Gebirge läßt sich zeigen, wie durch die Beachtung bekannter Grundsätze wirtschaftliches Bauen möglich wird.

Ich möchte zunächst noch vorausschicken, daß die folgenden Beispiele einen fortlaufenden Weg der Entwicklung markieren, der gemeinsam mit der jeweiligen Bauherrschaft gegangen wurde. Sie sind einer Vielzahl von ausgeführten Beispielen entnommen, die diesen Weg begleiten.

Entgegen einer *zum Teil alteingesessenen Vorstellung*, eine Futter- oder Stützmauer könne nur die Form einer massigen Schwergewichtsmauer besitzen, konnte mit zahlreichen Ausführungsbeispielen das Gegenteil nachgewiesen werden.

Hält man die Bedingungen des *gebirgsschonenden, ringweisen Abtrages* unter Zuhilfenahme von Spritzbeton als Sicherung ein, so lassen sich *wesentlich wirtschaftlichere Lösungen* erzielen. Dabei kommt es sehr entschieden darauf an, mit Bedacht auf die Festigkeitseigenschaften, die Bergwasserverhältnisse und die freie Standhöhe des Gebirges bzw. des Bodens, innerhalb des jeweiligen Ringes die Abtragsstufen so zu wählen, daß schädliche Auflockerungen vermieden werden. Diese Arbeitsfolge in kleinen Schritten schmeckt den Bauausführenden meistens nicht, und deshalb unterliegt man immer wieder der Versuchung, eine Abkürzung vorzunehmen, in der Regel mit dem Erfolg schwerer Nachbrüche, in Einzelfällen sogar regelrechter Rutschungen.

In vielen Fällen gilt zum Einbringen eines Stützbauwerkes in Böschungen heute noch die Methode, auf gut Glück einen möglichst großen Ringraum in den Hang zu schlitzen, die Stützkonstruktion zu betonieren und den dahinter willkürlich geschaffenen freien Ringraum mit Füllmaterial wieder aufzufüllen.

Aus Bequemlichkeit oder aus vermeintlicher Kosteneinsparung verwendet man womöglich noch gestörtes, durchnäßtes, schluffiges Abtragsmaterial, welches den Bodenkennwerten der Berechnung nicht mehr entspricht. Während Ortbetonwände solcher Schläue meist gerade noch gewachsen sind, reagieren Raumgitterkonstruktionen oft nur mehr mit Resignation (Abb. 7).

Abb. 7. Bruch einer Krainerwand
Collapse of a socalled Krainerwand

Beim Abtragen mit schwerem Gerät kommt es naturgemäß zu schalenartigen Nachbrüchen, die nicht selten sehr weit in die Böschung hinaufreichen. Manchmal verwendet man nachgiebige Bölzungen aus Holz, um die Entspannungsphase abzukürzen. Auf diese und die vorgenannte Weise entsteht hinter der Stützmauer ein *völlig gestörter Fels- oder Bodenbereich*, dem jegliche *Kohäsion* oder *Strukturfestigkeit* verlorengeht.

Wie eine derartige Vorgangsweise, besonders in kritischer Hangsituation, ausgehen kann, zeigen die nächsten Abbildungen.

Bei Abb. 8 und 9 handelt es sich um eine Schwergewichtsmauer in schwieriger Hanglage. Die geplante Konstruktion hatte die Aufgabe, eine alte Rutschung im Zuge einer Straßenverbreiterung zu durchfahren und damit einen bereits geschwächten Bodenabschnitt mit starker Durchfeuchtung.

Obwohl die *Ausschreibung alle Leistungen* enthält, die zur Bewältigung der schwierigen Aufgabe Voraussetzung waren, ereigneten sich trotzdem mehrere

Abb. 8. Hangrutschung
Slope slide

Abb. 9. Sanierung mit Spritzbeton und verankerten Pfeilern
Stabilization with shotcrete and anchor beam

Teilrutschungen. Um den austretenden Hangwässern zu begegnen, installierte man vor Beginn der Abtragungsarbeiten vorbildlich Entwässerungsdrains etc.

Trotzdem war die größere Rutschung (gemäß Abb. 8) nicht zu vermeiden, welche ein Loch von der doppelten Ringbreite riß und die darunter vorbeiführende Straße verschüttete.

Warum?

Im Rückblick, mit inzwischen gewonnenen Erfahrungen, läßt sich bekanntlich immer ganz klar urteilen, mit „Da hätte man, ja da hätte man usw.".

Was hatte, nachträglich betrachtet, nicht gestimmt?

1. Der sorgfältige Abtrag in kleinen Höhenstufen, wie er eingangs beschrieben worden ist, hätte die temporäre Belastung des Bodens klein gehalten. Er wurde bauseits nicht gebührend gewürdigt.

2. Die frisch geöffneten Ringe standen damit zu lange offen.

3. Vom Konzept der Ausführungsplanung her betrachtet, wäre vielleicht eine leichtere verankerte Stützkonstruktion besser gewesen.

4. Ein stärkere Unterteilung der Mauer in vertikaler und horizontaler Richtung hätte unter Umständen eine Erleichterung gebracht.

Die Erfahrungen dieses schwierigen Bauvorhabens sind inzwischen Regel der Technik bei Planung und Ausführung geworden.

Die Sanierung dieses Falles nahm sehr viel Zeit und Geduld in Anspruch. Wegen des erhöhten Wasserandranges infolge lang anhaltenden schlechten Wetters mußte eine trockenere Jahreszeit abgewartet werden. Die Sanierung erfolgte mit einer Erfahrungsanleihe im Tunnelbau. Mit einer leicht gewölbten Spritzbetonschale wurden die auf der Straße liegenden Rutschmassen von dem in der Böschung verbliebenen größeren Teil getrennt. Verankerte Lisenen sorgten für die Ableitung der Auflagerkräfte aus der Schale in den tiefer anstehenden Fels.

Bei der Sanierung des Falles gab es auch Vorschläge, die alleine von den Möglichkeiten moderner Baumaschinen und ihrer Größenordnung her inspiriert waren: Einfach den gesamten Rutschungskörper unter massivem Einsatz von Baumaschinen auszuräumen, die Mauer gewissermaßen im Freien betonieren und

Abb. 10. Fertiggestellte Mauerkonstruktion
Finished wall construction

dann gemächlich wieder hinterfüllen. Dabei war sicherlich nicht bedacht worden, daß gerade in diesem Falle weitere Rutschschollen in noch weit größerem Ausmaß als die erste die Folge gewesen wären.

Doch nun von einem geotechnisch schwierigen Fall der Ausführungsplanung und der Bauausführung zu *gut geplanten* und *gut ausgeführten Beispielen* in nicht weniger problembeladenen Hanglagen.

In einer Studie untersuchten wir zwei gut gelungene Mauertypen aus verschiedenen Baulosen.

Fall A: „Spornmauer" als talseitige Stützkonstruktion (Abb. 11).

Fall B: „Verankerte Futtermauer" als bergseitige Stützkonstruktion (Abb. 12).

Worin liegt hier der wesentliche Unterschied zum gerade dargestellten Schadensfall?

Das sorgfältige, in Höhenstufen von etwa 30 bis 100 cm vorgenommene ringweise Abtragen und Sichern mit Spritzbeton konnte dem anstehenden Gebirge aus morschem Fels und verlehmtem Schuttmaterial die natürlich gewachsenen Festigkeitseigenschaften erhalten, insbesondere die Kohäsion. Es kam zu keinen schädlichen Zerrungen und Kluftbildungen in der unterschnittenen Böschung.

Die Ringbreiten von rd. 5 m gestatteten dem Material eine gewölbeförmige Abstützung einerseits auf den bereits fertiggestellten Ring, andererseits auf die unverritzte Böschung. Die Spritzbetonsicherung übernimmt aber noch eine zweite Funktion, indem sie gleichzeitig als rückwärtige Schalung für den Ortbeton der Mauer dient. Somit konnte die hintere Schalung eingespart werden, was einen Vorteil in der Ausführung und in den Kosten bedeutet.

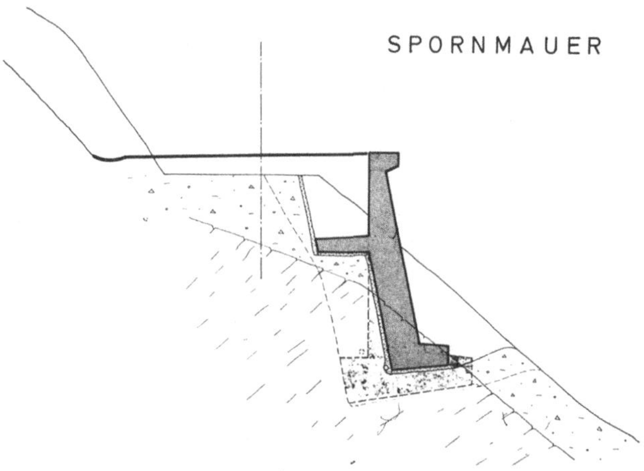

Abb. 11. Spornmauer im Vergleich mit Schwergewichtsmauer
Toe-wall compared to gravity retaining

Von *grundsätzlicher Bedeutung* aber ist, die Konstruktion stützt nicht einen *gestörten*, sondern auch einen *ungestörten* Böschungsabschnitt. Daß damit eine

geringere Stützkraft zur Erhaltung der dauernden Standsicherheit erforderlich ist
als im Falle einer nach traditioneller Bauweise eingebrachten Schwergewichtsmauer, versteht sich von selbst.

Diese Vorgangsweise wurde auch im Falle B eingehalten. Trotz Einsatz einer
leichten Futtermauer in Kombination mit einer Ankerung konnte kostenmäßig
und technisch eine bedeutend günstigere Lösung erreicht werden. *Die Kosteneinsparung in beiden Fällen beträgt rund 40 %* gegenüber einer Schwergewichtsmauer herkömmlicher Art!

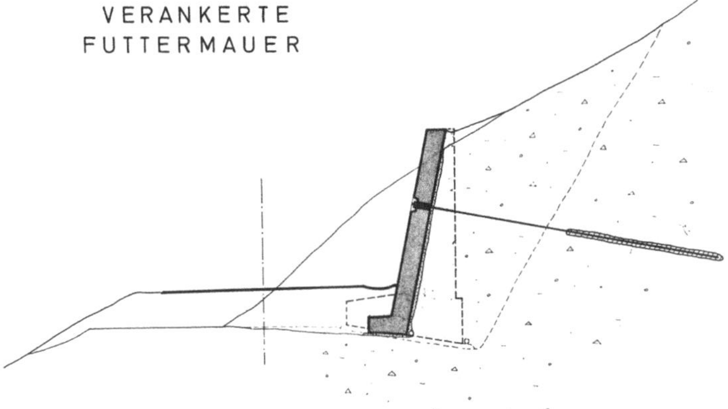

Abb. 12. Verankerte Futtermauer im Vergleich mit Schwergewichtsmauer
Anchored reventment wall compared to gravity retaining

Zum Abschluß eine bedeutende Frage, die im Straßenbau häufig auftaucht.

Die Entscheidung, ob der erforderliche Raum bei Verbreiterung einer bestehenden Straße, aber auch bei Neuanlage, durch verstärkten Hanganschnitt
oder durch Herausrücken aus der Böschung geschaffen werden soll, läßt sich
folgendermaßen beantworten.

In Hängen mit guten geotechnischen Verhältnissen kann aus Gründen der
Kosteneinsparung der verstärkte Hanganschnitt, aber auch die talseitige Dammschüttung, empfohlen werden. Anders verhält es sich in Hängen mit nahezu
labilem Zustand. Hier zeigt es sich, daß die Vermeidung von großen Anschnitten
und Dämmen Voraussetzung für sicheres und wirtschaftliches Bauen ist.

Wie Abb. 13 zeigt, genügt im labilen Hang der geringfügige Anschnitt für eine
Rohrkünette, um eine Rutschung von unkontrollierbaren Ausmaßen zu provo-
zieren.

Dagegen zeigt Abb. 14, daß das Ausweichen auf die Talseite unter Einsatz
möglichst kleiner Stützkonstruktionen für das Böschungsgleichgewicht einen fast
bedeutungslosen Eingriff darstellt. An der Mengenrelation der Böschung ändert
sich fast nichts und der Eingriff am Böschungskopf löst in der Regel keine Rutschung aus.

Diese Reihe von Beispielen ließe sich noch lange fortsetzen. Sie beweist, mit
oft bitterer Erfahrung belegt, daß eine sorgfältige Vorbereitung im Planungsstadi-
um die Ausführung wesentlich problemloser gestaltet und darüberhinaus wesent-

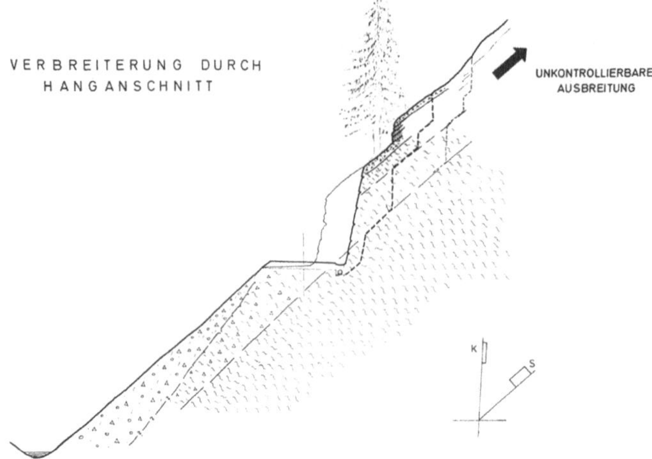

Abb. 13. Unkontrollierbare Ausbreitung von Gleitungen bei Anschnitten in labilen Hängen
Uncontrolable expansion of sliding in side cuttings of unstable slopes

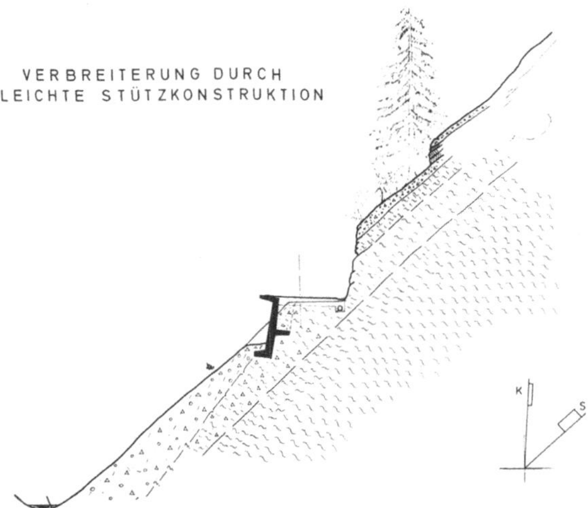

Abb. 14. Sicherung der Straße durch leichte, talseitige Stützkonstruktion
Light retaining at the slope crown

lich zur Kosteneinsparung in der Herstellungsphase beiträgt. Unter ausreichender
Vorbereitung für die Planung ist zu verstehen, eine auf der Grundlage gewissen-
hafter Vorerkundung geologischer und geotechnischer Verhältnisse basierende
Ausführungsplanung, die nicht beim Grundkonzept halt macht, sondern weiter
voraus denkt und die Ausführbarkeit des Grundkonzeptes bis in Details voraus-
überlegt. Leider ist dies noch immer nicht allgemeingültiger Stand der Technik.
Da und dort existieren noch Kollegen, die meinen, an der Vorerkundung und
Ausführungsplanung könnte man zu Gunsten der Gesamtkosten Einsparungen
erzielen.

Nicht der baut billig, der mit Billigstlösungen das Auslangen findet, sondern derjenige, der sorgfältig und verantwortungsbewußt zu Werke geht.

Qualität sowohl in der Planung als auch in der Bauausführung haben eben ihren Preis.

Literatur

[1] *Rabcewicz, L., Sattler, K.:* Die Neue Österreichische Tunnelbauweise. Der Bauingenieur *40*, 281–301 (1965).

[2] *Rabcewicz, L., Golser, J.:* Principles of Dimensioning the Supporting System for the "New Austrian Tunneling Method". Water Power, March 1973.

[3] *Rabcewicz, L, Hackl, E.:* Die Bedeutung der Messung im Hohlraumbau III. Der Bauingenieur *50*, 369–379 (1975).

[4] *Pacher, F..* Deformationsmessung im Versuchsstollen als Mittel zur Erforschung des Gebirgsverhaltens und zur Bemessung des Ausbaues. Felsmechanik und Ingenieurgeologie, Suppl. *I*, 149–161 (1964).

[5] *Müller-Salzburg, L.:* Der Felsbau, Bd. 3: Tunnelbau. Stuttgart: Enke, 1978.

[6] *Lessmann, H.:* Moderner Tunnelbau bei der Münchner U-Bahn. Wien-New York: Springer, 1978.

[7] *Laabmayr, F., Swoboda, G.:* Zusammenhang zwischen elektronischer Berechnung und Messung. Stand der Entwicklung für seichtliegende Tunnel. Rock Mechanics, Suppl. *8*, 29–42 (1979).

[8] *Rabcewicz, L., Pacher, F.:* Gedanken zu Modelluntersuchungen an Tunnelauskleidungen in Form einer dünnen halbsteifen Schale. Felsmech. u. Ing. Geol., Suppl. *IV*, 138–146 (1968).

Anschrift des Verfassers: Dipl.-Ing. *Franz Laabmayr*, Ingenieurkonsulent für Bauwesen, Breitenfelderstraße 49, A-5020 Salzburg, Österreich.

Rock Mechanics, Suppl. 12, 123—145 (1982)

Rock Mechanics
Felsmechanik
Mécanique des Roches
© by Springer-Verlag 1982

Sicherung von Felsböschungen und Fundierung in diesen

Von

H. Brandl

Mit 24 Abbildungen

Zusammenfassung — Summary

Sicherung von Felsböschungen und Fundierung in diesen. Der Schwerpunkt der folgenden Ausführungen bezieht sich in erster Linie auf stark verwitterten, zerklüfteten und kleinstückig zerhackten Fels; mechanisch und bautechnisch sind derartige Zersetzungsprodukte vielfach schon als „Boden" anzusprechen.

Besondere Bedeutung wird der semi-empirischen Dimensionierung auf der Grundlage von in-situ-Messungen beigemessen sowie dem Begriff des „kalkulierten Risikos". Von den Berechnungsparametern wird die Restscherfestigkeit des Gebirgsverbandes bzw. der Verwitterungsprodukte hervorgehoben. Bei Hängen im Grenzgleichgewicht ist von Kriech- bzw. Staudrücken auszugehen: Diese können deutlich über den klassischen Grenzwerten nach *Rankine* liegen und hängen von mehreren Faktoren ab (Böschungsneigung und Untergrundverhältnisse, Gleitgeschwindigkeit und Größe bzw. Einflußbreite sowie Steifigkeit des sich im Hang befindlichen Bauwerkes). Die theoretischen Annahmen stellen daher naturgemäß nur Näherungen dar, doch werden die Größenordnungen der Ergebnisse durch in-situ-Messungen bestätigt. Für die Bemessung der Fundamente auf Seitendruck kommen generell das Bettungsziffer- und Steifemodulverfahren sowie die Erddrucktheorie infrage; letztere erwies sich bodenmechanisch am zweckmäßigsten, wobei vor allem bei Verankerungen Spannungsumlagerungen zu berücksichtigen sind.

Zur Veranschaulichung werden Beispiele aus der Baupraxis gebracht: Verankerte Stützkonstruktionen und Brücken in Rutschhängen. Je nach Gefährdungsgrad reichen die Maßnahmen von bewehrten Spritzbetonschalen bis zu massiven Ankerwänden bzw. von offenen elliptischen Schachtgründungen („Knopflochlösungen") bis zu verankerten Brunnengründungen mit biegesteif aufgesetzten Stahlbetonriegeln (Rahmen) und „Halbbrücken". Es empfiehlt sich, das eigentliche Ingenieurbauwerk von den Stützmaßnahmen zur Hangsicherung konstruktiv möglichst zu trennen, obwohl eine gegenseitige felsmechanisch-erdstatische Beeinflussung stets vorhanden ist; hiebei haben sich flexible Konstruktionen besonders bewährt.

Retaining Measures and Foundations in Rock Slopes. The emphasis of the paper refers predominantly to heavily weathered, jointed, fissured and decomposed rocks. Mechanical-statical as well as in construction site these products may be described as "soils" frequently.

The semi-empirical dimensioning based on in-situ measurements will be especially stressed as well as the term "calculated risk". One of the calculation's parameters to be emphasized is the residual shear resistance of the rock bonds and of weathered products. For slopes in limit state of equilibrium one has to start from creep- and stagnation pressures. These may be con-

0080—3375/82/Suppl. 12/0123/$ 04.60

siderably greater than the ultimate limits of *Rankine's* theory and they depend on several factors: Slope angle, underground conditions, velocity of sliding and the width of influence as well as rigidity of the structure exposed to the pressure due to creeping and sliding. Therefore theoretical assumptions are only approximations; yet the order of the results is confirmed by in-situ measurements. Dimensioning foundations against lateral pressure generally the methods of modulus of subgrade reaction, modulus of elasticity or the theory of earth pressure are put into question. The latter proved the best in the sense of soil mechanics. Here especially in the case of anchoring, earth pressure redistributions must be taken into consideration.

As an illustration, examples of the engineering practice are presented: Anchored retaining structures and bridges in sliding slopes. Depending on the degree of danger the measures are as follows: Reinforced shells of shotcrete up to massive anchored walls; open elliptical pit foundations ("buttonhole" = "Knopflochlösung") and anchored double-caisson foundations with rigid beams connecting their heads (transversal frames) and "semibridges". It is recommended to separate structurally the essential engineering construction (bridge pier etc.) from the retaining measures (protecting measures against the sliding slope) to a wide extent, although a mutual rock mechanical-earth statical influence is always existing. In this case flexible constructions have proved especially successful.

1. Standsicherheitsuntersuchungen

1.1. Allgemeines und einführendes Beispiel

In Gebirgstälern mit geologisch sehr bewegter Vergangenheit, vor allem aber im Bereich von (großräumigen) geologischen Störungszonen streuen die Fels- und Bodenkennziffern vielfach auf engstem Raum dermaßen, daß felsmechanische-erdstatische Berechnungen nur als Grenzwertbetrachtungen sinnvoll erscheinen und dementsprechend auch nur grobe Anhaltspunkte liefern. Wegen der Steilheit der Hänge und der Unsicherheit über die jeweils ungünstigsten Wasser- und Fels- bzw. Bodenverhältnisse ist vielfach eine echte Standsicherheit im üblichen Sinne rechnerisch nicht nachweisbar. Als Stütz- und Sicherungssysteme sind daher möglichst solche flexiblen Bauweisen anzustreben, mit denen man sich über Kontrollmessungen schrittweise technisch und wirtschaftlich optimal an örtlich unterschiedliche Bergdrücke, Hangbewegungen und Baugrundverhältnisse anpassen kann. Es wäre volkswirtschaftlich nicht vertretbar, bei derartigen Hängen gleich vom Beginn an stets die aufwendigsten Stützsysteme zu errichten. Vielmehr muß besonders beim Straßen- und Autobahnbau in Gebirgstälern mit kilometerlangen rutschverdächtigen Steilböschung zwangsläufig mit „kalkuliertem Risiko" gearbeitet werden, indem bei bedeutend niedrigeren Baukosten und -zeiten Ergänzungsarbeiten in Kauf genommen werden.

Zur Veranschaulichung wird nachstehend ein Beispiel von einer rd. 250 m langen und bis 17 m hohen Ankerwand gebracht, welche bei einem ca. 50 m hohen Autobahnanschnitt in weitgehend zersetzten Grauwackenschiefern erforderlich wurde. Wegen der Steilheit des Geländes, der Höhe des Berghanges und der großen Wandhöhe reagierten die Berechungen äußerst empfindlich auf geringste Änderungen der Eingabeparameter: In Abb. 1 ändern sich bei Variation des Reibungswinkels um nur $\triangle\varphi = 1°$ die zur Erzielung einer rechnerischen „Sicherheit" von $F(S) = 1$ erforderlichen Ankerkräfte um nahezu $\triangle A = 1000$ kN/m (für $S > 1$ nimmt $\triangle A$ sogar überlinear zu). Tatsächlich streut

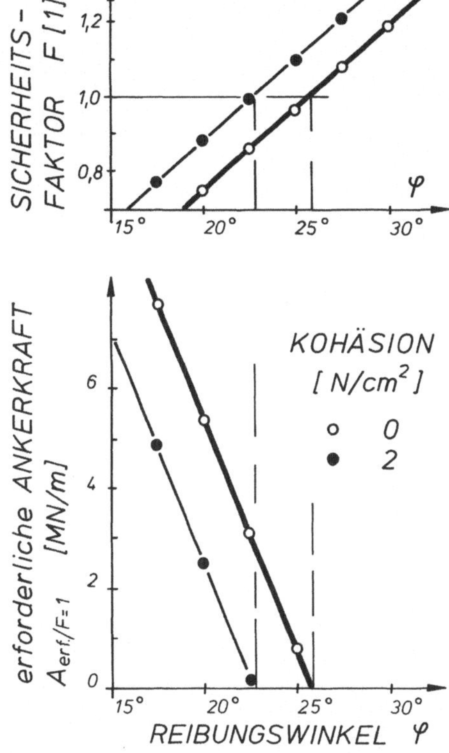

Abb. 1. Rechnerischer Einfluß der Scherparameter auf den Sicherheitsfaktor F und die erforderlichen Rückhaltekräfte A_{erf} (für $F = 1$) einer 17 m hohen Ankerwand (für 50 m hohen Anschnitt)
Calculated influence of shear-parameters on the safety factor F and the required retaining forces A_{erf} (for $F = 1$) of a 17 m high anchor wall (at a cut of 50 m height)

in diesem Hangabschnitt der Reibungswinkel in einer Bandbreite von etwa $\triangle\varphi = 15°$ (Abb. 2). Hiezu kam, daß der Reibungswinkel in den feinschuppig-glimmerigen Verwitterungsprodukten bei größerer Schubverformung progressiv auf einen noch geringeren Restscherwinkel φ_r abfallen konnte. Ähnlich sensibel reagierten die Berechnungen auf eine Variation des Kohäsionsanteiles c und des Sicherheitsfaktors S:

$$\triangle c = 1\,N/cm^2 \quad \ldots\ldots \quad \triangle A = 1000 - 1500\,kN/m \text{ (bei } S = F = 1)$$
$$\triangle S = 0,1 \quad \ldots\ldots \quad \triangle A = 1000\,kN/m$$

Die Bemessung konnte daher nur semi-empirisch erfolgen.

Im Zuge der katastrophalen Frühjahrsniederschläge gerade während des kritischsten Bauzustandes und vor dem Wirksamwerden aller Entwässerungsmaßnahmen wurde die damals erst teilweise fertiggestellte, nur mit einem Minimum an Vorspannankern gesicherte Stützwand bis zu 20 cm nach außen gedrückt. Daraufhin wurden unter Zugrundelegung der umfangreichen Spannungs-Ver-

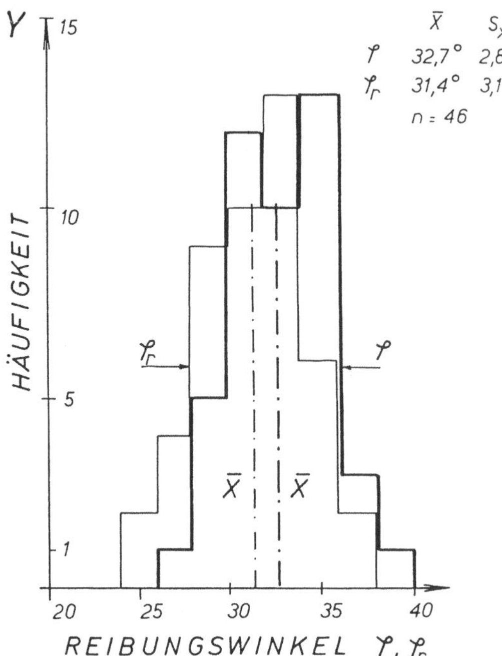

Abb. 2. Häufigkeitsverteilung für Reibungswinkel φ und Restscherwinkel φ_r zu Abb. 1 (gemessene Werte)
Frequency distribution for angles of internal friction φ and residual shear angles φ_r to Fig. 1 (measured values)

formungsmessungen von provisorischen, für die Bohrgeräte erforderlichen Vorschüttungen schrittweise Zusatz- bzw. Verstärkungsanker mit Einzellängen bis $l_A = 70$ m eingebracht.

Die Abweichung der Fels- bzw. Bodenkennwerte, welche einerseits den ersten Rechenannahmen zugrunde lagen und andererseits aus dem erfolgten Endausbau rückgerechnet werden können, beträgt nur $\triangle \varphi = 1°$; trotzdem mußten Zusatzanker von ca. 1000 kN/m eingebracht werden. Unter Berücksichtigung eines progressiven Scherfestigkeitsabfalles während des Bauzustandes lagen demnach die ursprünglich gewählten Parameter klar auf der sicheren Seite. Seit 6 Jahren ist der Hang nunmehr in Ruhe.

1.2. Scherfestigkeit der Hänge

Zur Beurteilung der Standsicherheit eines Hanges bzw. der Seitenkräfte, welche auf ein Bauwerk in steilen Böschungen wirken, ist die bloße Kenntnis der konventionellen Scherfestigkeitsparameter (φ, c) unzureichend. Bei rutschgefährdeten, kriechenden Verwitterungsprodukten oder in Fels mit feinkörnigen Kluftfüllungen muß die Restscherfestigkeit (φ_r), welche sich bei örtlicher Überbeanspruchung und größeren Schubverformungen einstellt, mitbestimmt werden. Die sicherste Methode hiefür stellen die direkten Scherversuche im Laboratorium

oder im Felde dar und nicht der Umweg über statisch fragwürdige Beziehungen
zu anderen Parametern (z.B. Mineralbestand). Dabei ist unter anderem folgendes
· zu berücksichtigen:
— Je kleiner die in der Natur wirkende oder zu Versuchsbeginn aufgebrachte
Normalspannung ist, desto weniger wird sich der tatsächliche Restscherwinkel
einstellen (Abb. 3).

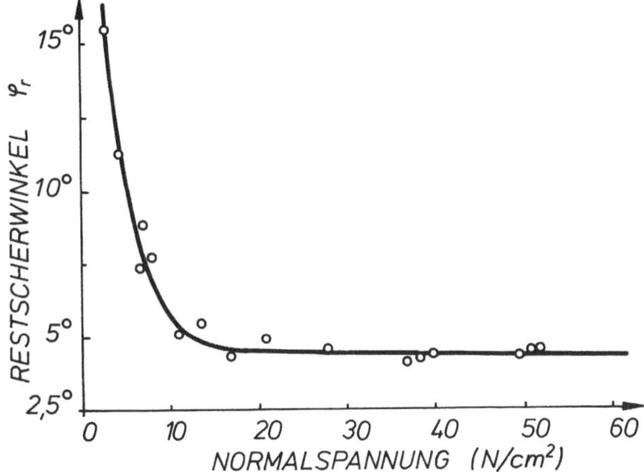

Abb. 3. Restscherwinkel (aus „Wiener Scherversuche") als Funktion der Normalspannung zu
Versuchsbeginn: roter Tonschiefer der Flyschzone mit 47 % Tonanteil < 0,002 mm (*Würger*,
1979)
Residual shear angles (from "Viennese Shear Tests) as a function of normal stresses at begin
of tests: red shale of the Flysch-zone with 47 % clay content < 0,002 mm (*Würger*, 1979)

— Mit abnehmendem Sättigungsgrad sinkt die Tendenz zur Ausbildung von
Harnischflächen, da sich die Feinstkornanteile dann weniger entlang einer Gleitfläche einregeln; außerdem ist der Schmierfilmeffekt geringer. Zur Bestimmung
des Restscherwinkels φ_r muß daher im Versuch volle Wassersättigung gegeben
sein (*Würger,* 1979).
Derartige Versuche liefern auch einen Hinweis auf die Tendenz zu progressiver Bruchbildung. Diese ist deswegen so gefährlich, weil sie sich erfahrungsgemäß oft über Jahre oder Jahrzehnte erstrecken kann und in der Zwischenzeit
eine nicht vorhandene Sicherheit vorgetäuscht wird.
Der minimale Reibungswinkel stellt einen unteren Grenzwert dar. Als Pro-
jektierungsgrundlage ist der generelle Ansatz der Restscherfestigkeit jedoch unwirtschaftlich und vielfach topographisch sogar unmöglich. In der Regel wird daher zunächst ein nach den örtlichen Verhältnissen und dem generellen Risiko
empirisch reduzierter Reibungswinkel in Rechnung gestellt und die Kohäsion —
je nach vorgesehenem Bauablauf — nur mit äußerster Vorsicht angesetzt, da sie
erfahrungsgemäß keine verläßliche, unveränderliche Fels- bzw. Bodenkonstante
darstellt. Allgemein gültige Regeln bestehen hiebei nicht.
Als Beispiel hiezu sei der Bau einer Schnellstraße im Bereich einer ausgedehnten geologischen Störung (Tauern-Nordrandstörung im Salzachtal) ange-

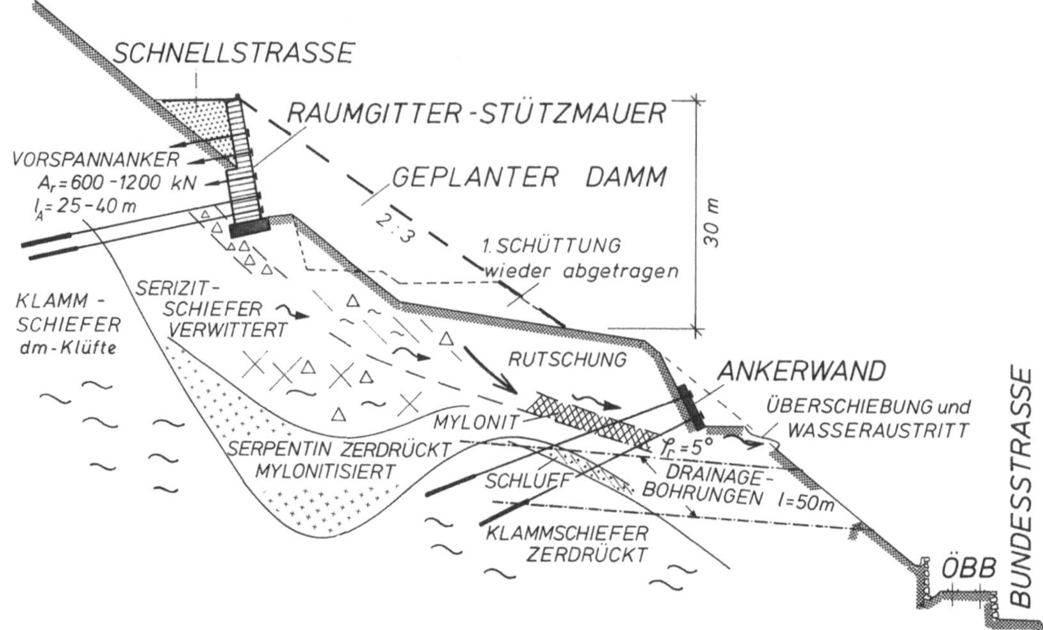

Abb. 4. Schnellstraßenbau in einer geologischen Großstörung: Stabilisierung eines Rutschhanges durch Entfernen einer begonnenen Dammschüttung (1. Bauzustand) und Herstellen einer verankerten Raumgitterstützmauer, Ankerwand sowie von Drainagebohrungen
Highway construction in a great zone of geological disturbance: Stabilization of a sliding slope by removing an already begun dam construction (1st state of construction) and by erecting an anchored crib wall, an anchor wall and drainage borings

führt (Abb. 4): Das ursprüngliche Projekt sah die Errichtung eines rund 30 m hohen Dammes in einem Steilhang vor. Bereits nach einer Schütthöhe von ca. 5 m kam es zu ersten Rutschbewegungen. Da am Hangfuß sowohl die frequentierte Bundesstraße verläuft als auch eine der wichtigsten internationalen Eisenbahnstrecken Österreichs, durften keine weiteren Risken eingegangen werden. Zudem zeigte sich, daß die aus tonig-schluffigen Verwitterungsprodukten (talkig-feinschuppig) bestehende Gleitzone bei größeren Schubverformungen einen Restscherwinkel von örtlich nur $\varphi_r = 4{,}5°$ aufwies. Es wurde daher die erste Teil-Schüttung rasch wieder abgetragen und zunächst der talseitige Böschungsbereich stabilisiert: durch tiefreichende Drainagebohrungen und eine Ankerwand. Anstelle des Dammes wurde eine bis zu 21 m hohe Raumgitter-Stützmauer errichtet: in axialen Längsabständen von 4 m sind die Zellen dieser Wand ausbetoniert und mit vorgespannten Freispielankern bis 37 m Länge verankert.

1.3. Theorie und in-situ-Messungen

Bei der Bemessung von Stützbauwerken in Fels-Verwitterungsprodukten werden Geländebruchuntersuchungen und Erddruckermittlungen erforderlich.

Modifizierungen der *Erddrucktheorie* sind dann notwendig, wenn es sich um instabile Kriechhänge handelt: Der Kriechdruck kann auch als *Fließ-* oder *Stau-*

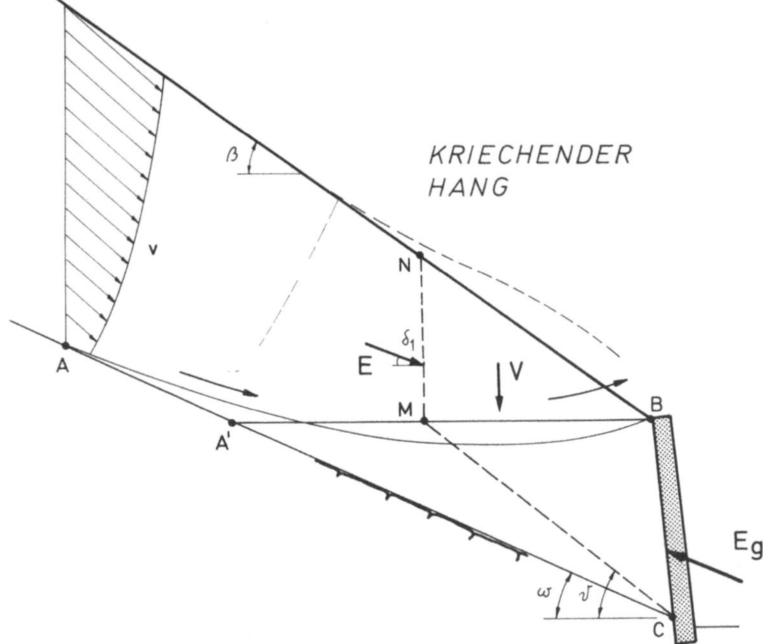

Abb. 5. Ermittlung des Kriech- bzw. Staudruckes auf eine Stützkonstruktion
Calculation of the creeping pressure (or "sliding pressure") resp. stagnation pressure on a retaining construction

druck aufgefaßt werden, wobei die hinter einer Stützmauer oder schalenförmigen Ankerwand um einen Brückenpfeiler auftretenden Erddrücke deutlich höher sind, als z.B. nach dem zweiten Rankineschen Sonderfall für $\beta = \varphi$ zu erwarten wäre.

Die Ermittlung der „Erddruckbeiwerte" kann in Anlehnung an *Haefeli* gemäß Abb. 5 erfolgen: Bei dem als Grenzwert des Stau- bzw. Fließdruckes ansehbaren Gleitdruck bildet sich eine Gleitfläche A—B, welche trotz einer praktisch unverschieblichen Stützwand eine weitere Kriechbewegung des Hanges ermöglicht. Dementsprechend wurden auch an einigen Baustellen im Gelände größere Deformationen gemessen als vergleichsweise an der Wand (*Brandl*, 1979, 1980). Zur theoretischen Vereinfachung wird die gekrümmte Gleitfläche durch eine Gleitebene A'—B ersetzt, welche durch das oberhalb liegende Gelände belastet ist. Innerhalb des Erdkeiles A'—B—C ist demnach jene sekundäre Gleitfläche M—C zu ermitteln, die den maximalen Erddruck E_g ergibt; dies kann nach der klassischen Erddrucktheorie erfolgen (Körper N—M—B als Auflast). Infolge der Auflast der kriechenden Überlagerung wird der unmittelbar hinter der Wand liegende Hangkeil zusammengedrückt, wie die in-situ-Messungen zeigten.

Je nach der Neigung δ_1 der Druckkraft E variiert der Gleitdruck E_g innerhalb der beiden Grenzwerte für $0 \leqslant \delta_1 \leqslant \varphi$, wobei er um die in Abb. 6 dargestellten Vervielfältigungsfaktoren bzw. Verhältniszahlen $m(\delta_1) = m(\varphi)$ größer ist als der aktive Erddruck, somit darstellbar als

$$E_g = m(\varphi) \cdot \gamma \cdot \frac{h^2}{2} \cdot \cos^2 \varphi$$

                        H. Brandl:

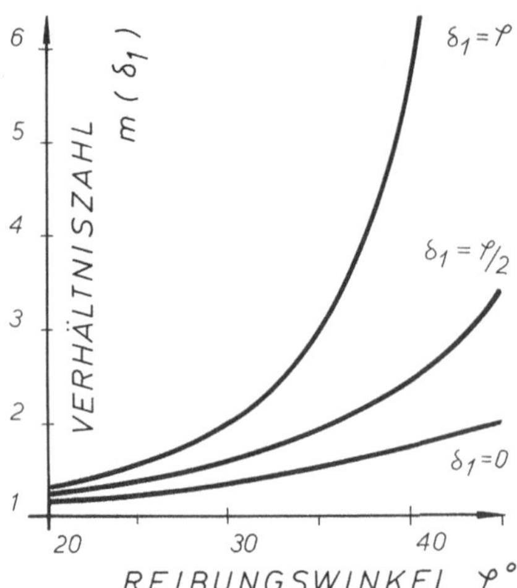

Abb. 6. Vervielfältigungsfaktor (Verhältniszahl m) zur Ermittlung des Kriech- bzw. Staudruckes als Funktion des Reibungswinkels φ und der Neigung δ_1 der Druckkraft E (Sonderfall $\vartheta = \omega = \beta = \varphi$)

Multiplication factor (relation m) for calculating the creeping pressure, stagnation pressure resp. as a function of the internal friction φ and the inclination δ_1 of the pressure E (special case $\vartheta = \omega = \beta = \varphi$)

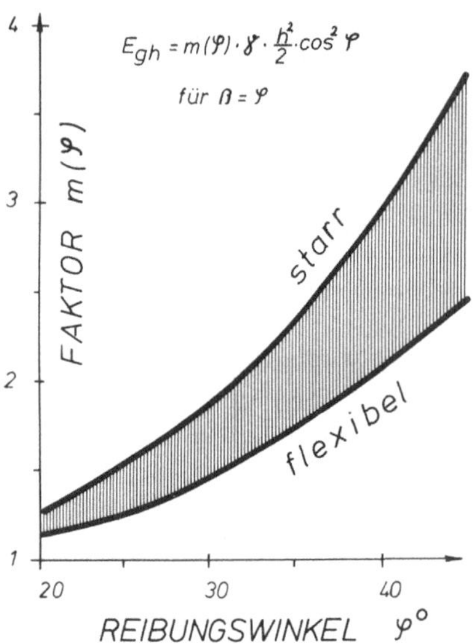

Abb. 7. Einfluß der Bauwerkssteifigkeit auf den Kriechdruck E_{gh} (Böschungsneigung β = Reibungswinkel φ)

Influence of the stiffness of the construction on the creeping pressure E_{gh} (inclination β of the slope = angle of internal friction φ)

Der Staudruck steigt also mit zunehmender Geländeneigung deutlich über den Wert des aktiven Erddruckes an. Nach durchgeführten Baustellenmessungen liefert das Mittel von $\delta_1 = \varphi/2$ im allgemeinen die zutreffendsten Ergebnisse. So wurden etwa beim Beispiel der Ankerwand in Kap. 1.1. horizontale Erddruckbeiwerte von $K_h = 1,5$ gemessen, während sich nach *Rankine* $K_h = 0,85$ errechnete, somit betrug $m(\varphi) \doteq 1,76$.

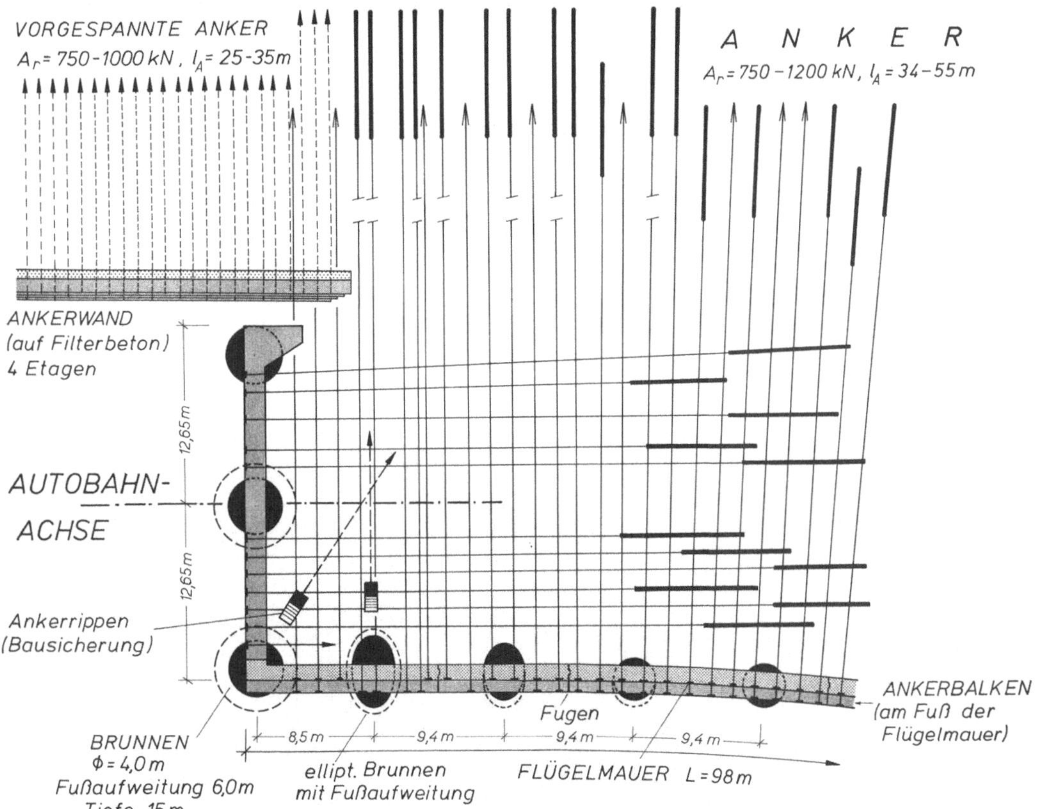

Abb. 8. Widerlagergrundriß einer Autobahnbrücke in durchnäßtem, rutschgefährdeten Steilhang; Fundierung auf elliptischen Brunnen; Aufnahme der Horizontalkräfte überwiegend durch vorgespannte Anker
Groundplan of an abutment of a highway bridge in a wettened, steep slope prone to sliding; Foundation on elliptical caissons ("piers"); Transfer of the horizontal forces mainly by prestressed anchors. $A_r = T_w$ = working load (calculated resp. initially prestressed anchor force); l_A = length of anchors

Auch die Steifigkeit des Bauwerkes spielt eine Rolle: relativ starre Stützkonstruktionen werden zwangsläufig stärker beansprucht (Abb. 7). Dadurch können sich bei hohen Brückenwiderlagern in mylonitischen Zonen oft sehr aufwendige Verankerungen ergeben (Abb. 8).

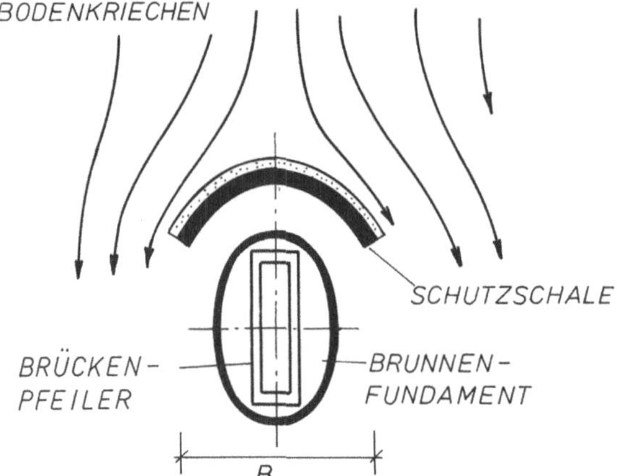

Abb. 9. Schutzschale (auf Filterbeton) um einen Brückenpfeiler zur Aufnahme des Hangschubes: flexibles System, schematisch
Protecting shell (on filter concrete) around a bridge pier for taking up the slope pressure:
flexible system, schematic

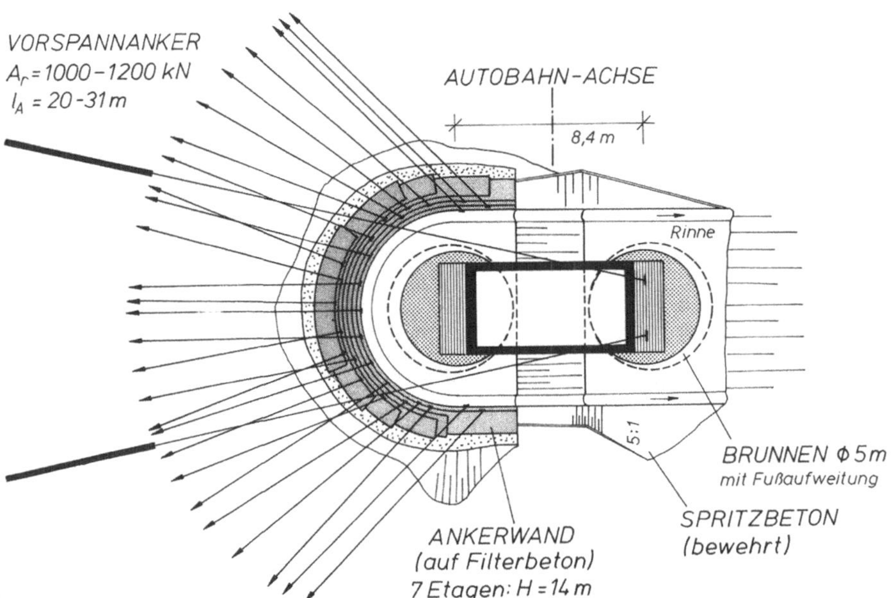

Abb. 10. Grundriß eines Brückenpfeilers, welcher auf einem Brunnenpaar (mit biegesteifem
Kopfriegel) fundiert und durch eine Schutzschale (gekrümmte Ankerwand) vor unzulässigem
Hangschub abgeschirmt ist
Ground plan of a bridge pier founded on a pair of caissons (with stiff headbeam) and pro-
tected against impermissible slope pressure by a curved anchor-wall. $A_r = T_w$ = working load
(calculated resp. initially prestressed anchor force); l_A = length of anchors

Bei Einzelpfeilern oder Schutzschalen bzw. Schutzwänden begrenzter Brei-
tenausdehnung liegen etwas andere Gleitdruckverhältnisse vor als bei der durch-
gehenden Wand: Hier sind auch die seitlichen Reibungskräfte zu berücksichtigen,

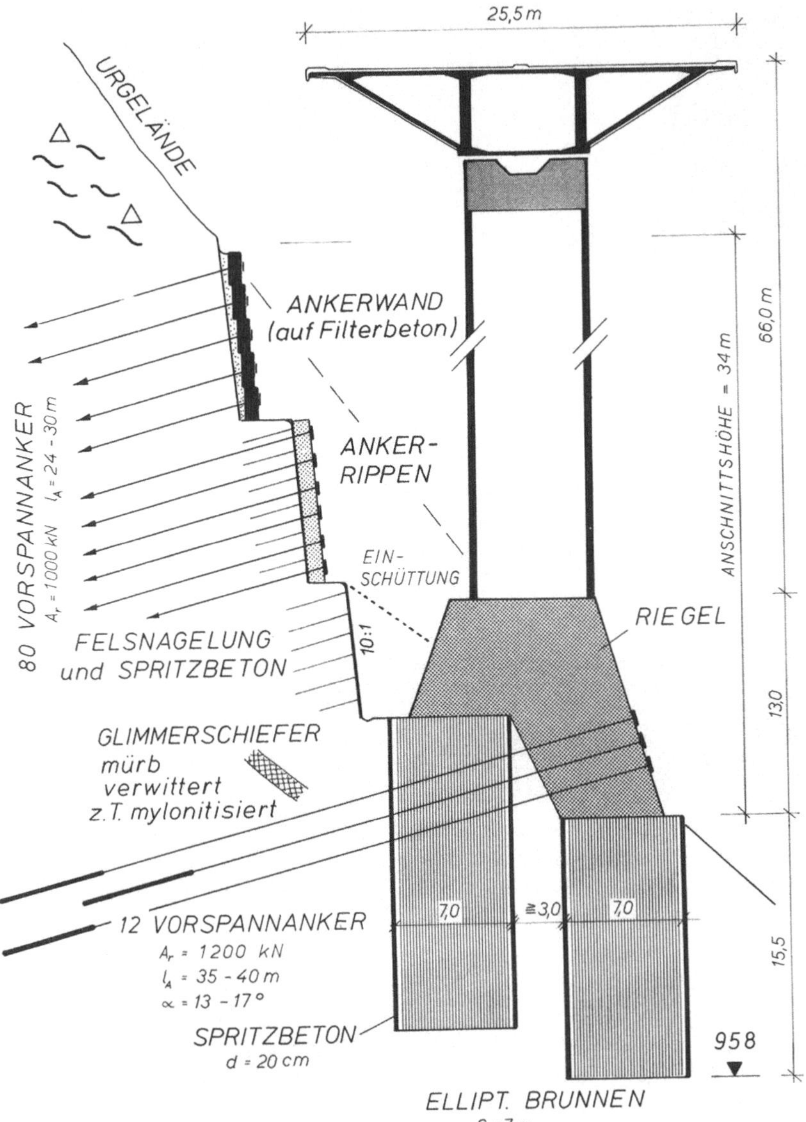

Abb. 11. Hangsicherung und Fundierung eines Brückenpfeilers in rutschgefährdetem Steilhang (in Anpassung an die örtlichen Felseigenschaften)
Slope protection measures and foundation of a bridge pier in a steep slope prone to sliding (adapted to the local rock conditions)

sodaß der „Staudruck" an dem umströmten Bauwerk je nach Geländeneigung, Geometrie und Untergrundverhältnissen etwa 1,2 bis $2,0 \cdot E_g \cdot B$ betragen kann (Abb. 9). Die räumliche Wirkung ist auch mittels einer vergrößerten fiktiven Einflußbreite mathematisch darstellbar. Derartige Schutzschalen können aus bewehrtem Spritzbeton, Ankerrippen, geschlossenen Ankerwänden oder Kombina-

Abb. 12. Teilansicht einer 2,6 km langen Hangbrücke mit 90 m hohem Talübergang: Sicherung der Brückenpfeiler vor Hangschub (zu Abb. 11)
Partial view of a 2,6 km long slope bridge with 90 m high valley crossing: Protection of the bridge piers against slope pressure (to Fig. 11)

tionen daraus bestehen (Abb. 10, 11, 12); je nach Geländverhältnissen und Hangschub weisen sie im Grundriß unterschiedliche Krümmungen auf. Die Stützelemente werden schrittweise (in Etagen) von oben nach unten hergestellt und jeweils sofort verankert; dadurch sinkt die Gefahr einer Rutschungsauslösung auf ein Minimum.

Als Besonderheit seien Gewölbeschalen mit verankerten Kämpfern erwähnt (Abb. 13, 14): Es sind dies liegende Gewölbe aus bewehrtem Spritzbeton mit Erd- und Felsnägeln, wobei die Gewölbeschübe über massive Kämpfer von langen Vorspannankern aufgenommen werden. Derartige Sicherungsformen haben sich vor allem bei der Südautobahn in extrem verwitterten Dolomiten der Rauwacke mit Karsthohlräumen und Myloniten von einem Montmorillonitgehalt bis zu 60 % gut bewährt.

Bei großräumigen Hanganschnitten treten die Erddruckansätze gegenüber Geländebruchuntersuchungen zurück: Im Zuge des Autobahnbaues im Liesertal waren Fluß- und Bundesstraße zu verlegen, was einen rd. 600 m langen Felsanschnitt bis ca. 65 m Höhe erforderte (Abb. 15). Die Phyllite und Glimmerschie-

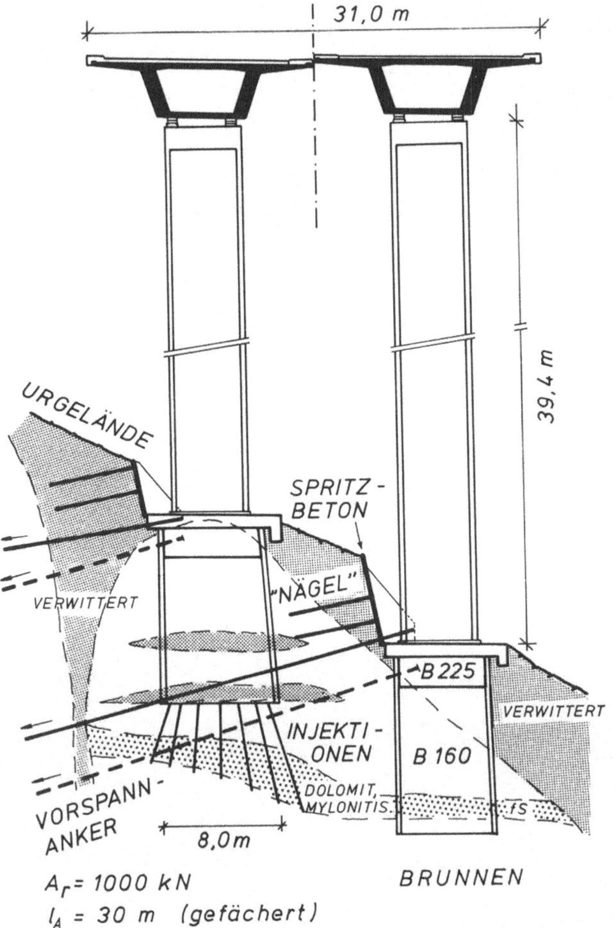

Abb. 13. Horizontale Gewölbeschalen mit verankerten Kämpfern zur Abschirmung eines Brückenpfeilers vor unverträglichem Hangschub
Horizontal vaulting shells with anchored abutments for protecting a bridge pier against impermissible slope pressure

fer waren dort völlig zerlegt und von Mylonitzonen mit Restscherwinkeln bis $\varphi_r = 9°$ durchzogen. Eine Rückrechnung der in Verbindung mit in-situ-Messungen eingebauten Anker (ΣA_r = 475 MN und Σl_A = 13,7 km) ergab etwa einen mittleren aktiven Erddruck über die gesamte Anschnittshöhe.

Zusammenfassend ist festzustellen, daß Standsicherheitsuntersuchungen von hohen Böschungen in heterogenem Untergrund erfahrungsgemäß weniger durch die Wahl der Berechnungsverfahren, sondern von den Annahmen über die Fels- und Bodenkennwerte sowie ungünstigsten Sickerwasserverhältnisse beeinflußt werden. Sogenannte verfeinerte Rechenmethoden geben daher in solchen Fällen eine Genauigkeit vor, die in der Praxis nicht gegeben ist; vielmehr ist die semi-

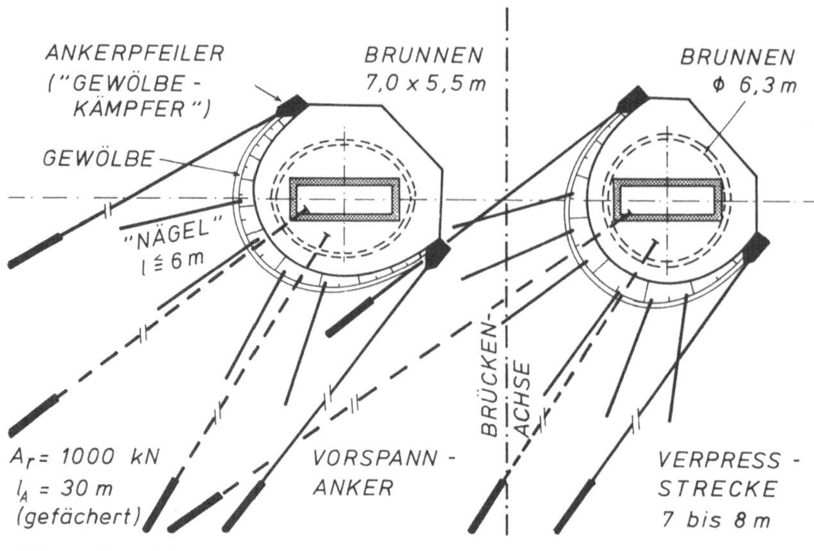

Abb. 14. Grundriß zu Abb. 13
Ground plan to Fig. 13

Abb. 15. 65 m hoher Felsanschnitt in zerklüfteten, verwitterten Phylliten und Glimmerschiefern; Teilansicht
65 m high rock cut in jointed and weathered phyllites and mica schists; partial view

empirische Dimensionierung in Verbindung mit Kontrollmessungen vorzuziehen. Dazu kommen die Erfahrung und die Urteilsfähigkeit, welche sich nicht in Ziffern ausdrücken lassen.

2. Fundierung von Bauwerken

Bei Fundierungen von Brücken, Leitungsmasten etc. in steilen, rutschgefährdeten Böschungen sind sowohl die eigentlichen Hangsicherungen im Gelände als auch besondere konstruktive Maßnahmen an den Fundamenten und Stützen erforderlich; deren gegenseitige Beeinflussung ist in fels- bzw. bodenmechanischer, statischer und konstruktiver Hinsicht zu berücksichtigen.

Zur Ermittlung der Schnittkräfte in den Gründungskörpern und der Boden- bzw. Felsreaktionen können grundsätzlich sowohl das Bettungsziffer- und Steifemodulverfahren als auch die Erddrucktheorie herangezogen werden (z.T. auch räumliche Geländebruchuntersuchungen bzw. Gleitebenen und Bruchnischen im Fels). Das Bettungsziffferverfahren weist allerdings theoretische Schwächen auf

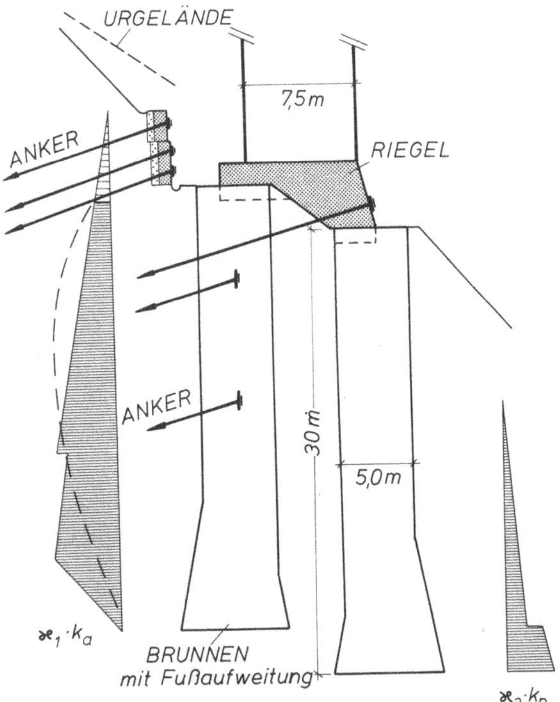

Abb. 16. Hangsicherung und Fundierung einer Brückenstütze in extrem ungünstigen Untergrundverhältnissen (Ankerlängen l_A = 37–45 m, schematisch angedeutet); Brunnenpaar und Riegel bilden steifen Rahmen. Erddruckansätze (Umlagerung strichliert)
Slope protecting measures and foundation of a bridge pier in extremely bad subsoil conditions (length of the prestressed anchors l_A = 37–45 m, schematically indicated); the pair of caissons and the head beam form a stiff frame. Assumption for earth pressure redistribution pointed

(z.B. keine Schubübertragung im Untergrund), zudem ist die Bettung c keineswegs eine Materialkonstante und auch die Geländeneigung bleibt unberücksichtigt. Berechnungen nach dem Steifemodulverfahren liefern wiederum Spannungen, welche de facto nicht auftreten können. Dies ist darauf zurückzuführen, daß die Steifeziffern des Untergrundes spannungsabhängig sind, den elastischen und plastischen Bereichen nicht genügend angepaßt werden können und gegen die Geländeoberfläche nicht gegen Null auslaufen.

Somit ist für die praktischen Berechnungen die Erddrucktheorie am zweckmäßigsten. In vielen Fällen kann als hinreichende Näherung eine dreiecks- bzw. trapezförmige Erddruckverteilung angenommen werden (Abb. 16).

Verankerte Schutzwände oberhalb des Brunnenkopfes bedingen eine Erddruckabschirmung, verankerte Brunnen eine Erddruckumlagerung. Gemäß dem idealisiert vereinfachten Beispiel der Abb. 16 ist bergseits ein erhöhter „aktiver" Erddruck anzusetzen ($\varkappa_1 > 1$), talseits ein reduzierter Erdwiderstand ($\varkappa_2 < 1$); für die Aktivierung des vollen Erdwiderstandes ($\varkappa_2 = 1$) sind nämlich in der Regel Verformungen erforderlich, welche für das Brückentragwerk nicht mehr

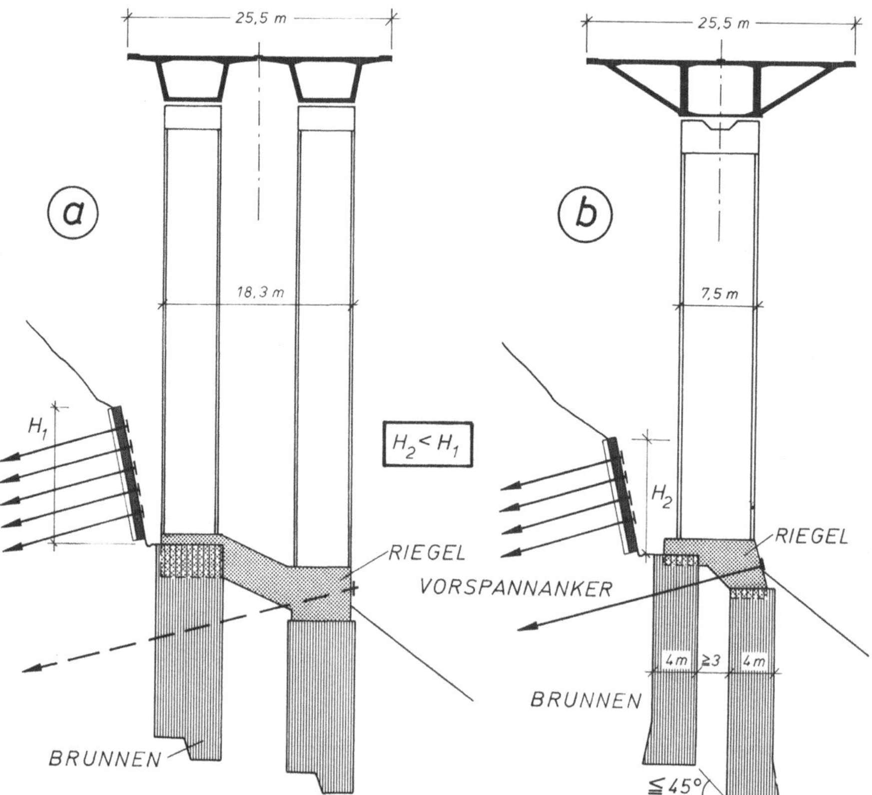

Abb. 17. Ausführungsvarianten für die Fundierung von Brückenpfeilern in rutschgefährdeten Steilhängen; flexibles System der Hangsicherung
Variants of construction for the foundation of bridge piers in steep slopes prone to sliding; flexible system of slope protection

verträglich sind. Nur wenn die Hangstabilität deutlich über $S = 1$ liegt, kann der auf die Gründungskörper wirkende räumliche Erddruckfaktor $\varkappa_1$ auch kleiner 1,0 werden.

In Sonderfällen kann bei diesen Ansätzen ein rechnerisch fiktives „Klaffen" der Sohlfuge des Brunnenfundamentes bis zu 50 % der Querschnittsfläche zugelassen werden (kurzfristiger Katastrophen-, Erdbeben-Lastfall).

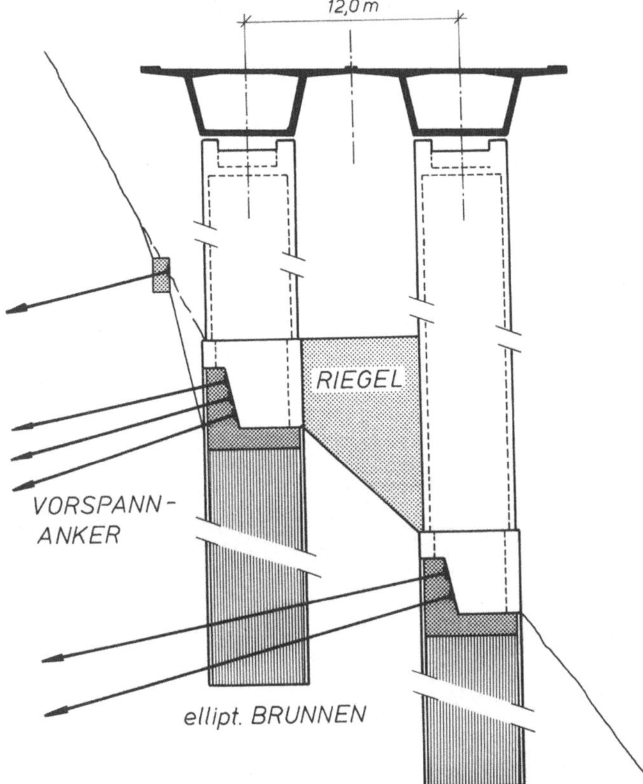

Abb. 18. Hangsicherung unmittelbar von den Brückenpfeilern aus (starres System; erhöhter „Staudruck")
Slope protecting measure immediately from the bridge piers (rigid system, increased stagnation pressure)

Vorteilhaft ist zweifellos eine konstruktive Trennung der Stützmaßnahmen (z.B. Ankerwände) vom eigentlichen Ingenieurbauwerk (z.B. Brückenpfeiler) — Abb. 9 bis 14, 16, 17. Horizontalverformungen, welche für das Tragwerk bereits unzulässig wären, können von flexiblen Ankerwänden und dergleichen noch ohne weiteres aufgenommen werden. Auch sind — infolge der Kontrollmessungen — allfällige Verstärkungsmaßnahmen so rechtzeitig möglich, daß das Hauptbauwerk nicht beeinflußt wird.

Falls jedoch die zur Aufnahme des Hangschubes erforderlichen Anker überwiegend in den Pfeilerfüßen liegen, ist mit größeren Staudrücken und Sicherheits-

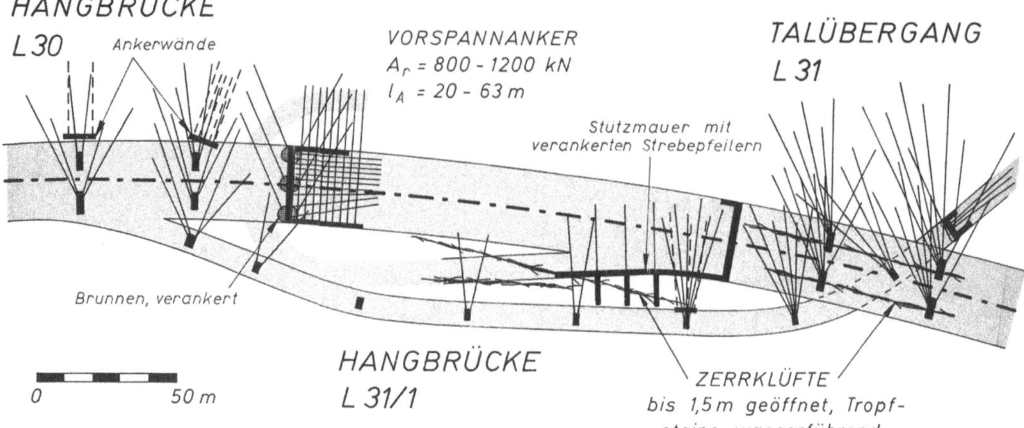

Abb. 19. Autobahntrasse mit Betriebsumkehren in einem übersteilten Rutschhang mit offenen Zerrklüften: Grundriß mit umfangreichen Verankerungen
Highway route with turnarounds in an oversteepened slope prone to sliding with open tearing cracks: Groundplan with extensive anchorage; A_r = working load (calculated resp. initially prestressed anchor force); l_A = length of anchors

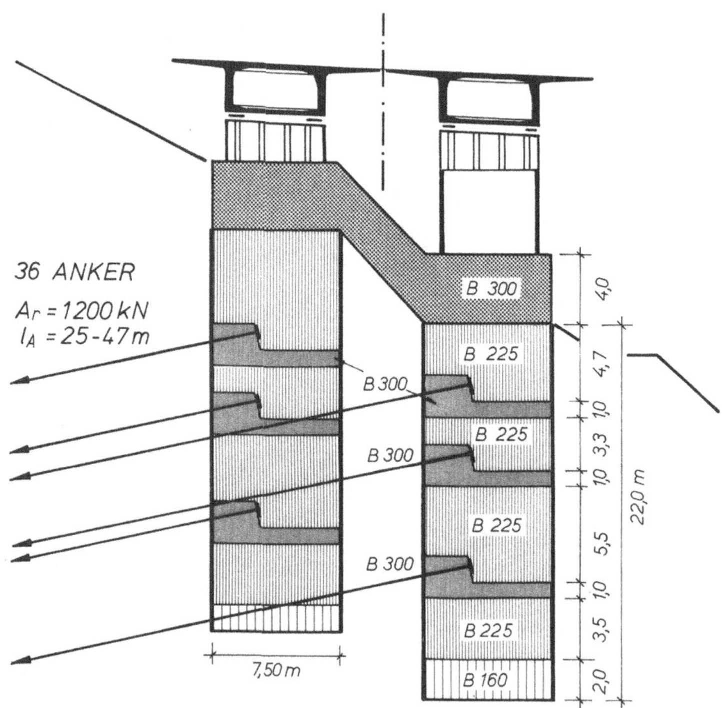

Abb. 20. Brückenpfeiler Nr. 1 des Objektes L 31 (zu Abb. 19): mehrfache Verankerungen aus den Brunnentiefen heraus
Bridge pier no. 1 of the object L 31 (to Fig. 19): multiple anchorage from the caissons' shafts (through the reinforced shotcrete)

faktoren zu rechnen (Abb. 18); außerdem sind die Meßkontrollen zu verschär-
fen. So wurden etwa bei der in Abb. 18 schematisch dargestellten Hangbrücke,
welche vor allem in den diversen Bauzuständen sehr empfindlich gegenüber Verformungen war, horizontale „Erddruck"-Beiwerte bis $K_h = 4{,}0$ in Rechnung gestellt.

Einen Sonderfall stellen offene Zerrklüfte berg- und talseits der Fundierungskörper dar (Abb. 19). In solchen Fällen sind oft Verankerungen aus den Brunnen
heraus erforderlich (Abb. 20).

Für Brückenfundierungen in kritischen Hängen haben sich generell Brunnen-
paare bewährt, welche am Kopf mit einem kräftigen Stahlbetonriegel biegesteif
verbunden sind, die so entstehende Rahmenkonstruktion besitzt ein sehr großes
Widerstandsmoment in der Fallinie (Abb. 17, 18).

Abb. 21. Meßkontrollen in 6-fach verankertem Stahlbetonriegel eines auf 2 Brunnen fundier-
ten Brückenpfeilers in steilem Rutschhang; Ankerköpfe noch nicht fertiggestellt. 4 Hüllrohre
aus Sicherheitsgründen für eventuelle Zusatzanker einbetoniert
Control measurements in a 6 times anchored reinforced concrete beam of a bridge pier
founded on two caissons ("piers") in a steep sliding slope; anchor plates (heads) not yet
finished. 4 sleeve-tubes provided for eventual additional anchors

Unabhängig von der Ausführungsvariante und den konstruktiven Details sollten in rutschverdächtigen Hängen und bei empfindlichen Bauwerken stets entsprechende Reserven bzw. Möglichkeiten zur Verstärkung vorgesehen werden
(z.B. Einlegen von Hüllrohren für eventuelle Zusatzanker etc. – vgl. Abb. 21).

142   H. Brandl:

Außerdem hat es sich bewährt, bei einer rechnerischen Gebrauchslast der vorgespannten Anker von z.B. A_r = 750–1000 kN solche mit A_{zul} = 1000 kN einzubauen: Der Sicherheitsgewinn ist vergleichsweise wesentlich größer als die Mehrkosten (an Stahl), da für den Ankerpreis in erster Linie der Bohraufwand entscheidend ist und jener hiebei unverändert bleibt. Diese Feststellungen gelten
sinngemäß auch für kleinere Lastbereiche (je nach Bohr- und Ankersystem).

In manchen Fällen dienen die Verankerungen (mit langen Vorspannankern)
in erster Linie dazu, die auslösende Initialbewegung von Hangbewegungen bzw.
Rutschungen zu verhindern. Dabei sind vor allem der Bauzustand und die ersten
Jahre danach kritisch.

Zur Untermauerung der vorstehenden Annahmen wurden und werden im
Rahmen einer mehrjährigen Forschungsarbeit zahlreiche Fundierungsbrunnen
mit Meßgeräten bestückt (Abb. 22).

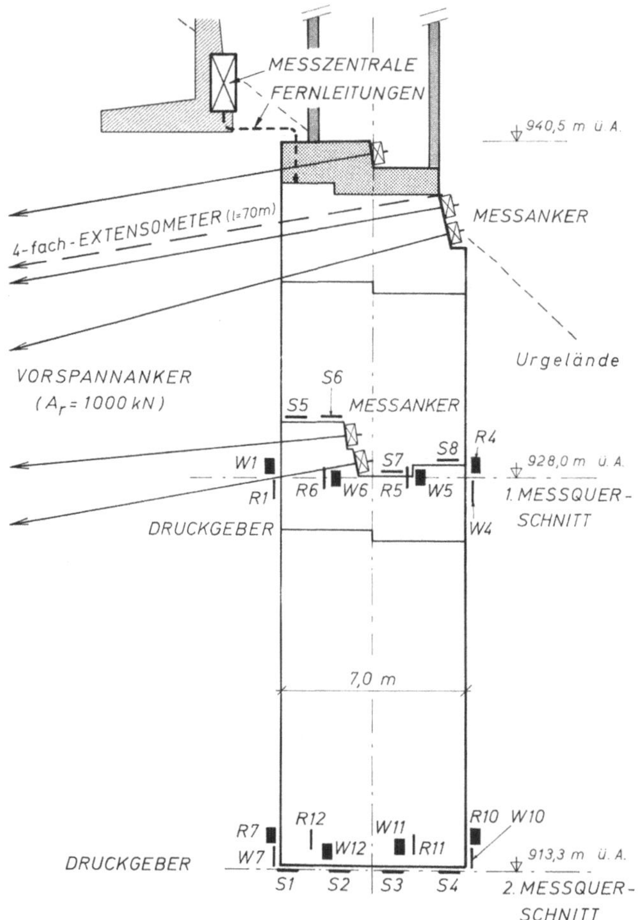

Abb. 22. Spannungs- und Verformungsmessungen im 27 m tiefen Fundierungskörper eines
Brückenpfeilers (Forschungsvorhaben)
Measurements of stresses and deformations in a 27 m deep foundation body (caisson) of a
bridge pier; research project

3. Sonderausführungen

„Knopfloch"-Gründungen:

Falls keine echte Rutschgefahr mit progressiver Bruchbildung besteht (geringer Restscherwinkel φ_r), sondern es sich nur um einen langsam kriechenden Hang handelt, können die Erddruckkräfte von der Brückenstütze durch „Knopflöcher" abgeschirmt werden: Hiebei wird der Pfeiler im Schutz einer Hohlellipse aus bewehrtem Spritzbeton tiefer geführt. In kritischen Fällen haben sich Verstärkungen der Schale durch stehende Ankerrippen bewährt.

Brunnenscheiben:

Anstelle von Fundamentverankerungen sind auch Gründungsscheiben möglich, indem in der Fallinie mehrere Brunnen hintereinander hergestellt werden; durch biegesteife Verbindungen wird ein statisch gemeinsam wirkendes Widerstandsmoment erzielt. Gemäß *Brandl*, 1980, hängt der in Rechnung zu stellende

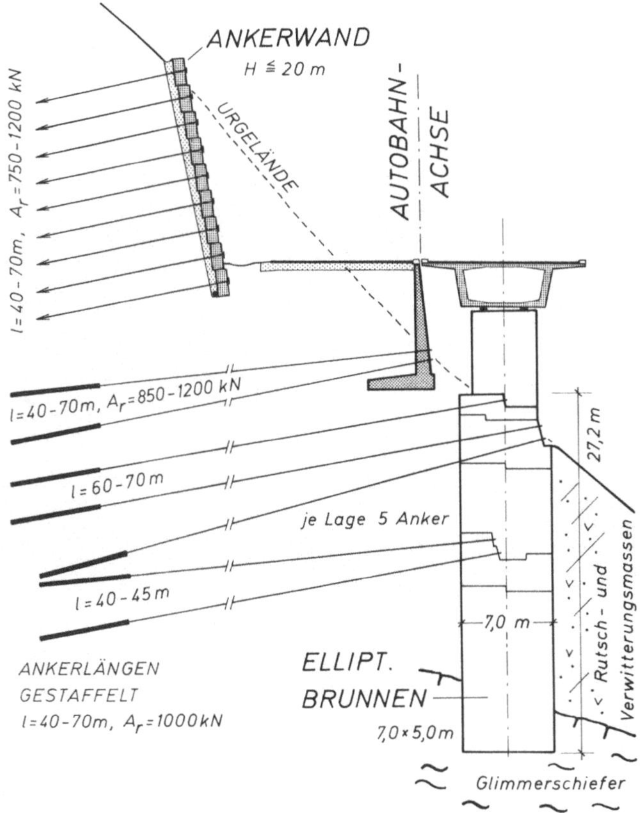

Abb. 23. „Halbbrücke" für eine Autobahn im stark vernäßten, übersteilten Rutschhang
"Half bridge" for a highway in an extremely wettened oversteepened sliding slope. A_r =
working load (calculated resp. initially prestressed anchor force); l_A = length of anchors

Erddruck von den möglichen Gleitflächen im Kriechhang ab. Anstelle der seitlichen Reibungskräfte wird z.T. auch mit einer fiktiven Einflußbreite des ebenen Erddruckes gerechnet.

Fundierungskästen (aus Bohrpfählen oder Schlitzwänden):

Wenn der Fels von sehr weichen, wasserführenden rutschgefährdeten Böden größerer Mächtigkeit überlagert ist, können Brunnenschächte nur unter hohem Aufwand und Risiko abgeteuft werden. In solchen Fällen haben sich Pfahlkästen (evt. Schlitzwandkästen) mit hohem Widerstandsmoment gegenüber Hangschub und Fließ- bzw. Staudruck bewährt. Hiebei handelt es sich um vertikale Fundierungskästen aus überschnittenen, allenfalls tangierenden Bohrpfählen ($\phi \geq 90$ cm) mit aussteifenden Querschoten.

Halbbrücken:

Bei sehr steilem Gelände und breiten Autobahnquerschnitten oder mehreren parallel verlaufenden Verkehrswegen sind sogenannte Halbbrücken meist die wirtschaftlichste Lösung: Hiebei liegen die bergseitigen Fahrbahnen im Anschnitt bzw. auf Schüttungen (mit Stützmauer), die talseitigen auf einer Brücke (Abb. 23, 24). Auf diese Weise werden übermäßig hohe Hanganschnitte vermieden und der Erddruck gestaffelt übernommen.

Abb. 24. Detail der 22 m hohen Ankerwand (untere Elemente eingeschüttet) zu Abb. 23
Detail of the 22 m high anchor wall to Fig. 23 (lower elements already buried)

Literatur

Brandl, H.: Design of High, Flexible Structures in Steeply Inclined Instable Slopes. 7th European Conference on Soil Mechanics and Foundation Engineering, Vol. 3, London/Brighton, 1979.

Brandl, H.: Stabilitätsanalysen und Brückensicherungen in Rutschgebieten. Internationale Konferenz „Gründung von Bauwerken", Brünn/ČSSR, 1979.

Brandl, H.: Brückenfundierungen in steilen und instabilen Hängen. 6. Donau-Europäische Konferenz für Bodenmechanik und Grundbau. Varna/Bulgarien, 1980.

Brandl, H.: Fundierung und Sicherung von Brücken in Rutschhängen. Internationale Vereinigung für Brückenbau und Hochbau, 11. Weltkongreß Wien, 1980.

Brandl, H., Brandecker, H.: Die Geotechnik der Tauernautobahn im Liesertal (Buchform, 186 Abb. — in Druck). Salzburg: Verlag Kiesel, 1982.

Würger, E.: Ein Beitrag zur Frage der Restscherfestigkeit von Tonböden. Mitteilungen des Institutes für Grundbau und Bodenmechanik, Technische Universität Wien, Heft 16, Dez. 1979.

Anschrift des Verfassers: o. Univ.-Prof. Dipl-Ing. Dr. techn. *Heinz Brandl*, Vorstand des Institutes für Grundbau, Geologie und Felsbau der Technischen Universität Wien, Karlsplatz 13, A-1040 Wien, Österreich.

Rock Mechanics, Suppl. 12, 147–161 (1982)

**Rock Mechanics
Felsmechanik
Mécanique des Roches**
© by Springer-Verlag 1982

Beispiele für eine anpassungsfähige Hangsicherung und deren halbempirische Dimensionierung

Von

N. Ayaydin und **F. Pacher**

Mit 12 Abbildungen

Zusammenfassung — Summary

Beispiele für eine anpassungsfähige Hangsicherung und deren halbempirische Dimensionierung. Im Zuge der Tauernautobahn im Abschnitt Werfen-Eben waren mehrere Hangsicherungen notwendig. Die topographischen Gegebenheiten und die durch Gelände und Geologie vorgegebene Lage der großen Brückenobjekte zwangen die Linienführung direkt an den steilen Hang.

Im folgenden werden die Planung und Baudurchführung zweier Hanganschnitte vorgetragen. In beiden Anschnitten standen Phyllite der Grauwackenzone, welche stark verwittert und gestört waren, an.
Die Sicherungen betreffen:
- den ca. 120 m langen und bis zu 28 m hohen nördlichen Voreinschnitt des Tunnels Reit und
- den 450 m langen und bis zu 90 m hohen Anschnitt des Bauloses Weyer.

In beiden Bereichen erfolgte die Dimensionierung der Sicherungsmaßnahmen halbempirisch. Vorerst wurde eine Standsicherheitsanalyse mit den zur Verfügung stehenden Kennwerten durchgeführt. Da sowohl die im Labor ermittelten Werte als auch die aus Erfahrung in ähnlichen Materialien bekannten stark streuten, wurden mehrere Untersuchungen zwischen den zwei Grenzwerten durchgeführt. Die Richtigkeit der angenommenen Ankerkräfte pro lfm Hangsicherung sollten die laufenden Kontrollmessungen zeigen. Zu diesem Zweck wurden Ankermeßdosen und mehrere 3-fach bzw. 2-fach Extensometer eingebaut und diese so aufgeteilt, daß in den geologisch schwierigen Randbereichen die Meßausrüstung dichter lag als im Kernbereich. Einzelne Maßnahmen, insbesondere die Stärke und Länge der Ankerung, konnten auf diese Weise den Erfordernissen entsprechend ausgeführt werden.

Die Rückschau auf die Hangsicherungsarbeiten in diesen Baulosen zeigt deutlich, daß eine im Hinblick auf Neigung und Stützkraft anpassungsfähige konzipierte Bauweise sicherer und wirtschaftlicher zum Ziel führt als ein starres Konzept.

Die stufenweise Anpassung und Dimensionierung entspricht somit auch den Prinzipien der „Neuen Österreichischen Tunnelbauweise".

Examples for an Adaptable Slope Protection and Their Semi-empirical Dimensioning. In the course of the "Tauernautobahn" in the section Werfen-Eben some slope securings have been necessary. The topographical realities and the fixed situation of the big bridge-objects, depending on area of geology, forced the alignment directly to the steep slope.

0080–3375/82/Suppl. 12/0147/$ 03.00

In the following the planning and the realisation of construction of two side-hill cuts have been explained. In both side-hill cuts were Phyllits of the Greywack-zone, which have been heavy weathered and disturbed.

The securings concerned:
- the about 120 m long and up to 28 m high north side-hill cut of the tunnel "Reit" and
- the about 450 m long and up to 90 m high side-hill cut of the contract-section "Weyer".

In both areas the dimensioning and the securing-measures ensued semi-empirical. At first a stability-analysis with the disposable characteristic values was realized. As not only the values, determined, in the laboratory, but also the values, known from experiences with similar materials dispersed, it was necessary to make several stability-analysis between the two limit-values. The rightness of the supposed anchorage forces per meter slope securing should be shown by the continuous control measurements. For this object load cells and some threepoint and twopoint extensometers were installed and so arranged, that in geological difficult edge-areas the measurement equipment was situated closer than in the central area. Some measures, especially the anchoring force and the length of the anchors in this way could be executed according to the necessaries.

In review of the slope securing in these contract sections it is shown clearly, that a construction method, planned adaptable with regard to the inclination and the bearing pressure is safer and more economical than an inflexible plan.

The gradually adaption and dimensioning are accordingly adequate with the principles of the "New Austrian Tunneling Method".

Einleitung

Wie der Titel des Beitrags bereits ausdrückt, soll anhand der Beispiele von Hangsicherungsarbeiten aufgezeigt werden:
- welche Vorteile ein *flexibles* Planungs- und Ausführungsprogramm besitzt,
- wie man sich damit in technisch einwandfreier Weise den oft erst bei der Aufschließung zu Tage tretenden bzw. geänderten Verhältnissen anpassen kann.

Damit ist aber auch ein hoher Wirtschaftlichkeitsgrad gegeben, welcher bei einer starren Planungsvorgabe hinsichtlich Art und Umfang der Maßnahmen nicht erreicht werden kann.

Selbstverständlich muß der Bauablauf unter ständigen meßtechnischen Kontrollen erfolgen.

Baulos „Weyer"

Beschreibung der Situation

Das Baulos „Weyer" befindet sich im Abschnitt Werfen und Eben/Pongau der Tauernautobahn zwischen zwei großen Brückenobjekten F 11 und F 12 und weist 2 markante Bauabschnitte auf:

Den am westlichen Ende des Bauloses gelegenen Damm mit ca. 45 m Höhe und den weiter östlich gelegenen, bis zu 90 m hohen und 400 m langen Anschnitt. Die topographischen Gegebenheiten und die durch das Gelände und Geologie vorgegebene Lage der große Brückenobjekte zwangen die Linienführung direkt an den steilen Hang.

Das ursprüngliche Projekt sah für diesen Abschnitt eine durch 4 Bermen unterteilte ungesicherte Böschung mit Neigungen von 2:3 bzw. 3:4 im Überlagerungsbereich und eine Böschung im Phyllit mit einer durch eine Fußmauer gesicherte 5:1 Böschung in der untersten Stufe vor.

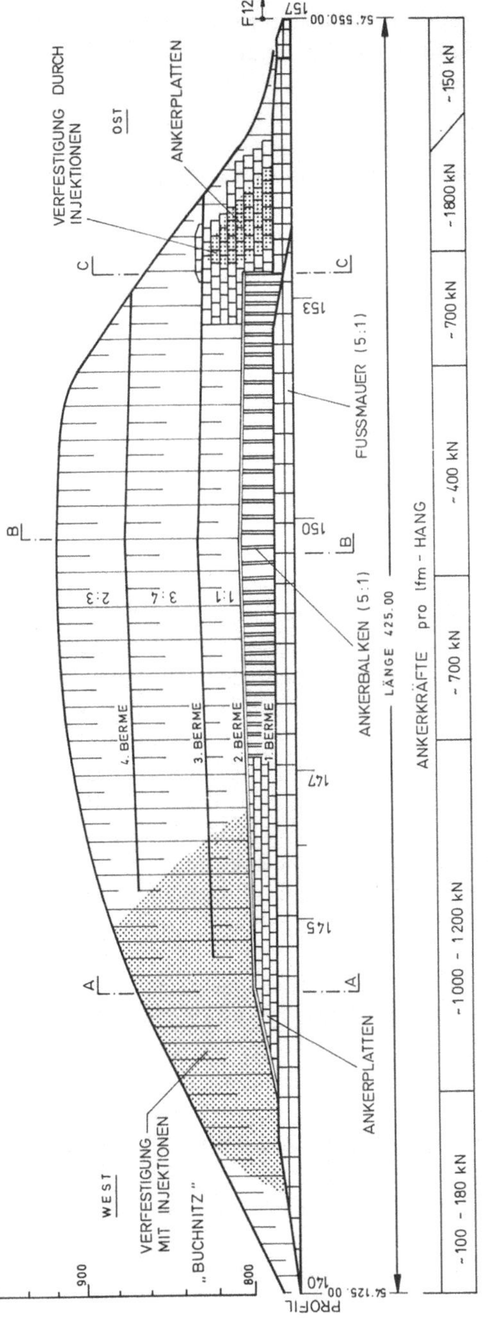

Abb. 1. Ansicht Hangsicherung „Baulos Weyer"
General view of the slope protection "Section Weyer"

Nachdem der Abtrag der obersten 2 Etappen relativ problemlos hergestellt worden war, ereigneten sich beim Abtrag nach einer Regenperiode zwei jeweils lokale, aber doch alarmierende Rutschungen, die den Auftraggeber veranlaßten, den gesamten Hanganschnitt geologisch und geotechnisch nochmals zu untersuchen.

Sicherungs- und Sanierungskonzept

Die Muschel der einen bereits erwähnten Rutschung im westlichen Bereich hatte ihre Abrißkante ca. 50 m oberhalb der Autobahn auf einer Breite von ca. 70 m. Der Tiefengang der Rutschung betrug ca. 8 m. Die sofort durchgeführten zusätzlichen Aufschlüsse erbrachten das Vorhandensein einer 5—8 m starken, schluffig sandigen, stark verwitterten Masse, welche auf einem 10—12 m starken, graphitisch tonigen Schieferschutt lagerte. Der relativ kompakte Fels (Phyllit) stand in ca. 18 bis 20 m Tiefe an. Der vorgesehene Parkplatz konnte soweit verkleinert werden, daß ohne zusätzliche Anschnitte das Auslangen gefunden wurde. Blieb aber immer noch die Sanierung der Rutschmasse. Diese war unbedingt notwendig, um ein Weitergreifen der Rutschung zu verhindern bzw. diesen Bereich — rekultiviert — den ursprünglichen Besitzern zurückgeben zu können. Für diese Arbeit an der freien Böschung kam ein chemisches Injektionsverfahren zum Einsatz (Abb. 1).

Für die restliche Hangsicherung entschied man sich für einen Ankergürtel am Fuß der Böschung, welcher nach Bedarf den geometrischen und statischen Verhältnissen angepaßt werden sollte. Die erforderlichen Gegenkräfte sollten über die Ankeranzahl reguliert, die unterschiedlichen Böschungsneigungen etc. durch Stufen oder Neigung der Ankerplattenwand bewältigt werden.

Ausführung

Im Bereich des hohen Hanganschnittes standen Phyllite der Grauwackenzone an, welche generell mit ca. 20° gegen Norden, also hangeinwärts, einfielen. Im Kernbereich standen serizitische, quarzitische Phyllite an, welche gegen Westen und Osten in stark verwitterte, graphitische Phyllite übergingen und in den Außenbereichen von den bereits angeführten, eher schluffig sandigen Massen überlagert waren.

Die Wechselhaftigkeit des anstehenden Gesteins und die nicht exakt vorbestimmbaren Grenzen der verschiedenen Phyllite waren für die Wahl des Sanierungskonzeptes maßgebend. Es mußte daher ein Konzept gefunden werden, welches so anpassungsfähig war, daß jederzeit ein Übergang von einem zum anderen Sicherungssystem möglich war.

Für den Kernbereich (Abb. 1 bzw. 2, Schnitt B-B) wurde die Anwendung senkrechter Ankerpfeiler vorgeschlagen, welche vorerst einen Abstand von 5,0 m erhielten und je 3,5 m Anschnitthöhe einen 500 kN-Anker erhielten. Die Ankerlängen betrugen 18—23 m und waren mit 10° gegen Horizontale geneigt, um nicht in Richtung des Schichteinfallens zu ankern.

Im Laufe des fortschreitenden Abtrages erkannte man sowohl in westlicher als auch in östlicher Richtung eine stärkere Brüchigkeit und Verwitterung des Phyllites. Man verringerte deshalb den Abstand der Ankerpfeiler auf 3,35 m und erhöhte die Ankerlängen auf 28 m.

In den Randzonen (Abb. 2, Schnitte A-A und C-C) war es relativ klar, daß beim anstehenden Material mit Ankerbalken allein nicht das Auslangen gefunden werden konnte. Für diese Bereiche wurden Ankerplatten vorgesehen. Die gewählte Ankergebrauchslast betrug 500 kN bis 750 kN und die Ankerlängen wurden gestaffelt mit 28 m und 35 m festgelegt.

Bei der statischen Bemessung der Ankerplatten wurde vorsorglich eine solche Sicherheitsreserve vorgesehen, daß eine Erhöhung der Ankerlast bzw. eine nach-

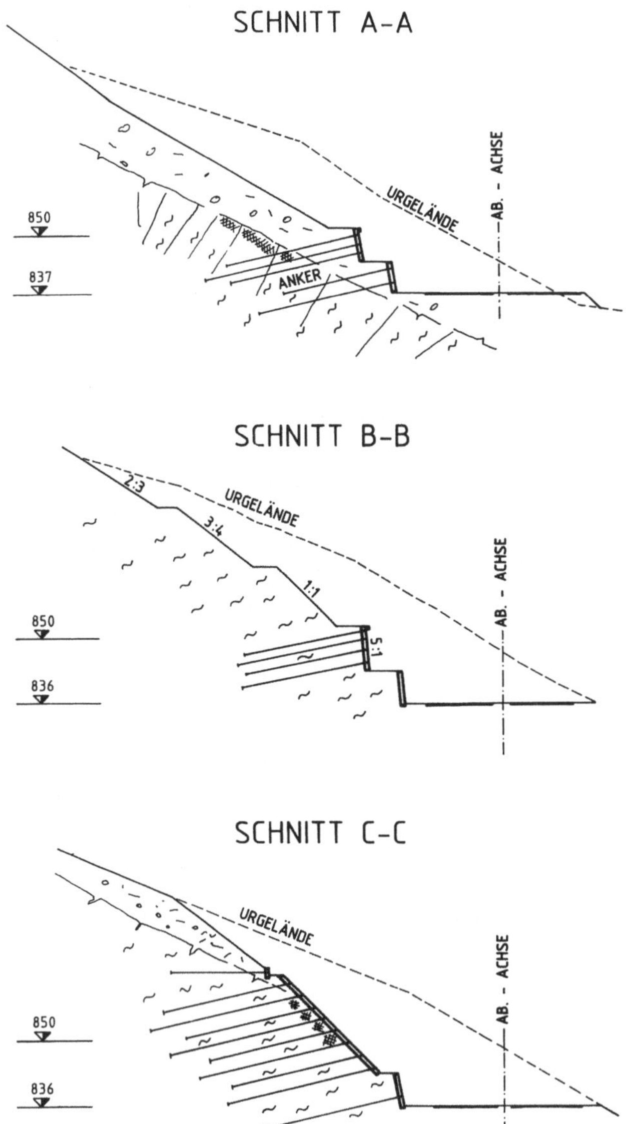

Abb. 2. Charakteristische Schnitte „Baulos Weyer"
Characteristic cross sections "Section Weyer"

trägliche Ankerung möglich war, was sich später im Westen als Vorteil erwies. (Hinter den Ankerplatten wurde eine 30 cm starke Filterbetonschicht für die flächenhafte Entwässerung vorgesehen.)

Die unterste Etappe und der Abschluß der Sicherung besteht aus einer 6 m hohen Fußmauer, welche zugleich den äußeren Rand der 1. Berme bildet, welche an beiden Enden des Hanges eine Zufahrt erhielt. Die Mauer wurde anpassungsfähig konzipiert, d.h. im zentralen Kernbereich ist sie als Verkleidungsmauer, im Übergangsbereich als Gewichtsmauer mit Ankerungsmöglichkeit und in den Randbereichen als verankerte Mauer geplant und ausgeführt worden. Bereichsweise, wo ein über die gesamte Höhe der Mauer gehender Abtrag nicht ratsam erschien, wurde die Mauer in zwei Abschnitten hergestellt, wobei der obere Teil mit Hilfsankern befestigt wurde, um den Rest des Maueraushubes gefahrlos durchführen zu können.

Bemessung und meßtechnische Überwachung

Die Dimensionierung der Sicherung erfolgte halbempirisch. Vorerst wurde eine Standsicherheitsanalyse mit den zur Verfügung stehenden Kennwerten durchgeführt. Da sowohl die im Labor ermittelten Werte als auch die aus Erfahrung in ähnlichen Materialien bekannten stark streuten, wurden zwischen den zwei Grenzwerten mehrere Untersuchungen durchgeführt (Abb. 3 und 4). Die Ergebnisse sind in den Abbildungen dargestellt. Die Richtigkeit der angenommenen Ankerkräfte (pro lfm Hangsicherung) sollten die laufenden Kontrollmessungen zeigen. Zu diesem Zweck wurden 14 Ankermeßdosen, vier 3-fach- und drei 2-fach-Extensometer eingebaut und so aufgeteilt, daß in den Randbereichen die Meßausrüstung dichter lag als im Kernbereich. Die Messung zeigte im Bereich der Ankerbalken und der östlichen Plattenwand die Richtigkeit der angeordneten Ankerkräfte.

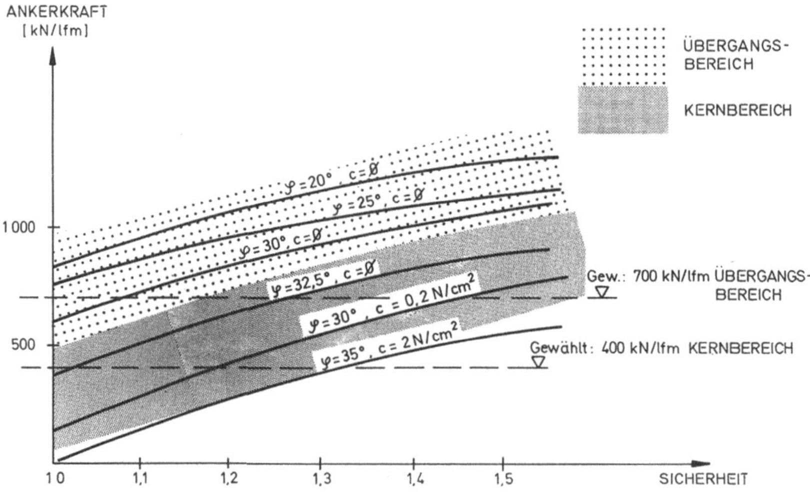

Abb. 3. Erforderliche Ankerkräfte im Kern und Übergangsbereich
Required anchoring force in the central zone

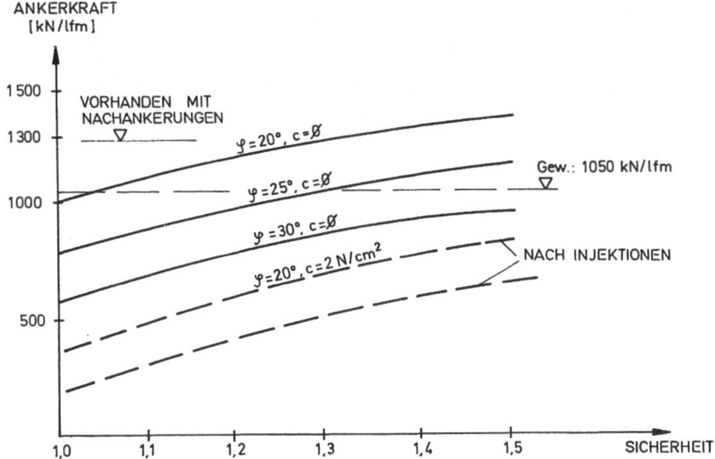

Abb. 4. Erforderliche Ankerkräfte im Randbereich
Required anchoring force in the edge zone

Im westlichen Ankerplattenbereich wurden nach Herstellung der 3. Reihe plötzlich Ankerkraftzunahmen und Bewegungstendenzen bei den 25 m und 45 m langen Extensometern festgestellt. Eine sofort durchgeführte Kontrolle der übrigen Anker durch Abheben bestätigte dieses Ergebnis. In einem Bereich von 75 m waren ca. 60 % der Anker um 100 bis 150 kN überlastet und 15 % der Anker hatten bereits die Fließgrenze erreicht. Um sowohl bei Weiteransteigen der Spannungen bzw. um eine Zerstörung der eingebauten Ankerungskonstruktionen zu vermeiden, als auch um die Bewegung zu verlangsamen, wurden Nachankerungen durchgeführt. Diese wurden bei ausgewählten Ankerplatten mit den höchst beanspruchten Ankern so vorgenommen, daß in der Mitte der Platte je ein Anker mit einer Gebrauchslast von 1000 kN angebracht wurde. Nach Fertigstellung zeigte sich, daß eine Beruhigung der Bewegungen erreicht werden konnte und die überspannten Anker konnten teilweise auf ihre Nennlast zurückgeführt werden. Beim Abtrag der Fußmauer unterhalb der ersten Berme verzeichnete man jedoch ein nochmaliges Ansteigen der Ankerspannungen, worauf bei weiteren 8 Platten Zusatzanker gesetzt wurden. Nach Spannen dieser Anker und Fertigstellen der Fußmauer, welche in die sm Bereich bereits von vornherein als verankerte Mauer vorgesehen war, konnte ein deutliches Abnehmen der Bewegungen und der Ankerkraftzunahme verzeichnet werden (Abb. 5 und Abb. 6).

Die Ursache dieser Kraftzunahmen kann im nachhinein auf folgende Faktoren zurückgeführt werden:

Das oberhalb der Platten anstehende Material reagierte auf die Entspannung infolge Abtrag mit Zerbrechen bzw. plötzlichen Bewegungen. Ein völlig entspannungsfreier Abtrag ist von der ausführungstechnischen Seite her kaum durchführbar, zudem waren durch die kurze Bauzeit das Abbauprogramm und damit Größe und Zeitspanne der einzelnen Abbauphasen vorgegeben. Die der Berechnung zugrunde liegenden Bodenkennwerte dürften für diesen Bereich eher im untersten Grenzbereich gelegen haben und wurden durch die sehr schlechte

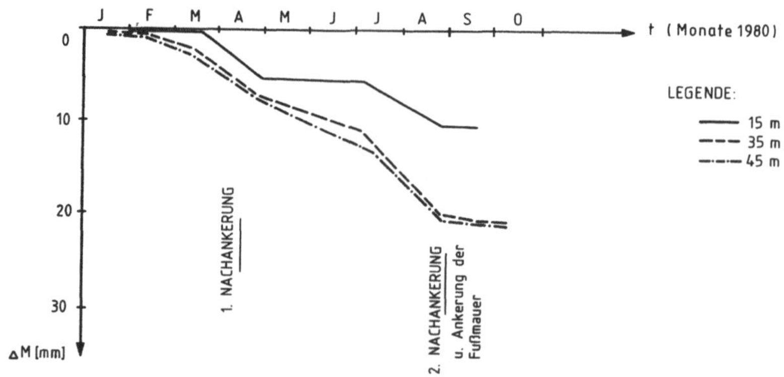

Abb. 5. Extensometermessungen (Bereich Profil 146)
Extensometer measurements

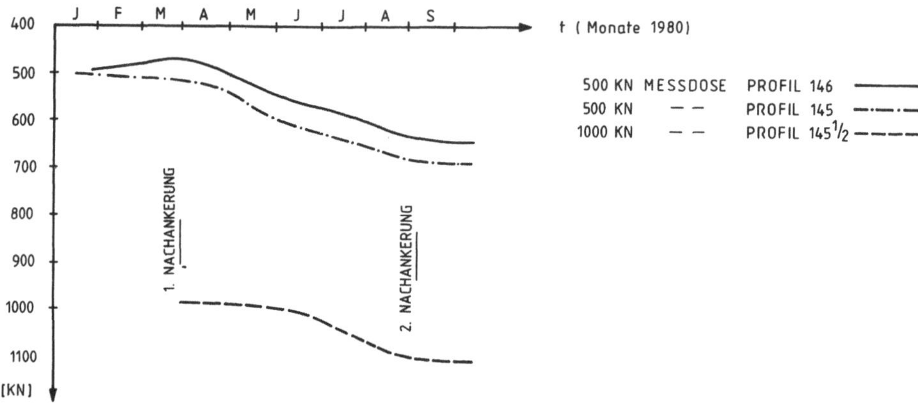

Abb. 6. Ankerkraftmessungen (Bereich Profil 145–146)
Measurements of the anchoring force

Witterung des Sommers weiter herabgesetzt. Die zweite beobachtete Zunahme
der Anker dürfte sicher auch vom Versagen einiger Anker nach der ersten starken
Laststeigerung mitbeeinflußt worden sein.

Entwässerungsmaßnahmen und Ausführungsdetails

Auch der Einfluß des Wassers auf die Stabilität war bei diesem Hanganschnitt
zu berücksichtigen. Bei zahlreichen Aufschlußbohrungen wurden einzelne wasserführende Horizonte festgestellt, sie ließen jedoch auf keinen einheitlichen
Bergwasserhorizont schließen. Es wurden demnach Entwässerungsbohrungen angeordnet. Diese erfolgten unter Berücksichtigung der Aufschlüsse und der Beobachtungen im Gelände. Die meisten Entwässerungsbohrungen brachten anfangs
kurzfristig Schüttmengen von ca. 1 l/min und versiegten mit der Zeit. Anschei-
nend waren einzelne Wasserlinsen angefahren und durch die Bohrungen entspannt worden. Einige Bohrungen in den durchlässigen Zonen blieben ergiebig,
sie bringen je nach Witterung 0,5–1,5 l/min.

Zusätzlich wurden vernäßte Zonen an der Oberfläche und einzelne Quellaustritte drainagiert und das Wasser schadlos abgeleitet.

Für die flächenhafte Entwässerung des gesicherten Hanges wurde weiters hinter den Platten ein 40 cm starker Filterbeton eingebracht, welcher vorweg betoniert und mit Baufolien abgedeckt wurde, damit dieser durch die Betonschlempe des Plattenbetons nicht verunreinigt wird.

Da der verwitterungsanfällige Phyllit nicht ohne jede Oberflächensicherung belassen werden konnte, wurden — zwischen den Ankerpfeilern — Ortbetonplatten von 25 cm Stärke angeordnet. Die Rückfläche wurde durch das Einlegen einer 3 cm starken, beidseits mit Vlies abgedeckten Drainagematte entwässert.

Abb. 7. Gesamtansicht der fertiggestellten Sicherung „Baulos Weyer"
View of the completed protection "Section Weyer"

Baulos „Reit"

Beschreibung der Situation

Der verhältnismäßig seicht liegende Tunnel fährt im Norden einen vorspringenden Berghang in einem ungünstigen Winkel an. Im Portalbereich zwang der schleifende Schnitt mit dem Berghang und die geringe Überlagerung (2—4 m) den Tunnel in einer Länge von 30 m in offener Bauweise herzustellen. Da außerdem ein Wirtschaftsweg über die Röhren am Hang entlang hinaufgeführt werden mußte, war auf einer Länge von 125 m ein Anschnitt bis zu 25 m Höhe zu tätigen.

In diesem Bereich bestand eine Überlagerung zum großen Teil aus bindigen Verwitterungsböden und meist umgelagerten und verunreinigten Sedimenten. Der anstehende Grauwackenphyllit ist infolge der Deformation arg geschwächt. Die in diesem Bereich durchgeführten 6 Kernbohrungen ergaben unterschiedliche Gesteinszustände und wurden in mehrere Gruppen eingeteilt.

a) Kompakte, frische (unverwitterte) und wenig zerklüftete Gesteine: meist quarzitische Schiefer bzw. Phyllite.

$$\varphi = 54°$$
$$c = 6-10 \ kp/cm^2$$

b) Weichere bis „milde", etwas vertalkte oder graphitische Phyllite mit geringer Festigkeit in den glimmerbelegten und talkig sich anfühlenden S-Flächen; bzw. stärker brüchige, härtere Gesteinstypen: meist mit reichlicher Einschaltung von Quarznestern.

$$\varphi = 28-33°$$
$$c = 3-6 \ kp/cm^2$$

c) Zerscherter bis zerquetschter Phyllit; meist auch chemisch zersetzt und stark oxydiert; Schuppig-grusig-steiniges Fels-Auflockerungs- und Verwitterungsmaterial.

Die unter c) angeführten Typen sind als Übergänge zwischen Felsarten und nachfolgend beschriebenen Böden anzusehen.

$$\varphi = 17-25°$$
$$c = 0-3 \ kp/cm^2$$

d) Mylonite und ähnliche an Ort und Stelle durch tektonische Vorgänge gebildeten, meist reichlich tonigen Böden, sowie völlig vertalkte bzw. graphitisch zersetzte und aufgeweichte Produkte mit phyllitischer Ausgangsbasis.

$$\varphi = 14°$$
$$c = 0 \ kp/cm^2$$

e) Sedimentierte Böden: Schlufftonige und sandige Überlagerungen bzw. Einschaltungen als Füllungen von Klüften oder in Fels-Bewegungsbahnen eingeschleppt: meist lehmig oxydiert.

$$\varphi = 18°$$
$$c = 0 \ kp/cm^2$$

(Die angegebenen Scherfestigkeiten sind parallel der S-Flächen).

Bei der fels- und bodenmechanischen Begutachtung des Hanganschnittes war auch der Einfluß von Bergwässern zu berücksichtigen, wobei einige Bohrungen Hinweise lieferten. Vor allem zu beachten waren wasserführende Lockerböden und tonige Zerreibungsprodukte (Mylonite), die unter Wassereinwirkung zu Fließerscheinungen neigen.

Da die Typen a) und b) nur in kleinsten Bereichen anzutreffen waren, wurden die Vorbemessungen nur für die Typen c), d) und S) durchgeführt.

Da es nicht auszuschließen war, daß noch Bewegungen in dem vermutlich nicht sehr standsicheren Hang vorhanden sind, wurden ca. 1 Jahr vor der Bauzeit in 2 Schrägbohrungen Mehrfachextensometer eingebaut und vor und während der Bauzeit gemessen. Die Messungen zeigten aber, daß es keine großräumigen Kriecherscheinungen im Hang gab, jedoch Teilbereiche des Hanges auf Abträge und Vernässungen sehr empfindlich reagieren. Die oberhalb des Wirtschaftsweges gelegene Mauer war im Norden ursprünglich bis auf eine Mauerhöhe von 4 m als Gewichtsmauer geplant. Ab 4 m Höhe bis über die Tunnelröhren im äußersten südlichen Abschnitt des Hanges sollte die Mauer als eine Ankermauer ausgeführt

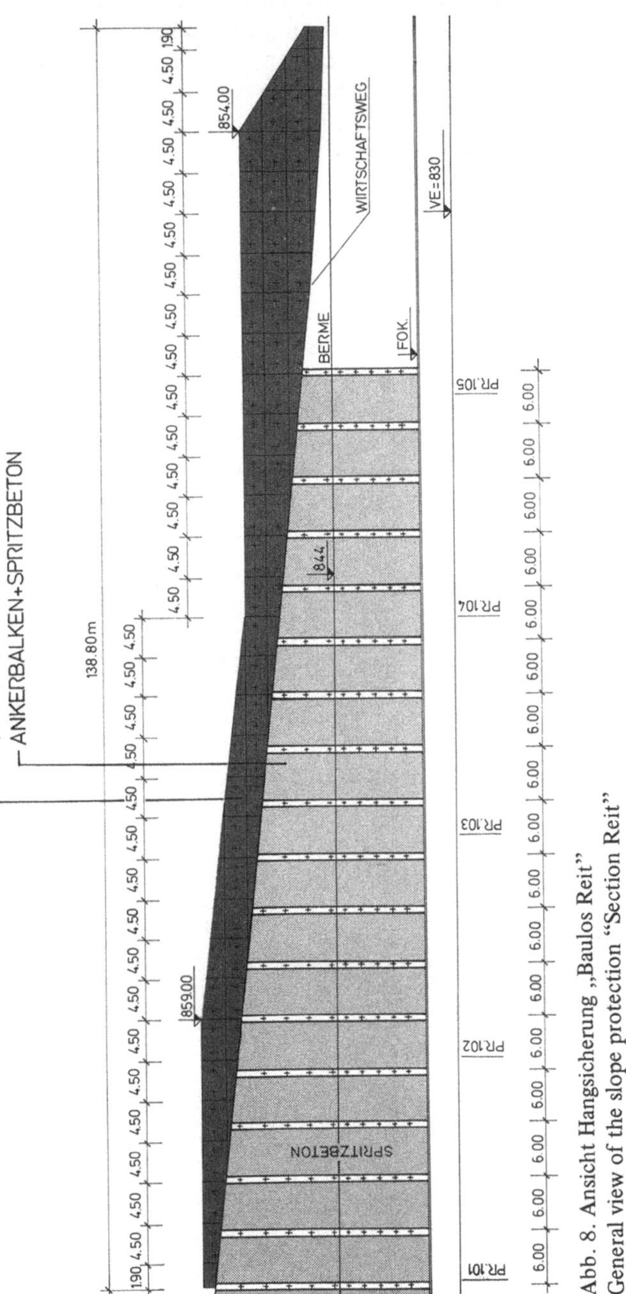

Abb. 8. Ansicht Hangsicherung „Baulos Reit"
General view of the slope protection "Section Reit"

werden. Unterhalb des Wirtschaftsweges waren Ankerpfeiler vorgesehen, wobei
die Zwischenräume im oberen Bereich, wo der Einfluß der Verwitterung groß
war, mit Platten gesichert werden sollte und im kompakten Bereich ungesichert
belassen werden sollte. Die ungünstigen geologischen Verhältnisse und die in
ein schnee- und regenreiches Frühjahr fallende Bauzeit erschwerten zusätzlich
die Bauarbeiten. Bereits beim Aushub des ersten Mauerfeldes für die Gewichtsmauer ereignete sich eine lokale Rutschung, welche sich progressiv weit in den
steilen Hang fortzusetzen drohte.

Geändertes Sicherungskonzept

Nach den sofort eingeleiteten provisorischen Sicherungsmaßnahmen wurde
das Projekt dahingehend geändert, daß die komplette Mauer als verankerte
Mauer hergestellt wurde, wobei die 4,5 m breiten und 2,5 m hohen Platten im
einzelnen ausgehoben und der Abtrag des Nachbarfeldes erst dann erfolgte, wenn
das vorhergehende Feld bis auf 50 % der Nennlast gespannt war. Diese Vorgangsweise stellte sich insbesondere im Bereich der 10 m hohen Mauer als besonders
zweckmäßig heraus, da dieser Teil der Mauer, bedingt durch den über die bergseitige Röhre führenden Wirtschaftsweg, knapp oberhalb des Tunnelanschlages
liegt und die einzelnen Bauphasen mit dem Tunnelvortrieb und Sicherung des
Anschlages gut abgestimmt werden konnten (Abb. 8 und 9).

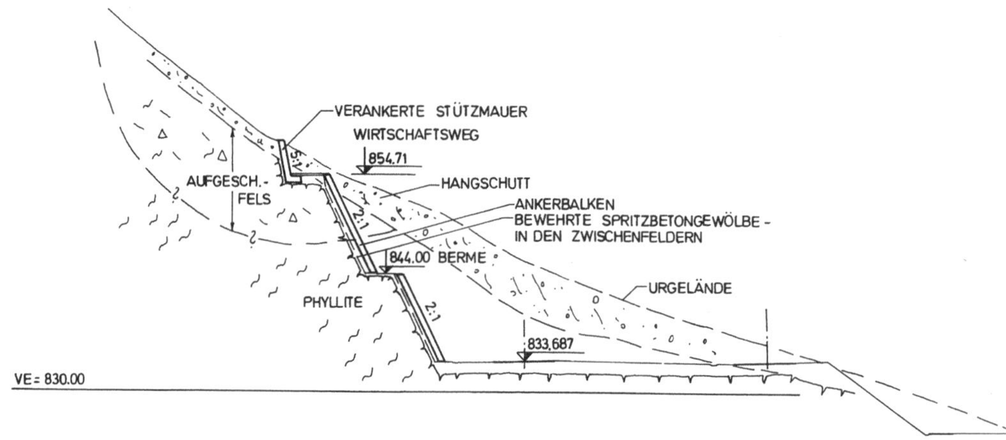

Abb. 9. Schnitt
Characteristic cross section of "Section Reit"

Eine weitere Änderung des Konzeptes wurde bei der Herstellung der Ankerpfeiler vorgenommen. Die ursprüngliche Version sah zwischen den Ankerpfeilern eingespannte Ortbetonplatten vor, welche die Sicherung der Zwischenräume im Bereich der stark verwitterten und zersetzten Phyllite übernehmen

sollte. Es zeigte sich bereits bei den ersten Feldern, daß höchstwahrscheinlich die gesamte Fläche des Abtrages zwischen den Ankerpfeilern eine Sicherung erforderlich machen würde.

Während der Bauzeit wurde jedoch vom Bauherrn mit der ausführenden Firma (aus Gründen einer früheren Inbetriebnahme der Autobahn) eine Bauzeitverkürzung vereinbart.

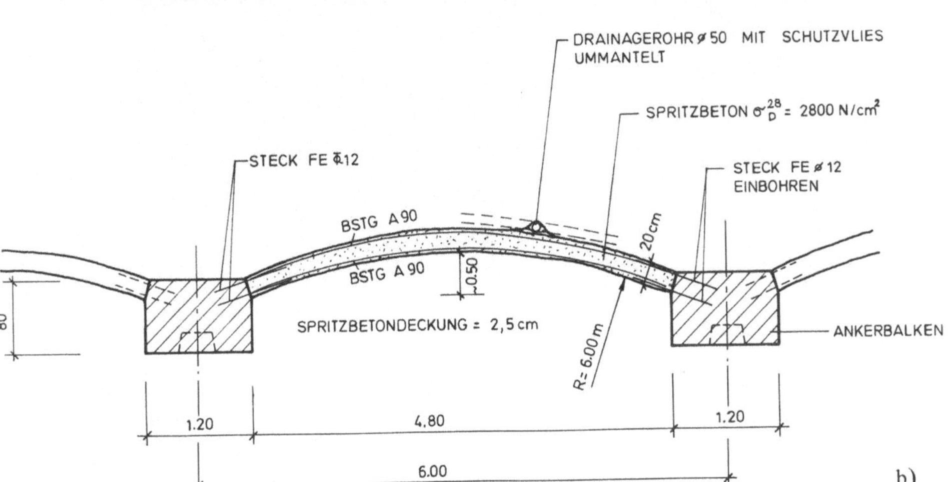

Abb. 10a, b. Detail Spritzbetonsicherung zwischen Ankerbalken
Details of shotcrete protection between anchor beams

Die Herstellung der Platten mit mehreren Arbeitsgängen (Bewehren, Schalen, Betonieren, Abbinden und Ausschalen) hätte vom Zeitlichen her gesehen große

Schwierigkeiten für die Einhaltung der Bauzeit erfordert. Außerdem ergab sich, daß mit den angebotenen Preisen eine Spritzbetonsicherung wirtschaftlich günstiger lag als eine Ortbetonplattensicherung.

Somit wurde zwischen den Ankerpfeilern beidseits bewehrtes Spritzbetongewölbe von 20 cm Stärke ausgeführt. Beim anstehenden Material war ein gewölbter Abtrag ohne größere Überprofile und Schwierigkeiten möglich. Die Entwässerung erfolgte durch das schlangenförmige Anlegen eines flexiblen kokosummantelten Drainagerohres.

Stärkere wasserführende Schichten wurden zusätzlich abgeschlaucht. Außerdem war es notwendig, einzelne Drainagebohrungen anzubringen, welche dann in die Gesamtdrainage eingebunden wurden. Der Anschluß des Spritzbetongewölbes an die Ankerpfeiler erfolgte durch Abschrägung der Kanten der Ankerpfeiler und durch Steckeisen (Abb. 10).

Abb. 11. Hangsicherung im Bereich der Portale „Baulos Weyer"
Slope protection in the area of the portals "Section Weyer"

Schlußbetrachtung

Die vorgeführten Beispiele zeigen, daß man sich dem wechselhaften Gebirgsverhalten mit den Maßnahmen laufend anpassen kann, oft sogar muß. Eine starr vorgegebene Konstruktion in solchen Fällen ist entweder unterdimensioniert — sie läßt sich teilweise verstärken, z. B. durch Anker — oder sie ist überdimensioniert, dann ist sie wohl auf der sicheren Seite, aber unwirtschaftlich.

Derartige Arbeiten erfordern allerdings eine laufende gute Zusammenarbeit aller Beteiligten, eine stärkere Betreuung der Baustelle und ein rasch handelndes leistungsfähiges Team, was bei den angeführten Baulosen zweifelsfrei vorhanden war.

Abb. 12. Gesamtansicht der fertiggestellten Sicherung „Baulos Reit"
View of the completed protection "Section Reit"

Anschrift der Verfasser: Dipl.-Ing. *N. Ayaydin*, Hon.-Prof. Dr. Ing. h.c. Dipl.-Ing. *F. Pacher*, Franz-Josef-Straße 3, A-5020 Salzburg, Österreich.

Rock Mechanics, Suppl. 12, 163–178 (1982)

**Rock Mechanics
Felsmechanik
Mécanique des Roches**
© by Springer-Verlag 1982

Probabilistic Slope Design for Open Pit Mines

By

G. Herget

With 7 figures

Summary – Zusammenfassung

Probabilistic Slope Design for Open Pit Mines. Conventional methods of slope design do not allow the economic influence of pit layout to be included in mine planning. One reason is the implication – inherited from civil engineering – that instability of any kind must be avoided. It is not recognized that, in mining, instability will be economically advantageous if any cost incurred – including the cost of ensuring safe working conditions – is offset by the lower cost of waste removal resulting from steeper slopes.

A second disadvantage of conventional design methods is that the variable nature of soil and rock is not recognized. This variability prevents precise determination of slope stability. From time to time instability will occur in slopes that were indicated as stable in a deterministic slope stability analysis. A better approach is to determine the probability that a slope will be stable. The risk of slope failure can then be assessed and the benefits and costs associated with steeper slopes can be incorporated into overall planning.

The present paper discusses some of the procedures required for such an analysis. More details are available in the CANMET Pit Slope Manual. The manual comprises 10 chapters and 16 supplements covering structural geology, mechanical properties, groundwater, design, mechanical support, perimeter blasting, monitoring, waste embankments and environmental planning.

The work was done through a cooperative effort by mining companies, mining consultants, universities and the Government of Canada.

Planung von Böschungen im Tagebau mit Hilfe der Wahrscheinlichkeitsrechnung. Herkömmliche Methoden der Böschungsberechnung erlauben es nicht, den finanziellen Einfluß verschiedener Böschungswinkel in die Bergbauplanung einzuschließen. Das ist in der Annahme begründet – übernommen vom Bauwesen –, daß Instabilitäten jeder Art vermieden werden müssen. Im Bergbau kann jedoch ein höheres Rutschungsrisiko von finanziellem Vorteil sein, falls die Kosten einer möglichen Rutschung – einschließlich der Kosten für den Schutz von Arbeitern und Maschinen – durch geringere Abraumbewegung im Falle einer steileren Böschung ausgeglichen werden können.

Herkömmliche Berechnungsmethoden haben einen weiteren Nachteil dadurch, daß die Variabilität von Böden und Gestein nicht in Betracht gezogen wird. Diese Variabilität verhindert eine genaue Bestimmung der Böschungsstabilität und unter Umständen können Rutschungen auftreten, obwohl die Böschung mit Hilfe einer deterministischen Berechnung als sicher bestimmt wurde.

0080–3375/82/Suppl. 12/0163/$ 03.20

Ein besserer Ansatz wird durch die Wahrscheinlichkeitsrechnung gegeben, die es erlaubt, das Risiko einer Böschungsrutschung zu bestimmen. Wirtschaftliche Konsequenzen, die mit steileren Böschungen verbunden sind, können dann in die Kostenrechnung einbezogen werden. Zuerst werden mit Hilfe von Geländeuntersuchungen Verteilungskurven für die Eingabedaten aufgestellt und für homogene Planungsabschnitte mögliche Rutschungsarten bestimmt. Danach wird auf herkömmliche Weise das Verhältnis Gesteinsfestigkeit/Beanspruchung („Sicherheitsfaktor") berechnet. Die Berechnung wird mit unterschiedlichen Eingabedaten, die auf Grund eines Monte Carlo Prozesses aus den Verteilungskurven entnommen werden, mehrfach wiederholt. Dadurch werden Verteilungskurven des Sicherheitsfaktors für ausgewählte Böschungsgeometrien erhalten und Beziehungen zwischen Rutschungsrisiko, Böschungswinkel und Böschungshöhe aufgestellt. Mit Hilfe dieser Beziehungen werden für den jährlichen Abbauplan Berechnungen durchgeführt, in denen die finanziellen Vorteile und Nachteile steilerer Böschungen berücksichtigt werden.

Die folgende Arbeit beschreibt einiges der Problematik, die in einem kanadischen Böschungshandbuch ausführlich behandelt wird. Dieses Böschungshandbuch wurde mit Hilfe von Bergbaufirmen, Ingenieur-Büros, Universitäten und der kanadischen Regierung erarbeitet.

Introduction

Designing pit walls is an important part of open pit mine planning. Wall layout affects both the amount of ore recovered and the amount of waste excavated. It therefore, greatly influences the profitability of mining. The object of slope design is to determine the layout that maximizes the economic benefits of mining.

Pit slope design begins with investigations to determine properties of the material to be mined. Chief among these is *Structural Geology* because, in rock slopes, instability is usually caused by discontinuities (faults, joints and bedding planes). Next is testing of the slope material to determine *Mechanical Properties* such as compressive and shear strengths. The third activity concerns *Groundwater* which is significant to mine operations in general and has a considerable influence on slope stability.

Site investigations are followed by slope stability analysis and financial analysis to select the optimum pit layout. This is the *Design* activity and requires consideration of ore values and operating methods as well as of wall stability.

When instability does occur, remedial measures may be required. Critical slopes can sometimes be stabilized by increasing rock strength through *Mechanical Support.* The quality, and therefore stability, of walls can be substantially improved by controlled *Perimeter Blasting.*

Slope design must ensure safety. This can be achieved by careful *Monitoring* of slope movements during mining. This activity also includes the verification of the assumptions used in mine design.

Each of the activities mentioned above is the subject of a chapter in the Pit Slope Manual (CANMET, 1977). Two additional chapters describe the special requirements for designing *Waste Embankments* and the role of *Environmental Planning* in open pit mines.

Many factors influence wall stability and each of them have their own variation. To account for the variabilities of the many factors, a reliability approach to slope design has been chosen.

The reliability approach recognizes that there may be instability, which has associated costs. The Pit Slope Manual gives methods of estimating costs and benefits of a given wall layout and the associated risks. This information is used in making mine investment decisions and in selecting the optimum layout.

Design

The objective of slope design in open pit mining is to determine the pit layout that maximizes financial returns and mineral recovery. The designer must consider both ultimate and interim slope angles, bench angles, location of ramps and sequence of mining.

The volume of waste excavation usually decreases as the walls are steepened. However, the risk of slope instability becomes greater as slopes are made steeper, and the effect on safety must be a paramount consideration. Open pit mining has an excellent safety record, accidents due to rock falls being particularly rare. It follows that, with proper care, steeper walls can be considered without jeopardizing safety. The main benefits of steeper walls are reduced waste excavation and deferred stripping. However, steeper walls may also result in increased costs. Wall instability may mean cleaning up slides, postponing mining or loss of ore. Fewer and narrower working benches may cause decreased operating efficiency. The designer must offset the costs of steeper walls against the savings in waste excavation.

The pit slope designer must deal with inherently variable parameters such as ore values and rock strengths. The best approach in dealing with variable materials is to use reliability theory.

Reliability theory recognizes that, because of variation in geologic materials, wall profiles and groundwater conditions, the strength resisting sliding and the stress promoting sliding both vary from section to section. In Fig. 1, although the mean strength is twice the mean stress, variations in both can result in sections where the stress will exceed strength, as shown by the hatched area, and sliding will occur. In slope stability analysis, reliability is defined as the probability that a slope will be stable.

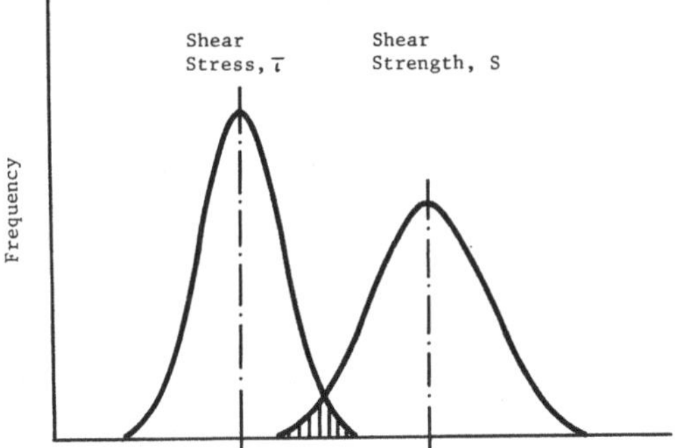

Fig. 1. Overlap of shear stress and shear strength distributions
Überlagerung von Verteilungen des Scherwiderstandes und der Scher-Spannung

Mine investment decisions are to a large extent based on prospective rates of
return and associated risks. Mine planners have already recognized the advantages of reliability theory in evaluating investment risks. With it they can include
the variability of commodity prices, labour rates and ore reserves in their analyses. The integration of wall design into mine design and risk analysis similarly
requires the use of reliability theory.

Pit slope design is considered to have two parts. The first part is to evaluate
pit slope stability for all the potential pit layouts. The second is to incorporate
these data into financial analysis.

The first step in stability analysis is to bring together the results of investigations into structural geology, mechanical properties and groundwater, and establish design sectors for the pit. Within each sector, rock strength, structural
features and other factors affecting stability are roughly uniform. The choice of
sectors may also be affected by the required wall reliability. For example, the
designer may have to plan for greater reliability in the area of surface plant or
a haulage system. Fig. 2 shows a typical layout of sectors.

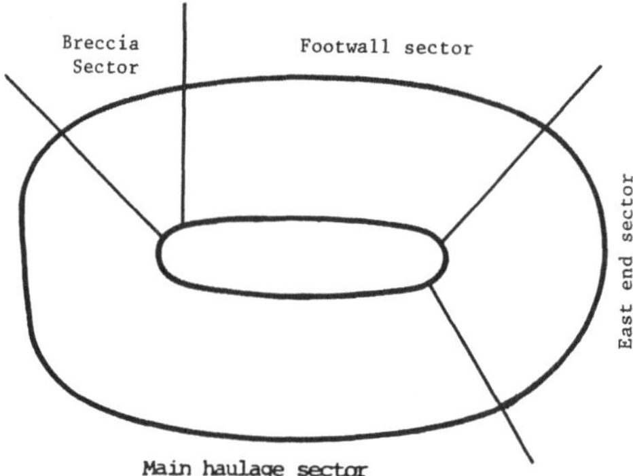

Fig. 2. Layout of design sectors for an open pit
Homogene Planungsabschnitte in einem Tagebau

Possible modes of instability are noted for each sector. Plane shear modes
are most common; they occur in rock slopes where discontinuities are unfavour-
ably oriented. In weak materials or randomly fractured rock, rotational shear
may occur. Both plane and rotational shear are characterized by surfaces of sliding. Stability analysis requires that shear strength on these surfaces be determined, as well as forces tending to cause sliding.

Block flow and toppling modes of instability are possible in brittle rock.
These are less common than plane or rotational shear and are more difficult to
analyze.

For each design sector, stability analyses are used to prepare reliability schedules for different wall heights and angles. These schedules are used as input to
the financial risk analyses.

Reliability (R) of a fixed slope can be defined as the relative frequency
with which the computed ratio of strength/stress falls above unity when variability in the geological parameters is taken into account (Fig. 3a).

In the probability computation, the input parameters are varied according to probability distributions associated with each variable, such as discontinuity dip, spacing, length, shear resistance and groundwater level. The Monte Carlo sampling technique is used to obtain a sampled value from the population of each of these variables. These sampled values are used to obtain a single safety factor in the conventional manner. The above process is repeated 100 or more times to obtain a representative distribution of strength/stress ratios ("safety factors"). This technique simulates the natural variability, or uncertainty, in input parameters and provides a picture of all possible outcomes.

Once the distribution of "safety factors" has been generated, the probability of instability $(1-R)$ can be estimated from the area under the distribution curve for which the factor of safety is less than one, as shown in Fig. 3a. This area can be estimated by fitting the distribution to a known distribution and numerically integrating, or by counting the number of times a safety factor less than one has occurred and dividing this by the total number of trials.

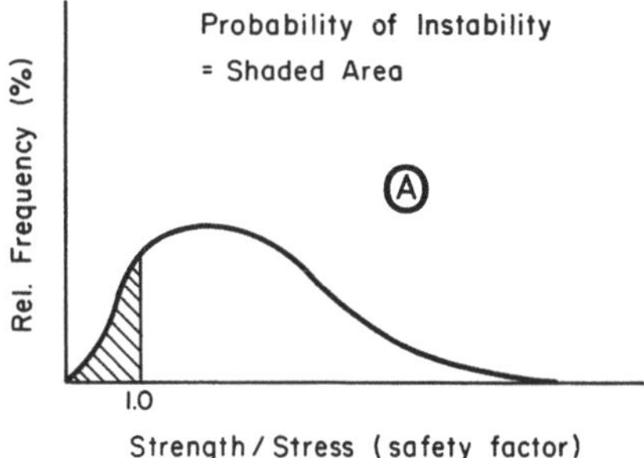

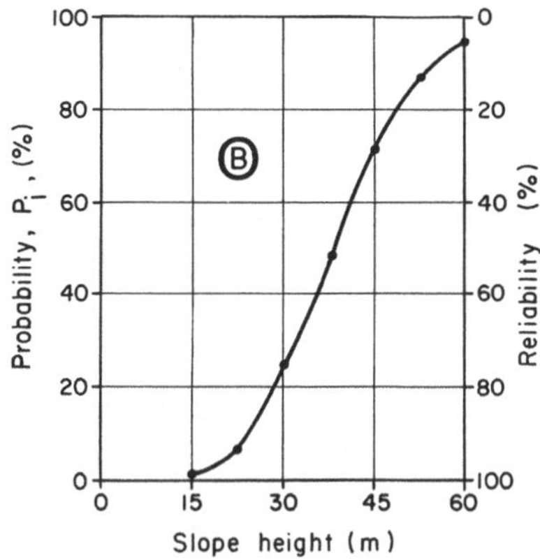

Fig. 3. "Safety factor" distribution due to variation of strength for a fixed slope (A) and variation of reliability with slope height for a 3-d-wedge in a 65° slope (B) (P_i = probability of instability)
Verteilung des Sicherheitsfaktors infolge von Festigkeitsunterschieden für eine bestimmte Böschung (A) und Wechsel der Zuverlässigkeit mit steigender Böschungshöhe für einen dreidimensionalen Keil in einer 65° Böschung (B) (P_i = Rutschungsrisiko)

All of the above produces only one probability estimate for a specific combination of parameters such as *slope height, slope angle* and *breadth of the design sector*. This means that the computations must be repeated many times to obtain the probability distribution as a function of slope angle or slope height. A probability distribution as a function of the slope height with the slope angle being fixed is shown in Fig. 3b.

Within a given design sector of a pit the shape of pit walls is never one uniform, clear-cut slope. The actual shape is frequently made up of several different wall heights of varying slopes, interspersed by relatively wide horizontal areas of either an active work bench or haul road.

Because of sensitivity of probability estimates to wall geometry, some basic units are necessary to describe every possible wall geometry. These units are bench angle, bench height and unit cell. A unit cell is the square area in the pit wall face whose breadth is equal to its height. To cover an area completely, fractions and multiples of unit cells are used. Fig. 4 illustrates the concept of a unit cell. A whole design sector can be covered by part of a unit cell if the whole wall height is considered or by multiples of unit cells if several interramp walls need to be looked at. Height and not width defines a unit cell.

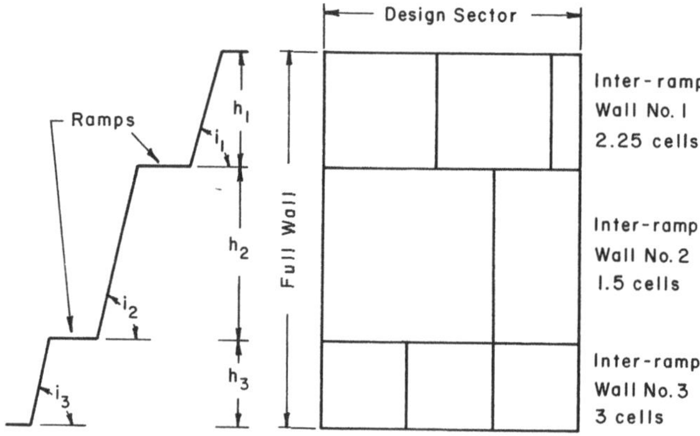

Fig. 4. Unit cell concept based on multiples of (height)^2. Unit cells for inter-ramp walls No. 1 to 3 and 0.7 of a full wall unit cell
Einheitszellen für Böschungsteile 1 bis 3 und 0,7 der Einheitszelle in bezug auf die gesamte Böschungshöhe

Introducing the unit cell concept in the probability estimation has the effect of fixing the breadth, reducing the key variables to two, i.e., angle and height of wall. This unit cell concept plays an important role in the Monte Carlo sampling of instability and all calculations of reliability refer to the unit cell.

The probabilistic approach is nearly impossible without the help of a computer. The amount of computation required will certainly be 100 or more times that of the conventional deterministic approach. For this reason, computer programs for performing stability analyses for various modes of instability have been developed.

The probabilities used are statistical or objective and not intuitive or subjective. Frequently, however, not all input variables can be quantified. Under these circumstances, the objective probability is modified according to a subjective assessment of the questionable input.

There are some philosophical arguments against combining an objective with a subjective probability. However, they can and should be combined so as to utilize all available information in the analysis. A variable that cannot be fully quantified, but for which estimates are available should not be ingnored in the quantitative analysis.

Input Parameters

An important step in slope stability analysis is the collection of geomechanical information. This comes primarily from special investigations into structural geology, mechanical properties and groundwater.

Structural Geology

The first step in site investigations is the development of a geological map based on a review of regional geological information, aerial photographs, mine records, and data from geological mapping. From this a first catalogue of possible slope stability problems can be compiled, and the necessary intensity of the geological investigation assessed. The location of the pit site can suggest problems typical for pits of a particular region, such as climatic conditions, typical zones of weathering, peculiar rock types, or regional zones of shearing and faulting.

The next step requires the definition of the geotechnical requirements for geological observations concerning rock types and discontinuities.

In the chapter on structural geology (CANMET, 1977) the terminology and properties of various types of discontinuities and rock types are described first. This is followed by an account of the various methods of geological mapping, including detailed line mapping, fracture set mapping, area mapping and core logging.

Indirect methods of geological data acquisition, such as airphoto interpretation, plane table photography, terrestrial photogrammetry, and geophysical exploration are also presented so that the optimum approach can be chosen.

Observations of major discontinuities and rock types are generally plotted on plans and sections, and statistical features are analyzed separately by graphical or numerical methods. This approach is only suitable if experienced personnel is available at every phase. With the availability of computers, the job can be organized into such simple steps that relatively inexperienced personnel can be employed for most of the data gathering and storage. For that purpose a field guide and a computer program package, DISCODAT, have been developed. Geological observations are noted on special field forms, and information from these is punched on computer cards for file storage. Simple retrieval requests can then make available special categories of information for analysis.

Geological observations provide three kinds of information:
1) rock type distribution with an estimate of strength,
2) major discontinuities and
3) minor discontinuities

Rock strength can be judged from simple hardness tests in the field with geological pick or rebound hammer to identify potential problem areas.

Major discontinuities, e.g., those affecting the whole slope, are described individually, whereas for the minor discontinuities, e.g., joint sets, mean properties and their dispersions are obtained.

Both major and minor discontinuities have to be characterized as to their geotechnical properties, such as: location, orientation, length, spacing, waviness, strength of fillings, and strength of fracture walls. Groundwater occurrences are described in classes from dry to free flow.

For a probabilistic slope stability analysis, emphasis is placed, not only on obtaining some mean value, but also to get a measure of dispersion of a variable. It has been found that the following distributions apply (Fig. 5):

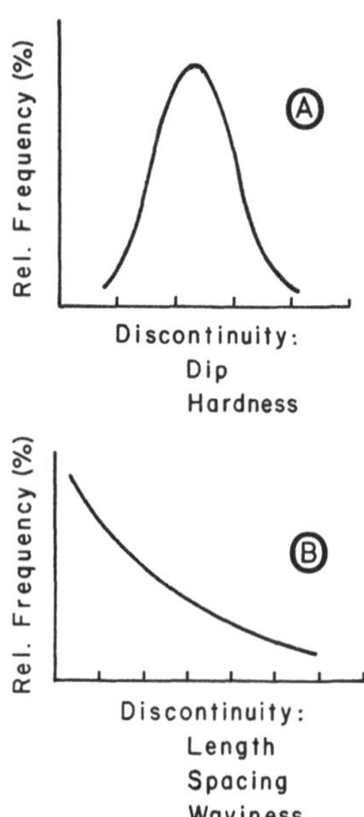

Fig. 5. Frequency distributions of (A) discontinuity dip and hardness, and (B) discontinuity length, spacing and waviness
Häufigkeitsverteilungen des (A) Einfallens und der Oberflächenfestigkeit und (B) der Länge, der Welligkeit und des Abstandes von Diskontinuitäten

Normal Distribution: dip, dip direction, hardness, strength of fillings;
Negative Exponential Distribution: discontinuity length, spacing and waviness. However, further study is required in this area (*Herget*, 1981).
After the geological data reduction has been completed, design sectors are selected in which the types of discontinuities and their orientations are similar

as far as the proposed pit layout is concerned. This can be done by superimposing an assumed slope angle, e.g., 50°, on the existing topography, and placing this pit boundary on the maps showing major structures, rock types and minor discontinuities. Discontinuities of the same orientation will have different effects on the stability of opposite walls of the pit.

For the design sectors, representative sections are drawn and the kinematically possible modes of instability assessed. The three basic instability modes include rotational shear, plane shear, and block flow.

Mechanical Properties

Slope stability analysis requires the measurement of material strengths by appropriate field and laboratory tests. Properties used in calculating forces and displacements — for example, density and elastic modulus — must also be measured.

The large volume of soil and rock involved in open pit mining means that a variety of mechanical properties is encountered. For example, not only does each rock type have different inherent characteristics, but within a given rock type, properties may vary because of alteration and the presence of discontinuities.

Investigation of mechanical properties should be based on the preliminary pit zoning done during structural geology investigations. This zoning includes estimates of mechanical properties and expected instability modes for each sector. These indicate the mechanical properties which must be measured.

A test program should be drawn up for each design sector. The factors to be considered are:

— the volume of material to be mined and the significance of the sector to the mining operation;

— selection of possibly required material properties, such as shear testing of discontinuities, compressive strength, elastic modulus, Poisson's ratio, time dependent deformation properties, density, porosity, water content;

— specific locations and methods for sampling to ensure that test specimens are representative;

— the cost of sampling and specimen preparation;

— the type of material to be tested, the availability of testing facilities, the nature and accuracy of the information required and the cost of testing.

The shear strength of discontinuities is the most important strength parameter in rock slope stability analysis. Sliding on discontinuities is the most common form of instability in hard rock slopes. Desired outputs are: shear strength of rock substance, peak and residual strength of discontinuities expressed by mean values and their dispersion.

The greatest problem in testing the shear strength of discontinuities are the differences in scale as to what portions of the surfaces can be routinely tested and the area of the discontinuities we are dealing with in the field. Recent advances have pointed this out very clearly (*Barton*, 1981). The normal distribution function has been found to adequately describe data on shear strength, compressive strength, elastic modulus and density.

Groundwater

Groundwater has a significant influence on slope design because groundwater pressures reduce the shear strength of discontinuities.

Groundwater investigations have two objectives:

a) to determine the groundwater pressures for use in slope design and

b) to determine ways of reducing adverse groundwater pressures through drainage or other controls.

Groundwater pressure can be measured directly by piezometers. Piezometers must be carefully installed if they are to give reliable results. It is important to choose the correct type. For example, the standpipe, which requires an inflow of water to register pressure change, will respond very slowly to pressure changes in ground of low permeability. A more sophisticated piezometer that requires no water flow may be necessary if this delay is unacceptable.

Piezometers alone are not sufficient to determine groundwater pressures for design. First, it is not feasible to install the large number of piezometers required. Second, an important part of groundwater investigation is predicting pressure distribution in future slopes, when not only mine geometry will have changed, but sources of groundwater such as streams may also have changed.

In practice, the groundwater pressure distribution throughout a slope is determined by combining field measurements and theoretical studies to assess the effect on slope stability and the effectiveness of drainage measures.

Analysis

The key to theoretical studies of groundwater pressure distribution lies in groundwater flow. Groundwater flow can be represented by a pattern of flow lines and equipotentials called a flow net. The upper boundary of flow is generally known as the water table. The water level in a standpipe installed in a slope rises to the level where the equipotential through the standpipe tip meets the water table.

The chief characteristic of the slope material that must be known before a flow net can be constructed is permeability. This is a measure of how much water will flow under a given potential difference. Constant head tests, falling head tests and well or draw down tests can be used to calculate permeability.

For the construction of groundwater flow nets, trial and error graphical sketching is suitable for simple flow patterns. Electrical resistance analogues or numerical analyses are more powerful techniques.

If variation of groundwater pressure distribution is to be considered because of seasonal variations, this can be done by specifying an upper and lower boundary to the water table in the slope stability analysis.

Drainage

If groundwater pressure is contributing to instability, drainage may be a satisfactory remedial measure. The aim is pressure reduction and not only de-watering.

Before deciding on drainage, careful study of the undrained stability and of drainage methods is required. This means appraising previous stability analyses, performing field tests to determine the potential of drainage and making theoretical analyses of the effects of drainage on groundwater pressure.

The choice of a drainage method depends on many factors including slope height, permeability and economic and operational constraints. The following methods are widely used.

a) Horizontal or near-horizontal holes in the slope face are simple and relatively easy to drill; they require little maintenance and drain by gravity. Holes are usually lined with perforated pipe and the collar sections are covered with crushed rock to prevent freezing.

b) Vertical wells drilled behind the slope crest or on the slope face have the advantage of being away from the workings, and can be used for dewatering before excavation begins. Pumps are required, however, with corresponding maintenance costs.

c) Impervious trenches down the slope face or along the slope toe are necessarily shallow and can only drain surface regions. However, where shallow instabilities are critical, trench drainage can be satisfactory.

d) Galleries excavated in the rock mass behind the slope are expensive, but, where large-scale drainage is required, are often the most effective method. They do not hinder operations and can be used for other purposes such as ore evaluation and structural mapping. Supplementary drain holes can be drilled from the gallery.

e) Unloading of the slope by removal of rock or soil material can lead to a reduction of porewater pressures in clays and stabilize materials where gravity drainage would not be effective.

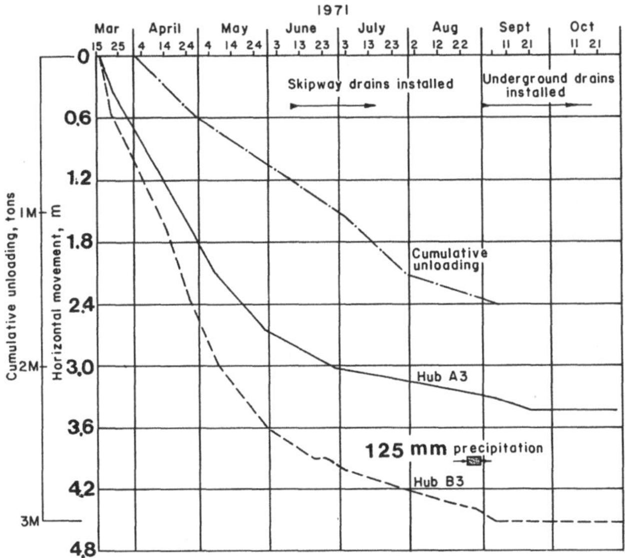

Fig. 6. Surface movement in relation to unloading and drainage
Oberflächenbewegung in bezug auf Entlastung und Entwässerung

Figure 6 shows an example where drainage and unloading were very effective in reducing slope deformation. However, for some materials such as altered and decomposed rock neither drainage nor unloading will be very effective in pressure reduction (*Brown*, 1981).

Cost/Benefit Analysis

After the reliability schedules are established for each design sector, a cost/benefit analysis can be carried out to select an optimum slope angle or optimum slope design.

Financial evaluation requires considerable information in addition to reliability schedules for the possible walls. Economic geology data and mining costs are required. The cost of possible instabilities (C) is estimated by:

$$C = P_i N C_i \qquad \text{Eq 1}$$

where: P_i = probability of instability

N = number of unit cells

C_i = cost of instability of a unit cell

The cost of instability is the cost of a remedial measure exceeding the cost of scheduled mining and is defined by the mine planning engineer in selecting the appropriate remedial measure in response to an indicated instability. First the extent of the instability is classified in regard to full wall, inter-ramp, and single bench. For each class of instability, cost types are identified. An example for the full wall of a coal mine is given below (*Kim*, et al., 1979).

Code	Cost Type
	Full Wall (FHSL)
0	No cost
1	Clean-up
2	Lost coal
3	Lost coal + clean-up
4	Lost coal + early mining
5	Mine abandonment
6	Re-establish haul road
7	Clean-up + early mining + lost coal
8	Increased haul + clean-up
9	Mine abandonment or clean-up

Each of the cost types require an expression of volume of unstable ground multiplied by unit cost (operational impact, removal). The volumes are determined as a function of slope height.

A program for benefit/cost analysis is included in the Pit Slope Manual. The program requires as input a complete set of yearly mine plans as a base case. These plans must include mining sequence and the distribution of ore and waste as well as ore values and mining costs.

The benefit/cost program calculates the effect relative to the base case of steepening pit walls, including both savings in waste excavation and costs of instability.

The benefits and costs can be determined for each year of the prospective mine life, and discounted to the present. The optimum layout is selected by comparing the net present values of the various layouts.

A good estimate of the expected benefits and costs requires between 30 and 100 analyses. The program is efficient; the time on a large computer for a typical 15-year mining plan is at most a few minutes. The optimum design sector geometry determined by machine, however, must be smoothed by the engineer to eliminate abrupt changes at design sector boundaries.

The benefit/cost appraisal of the pit layout is only part of the information considered in a full mine risk analysis. Other factors — all of which are variable — include tax rates, royalties and capital expenditures. A computer program for complete mine economic risk analysis has been written.

An example output is given in Fig. 7 where the design of a coal mine was optimized. The pit involved a steeply dipping multiple seam deposit being mined by a shovel-truck combination. For the calculation of cost/benefit the ore reserves were held equal for a 28°, 35° and 45° pit layout. Three sets of reliability schedules were required for each of the three alternative designs and a separate set for each design sector.

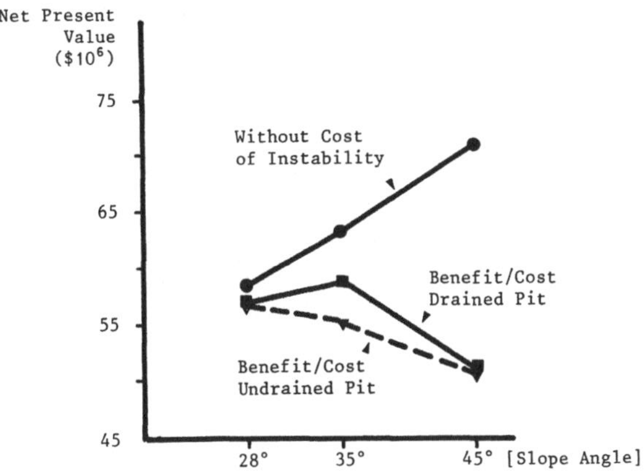

Fig. 7. Result of cost/benefit calculations for pit designs with various slope angles
Ergebnisse von Kostenrechnungen für Tagebauentwürfe mit verschiedenen Böschungswinkeln

Without including the cost of instability, the 45° design is superior to either the 28° or 35° designs, because of reduced waste excavation (base case). However with inclusion of instability costs, the 35° design is optimum with a net present value of $ 59 million versus $ 57 million and $ 51 million for 28° and 45° designs, respectively. All of these results are based on the assumption that the slopes would be drained dry. If this assumption is not met, then the optimum slope angle lies between 28° and 35°.

From this study the observation was made that the data required for a probabilistic analysis under real life conditions are available largely as a result of normal mine planning and cost accounting practices.

Associated Designs

Monitoring

As a result of stability and financial analyses, optimum slope angles might be selected that are rather steep. To implement these designs, it is often necessary to pay an insurance premium. Monitoring ensures safety of personnel and equipment.

Perimeter Blasting

The feasibility of having steep slopes depends on the elimination of loose rock. This might be achieved with appropriate perimeter blasting and good scaling.

Mechanical Support

Situations can arise where the use of mechanical support of the walls is economically advantageous. For example, it might be feasible to mine ore whose removal without using support would jeopardize surface plants. Also, in some pits, it would be cheaper to use mechanical support and a steep slope than to excavate waste rock back to an unsupported wall of equivalent stability.

Acknowledgements

The paper represents a very limited summary of the Pit Slope Manual which was a multi-author effort inspired and effectively lead by the late Dr. *D. F. Coates* of CANMET, Energy, Mines and Resources Canada. New ground had to be broken to develop the probabilistic analysis to the required level for practical application. Some of the present paper has been taken directly from the relevant chapters of the Pit Slope Manual.

References

Barton, N.: Shear Strength Investigations for Surface Mining. 3rd International Conference on Stability in Surface Mining, Vancouver, British Columbia, June 1981.

Brown, A.: Groundwater Pressure Control in Slopes. 3rd International Conference on Stability in Surface Mining, Vancouver, British Columbia, June 1981.

CANMET, Pit Slope Manual: see separate list.

Herget, G.: Research Requirements in Surface Mine Stability and Planning. 3rd International Conference on Stability in Surface Mining, Vancouver, British Columbia, June 1981.

Kim, C., Wolff, S. F., Baafi, E. Y., Cervantes, J. A.: Optimization of Coal Recovery from open Pits. CANMET Report 79-5, CANMET, Energy, Mines and Resources Canada, 182 p, February 1979.

Pit Slope Manual
CANMET, Energy, Mines and Resources Canada, 1977

Sage, R. (Ed.)	Chapter 1	Summary, CR* 76-22.
Herget, G.	Chapter 2	Structural Geology, CR 77-41.
Cruden, C., Ramsden, J. & Herget, G.	Supplement 2-1	DISCODAT Computer Program, CR 77-18.
Ramsden, J., Cruden, D. & Herget, G.	Supplement 2-2	Domain Analysis Program, CR 77-19.
Herget, G.	Supplement 2-3	Geophysics for Open Pit Sites, CR 77-22.
Herget, G.	Supplement 2-4	Joint Mapping by Terrestrial Photogrammetry, CR 77-23.
Martin, D., Piteau, D. & Herget, G.	Supplement 2-5	Case History of Structural Investigations, CR 77-24.
Gyenge, M. & Herget, G.	Chapter 3	Mechanical Properties, CR 77-12.
Gyenge, M.	Supplement 3-1	Laboratory Classification Tests, CR 77-25.
Gyenge, M. & Herget, G.	Supplement 3-2	Laboratory Tests for Design Parameters, CR 77-26.
Gyenge, M. & Ladanyi, B.	Supplement 3-3	In Situ Field Tests, CR 77-27.
Gyenge, M. & Ladanyi, B.	Supplement 3-4	Selected Soil Tests, CR 77-28.
Gyenge, M. & Ladanyi, B.	Supplement 3-5	Sampling and Specimen Preparation, CR 77-29.
Sharp, J. C., Ley, G. & Sage, R.	Chapter 4	Groundwater, CR 77-13.
Marion-Lambert, J.	Supplement 4-1	Seepage Program, CR 77-30.
Coates, D. F.	Chapter 5	Design, CR 77-5.
Major, G., Kim, H-S. & Ross-Brown, D.	Supplement 5-1	Plane Shear Analysis, CR 77-16.
Sage, R., Toews, N., Yu, Y. & Coates, D. F.	Supplement 5-2	Rotational Shear Sliding, CR 77-17.
Kim, Y. C., Cassun, W. & Hall, T. E.	Supplement 5-3	Financial Computer Programs, CR 77-6.
Sage, R.	Chapter 6	Mechanical Support, CR 77-3.
Richards, D. & Stimpson, R.	Supplement 6-1	Buttresses and Retaining Walls CR 77-4.
Calder, P.	Chapter 7	Perimeter Blasting, CR 77-14.
Larocque, G.	Chapter 8	Monitoring, CR 77-15.
Coates, D. F. & Yu, Y. (Eds.)	Chapter 9	Waste Embankments, CR 77-1.
Whitby-Costescu, L., Shillabeer, J. & Coates, D. F.	Chapter 10	Environmental Planning, CR 77-2.
Murray, D. R.	Supplement 10-1	Reclamation by Vegetation: Vol 1: Mine Waste Description and Case Histories, CR 77-31.

Murray, D. R.   Supplement 10-1   Reclamation by Vegetation: Vol 2:
                                             Mine Waste Inventory by Satellite
                                             Imagery, CR 77-58.

* CANMET Report

Address of the author: Prof. Dr. *G. Herget*, Department of Mining Engineering, University of Kentucky, Lexington, KY, 40506-00461, U.S.A.

Rock Mechanics, Suppl. 12, 179–190 (1982)

Rock Mechanics
Felsmechanik
Mécanique des Roches
© by Springer-Verlag 1982

Slopes of the Tarbela Dam Project

By

G. la Villa and **J. Golser**

With 11 figures

Summary – Zusammenfassung

Slopes of the Tarbela Dam Project. The Tarbela Dam Project in Pakistan with an earth fill dam of appr. 150 mio cyds includes also high rock cuts which were part of the original project or were results of necessary design modifications.

The highest slopes are at the tunnel intakes and outlets at the right bank of the Indus and at the spillways and one tunnel outlet at the left bank.

The heights of the rock cuts are between 300 and 800 ft. and caused different problems due to different geological and rock-structural situations.

This paper reports mainly about two rock cuts which were not foreseen in the original design concept. The first case is a slope of 400 ft. height which had to be recut at the tunnel intake area within a few months after tunnel No. 2 collapsed due to hydraulic reasons when operating as diversion tunnel for the last river diversion. Under the existing time pressure support means like 20 to 30 m long cable anchors could not be installed and only shotcrete and rock anchors produced at site could be used. Consequently the usual safety considerations were not applicable and the minimum of support measures could only be justified with a rigorously handled measuring control with automatic warning devices in order to guarantee the safety of the workers.

The second example deals with the repair works of the Auxiliary Spillway plunge pool which were carried out in a similar way as the repair works for the Service Spillway plunge pool.

These measures became necessary after extensive erosions took place with the first spillway operations. The result of these erosions were high overhanging rock cliffs of 600 ft. height. These slopes had to be recut to a stable 800 ft. high slope prior to the start of the other repair works in the plunge pool.

Most of the repair works had to be finished within two dry seasons and involved appr. 3,1 mio cyds rock excavation, 2 mio cyds excavation of loose material, 18 000 cyds shotcrete, 70 000 m^2 wire mesh, 28 000 lin m rock bolts, 18 000 lin m of drainholes and 760 lin m of gabions as protection against rock fall.

Also in this case minimal safety factors were to be applied for the calculations of the slope stabilities and the in situ observations were a valuable help in following and justifying the adopted approach.

0080–3375/82/Suppl. 12/0179/$ 02.40

Böschungen im Zuge des Tarbela Damm Projektes. Das Tarbela Damm Projekt in Pakistan mit dem größten Erdschüttdamm der Welt, mit einem Volumen von mehr als 100 Millionen m³, beinhaltet beachtliche Felseinschnitte, die teils in der ursprünglichen Planung und zum anderen Teil im Zuge von nachträglichen Umplanungen notwendig wurden.

Die bedeutendsten Felsanschnitte sind die an den Tunnelportalen am rechtsseitigen Indusufer und jene an den zwei Hochwasserentlastungsanlagen und an einem Tunnelportal am linksseitigen Ufer.

Die Böschungshöhen liegen zwischen 100 m und 250 m und bereiteten in den gefügemäßig und geologisch unterschiedlichen Bedingungen auch sehr unterschiedliche Problemstellungen.

Es soll im Zuge dieses Beitrages insbesondere über zwei im ursprünglichen Planungskonzept nicht vorgesehene Felsböschungen berichtet werden.

Im ersten Fall handelt es sich um eine Böschung von 120 m Höhe, die im Zuge der Reparaturarbeiten im Tunneleinlaufbereich innerhalb kürzester Zeit herzustellen war, nachdem kurz nach Inbetriebnahme der Tunnel für die letzte Flußumleitung aus hydraulischen Gründen Tunnel Nr. 2 einstürzte. Die Wiederherstellungsarbeiten, die innerhalb einer Niederwasserperiode zu bewerkstelligen waren, erforderten den Abtrag und die Sicherung obiger Böschung innerhalb von wenigen Monaten. Dabei mußte aus Zeitgründen auf sonst übliche Sicherungsmittel, wie 20 bis 30 m lange Kabelanker und Betonrippen verzichtet werden und mit kurzfristig verfügbaren und rasch herzustellenden Maßnahmen das Auslangen gefunden werden. Es waren dies auf der Baustelle hergestellte Stangenanker und Spritzbeton. Im Entwurf dieser Böschungen und insbesondere in den Sicherheitsbetrachtungen mußten dabei von den gewohnten Maßstäben große Abstriche gemacht werden.

Die vorgesehenen Minimalmaßnahmen waren nur damit zu vertreten, indem eine rigorose Meßüberwachung mit automatischen Warnanzeigen in erster Linie die Sicherheit für Mannschaft und Gerät sicherstellen sollte.

Das zweite Beispiel behandelt die Zusatzmaßnahmen im Tosbecken der größeren Hochwasserentlastung, wie sie ähnlich schon zwei Jahre früher bei der kleineren Hochwasserentlastungsanlage durchgeführt wurden. Diese Maßnahmen wurden erforderlich, nachdem bei den ersten Inbetriebnahmen solch tiefe Erosionen stattfanden, daß das Bauwerk in Gefahr war. Durch diese Erosionen wurde eine weit über das Tosbecken ragende, teilweise überhängende Felsböschung geschaffen, die erst in eine halbwegs stabile Form rückgeböscht werden mußte, ehe im Tosbecken selbst die Reparaturarbeiten beginnen konnten.

Die Baumaßnahmen, die zum Großteil innerhalb von zwei Niederwasserperioden fertigzustellen waren, umfaßten etwa 2,2 Mio. m³ Felsaushub, wobei eine 250 m hohe Böschung entstand, 1,5 Mio. m³ Erdaushub, 13 000 m³ Spritzbeton, 70 000 m² Baustahlgitter, 28 000 lfm Anker, 18 000 lfm Drainagelöcher und 760 lfm Steinschlagschutz mit geflochteten Steinkörben.

Auch hier mußte mit einem minimalen Sicherheitsfaktor das Auslangen gefunden werden, wobei in situ Beobachtungen eine wertvolle Hilfe darstellten.

The Tarbela Dam Project in Pakistan is a part of the Indus Basin Scheme and is a multipurpose project for irrigation and for power production.

The main parts of the project are (Fig. 1):
- The main dam crossing the Indus valley with a volume of approximately 105 mio m³.
- Two auxiliary dams with together 17 mio m³.
- Two spillways with a total discharge capacity of approx. 40 000 m³/sec.
- 4 tunnels on the right bank.
- 1 tunnel on the left bank.
- The power house with 12-175 MW units.

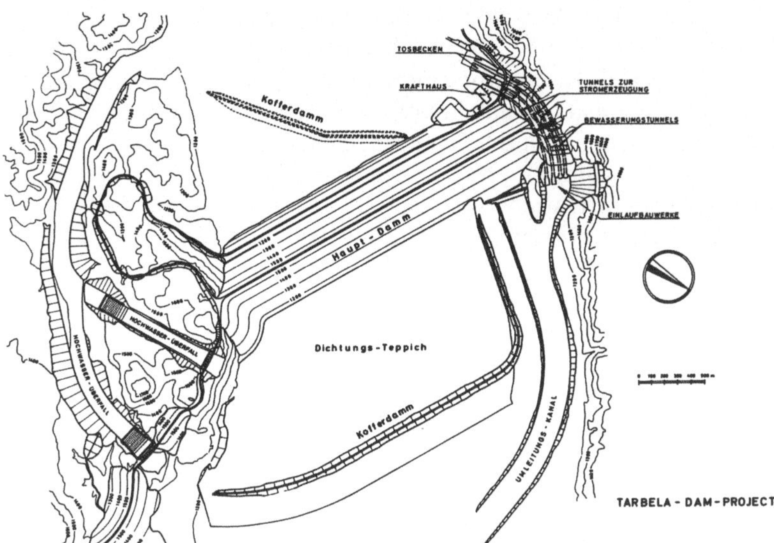

Fig. 1. Tarbela Dam Project, Plan
Tarbela Damm Projekt, Grundriß

The geological conditions are characterized by some North-South oriented
tectonical faults where the Darband fault with about 5 km horizontal and 200 m
vertical displacement is predominant (Fig. 2). The rock consists mainly of limestones and phyllites with Quartzite intercalations and a magmatic gabbro with
highly fractured and disturbed bed rocks in its vicinity on the right bank. During

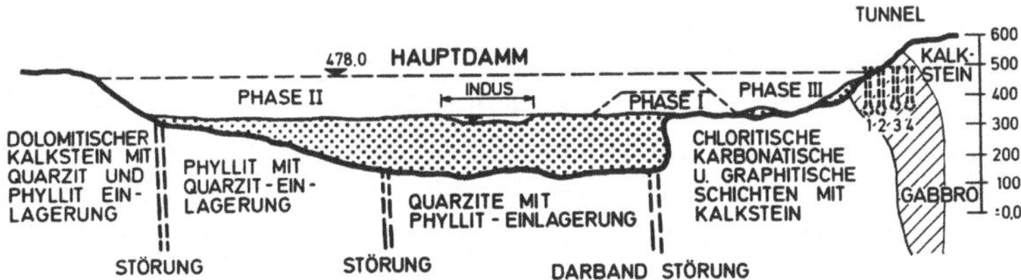

Fig. 2. Geological section along axis of main dam
Geologischer Schnitt in der Achse des Hauptdammes

the construction several high rock excavations were necessary:
  — The excavation of the tunnel intakes;
  — The excavation of the stilling basins and for the power house;
  — The excavation on the left bank for the spillways and for tunnel No. 5
    outlet.
The highest rock cuts are up to 280 m high. The slope protection varies
depending on the prevailing geotechnical situation and it has been performed
with shotcrete and with rock bolting up to 9 m long.
Along the steep faces of excavation of the tunnel portals rock anchors up to
40 m long have been used.

Generally very little protection has been required along the faces of high rock cuts which were only 10 to 15° steeper than the natural relief.

The application of careful presplitting methods brought good results with regard to the profile shape and the stability of the rock cuts. Most of the rock cuts performed in accordance with the Engineer's design and those which were not affected by adverse conditions, proved to be adequate and stable after the first operations of the project. Minor local rock slides occurred along the West slope of the intake area and a larger wedge failed at the outlet but these had no influence on the operation of the project and on the overall stability of the slopes.

All major slopes have been monitored by extensometers and levelling from the surface or in instrumentation galleries.

End of 1981 signs of instability appeared at the West slope of the high outlet cut, where a rock mass of more than 100 000 m³ is affected.

When the river was diverted through the tunnels in order to allow the closure of the last gap of the dam, and when the spillways had been firstly operated, the occurrence of some adverse circumstances caused severe damages that subsequently required extensive repair works.

This paper deals only with two problem areas, the intake portal slope and the spillway plunge pool areas. In July 1974 when the water head at the intake of the tunnels was approximately 75 m, an attempt was made to close the temporary diversion gates of tunnel No. 2 because of very strong vibrations and damages in the outlet area. This operation did not succeed and the central gate jammed, leaving an opening of 7,3 m. Subsequently all other tunnels were closed and the impounding of the reservoir started due to the flood season. The spillways could only operate when the reservoir had reached an elevation of 120 m. Through tunnel No. 2 approximately 1300 m³/sec were discharged, and, when the water head reached 110 m, the discharge through this tunnel suddenly increased to 3800 m³/sec. The only solution, in spite of damages and vibrations in the outlet area, was a drawdown of the reservoir through the tunnels. At the end of August 1974 the total discharge reached 11 000 m³/sec and the water level in the reservoir dropped at the rate of 3 m per day. A considerable part of the outlet structures had been damaged and had to be reconstructed.

In middle September 1974, after the drawdown, the intake area became visible and it became evident that tunnel No. 2 had collapsed just downstream of the intake structure.

The reason was cavitation due to unfavourable flow conditions caused by the half open diversion gate. The tunnel collapse caused a cave of 700 000 m³ with 60 m high overhanging rock masses (Fig. 3).

Prior to any repair works at the tunnel the slope had to be recut and protected (Fig. 4). The problem was, that most of the repair works had to be finished before the beginning of the next flood season in June 1975.

The rock conditions were very unfavourable with mostly Sugary Limestone at the lower half of the slope. The Sugary Limestone is a tectonical breccia broken to sugar grain size with an angle of friction between 33° and 35° and very little cohesion or interlocking. In the lower part of the slope this rock type was very cavernous.

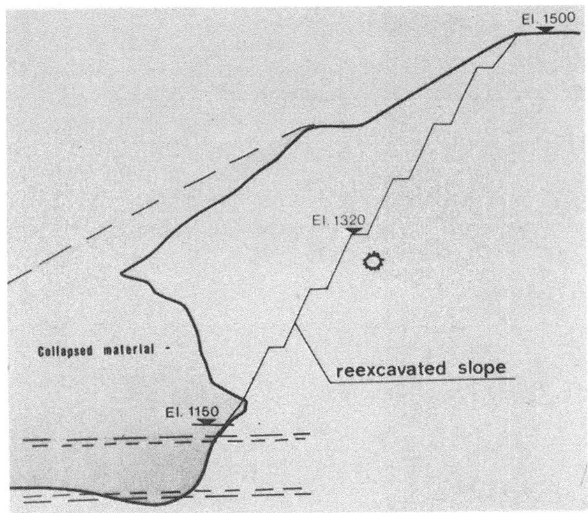

Fig. 3. Intake area tunnel 1 and 2
Einlaufbereich Tunnel 1 und 2

Fig. 4. Intake structure with recut rock slope
Einlaufbauwerk mit wiederhergestellter Böschung

The more than 100 m high excavation was therefore recut in steps of 15 m, with a 4 in 1 slope leaving 4,5 m wide berms between these steps. The resulting average slope was 1,6 in 1. The support consisted of 10 cm thick shotcrete with wire mesh and of rock anchors up to 30 m long and with 40 tons bearing capacity. The anchors were made at site from reinforcing bars. This excavation and the supporting operation were carried out in less than two months (Fig. 5).

Fig. 5. Intake area, recut rock slope protected by shotcrete and rock bolting
Einlaufbereich wiederhergestellter mit Spritzbeton und Ankerung gesicherter Felsböschung

The overall rock mass parameters have been roughly recalculated or reestimated from the geometrical situation after the tunnel collapse. The attempt to find a support system which would establish a satisfactory safety factor of say 1,1 or 1,2 against another big slide failed, because of the necessity of a great number of long cable anchors which were firstly not available in short time and could not be installed so quickly.

Therefore the chosen support system had to be adopted under time pressure, although further slides could not be excluded. In order to have a guarantee for the safety of labour and equipment in the working area of the tunnel repair works, a continuous, mainly visual, observation programme including the observation of crack developments in the shotcrete and the observation of a few bench marks by geodetical means had been foreseen. The latter measurements could be performed with an accuracy of 1 mm in horizontal and 0,5 mm in vertical direction.

The deformations which could be observed varied between 5 to 15 mm in total. A few automatic warning devices were installed at critical points and connected with sirens.

The tunnel has been reconstructed with a smaller diameter and the rock sub-
stituted by rollcrete. Extensive grouting works were necessary in addition
(Fig. 6).

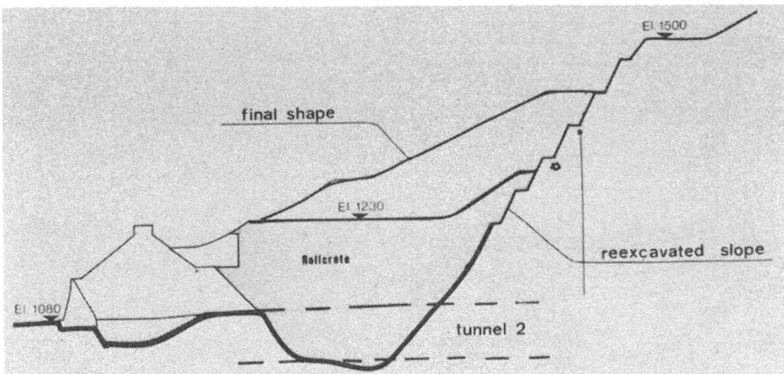

Fig. 6. Reconstructed intake area, rollcrete fill
Wiederhergestellter Einlaufbereich, Rollcrete Auffüllung

The other spectacular slope failures occurred at the two spillways where unexpected deep erosions took place in connection with the first spillway operations. The Service and Auxiliary Spillways consist of 7 and 9 radial gates, each
15 m wide and 18 m deep, of a chute and of a flip bucket for energy dissipation
in the plunge pool downstream of the flip bucket.

The plunge pool was expected to develop naturally by the operation of the
spillways. Model tests indicated that an underground protection wall up to a
depth of 60 m below the flip bucket and going deep into the flanks on each side
should avail sufficient protection against back current erosion underneath the
flip bucket.

These underground protection walls were anchored back with heavy cable
anchors into concrete galleries situated in the rock upstream of the wall and
underneath the flip bucket. The actual experience was, that the plunge pool
developed much faster and deeper than predicted, and that the protection walls
were not sufficient to guarantee the safety of the structure.

After short operations a hole developed 50 m deep and 300 m wide causing
the original slopes on both sides of the plunge pool to collapse. The result of
these erosions were overhanging rock cliffs 200 m high.

In the Service Spillway erosion of the underground protection wall started to
take place and measurements indicated a downstream movement of the flip
bucket which is a natural effect if we consider the enormous horizontal stress
relief due to the deep plunge pool.

The whole plunge pool area had to be redesigned to a stable shape and protected in such a way, that the poor limestones and phyllites were no longer
affected by the water jet.

This means, that the bottom of the plunge pool had to be excavated down
to el. 930 ft., 90 m below the flip bucket and the side walls lined with reinforced
concrete and rollcrete.

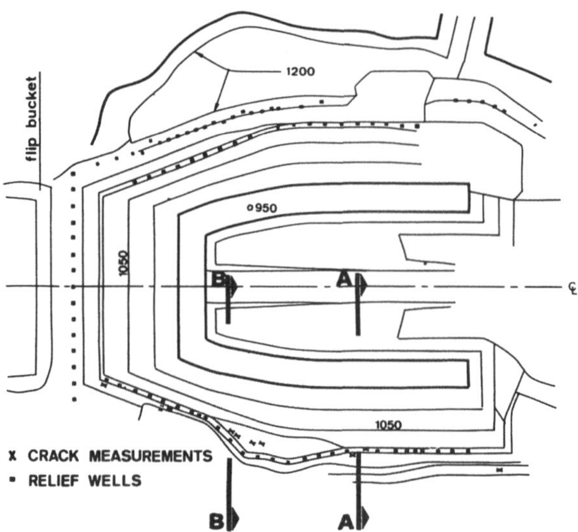

Fig. 7. Auxiliary spillway plan. Plunge pool, excavation below EL 1200
Hochwasserentlastung, Tosbecken, Aushub unter 1200 ft.

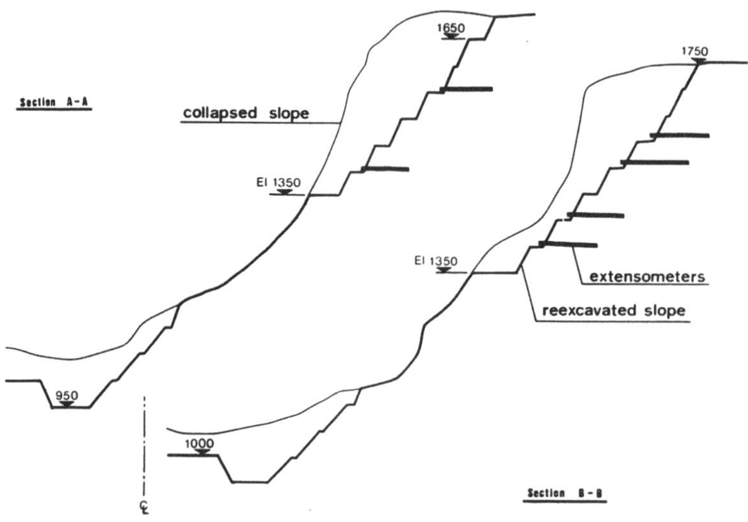

Fig. 8. Auxiliary spillway plunge pool, cross-sections of right hand slope
Hochwasserentlastung, Querschnitt des rechten Hanges

The additional works at the Service Spillway Plunge Pool were completed in
three seasons, each season lasting from October to June because the spillway had
to be operated during summer. In September 1980 the Service Spillway Plunge
Pool was successfully operated under a discharge of 11 000 m^3/sec. Concur-
rently with the execution of the works in the Service Spillway Plunge Pool
model tests on a 1 to 50 scale were carried out to define the final design of the
works for the Auxiliary Spillway Plunge Pool.

A similar scheme of protection as at the Service Spillway was adopted but the problem was in this case aggravated by the presence of enormous rock masses overhanging on the right side because of spillway operation, which did not allow any work in the pool to take place (Fig. 7, 8).

The cliff on the right side topping at elevation 1800 ft. was badly eroded and the foundation of the protective structure of the pool had to be located at el. 950 ft. i.e. 850 ft. (280 m) below. The rock slope had to be recut to a stable face as shown in the cross section. A compromise had to be reached between the slope stability requirement and the amount of work (excavation and subsequent protection) that could be performed before the next spilling season started.

The answer was again a steep slope with the application of shotcrete and short rockbolts as surface protection of the rock (Fig. 9). Extensometers 25 to

Fig. 9. Auxiliary spillway, excavated right hand slope
Hochwasserentlastung, Abbau rechte Böschung

30 m long were installed to control differential deformations in a shallow zone of the extensometer length. Fig. 10 shows typical measuring results which indicate that a state of stability has been reached in comparatively short time. Some of the extensometers were connected with automatic warning signals. On the berm at el. 1100 ft. at the right side the opening of cracks in the shotcrete have been measured and plotted against time (Fig. 11).

These works at the auxiliary spillway involved rock excavations of 2,3 mio m³ and 1,5 mio m³ of loose material. For protection of the slopes 13 000 m³ of shotcrete, 70 000 m² wire mesh and 28 000 lin. m of rock bolts have been used.

The slope on the left hand side had to be excavated much steeper in a rock mass with a very unfavourable joint pattern. Steep joints with a strike parallel to the slope caused wedge failures. The high ground water level caused additional stability problems. A series of deep wells has been installed in order to reduce

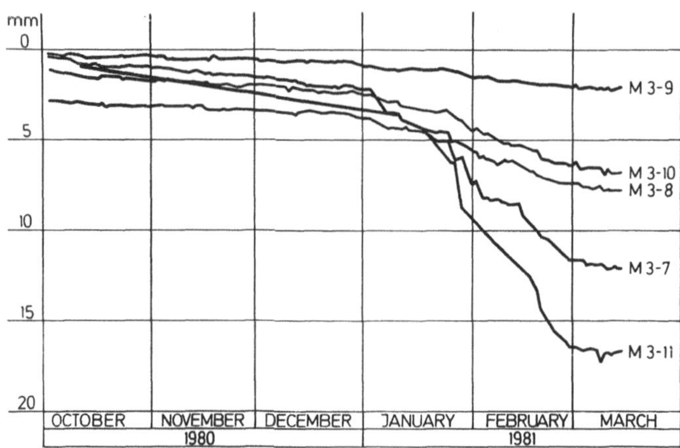

Fig. 10. Auxiliary spillway extensometer readings
Hochwasserentlastung, Ergebnisse der Extensometermessung

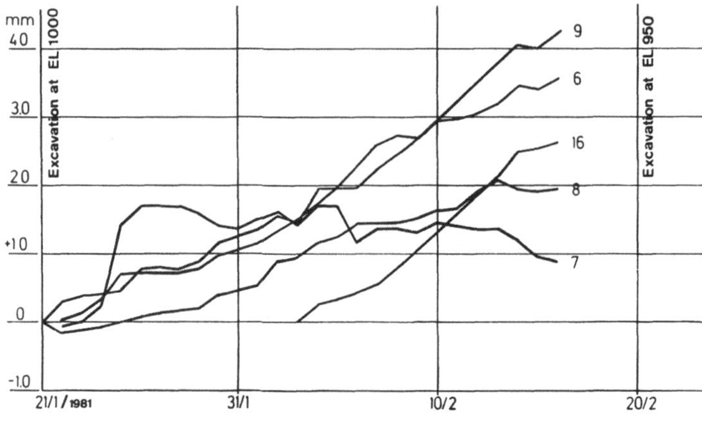

Fig. 11. Auxiliary spillway, opening of cracks at EL 1100
Hochwasserentlastung, Spaltöffnungen auf Höhe 1100 ft.

the water inflow into the excavated rock face (Fig. 7). In total 18 000 lin. m of
drain holes have been drilled. With piezometer readings the efficiency of pumping and the influence of excavation depth on the ground water level was monitored. In addition, the deep excavation had to be performed under the protection of a cofferdam (which was constructed in rollcrete) to allow during the dry season water releases from Tunnel 5 for irrigation purposes.

After the excavation of the plunge pool was completed, the exposed rock slopes were lined with rollcrete walls 15 m thick. Rollcrete, which is a dry, lean concrete with well graded aggregates max. size 6" and very low cement content, was placed with earth moving techniques. The rollcrete in its turn was lined with an average thickness of 2,5 m of high quality conventional concrete.

The main quantities of work performed in the Service and Auxiliary Spillway Plunge Pools during the dry seasons between 1977 and 1981 were:

Open cut earth excavation . . . . 2,300 000 m^3
Open cut rock excavation . . . . 7,200 000 m^3
Fill . . . . 2,400 000 m^3
Concrete . . . .   700 000 m^3
Rollcrete . . . . 2,000 000 m^3

Scour and erosion also took place along the spillway channel which is now wider than originally designed.

Protection works were also performed in the channel downstream of the plunge pools in order to reduce the degrading of the channel bed maintaining therefore higher water levels upstream in the plunge pools.

All repair works have been performed very quickly and always under the pressure of the coming flood season. The question arises whether such damages could have been avoided by another design concept? If we all had known what we know now, the answer is yes.

At the time when the decisions were made, extensive model tests and theoretical studies were performed but it proved that phenomena such as cavitation and extensive erosion are difficult to monitor. Extrapolations from previous experience into the extraordinary dimensions of this project are not always possible.

Such experiences are sometimes a part of the tribute we have to pay for progress in our profession.

Acknowledgements

We give our acknowledgement to the Owner of the Tarbela Dam, WAPDA, Water and Power Development Authority of Pakistan, to TAMS (Tippetts-Abbett-McCarthy-Stratton) of New York, Consulting Engineers, and to all those who, directly or indirectly contributed to such an achievement.

The works described in this paper have been performed by TJV
= Tarbela Joint Venture
and IRC
=Indus River Contractors

Joint Venturers
Impresit-Girola-Lodigiani
Impregilo S.p.A. Milano (Italy)
Sponsor

Compagnie de Constructions
Internationales – C.C.I.S.A.
(Spie Batignolles-ECB-GTM-
SFEDTP-SGE) Paris (France)

Impresa Angelo Farsura S.p.A.
Milano (Italy)

Philipp Holzmann A.G.
Frankfurt a/M. (W. Germany)

STRABAG Bau A.G.
Köln (W. Germany)

Ed. Zueblin A.G.
Duisburg (W. Germany)

Impresa Astaldi Estero S.p.A.
Roma (Italy)

Compagnie Francaise
D'Entreprises – C.F.E.S.A.
Neuilly sur Seine (France)

Hochtief A.G.
Essen (W. Germany)

Conrad Zschokke A.G.
Geneve (Switzerland)

Losinger A.G.
Berne (Switzerland)

C. Baresel A.G.
Stuttgart (W. Germany)

Addresses of the authors: *G. La Villa*, Impregilo, Via Santa Sofia 37, I-20122 Milano, Italy; Dipl.-Ing. *Johann Golser*, GEOCONSULT, Sterneckstraße 55, A-5020 Salzburg, Austria.

Rock Mechanics, Suppl. 12, 191—206 (1982)

**Rock Mechanics
Felsmechanik
Mécanique des Roches**
© by Springer-Verlag 1982

The Burst of a Wall in a Highway Tunnel During Construction

By

P. Lunardi

With 18 figures

Summary — Zusammenfassung

The Burst of a Wall in a Highway Tunnel During Construction. In this note, one of the many instability phenomena which may occur in an underground work jobsite, is duly considered and described. This event, consequent on the rough and sudden pressure relief of the rock mass corresponding to the excavation section, has occurred during the construction of Gran Sasso Highway Tunnel in the Central Apennines.

The detailed geological and structural reconstruction, the analysis of the phenomena previous to the event and of those actually occurred, as well as considerations about the statics of the phenomenon which generally occur during tunnel excavation, have allowed to include the observed failure within elastic-brittle phenomena.

Moreover, supposing a hydrostatic stresses state, it has been possible to interpret such a phenomenon applying the Kastner-Fenner method.

By the study of such event, rather unusual considering the involved dynamics, it has been possible to point out the importance of the fractures occurring subvertical and subparallel to the tunnel axis, above all when they isolate rock volumes of the same size of the excavation section.

Verbruch in einem im Bau befindlichen Autobahntunnel. Im Bericht wird eines der vielen Instabilitätsphänomene behandelt sowie über andere berichtet, die bei einem Untergrundbau vorkommen können. Dieser Vorfall, Ergebnis eines plötzlichen und unvorhergesehenen Spannungsausbruches des Gesteins an der Aushubstelle, ereignete sich beim Bau des Autobahntunnels im Gran Sasso-Massiv im Zentralapennin.

Die geologische und strukturelle Detailkonstruktion, die Analyse der Ereignisse, die dem Vorfall vorangegangen sind und jener die ihn gekennzeichnet haben, die statische Betrachtung der Vorkommnisse, die sich allgemein beim Aushub eines Tunnels ereignen können, haben dazu geführt, diesen Typ von Bruch in den Bereich der Elasto-Sprödigkeit einzuordnen.

Außerdem war es bei Annahme eines hydrostatischen Verhaltens der Spannungen möglich, den Spannungszustand um den Aushub nach der Theorie Kastner-Fenner auszulegen. Die Erforschung dieses Ereignisses, welches wegen seiner Dynamik in der Tat ziemlich außergewöhnlich war, hat dazu geführt, die Bedeutung der subvertikalen und subparallelen Unstetigkeiten gegen die Tunnelsektion in den Vordergrund zu stellen, speziell wenn diese an der Stelle des Aushubprofiles Gesteinsmengen in der Größenordnung der betreffenden Sektionen isolieren.

0080—3375/82/Suppl. 12/0191/$ 03.20

        P. Lunardi:

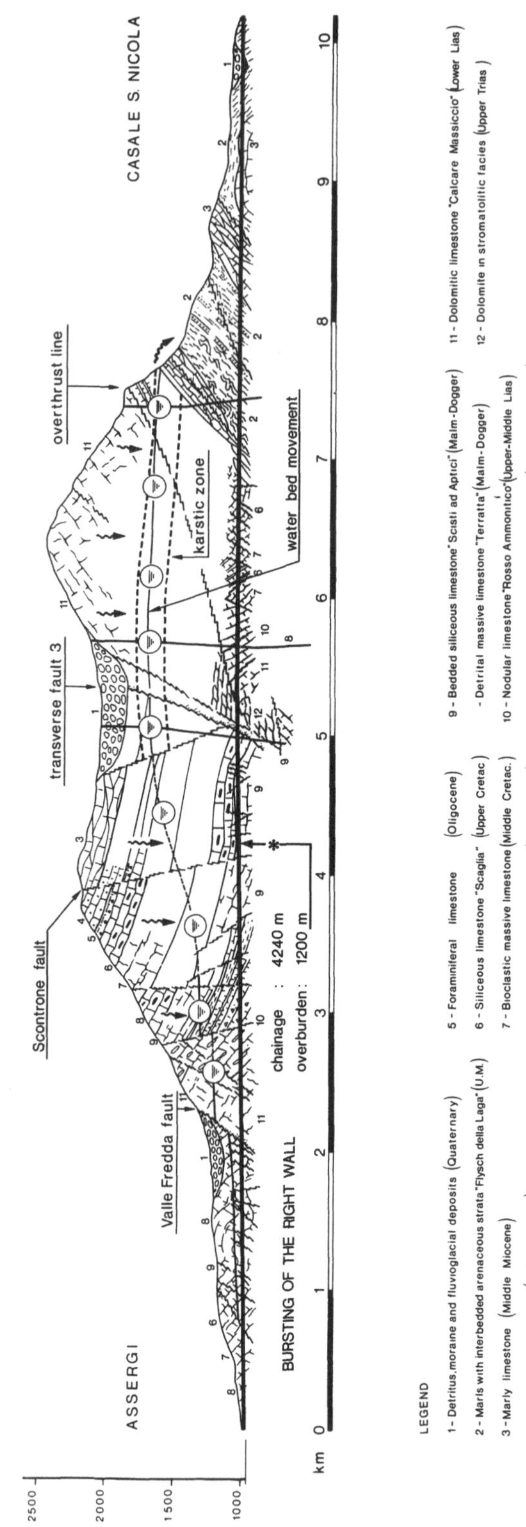

Fig. 1. Gran Sasso geological profile
Gran Sasso Tunnel: Geologisches Längsschnittprofil

The Burst of a Wall in a Highway Tunnel During Construction

One of the most feared phenomena of instability occurring in underground excavation is that following the sudden and unexpected pressure relief in the rock along the excavation line. Such a phenomenon of brittle failure of the rock loaded up to its ultimate strength σ_{gd} is evidenced by a violent and sudden release, with consequent ejection into the opening, of more or less considerable masses of rock, accompanied by loud blasts.

Low intensity stress-relief phenomena occurred at different locations in the tunnel such as: in the marl formation under overburdens of the order 200 to 450 m (between chainage 1900 and 2100) and in the limestone formation under overburdens from 1100 to 1200 m, where the rock mass was quite massive and almost impervious (3800 to 4200 m from the Casale portal and 4100 to 4500 m from the Assergi portal).

Such phenomena were manifested by local uniform rock releases at the heading and of rock slabs at the spring line, or by shotlike sounds, coming from the surrounding mass, which could be clearly heard only when the works were suspended (Fig. 1).

The afore mentioned pressure-relief phenomena were not a threat to the stability of the tunnel, but they always slowed down the works due to the precautions which had to be taken, namely: the use of more strict safety measures for workers at the heading and the length reduction of the excavation cycle. The pressure relief phenomena can be of large or small dimensions, as compared with the tunnel section, only occasionally they may affect the entire opening.

Such an unusual event did actually happen during the excavation in a zone of cherty limestone ("Scisti ad Aptici"), under an overburden of the order of 1200 m.

Reference is made to the burst of the right wall of the left tunnel, at chainage 4238, which occurred in the "Scisti ad Aptici" formation.

Structural-geological features

The "Scisti ad Aptici" formation, which the tunnel encountered, on the Assergi side, at chainage 4075 m, in the right hand carriageway and at chainage 4085 m in the left hand carriageway, is separated from the preceeding formation by a normal fault, with a few tens of meters throw. The "Scisti ad Aptici" formation is a detrital and biofragmental, fine to medium, seldom coarse and often of rather uniform grain size, limestone. It is thinly layered (10 to 30 cm and exceptionally 1 to 2 m thick layers): 5 to 10 cm thick layers and nodules of wheathered, whitish chert are frequently interbedded. Constant strike, nearly parallel to the tunnel axis, and $25°$ to $30°$ dip toward the left wall (Fig. 2), occur.

From the tectonic viewpoint, closely spaced faults are present, both crossing and subparallel to the tunnel axis (Fig. 3), with very small throws. From the hydrological point of view, low overall permeability ($K = 10^{-7}$ m/sec) have been recorded, excluding a few well defined zone where concentrated inflows or heavy dripping occurred, fed by lateral intake areas.

Fig. 2. Heading in the "Scisti ad Aptici" formation
Tunnelbrust im Schiefergestein

This occurred along the whole right hand wall of the right tunnel, as shown
by the results of boreholes SA22 and SA24, that recorded discharges up to
40 l/sec under hydrostatic heads of the order of 12—16 atm. By comparison, 5
to 10 l/sec were recorded in boreholes SA19 and SA23 located in the left wall
of the left tunnel, where the bedrock appears very compact and almost dry.

The above mentioned boreholes, in addition to hydrological and lithological,
supplied information concerning the jointing of the rock, based on R.Q.D.
(Rock Quality Designation) evaluations.

R.Q.D. values zero or near zero have been reported in the whole examined
area. This can be logically ascribed to the natural jointing of the rock subjected
to very high triaxial stresses, as well as to coring disturbances, being the rock
thinly stratified with nodules of harder material (like chert) inside.

Description of the phenomenon

Having left behind the lower Malm formation, with boundary at chainage
4085 m, the excavation was carried out by 2 m long cycles and systematic erec-
tion of temporary support formed by coupled NP 180 ribs and about 10 cm
thick shotcrete. As the excavation progressed, the following phenomena were
observed:
   — progressive permeability decrease in the rock mass;
   — progressive R.Q.D. decrease, down to zero;
   — phenomena of instability at the heading, manifested by popping of rock
     slabs also of large size.

Such releases occurred unexpectedly, generally accompanied by loud blasts
with consequent ejection of material.

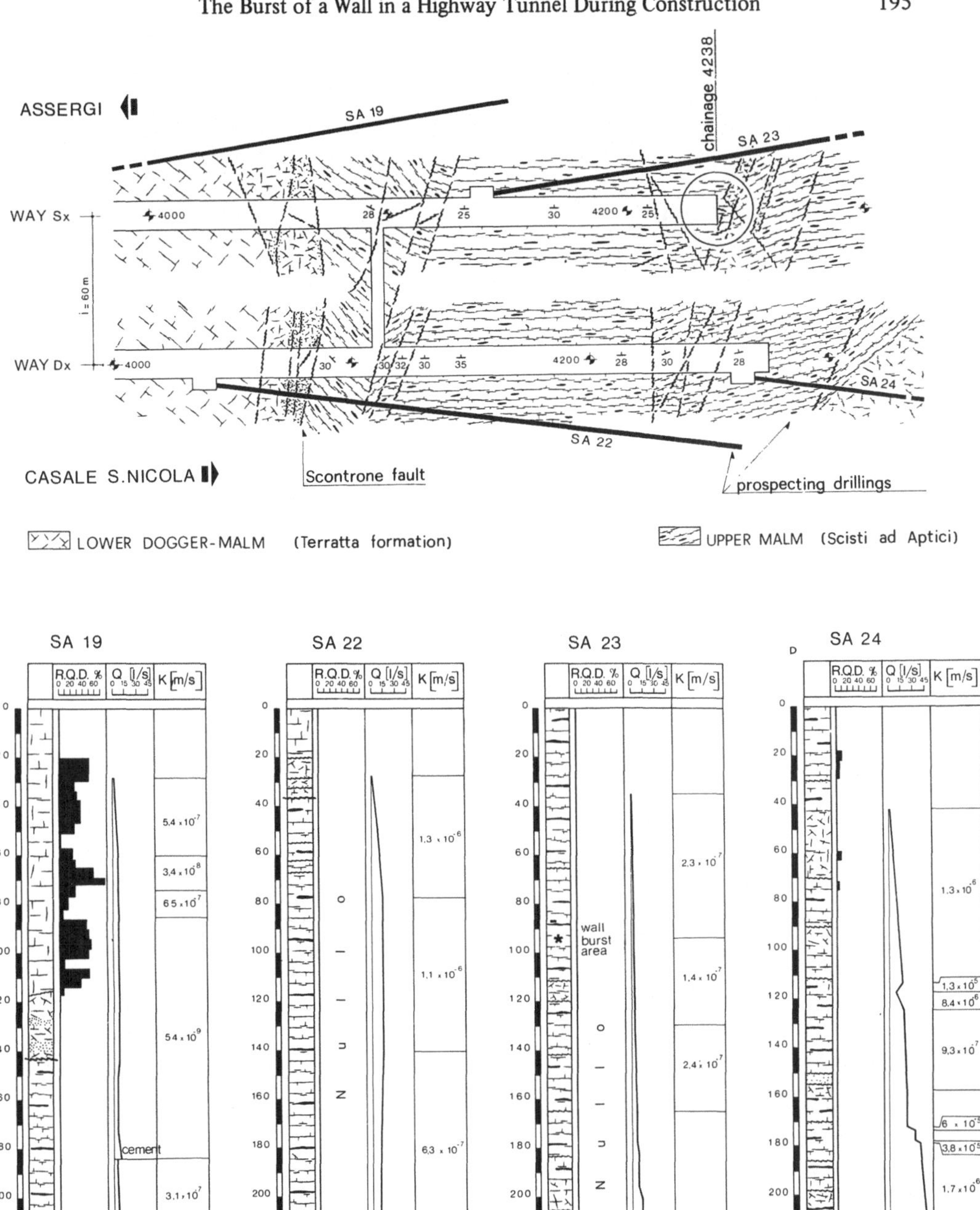

Fig. 3. Bursting of the wall; geological map and logs of the boreholes drilled in the "Scisti ad Aptici" formation

Bergschlag an der Ulme; geologisch-stratigraphischer Grundriß der Bohrlochsondierungen im Schiefer "Scisti ad Aptici"

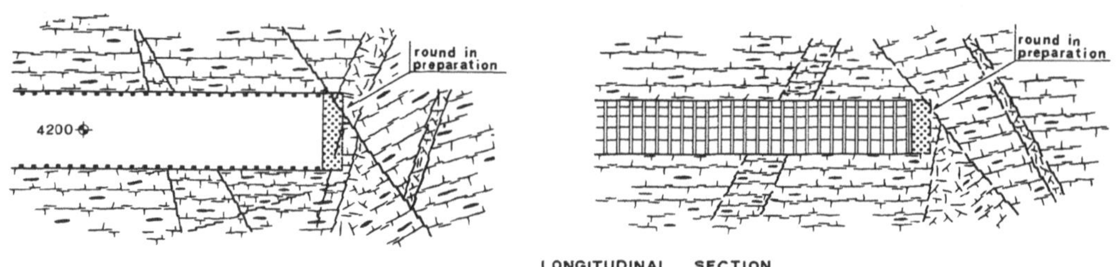

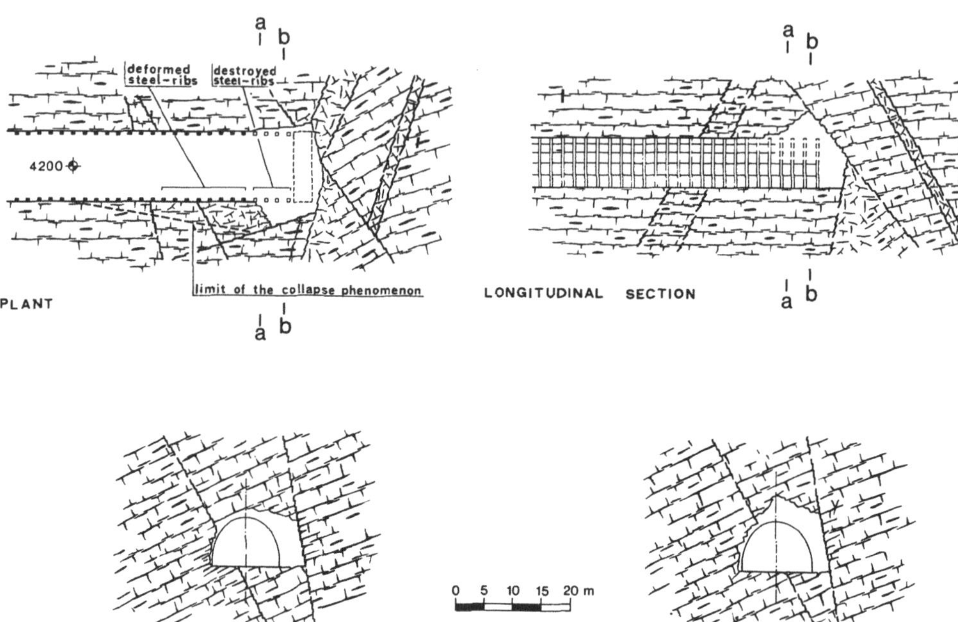

Fig. 4. Burst of the wall; left hand carriageway — "Scisti ad Aptici" formation; geological structural surveys in the burst area
Bergschlag an der Ulme des linken Tunnelrohres im Schiefer; geologische und gefügetechnische Beobachtungen an der Erscheinungsstelle

Failures took place along joints, rather than along bedding planes, with more or less conchoidal surfaces, intersecting bedding planes and involving apparently stable layers.

At chainage 4240 m in the left tunnel, under overburden of 1200 m, a singular geostructural feature occurred, represented by a dense interlacement of faults (Fig. 4); after about 15 minutes from shooting rounds, a sudden and violent ejection of a body of rock took place, from the right wall of the tunnel (Fig. 5).

Fig. 5. Condition of the heading after burst; clear diffused laceration in the support
Zustand der Tunnelbrust nach dem Abschlag; es ist eine allgemeine Zerrissenheit des Ausbaues
zu bemerken

The burst of the wall and consequent ejection of material into the opening caused, consequently, rock release at the crown, extending till the left spring line and involving a volume of rock of several hundreds of cubic meters.

This phenomenon, which had its acme near the heading, in a few meters long stretch, propagated along the right wall, which completely collapsed for a 40 m long stretch, supported by steel ribs and shotcrete (Fig. 6 and 7).

Fig. 6. Condition of the two walls at the burst area: — right wall: collapsed and bulged; — left wall: practically undisturbed
Zustand der Ulmen vor der Brustzone: — rechte Ulme: geknickt und angeschwollen; — linke Ulme: praktisch ungestört

Fig. 7. Heading in the burst area
Tunnelbrust im Vortrieb

Such an accident caused the complete destruction of the last four ribs
(Fig. 8 and 9) and the warping, under axial loads, of other eight ribs (Fig. 10),
the extensive tearing of the shotcrete layer and the failure of the rock surface
immediately beneath the shotcrete, in the area near the heading.

Fig. 8. Details of destroyed ribs
Ausschnitte des zerstörten Ausbaues

Fig. 9. Details of destroyed ribs; on the background, fault plane with marked oxidation traces
Ausschnitte des zerstörten Ausbaues; im Hintergrund sieht man die Glättung der Störung mit Oxydationsspuren

Fig. 10. Detail of warped ribs behind the burst area
Ausschnitte der verformten Stahlbögen vor der Brustzone

Trial interpretation of the phenomenon

Based on the experience and observation of the phenomena, usually occurring in tunnelling, the following conclusions can be drawn:

a) When a tunnel is excavated, the natural state of stress of the rock mass undergoes changes.

If the modulus of elasticity of the rock is high enough, the elastic deformation consequent to the new state of stress are very small and develop immediately after excavation, before erecting temporary supports. Such operation, necessary to protect the workers, cannot either alter the state of stress produced by the excavation of such a rigid mass or substitute the containment exerted by the rock removed by a round.

b) On the other hand, inside the mountain rock undergoes vertical pressures induced by the overburden and by residual tectonic stresses: deformation is opposed by the surrounding rock mass, preventing expansion.

The confinement increases the rock strength.

When an opening is created the surrounding mass is free of expanding, but toward the opening, only, with consequent decrease of strength. As long as the tangential stress along the excavation is smaller than the strength of the rock ($\sigma_t < \sigma_{gd}$), the system is stable, deformations being within the elastic limit. When the overburden is such that $\sigma_t < \sigma_{gd}$ the walls of the tunnel fail.

Broadly speaking, the failure is similar to that shown by the sides of a cubic sample under a press; the expansion of the upper and lower faces being prevented by friction. The walls of the opening will tend to become circular. The cylindrical vault which forms at the periphery of the excavation opposes rock mass deflections toward the opening, thus increasing the rock strength, again.

c) Different types of failure can take place, according to how rigidly the rock mass stands against the applied stresses:

If it is very rigid (sound and massive rock with good mechanic properties) the rock mass, loaded up to its ultimate strength σ_{gd}, fails in a brittle way ("decoesione") suddenly and abruptly returning, with a violence proportional to the load gradient, the energy stored while overstressed. Such "decoesione" failures occur at well defined points, rather than along the entire excavation line, inducing slight deformation, unless large volumes or rock are involved, whose residual strength decreases till a merely frictional strength (elastic-fragile behaviour: Fig. 11).

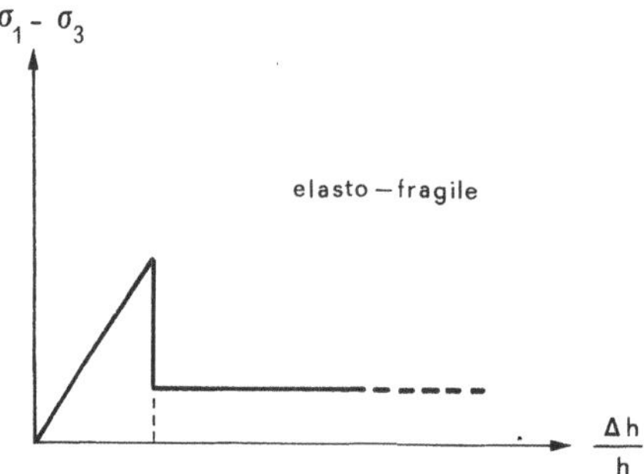

Fig. 11. Diagram 1
Diagramm 1

If low-rigidity rock occur (rock undergone to tectonic actions or of poor mechanical properties) the rock mass, stressed to its ultimate strength σ_{gd}, undergoes ductile failure, returning, with slow and smooth deformations, the energy stored while overstressed; these deformations take place along the entire excavation line, more or less homogeneously according to the anisotropy of the rock mass. The resulting deformations can be large; if adequately controlled by erecting appropriate support (bolting, shotcreting), they are such as to allow the rock mass to maintain rather good residual strength, exerting in its turn an increasing and progressive supporting action (in connection with the temporary lining) which ensures the excavation stability (elastic-plastic behaviour: Fig. 12).

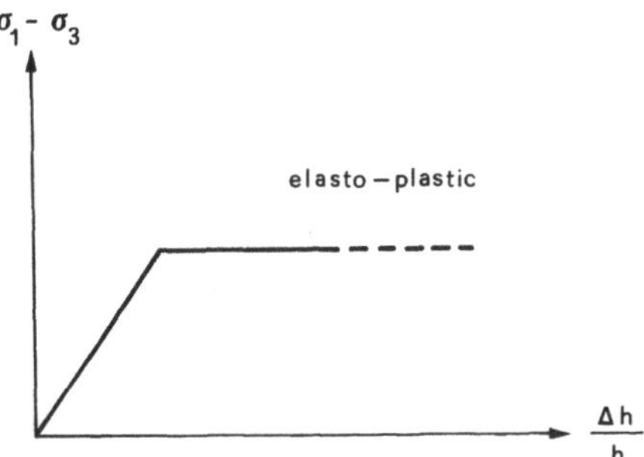

Fig. 12. Diagram 2
Diagramm 2

Based on these observations and on the dynamic development of the phenomenon, it seems resonable to classify the described failure as elastic-fragile. Moreover, if λ ratios are assumed, of the order of one, considering the high overburdens present, the Kastner-Fenner theory can be used (Fig. 13c), for the interpretation of the phenomenon.

We thus observe that:

— the occcurrence of a subvertical fault, quasi parallel to the axis of the tunnel could have altered the σ_t distribution around the opening, as compared to an ideally elastic distribution (homogeneous and isotropic medium). Consequently, the natural stress migration and radial redistribution would have been prevented, within the rock mass;

— the discontinuity produced by the fault could have caused a stress concentration on a body located near the wall and isolated from the rest of the rock mass (the thickness of the body was thinning as the excavation advanced). As a consequence, all these contemporary actions could have impared the stability of the wall, which through a series of sudden and violent collapses reached a new structural shape and thus a new equilibrium.

In conclusion the failure would have evolved through a sequence of stages, which could be summarized as follows:

a) Upon shooting rounds, the radial confining pressure, provided by the rock present at the heading, changed from $\sigma_3 = 300 \text{ kg/cm}^2$ to $\sigma_3 = 0$;

b) The state of stress at the wall, changed from triaxial to monoaxial, and increased (*Terzaghi*) starting from its minimum value $\sigma_1 = 300 \text{ kg/cm}^2$;

c) In the time lag (about 15 minutes) elapsed between the ignition of rounds and the burst, σ_1, underwent an increase from $\sigma_1 = 300 \text{ kg/cm}^2$ to a maximum $\sigma_1 = 600 \text{ kg/cm}^2$ value, calculated based on the Kastner approach. This corresponds to the average stress acting on the rock body isolated by the fault.

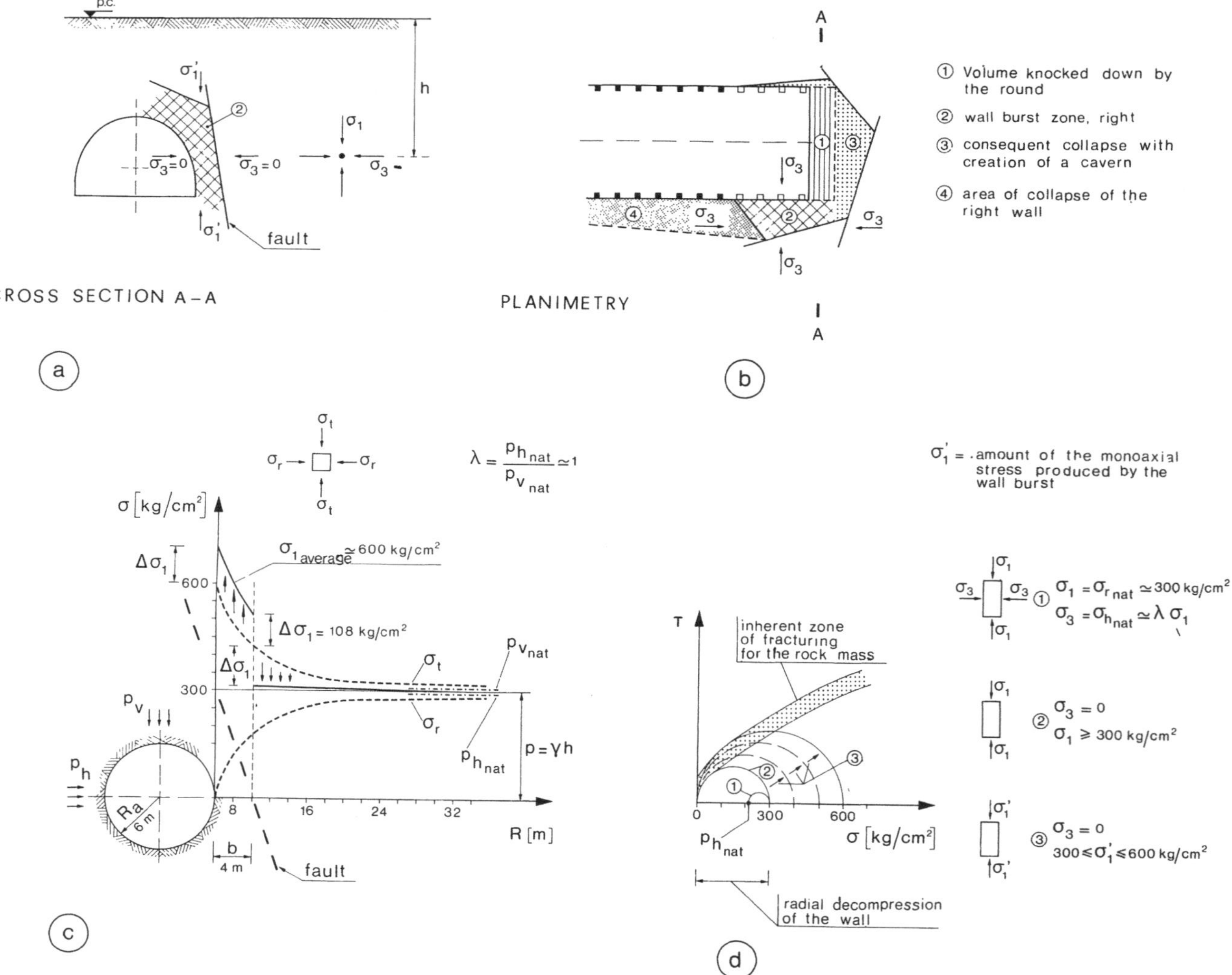

Fig. 13. Burst of the wall; left hand carriageway — statics of the phenomenon
Bergschlag an der rechten Ulme des linken Tunnelrohres; Erklärung der Erscheinung durch
den Spannungszustand in der Umgebung

It follows that the stress $\sigma_1 = \sigma_{gd}$, which caused the burst, can be assumed as ranging between $\sigma_1 = 300 \text{ kg/cm}^2$ and $\sigma_1 = 600 \text{ kg/cm}^2$. Based on this consideration, in addition with the fact that elastic-brittle failure occurred, the phenomenon can be represented on the σ versus τ *Mohr's* diagram, as reported in Fig. 13d.

Final Conclusions

Based on the previous analyses, it seems possible to conclude that the burst of the tunnel wall occurred because a nearly prismatic body of rock, isolated by faults and of dimensions of the order of the opening, was loaded up to its ultimate strength σ_{gd}, estimated between 300 and 600 kg/cm^2.

The failure was elastic-fragile as confirmed by the abrupt and violent development of the phenomenon, as well as by the occurrence of frequent subvertical fractures, present in the right wall and totally absent in the left wall (Fig. 14, 15, 16 and 17) of the tunnel.

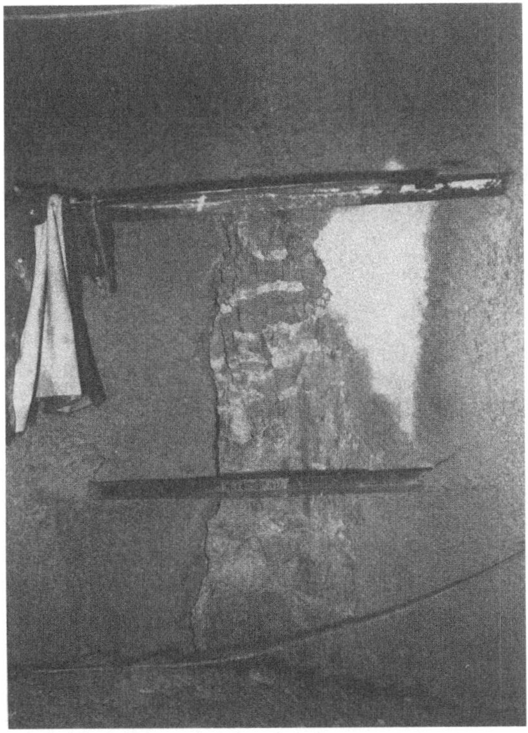

Fig. 14. Right-hand wall; condition of limestone about 20 m from burst area
Rechte Ulme: Zustand des Kalksteines (etwa 20 m vor der Brust)

The failure though not causing any harm to the personnel, caused large damages to temporary lining due to the high energy released by the burst (certainly

                                    P. Lunardi:

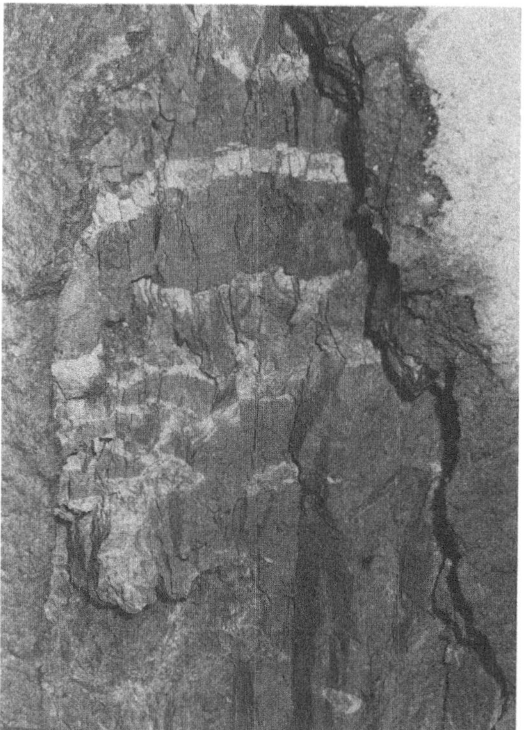

Fig. 15. Right-hand wall; details of collapsed material with marked subvertical pressure-relief fractures
Rechte Ulme: Ausschnitte des zusammengebrochenen Felses; man kann subvertikale Entspannungsklüfte erkennen

tens of times larger than an usual round). It could not be easily foreseen, though some symptoms showed, as described, a certain fatigue of the rock mass. The failure has however shown that:

a) when similar states of stress occur it is important to check that local discontinuities do not isolate bodies of rock near the excavation, with dimensions of the order of the tunnel section,

b) discontinuities occurring subvertical and subparallel, to the tunnel axis play a determinant role in limiting the sizes of rock bodies near the wall; especially if radially located, to respect to the opening, they preclude stress migration and redistribution at the contour;

c) in the case under examination, either smaller or larger volumes, to respect to the tunnel section would not have probably caused the wall to burst so violently.

Safety precautions were taken to continue the excavation in the "Scisti ad Aptici" formation in both tubes, after chainage 4238 m left hand tunnel. The most effective measures, which allowed safely tunnelling, avoiding instability, were either the reduction of the unsupported height of the wall (heading-bench

Fig. 16. Left-hand wall; condition of limestone about 20 m from burst area
Linke Ulme: Zustand des Kalksteines (etwa 20 m vor der Brust)

Fig. 17. Left-hand wall; details of limestone with flint layers undisturbed by burst
Linke Ulme: Ausschnitte des ungestörten Kalksteines (mit erkennbaren Feuersteinschichten)

method: Fig. 18), and the accurate and systematic survey, by experienced personnel, of joints and faults affecting the whole section and their three dimensions recording.

Fig. 18. Heading-bench after chainage 4240; "Scisti ad Aptici" showing a fault subparallel to the tunnel axis
Halbquerschnittvortrieb (bergseitig vorgetriebene Länge 4240 m); der Schiefer zeigt Spuren der Störung, die subparallel zu der Tunnelachse liegt

Address of the author: Prof. Ing. *Pietro Lunardi*, School of Engineering, University of Florence, Piazza San Marco 1, Milano, Italy.

Rock Mechanics, Suppl. 12, 207–214 (1982)

**Rock Mechanics
Felsmechanik
Mécanique des Roches**
© by Springer-Verlag 1982

Geben Konvergenz und Gang der Kohle einen Hinweis auf die Gebirgsschlaggefahr im Streb?

Von

E. Schäpermeier

Mit 4 Abbildungen

Zusammenfassung – Summary

Geben Konvergenz und Gang der Kohle einen Hinweis auf die Gebirgsschlaggefahr im Streb? In verschiedenen Kohlegruben des Ruhrreviers wurden bereits Messungen über die Konvergenz des Nebengesteins und das Auswandern der Kohle am Abbaustoß durchgeführt. *Flake* (3) hat 1959 in nicht gebirgsschlaggefährdeten Flözen sowohl bei Vorhandensein gebrächen Nebengesteins als auch intakten Nebengesteins im Hangenden den Zusammenhang zwischen Konvergenz und Gang der Kohle untersucht. *Jahns* (2) hat 1962 im gebirgsschlaggefährlichen Flöz 24 der Zeche Sachsen versucht, aus der Konvergenz des Nebengesteins bzw. aus dem Auswandern der Kohle am Abbaustoß allein auf die Gebirgsschlaggefahr zu schließen.

Am Battelle-Institut wurden in den Jahren 1980 und 1981 theoretische Untersuchungen über den Zusammenhang zwischen Konvergenz und Auswandern der Kohle durchgeführt. Einzelheiten der Herleitung werden in (1) veröffentlicht. Das Ergebnis der Untersuchung läßt sich wie folgt zusammenfassen: Bei intaktem Hangenden ist das Verhältnis Auswandern der Kohle zu Konvergenz etwa gleich groß wie das Verhältnis Tiefe der stoßnahen Bruchzone zu Flözmächtigkeit. Das Verhältnis Auswandern der Kohle zu Konvergenz wurde in (1) als Freisetzungsziffer bezeichnet.

Zwei notwendige Voraussetzungen für das Auftreten von Gebirgsschlägen sind:
– Intaktes biegesteifes Hangendes
– Anstehen elastisch vorgespannter Kohle in unmittelbarer Nähe hinter dem Abbaustoß.

Bei Vorhandensein von intaktem Hangenden kann nach dem durchgeführten Vergleich der Ergebnisse aus Theorie und Praxis sowie den aufgeführten Voraussetzungen eine Gebirgsschlaggefahr nur dann gegeben sein, wenn die Freisetzungsziffer klein, d.h. die Tiefe der Bruchzone gering ist.

Aus den Meßergebnissen von *Jahns* (2) wurde die Freisetzungsziffer berechnet, die vor dem Auftreten von Gebirgsschlägen für drei Abbausituationen im Streb vorgelegen hat. Diese Auswertung führte zu dem Ergebnis, daß der aus Theorie und Praxis hergeleitete Zusammenhang zwischen Freisetzungsziffer und Gebirgsschlaggefahr sich mit den im Flöz 24 der Zeche Sachsen beobachteten Gebirgsschlagerscheinungen deckt. Demnach erscheinen weitere Untersuchungen erfolgversprechend, die darauf abzielen, aus den Ausgleichsbewegungen im Streb auf die Gebirgsschlaggefahr zu schließen.

0080–3375/82/Suppl. 12/0207/$ 01.60

Can Convergency and Workability of Coal Give Indications of Rock Bursts in the Face?
The results of underground measurements show that the properties of rock in the roof have
marked effect on the ratio of coal movement at the working face to the convergence of a
longwall face. It is proved by calculation that in the case of intact roof the ratio of coal movement at the working face to the convergence of the longwall face is a measure of the dimen-
sionless depth of the plasticised zone of the seam. From practical experience it is known that
there is danger of rock bursts if the roof is intact and the depth of the plasticised zone is low.
If the roof is intact, it is thus possible to derive information on the possible danger of rock
burst from the ratio of coal movement at the working face to the convergence of the longwall
face.

1. Einleitung

Im Steinkohlenbergbau existiert eine große Anzahl von Verfahren zur Erkennung einer möglichen Gebirgsschlaggefahr. Allen Verfahren ist gemeinsam,
daß bei ihrer Anwendung ein Eingriff in das Gebirge vorgenommen werden muß.
Hierdurch ist ihr Einsatz insbesondere im Streb arbeitsintensiv.

Am Battelle-Institut e.V. Frankfurt am Main wurden in den Jahren 1975 bis
1981, zum Teil mit der Bergbauforschung Essen, Arbeiten durchgeführt mit dem
Ziel, Ansätze für ein Verfahren zur Erkennung von Gebirgsschlägen zu erhalten,
dessen Einsatz möglichst geringen Arbeitseinsatz erfordert. Hiebei wurde zunächst der zeitliche Ablauf eines Gebirgsschlags untersucht. Auf der Basis der bei
diesen Untersuchungen gewonnenen Erkenntnisse wurden notwendige und hinreichende Bedingungen für das Auftreten eines Gebirgsschlags formuliert und die
Möglichkeit untersucht, notwendige und hinreichende Bedingungen vor Ort zu
ermitteln.

2. Zeitlicher Ablauf eines Gebirgsschlags

Beim Ablauf eines Gebirgsschlags (oberer Teil der Abb. 1) handelt es sich um
die Ausbreitung einer plastischen Entspannungswelle im elastisch zusätzlich vorgespannten Flözbereich.

Beim Ausbreiten dieser Welle läuft eine Bruchzone (in Abb. 1. strichpunk-
tiert gezeichnet) vom abbaustoßnahen Bereich mit der Geschwindigkeit u_{plast}
in das Flöz hinein. Die Bedingung für das Wandern der Bruchzone ist dann gegeben, wenn Brechen der Kohle und Gleiten der Kohle am Nebengestein gleichzeitig innerhalb der Bruchzone auftreten. In diesem Fall tritt eine plastische
Streckung des Flözes innerhalb der Bruchzone auf. Das Wandern der Bruchzone
und das plastische Strecken der Kohle während des Wanderns der Bruchzone bewirken das intensive Ausschieben der Abbaustoßfront. Ein Vergleich der auf
rechnerischer Basis gewonnenen Bruchmechanismen mit dem nach dem Auftreten von Gebirgsschlägen vorgefundenen Brucherscheinungen ist in Abb. 1
wiedergegeben.

Die bisher gebräuchlichen Definitionen des Gebirgsschlags beziehen sich nach
dieser Interpretation nur auf die Sekundäreffekte des eigentlichen Gebirgsschlagablaufs, nämlich das ruckartige Ausschieben des Abbaustoßes. Mit der gegebenen
Deutung des Gebirgsschlagablaufs kann auch die Bildung von Spalten zwischen
ausgeschobenem Flöz und Hangendem erklärt werden, die — wie in Abb. 1 gezeigt — oft vor Ort nach dem Auftreten von Gebirgsschlägen vorgefunden werden.

Theorie

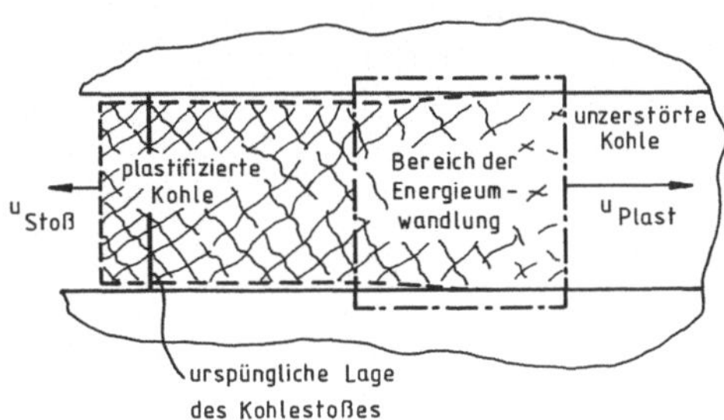

Praxis

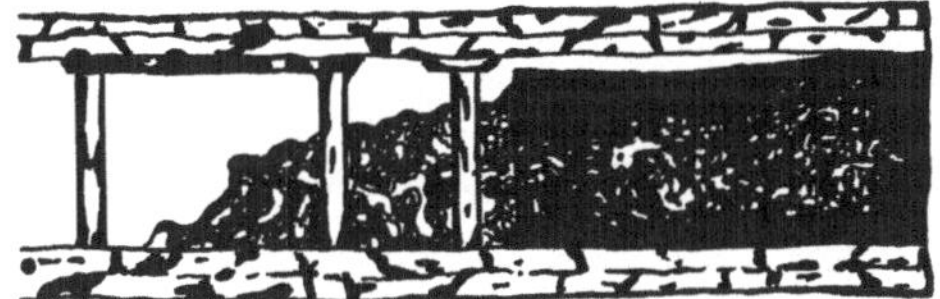

Abb. 1. Vergleich des theoretisch gewonnenen Bruchmechanismus mit Brucherscheinungen, die vor Ort nach dem Auftreten eines Gebirgsschlags vorgefunden werden
Comparison of fracture phenomena derived from theory with those found empirically after ocurrence of a rock burst

Die Untersuchungen zum zeitlichen Ablauf eines Gebirgsschlages wurden mit einem numerischen Rechenmodell gewonnen. Ausgegangen wurde bei den Untersuchungen von einem ebenen Verformungszustand. Der abbaustoßnahe Bereich des Flözes wurde dabei in bankrechte und parallele Schnitte räumlich unterteilt. Berücksichtigt wurde sowohl das Brechen der Kohle als auch das Verlorengehen der Haftung und das Gleiten der Kohle am Nebengestein. Bei der zeitlichen Verfolgung des Bruchablaufs wurden Trägheitskräfte berücksichtigt.

3. Für das Auftreten von Gebirgsschlägen notwendige Bedingungen

Notwendige Bedingungen für das Auftreten eines Gebirgsschlags sind nach den Erfahrungen des Bergmanns dann gegeben, wenn die Möglichkeit besteht, daß sich in unmittelbarer Nähe hinter dem Abbaustoß merkliche zusätzliche Anteile elastischer Energie im Flöz ansammeln können.
Diese Möglichkeit ist unter folgenden Abbauverhältnissen gegeben:
— Anstehen von biegesteifem Hangenden
— Vorhandensein hoher Gebirgsdrücke
— Geringe Tiefe des Flözbereichs, in dem die abbaubedingten Zusatzbelastungen zum Brechen der Kohle oder zum Gleiten der Kohle am Nebengestein führen.
Wie aus Abb. 2 zu ersehen, können sich nur dann im abbaustoßnahen Bereich hohe Zusatzdrücke und damit zusätzliche Anteile elastischer Energie ansammeln,

wenn die Vorfeldkonvergenz nicht zum Zerbrechen der Kohle oder Ausschieben
der Kohle, sondern zu elastischer Deformation der Kohle führt.

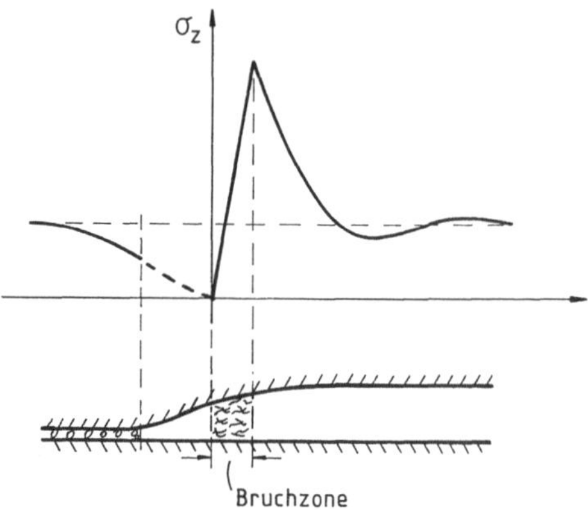

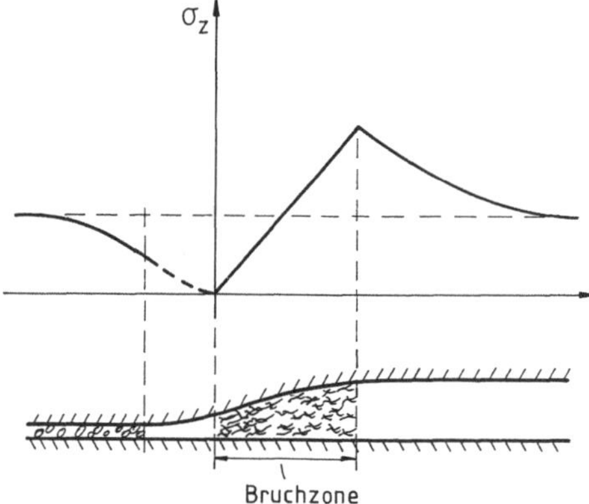

Abb. 2. Verteilung der Vertikalspannung im Flöz bei unterschiedlicher Tiefe der Bruchzone
Distribution of the vertical stress in the coal seam for different depths of the fracture zone

4. Für das Auftreten von Gebirgsschlägen hinreichende Bedingungen

Sind die notwendigen Bedingungen erfüllt, so muß unter den gegebenen Abbaubedingungen auch die für die Ausbreitung einer plastischen Entspannungswelle erforderliche Voraussetzung gegeben sein, damit ein Gebirgsschlag auftreten kann.

Die für die Ausbreitung einer plastischen Entspannungswelle erforderlichen
Abbauverhältnisse liegen dann vor, wenn die Festigkeitsgrenzen für

— Brechen der Kohle und

— Gleiten der Kohle am Nebengestein

gleichzeitig erreicht werden.

Liegen die notwendigen Bedingungen vor, so kann bei Vorhandensein dieser
Zusatzbedingungen beispielsweise durch eine geringe Steigerung des Gebirgs-
drucks die Ausbreitung einer plastischen Entspannungswelle und damit das Auftreten eines Gebirgsschlags ausgelöst werden.

5. Stand der Erkennung notwendiger und hinreichender Bedingungen

Die Beschaffenheit des Hangenden läßt sich aus Schichtenschnitten entnehmen, die vom Markscheider erstellt werden. Danach kann erkannt werden, ob biegesteife Hangendbänke im Abbaubereich anstehen (Erfüllung der ersten notwendigen Voraussetzung).

Die Messung der Gebirgsdrücke im Flöz ist problematisch. Jedoch kann aus der Teufe und der großräumigen Abbausituation auf deren Größe geschlossen werden. Kritisch sind Teufen ab etwa 500 m. In diesen Teufen kann die zweite notwendige Voraussetzung gegeben sein.

Die dritte notwendige Bedingung sei nochmals genannt: Es muß eine geringe Tiefe des Flözbereichs vorliegen, in dem die abbaubedingten Zusatzbelastungen zum Brechen der Kohle oder zum Gleiten der Kohle am Nebengestein geführt haben. Im folgenden soll dieser stoßnahe Flözbereich mit dem Begriff plastifizierte Zone abgekürzt werden.

Zur Messung der Tiefe der plastifizierten Zone existieren Verfahren. Der Nachteil bei der Anwendung dieser Verfahren besteht jedoch darin, daß Eingriffe in das Gebirge vorgenommen werden müssen. Der Messung der Tiefe der plastifizierten Zone wird daher bei der Erkennung der Gebirgsschlaggefahr vor Ort bislang keine große Bedeutung beigemessen. Damit wird bislang nicht gezielt versucht, die für das Auftreten von Gebirgsschlägen notwendigen Voraussetzungen zu ermitteln.

Das Testbohren hat sich im praktischen Einsatz bisher als das Verfahren erwiesen, das am besten geeignet ist, eine bestehende Gebirgsschlaggefahr zu erkennen, da es eine Aussage darüber gestattet, ob in unmittelbarer Nähe hinter dem Kohlestoß durch zusätzliche abbaubedingte Belastungen kritische Spannungszustände herbeigeführt werden können, d.h. Bruchvorgänge initiiert werden. Beim Testbohren wird der Kohlestoß angebohrt, wobei der Bohrmehlanfall und die beim Bohren auftretenden Nebenerscheinungen, wie Klemmen des Bohrers, Auslösen von Knällen usw. registriert und bewertet werden. Leider läßt sich durch den Einsatz des Testbohrens nicht feststellen, ob in den Fällen, in denen kritische Testbohrergebnisse erzielt werden, neben den notwendigen Voraussetzungen auch die Bedingungen für die Ausbreitung einer plastischen Entspannungswelle vorliegen, d.h. die Festigkeitsgrenzen für Kohle und Grenzfläche Kohle-Nebengestein gleichzeitig erreicht werden. Damit läßt sich durch den Einsatz des Testbohrens nicht genau ermitteln, ob die für das Auftreten von Gebirgsschlägen hinreichenden Bedingungen erfüllt sind. Ob diese Bedingungen vor Ort vorliegen, kann bis heute jedoch mit keinem bestehenden Verfahren ermittelt werden.

Damit steht dem Bergmann kein Verfahren zur Verfügung, das gestattet, die für das Auftreten eines Gebirgsschlags hinreichenden Voraussetzungen exakt zu bestimmen. Da außerdem der Einsatz des Testbohrens einen Eingriff in das Gebirge erfordert, wurde vom Battelle-Institut nach Möglichkeiten gesucht, die für das Auftreten eines Gebirgsschlags notwendigen Bedingungen insbesondere im Streb ohne Eingriff in das Gebirge ermitteln zu können. Wenn dies gelingt, ist es nämlich möglich, Abbaubereiche, in denen sich eine Gebirgsschlaggefahr aufbauen kann, von denen zu unterscheiden, in denen dies nicht möglich ist.

6. Neue Erkenntnisse über die Ermittlung notwendiger Bedingungen vor Ort

Bei Anstehen von biegesteifem Nebengestein ist bei größeren Teufen die Tiefe der plastifizierten Zone zu bestimmen, um das Vorliegen notwendiger Bedingungen zu ermitteln. Ist die Tiefe größer als die 3fache Mächtigkeit plus Abbaufortschritt, so sind diese Bedingungen nicht gegeben. Im anderen Falle kann sich die für das Auftreten eines Gebirgsschlags erforderliche potentielle Energie in unmittelbarer Nähe hinter dem Abbaustoß aufstauen.

In einer theoretischen Abhandlung im Glückauf-Forschungsheft, April 1981 [1] wurde gezeigt, daß der Quotient — gebildet aus der Auswanderungsgeschwindigkeit am Abbaustoß und der Konvergenzgeschwindigkeit des Strebs — etwa gleich ist der Tiefe der plastifizierten Zone, gemessen in Vielfachen der Flözmächtigkeit. Dieser Zusammenhang ist in Abb. 3 skizziert.

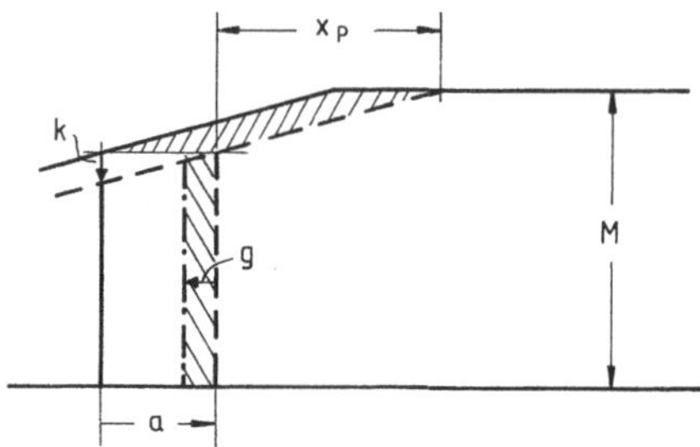

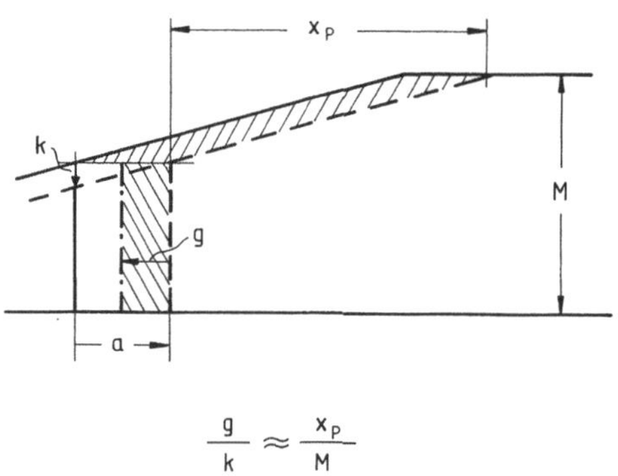

$$\frac{g}{k} \approx \frac{x_P}{M}$$

Abb. 3. Skizze zu den Ausgleichsbewegungen im Streb
Schematic sketch concerning the compensation movements in the excavation

Das Verhältnis Auswanderungsgeschwindigkeit zu Konvergenzgeschwindigkeit wird im folgenden mit dem Begriff Freisetzungsziffer abgekürzt.

Biegesteifes Hangendes ist Voraussetzung dafür, daß dieser analytisch gewonnene Zusammenhang gültig ist. Das Anstehen von biegesteifem Hangenden gehört aber auch zu den notwendigen Bedingungen für das Auftreten eines Gebirgsschlags. Damit kann der analytisch gewonnene Zusammenhang benutzt werden, um die Tiefe der plastifizierten Zone über die Messung der Freisetzungsziffer in kritisch erscheinenden Abbausituationen zu ermitteln. Zur berührungslosen Messung der Ausgleichsbewegungen wurde am Battelle-Institut ein Verfahren entwickelt. Durch Bildung des Quotienten von Auswanderungsgeschwindigkeit und Konvergenzgeschwindigkeit läßt sich die Freisetzungsziffer und aus dem dargelegten Zusammenhang die dimensionslose Tiefe der plastifizierten Zone X_p/M ermitteln.

Die Messung der Freisetzungsziffer vor Ort könnte nach diesen Betrachtungen bei Anstehen von biegesteifem Nebengestein gestatten, die Abbaubereiche zu lokalisieren, in denen notwendige Bedingungen für das Auftreten eines Gebirgsschlags gegeben sind, d.h. die Abbaubereiche zu ermitteln, in denen ein Gebirgsschlag bei normalen Abbaubedingungen überhaupt nur auftreten kann.

Die Ausgleichsbewegungen im Streb geben nach diesen Überlegungen einen ersten Hinweis auf möglicherweise gefährdete Abbaubereiche.

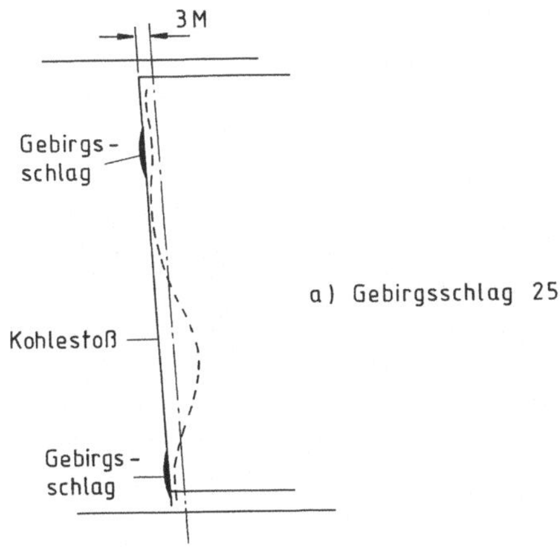

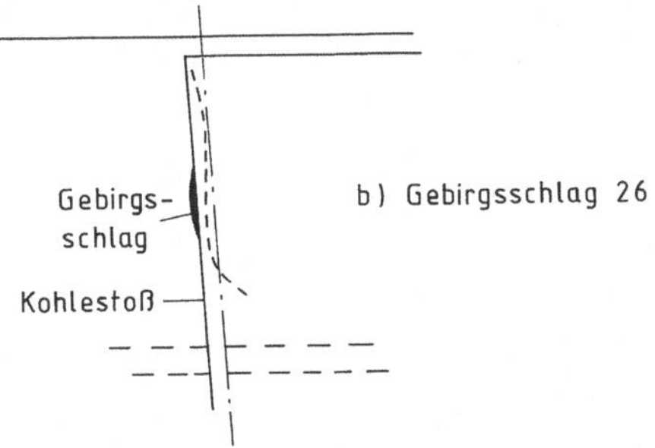

Abb. 4. Tiefe der plastifizierten Zone vor dem Auftreten von Gebirgsschlägen berechnet aus Meßergebnissen von *Jahns* [2]
Depth of the plastified zone before occurrence of rock bursts, as calculated from measurements by *Jahns* [2]

7. Auswertung von Messungen des Auswanderns und der Konvergenz von Jahns [2]

Im Jahre 1963 wurden von *Jahns* Meßergebnisse über das Auswandern der Kohle am Abbaustoß und der Konvergenz des Strebraums veröffentlicht. Die Ergebnisse wurden gewonnen im Flöz 24 der Zeche Sachsen, bei dessen Abbau sich zahlreiche Gebirgsschläge ereigneten. Diese Ergebnisse wurden benutzt, um die dargelegten theoretisch gewonnenen Zusammenhänge anhand praktischer Erkenntnisse zu überprüfen. Dazu wurden die Ergebnisse von *Jahns*, die vor dem Auftreten von Gebirgsschlägen registriert werden konnten, verwendet, um aus den Messungen von Ausschieben und Konvergenz die Freisetzungsziffer im Streb vor dem Auftreten von zwei Gebirgsschlägen zu berechnen. Die so berechnete Freisetzungsziffer wurde in einem Grundriß der Abbausituation gestrichelt eingetragen (Abb. 4).

Der Vergleich der örtlichen Verteilung der Freisetzungsziffer mit den Stellen, an denen Gebirgsschläge aufgetreten sind, zeigt, daß Gebirgsschläge nur an den Stellen auftraten, an denen die Freisetzungsziffer geringe Werte aufwies.

8. Schlußbemerkung

Bei Vorliegen kleiner Werte für die Freisetzungsziffer ist bei Vorhandensein von biegesteifem Nebengestein in größeren Teufen eine notwendige Voraussetzung für das Auftreten eines Gebirgsschlags gegeben. Durch Messung der Freisetzungsziffer vor Ort lassen sich die gefährdeten Betriebsbereiche von den ungefährdeten unterscheiden. Durch Einsatz beispielsweise des Testbohrens an den gefährdeten Betriebspunkten kann danach überprüft werden, ob eine Gebirgsschlaggefahr gegeben ist. Eine automatische Messung der Freisetzungsziffer, die berührungslos erfolgt, könnte damit den Aufwand für die Erkennung einer Gebirgsschlaggefahr möglicherweise erheblich verringern.

Literatur

[1] *Schäpermeier, E.:* Zusammenhang zwischen Ausgleichsbewegungen und Gebirgsschlaggefahr im Streb. Glückauf-Forschungshefte *42*, 81–83 (1981).
[2] *Jahns, H.:* Die Wirksamkeit des Entspannungsschießens in einem gebirgsschlaggefährdeten Flöz. Glückauf *99*, 1100–1109 (1963).
[3] *Flake, R.:* Untersuchungen über den Zusammenhang zwischen dem Gang der Kohle und der Konvergenz des Nebengesteins. Glückauf *95*, 857–874 (1959).

Anschrift des Verfassers: Dr.-Ing. *E. Schäpermeier*, Battelle-Institut e.V., Am Römerhof 35, Postfach 900160, D-6000 Frankfurt am Main 90, Bundesrepublik Deutschland.

Rock Mechanics, Suppl. 12, 215–226 (1982)

Rock Mechanics
Felsmechanik
Mécanique des Roches
© by Springer-Verlag 1982

Bestimmung, Interpretation und geomechanische Bewertung von Gebirgsspannungszuständen in Bergbaugebieten der DDR

Von

P. Knoll, U. Gross und **W. Menzel**

Mit 7 Abbildungen

Zusammenfassung — Summary

Bestimmung, Interpretation und geomechanische Bewertung von Gebirgsspannungszuständen in Bergbaugebieten der DDR. Die große geomechanische Bedeutung der Kenntnis des Gebirgsspannungszustandes hinsichtlich Betrag und Richtung seiner Komponenten steht gegenwärtig außerhalb jedes Zweifels. Da jedoch allgemeine, auf verschiedene geologische und tektonische Verhältnisse übertragbare Gesetzmäßigkeiten nicht existieren, gewinnen die Messungen und die Aufdeckung des Zusammenhangs der dabei erzielten Ergebnisse mit den konkreten geologischen und geomechanischen Bedingungen am Meßort an Bedeutung. Im Vortrag werden Ergebnisse von Messungen vorgestellt und die Beziehungen zur gegebenen geologischen Situation diskutiert. Die Gegenüberstellung von Meßergebnissen in seismisch bzw. tektonisch aktiven und nicht aktiven Gebieten sowie in Gebirgsbereichen, die durch relaxierende Salzgesteine voneinander getrennt sind, lassen Schlußfolgerungen über das geomechanische Verhalten des Gebirges bei der Durchführung von Baumaßnahmen an seiner Oberfläche oder im Inneren zu.

Bedeutung besitzen Betrag und Richtung der Gebirgsspannungskomponenten auch für die Verteilung der flüssigen Phase im Gebirgsverband und über die Druckverteilung im hydrodynamischen System des Gebirges.

Determination, Interpretation and Evaluation in Rock Mechanics of the Stress States of Rock Mass in the Mining Areas of the GDR. At present time, there is no doubt about the great importance to rock mechanics of knowing the state of stress or rock mass in respect of the amount and the direction of its components. But, as general laws, which are transferable to different geological and tectonic conditions, do not exist, the measurements and the disclosure of the relationship between the results, which are obtained therewith, and the actual conditions of geology and rock mechanics in the measuring place gain more and more in point. The paper presents measurement results and deals with the relations to the given geological situation. The comparison between measurement results obtained in regions, which are not active, as well as in rock mass areas, which are separated from each other by relaxing salt rock, permit to deduce the behaviour of the rock mass in rock mechanics on the completion of building activities on its surface or in the inside.

The amount and the direction of the stress components of rock mass are also of consequence to the distribution of liquid phase within the rock mass and to the pressure distribution in the hydrodynamic system of the rocks.

0080–3375/82/Suppl. 12/0215/$ 02.40

1. Einleitung

Im Zusammenhang mit der Lösung geomechanischer Aufgabenstellungen für den Bergbau der DDR wird der systematischen Untersuchung der Gebirgsspannungen erhöhte Aufmerksamkeit gewidmet. Das Ziel besteht in der schrittweisen Erarbeitung einer großräumigen Übersicht über die Spannungsverhältnisse in den obersten, bergbaulich genutzten Bereichen der Erdkruste und in der Ermittlung lokaler Spannungszustände in einzelnen Lagerstätten und Lagerstättenteilen.

Unberücksichtigt bleiben in der vorliegenden Arbeit Untersuchungen der abbaubedingten, sekundären Spannungen in der unmittelbaren Umgebung der Grubenbaue. Über Ergebnisse einzelner Spannungsbestimmungen wurde in der Fachliteratur berichtet (vgl. *Knoll* u.a. 1972, *Knoll* 1979, *Menzel* u.a. 1981, *Gross* u.a. 1981).

2. Meßverfahren

Da Kräfte und Spannungen bekanntlich nicht direkt meßbar sind, müssen sie mit relativ großem Aufwand und einer gewissen Meßunsicherhiet über die Messung anderer Größen, die mit der Spannung zusammenhängen, oder durch Kompensation ihrer Auswirkungen bestimmt werden. Dazu ist in den letzten Jahren eine größere Zahl von Verfahren und Methoden entwickelt worden. Ihr Charakter ist sehr unterschiedlich und reicht von Punktmessungen, wie beispielsweise die Bohrlochentlastungsmethoden, bis zu regionalen Abschätzungen wie die geologisch-tektonischen Analysen des Beanspruchungszustandes in einem bestimmten Gebiet oder seismologischen Herdanalysen.

In der DDR wurde die Erfahrung gemacht, daß die Anwendung eines Bestimmungsverfahrens allein keine ausreichende Kenntnis über die Gebirgsspannungen gestattet. In ähnlicher Weise wie *Kohlbeck* und *Scheidegger* (1981) berichteten, werden, wo immer es möglich ist, geophysikalische und geotechnische Verfahren, geologisch-tektonische und seismologische Analysen, Analysen rezenter Bewegungsvorgänge sowie Analysen des Verformungs- und Bruchverhaltens bergbaulicher Hohlräume im Komplex angewendet. Im untertägigen Bergbau weit verbreitet und seit mehreren Jahren in Anwendung sind verschiedene Varianten der Bohrlochentlastungsmethoden (*Knoll* u.a. 1977) für das feste, weitgehend elastische Gebirge und die hydraulische Aufreißmethode (*Menzel* und *Weber*, 1981) im Salzgebirge.

Im folgenden sollen zwei neuere und unserer Meinung nach perspektivreiche Meßverfahren näher vorgestellt werden.

Hydraulische Aufreißmessungen

Um spezielle Fragen z.B. bei der Beurteilung der hydrologischen und Gebirgsschlaggefährdung für den Bergbau lösen zu können, müssen häufig auch Gebirgsbereiche, die nicht durch bergmännische Hohlräume aufgeschlossen sind, wie z.B. das Deckgebirge von Kali- und Steinsalzlagerstätten, in die Analyse einbezogen werden. Dazu ist es notwendig, ein geomechanisches Untersuchungsverfahren anzuwenden, das über eine große Reichweite verfügt.

Diesen Bedingungen entspricht die hydraulische Aufreißmethode in Übertagebohrungen. Gleichzeitig ergibt sich mit dem Einsatz der Aufreißmethode in
Übertagebohrungen die Möglichkeit, bereits im Erkundungsstadium für neuauf-
zuschließende Lagerstätten bzw. Lagerstättenteile wichtige Informationen über
den Grundspannungszustand zu gewinnen und somit bessere Voraussetzungen
für die Projektierung von Hohlräumen und Abbauverfahren zu schaffen.

Die hydraulische Aufreißmethode stellt ein geomechanisches Untersuchungsverfahren dar, mit dem unter gewissen Voraussetzungen Beträge und Richtungen
der Komponenten des Gebirgsspannungszustandes ermittelt werden können. Die
Methode beruht auf der Erzeugung eines Risses im Gebirge durch hydraulische
Belastung, Auswertung des dabei auftretenden Druck-Zeit-Verlaufes (Abb. 1)
und Bestimmung der Rißrichtung an der Bohrlochkontur (*Gross* und *Knoll*,
1981).

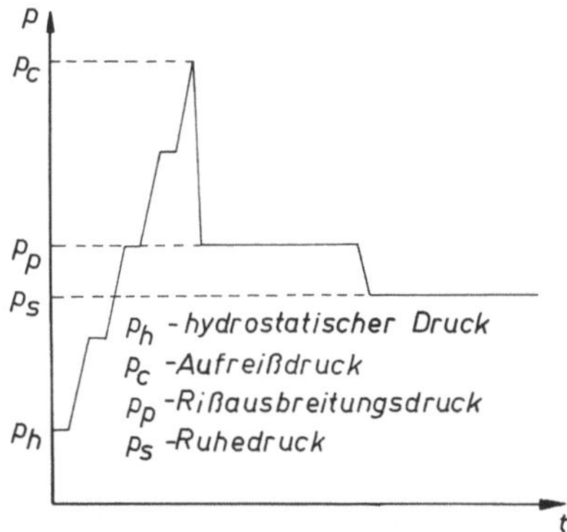

Abb. 1. Schematisches Druck-Zeit-Diagramm eines hydraulischen Aufreißversuches; p_h —
hydrostatischer Druck, p_c — Aufreißdruck, p_p — Rißausbreitungsdruck, p_s — Ruhedruck.
Schematic pressure-time-diagram of a hydrofracturing test; p_h — hydrostatic pressure, p_c —
critical pressure (break-down pressure), p_p —fissure propagation pressure, p_s — shut-in
pressure

Durch umfangreiche theoretische, experimentelle und praktische Untersuchungen, über die in der Literatur berichtet wurde, konnte gezeigt werden, daß
der Riß, dem Weg des geringsten Widerstandes folgend, sich senkrecht zur Richtung der kleinsten Hauptnormalspannungskomponente des Grundspannungszustandes in das Gebirge ausbreitet. Weiterhin wurde u.a. von *Kehle*, 1964 belegt,
daß sich der Ruhedruck p_s nur geringfügig höher als der Betrag der kleinsten Ge-
birgsspannung σ_{Hmin} einstellt und praktisch gleich dieser Spannung zu setzen
ist. Damit kann eine Spannungskomponente direkt gemessen werden.

Darüber hinaus läßt sich unter gewissen Voraussetzungen aus der Richtung
der an der Bohrlochkontur erzeugten Risse die Orientierung des Grundspannungszustandes bestimmen.

Die geomechanische Interpretation der bei Aufreißmessungen gewonnenen
Daten zur Ermittlung des vollständigen Grundspannungszustandes ist in vielen
Ländern Gegenstand der Forschung. Dabei steht besonders die Berechnung der
größten Horizontalspannung σ_{Hmax} im Vordergrund. Für den relativ häufigen

Fall, daß die vertikale Spannungskomponente σ_v größer als die kleinste Horizontalspannung ist, können dazu analytische Lösungen für die Spannungsverteilung um ein Bohrloch mit hydraulischem Innendruck genutzt werden, wie schon *Hubbert* und *Willis*, 1957, gezeigt haben.

Problematisch bleibt bei der Berechnung neben der Entwicklung zutreffender Modelle für den Bruchmechanismus beim hydraulischen Aufreißen, die in letzter Zeit u.a. von *Rummel*, 1979, untersucht worden sind, die Erfassung des Gebirges als Mehrphasensystem.

Die Berücksichtigung von Porendrücken, die als neutrale Spannungen bei der hydraulischen Belastung des Gebirges und bei der Rißeinleitung wirksam werden, ist noch immer nicht zufriedenstellend gelöst. Messungen in einer Untersuchungsbohrung, mit der Sedimentgesteine aufgeschlossen wurden, die vergleichbare Verformungseigenschaften, aber sehr unterschiedliche Porosität aufweisen, ermöglichten es, den Einfluß des Porendruckes beim hydraulischen Aufreißen näherungsweise zu quantifizieren.

Dazu wurden zuerst aus Aufreißmessungen in nichtporösen, impermeablen Gebirgsbereichen die horizontalen Spannungskomponenten ermittelt. Diese Werte dienten als Grundlage, um aus Daten hydraulischer Aufreißmessungen in

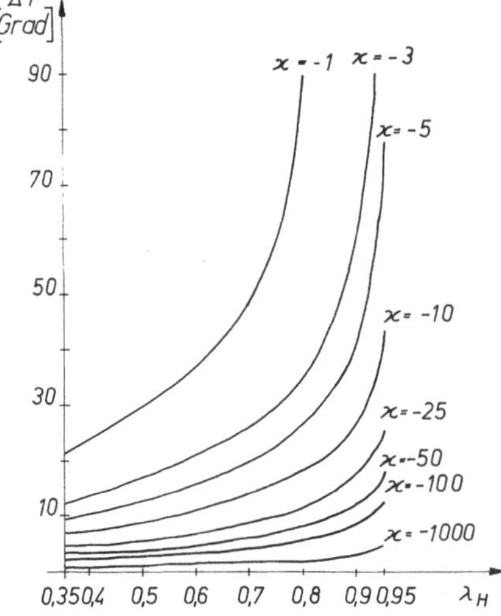

Abb. 2. Diagramm zur Ermittlung des Einflußes von natürlichen vertikalen Klüften auf die Registrierung der Richtung von σ_{Hmax} (*Groß* und *Knoll*, 1981)
Diagram for the determination of the influence exerted by natural vertical joints upon the recording of the direction of σ_{Hmax} (*Groß* and *Knoll*, 1981)

eingeschalteten porösen Gebirgsbereichen durch Anwendung des Prinzips der effektiven Spannungen den Einfluß der Porendrücke auf das hydraulische Aufreißen zu bestimmen. Die Ergebnisse zeigten, daß beispielsweise für einen dichten Tonstein 30 Prozent, für tonig-sandige Wechsellagerungen 40 Prozent und für poröse Sandsteine bis zu 80 Prozent als neutrale Spannungen wirksam wurden. Damit scheint der Ansatz des vollständigen teufenabhängigen Porendruckes für die Berechnung der maximalen Horizontalspannung nicht in jedem Falle gerechtfertigt zu sein. Weitere Untersuchungen dazu sind erforderlich. Das Ergebnis unterstreicht aber auch den großen Einfluß des Porendruckes auf die Berechnung der maximalen Horizontalspannungskomponente σ_{Hmax}.

Abb. 3. Aufzeichnung der Rißverläufe an der Bohrlochkontur mit der akustischen Bohrlochfernseheinrichtung bei einer Aufreißmessung; links — vor, rechts — nach dem Versuch (nach *Groß* und *Knoll*, 1981)
Representation of the fissure path along the borehole outline by means of the acoustic television camera for investigating boreholes during a hydrofracturing measurement; on the left — before the test, on the right — after the test (according to *Groß* and *Knoll*, 1981)

Experimentelle Ergebnisse und anschließende theoretische Untersuchungen wiesen nach, daß auch bei vorhandenen vertikalen Klüften im Versuchsintervall vor dem Aufreißversuch unter gewissen Bedingungen der Fracriß in Richtung der maximalen Hauptspannungskomponente entsteht. In Abhängigkeit von den wirkenden Gebirgsspannungen und z.B. der Gebirgszugfestigkeit läßt sich, bezogen auf die Streichrichtung der maximalen Horizontalspannung σ_{Hmax}, ein Winkel $\triangle\varphi$ errechnen, der angibt, bis zu welchen Kluftstreichrichtungen die Risse im Aufreißversuch den vorher an der Bohrlochkontur vorhandenen Klüften folgen (Abb. 2). Man kann erkennen, daß mit wachsender Anisotropie der Horizontalspannungen σ_{Hmax} und σ_{Hmin}, mit größer werdender Teufe H und mit kleiner werdenden Gesteinszugfestigkeiten T der Trennflächeneinfluß abnimmt.

Abb. 3 zeigt, daß in einem Versuchsintervall schon vor dem Aufreißversuch vertikale Klüfte vorhanden waren. Die beim Versuch entstandenen Fracrisse streichen etwa 90° verdreht zu diesen Klüften und folgen damit unmittelbar an der Bohrlochkontur schon der Richtung von σ_{Hmax}. Diese Aussage kann insofern als gesichert betrachtet werden, da in der gleichen Bohrung in anderen, ungeklüfteten Bereichen ebenfalls diese σ_{Hmax}-Richtung auftrat. Theoretisch wäre nach der in Abb. 2 dargestellten Berechnungsmöglichkeit das Aufreißen nur dann den vorhandenen Klüften gefolgt, wenn die Differenz $\triangle\varphi$ der Streichrichtungen von σ_{Hmax} und Klüftung gleich oder kleiner als 25° betragen hätte.

Zusammenfassend kann festgestellt werden, daß mit der hydraulischen Aufreißmethode für Übertagebohrungen ein geomechanisches Untersuchungsverfahren zur Verfügung steht, welches wertvolle Informationen über den Grundspannungszustand liefern kann und somit die beschriebene komplexe Analyse zur Ermittlung des Grundspannungszustandes sinnvoll ergänzt.

Analysen der rezenten horizontalen Krustenbewegungen

In einem großen Teil des Territoriums der DDR wurden am Ende des vergangenen Jahrhunderts und in der gegenwärtigen Zeit trigonometrische Netze mit hoher Genauigkeit vermessen. Diese Netze enthalten identische Punkte, die es ermöglichen, durch Vergleich der Triangulationsergebnisse die rezenten Horizontalverschiebungen und die Deformationen der Erdkruste im Verlaufe von etwa 60—80 Jahren zu berechnen (*Knoll* u.a., 1978).

In den Abbildungen 4 und 5 sind die ermittelten rezenten horizontalen Verschiebungsvektoren und die daraus abgeleiteten Strainbeträge für den Raum Erzgebirge, angegeben. Wie in der oben angebenen Literatur für den Raum Erzgebirge gezeigt wurde, lassen sich aus diesen Werten Angaben über die generellen Richtungen der maximalen und minimalen horizontalen Kompression (Abb. 6) und die unterschiedlichen Bewegungstendenzen einzelner kleinerer tektonischer Einheiten (Abb. 7) ermitteln. In den Abb. 6 und 7 sind ergänzend Ergebnisse untertägiger Spannungsmessungen mit der Bohrlochentlastungsmethode angegeben (E_1 und E_2).

Die Ergebnisse zeigen, daß in größeren Gebieten räumlich (und zeitlich) relativ gleichmäßige Spannungsfelder existieren, die örtlich bestimmte Abweichungen aufweisen können. In Übereinstimmung mit der tektonischen Struktur eines Gebietes lassen sich Zonen mit gleichem rezentem Bewegungsverhalten und konstantem Spannungszustand abgrenzen.

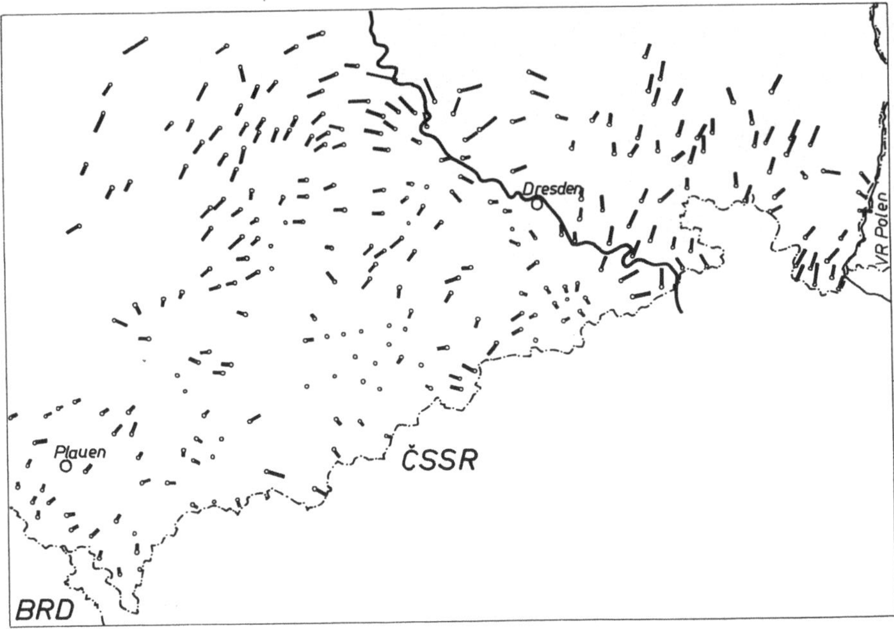

Abb. 4. Horizontale Verschiebungsvektoren im Raum Erzgebirge (nach *Thurm*, 1977)
Horizontal displacement vectors in the region of Erzgebirge (according to *Thurm*, 1977)

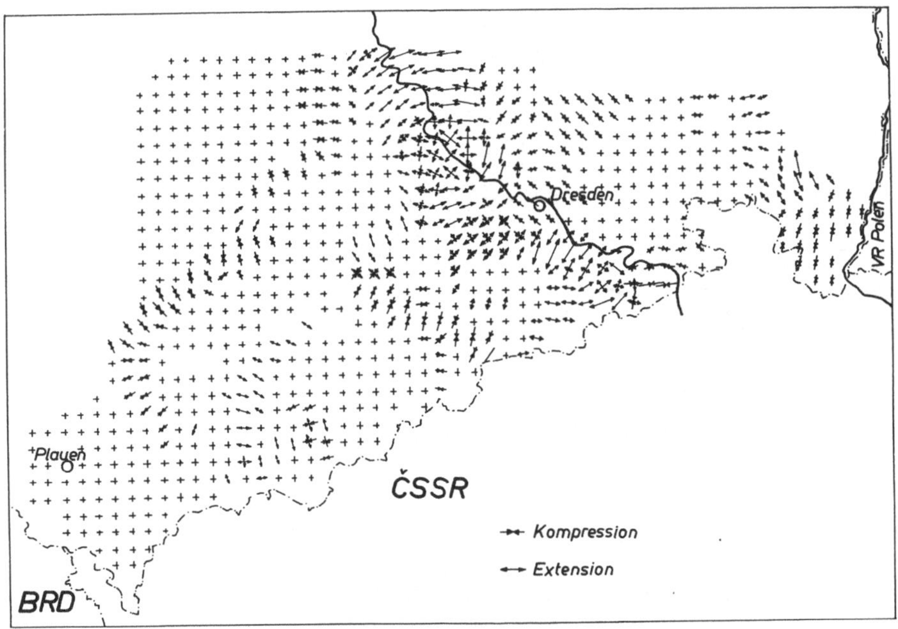

Abb. 5. Horizontalstrain im Raum Erzgebirge (nach *Thurm* u.a., 1977)
Horizontal strain in the region of Erzgebirge (according to *Thurm* et al., 1977)

             P. Knoll, U. Gross und W. Menzel:

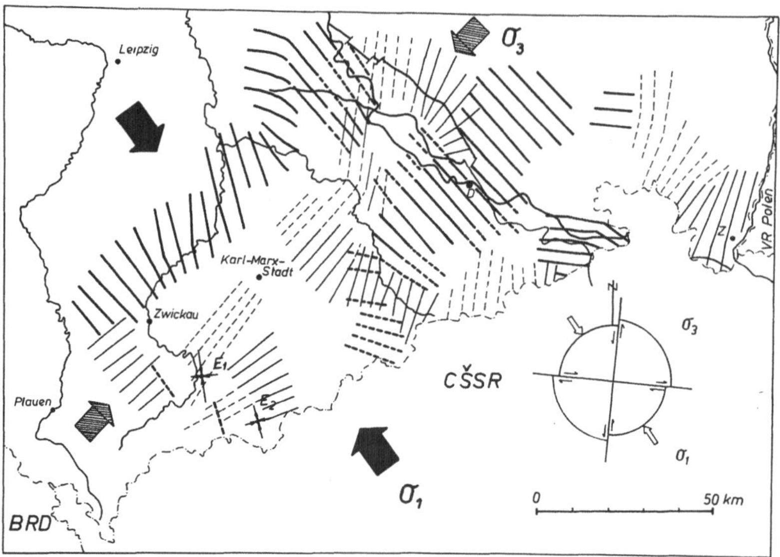

Abb. 6. Orientierung der maximalen und minimalen horizontalen Druckspannungskomponenten im Raum Erzgebirge (nach *Knoll* u.a., 1978)
Orientation of the maximum and minimum horizontal compressive stress components in the region of Erzgebirge (according to *Knoll* et al., 1978)

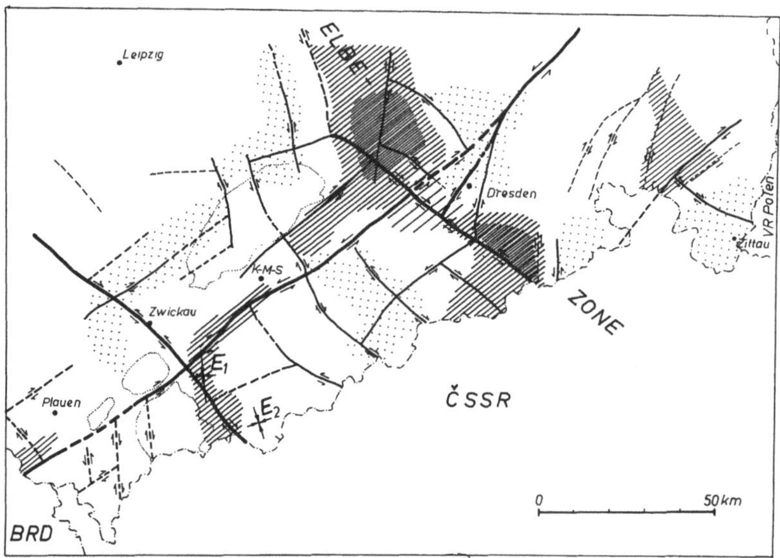

Abb. 7. Felderung der Erdkruste in Teilgebiete mit unterschiedlicher Bewegungstendenz im Raum Erzgebirge (nach *Knoll* u.a., 1978)
Subdivision of the earth's crust into field sections with different movement tendencies in the region of Erzgebirge (according to *Knoll* et al., 1978)

Die Gegenüberstellung der unter Tage gemessenen Spannungszustände und der rezenten horizontalen Krustenbewegungen läßt die Einschätzung der Genauigkeit und der Aussagekraft der geophysikalischen Spannungsmessungen in einem Gebiet zu. Die Ergebnisse deuten außerdem darauf hin, daß noch über relativ große Entfernungen von einem gleichbleibenden Grundspannungszustand ausgegangen werden kann, sofern man eine der in Abb. 7 dargestellten tektonischen Einheiten mit gleicher Bewegungstendenz nicht verläßt. Andererseits können jedoch größere Änderungen der lokalen Spannungsverhältnisse bereits in geringen Entfernungen vom Meßort auftreten, wenn man die Grenze einer solchen tektonischen Einheit überschreitet.

3. Meßergebnisse

Quantitative Angaben zu einigen in Bergbaubetrieben der DDR erzielten Meßergebnissen wurden in der Fachliteratur angegeben. Im Vordergrund der Messungen stand die Anisotropie und Orientierung der horizontalen Spannungskomponenten. Mit wenigen Ausnahmen weisen alle Ergebnisse im festen Gebirge Anisotropiefaktoren zwischen 1,5 und 3,2 bei etwa NNW-SSE gerichteter maximaler Komponente auf.

Ein Meßgebiet liegt im seismisch schwach aktiven Vogtland. Auffallend ist die völlig veränderte Richtung der maximalen Horizontalspannungskomponente (E-W Richtung) gegenüber der allgemeinen Tendenz bei den anderen Meßstellen. Vielleicht liegt in dieser Anomalie einer der Gründe für die seismische Aktivität in diesem Gebiet. Da es sich jedoch bisher nur um eine Einzelmessung handelt, sind weitergehende Interpretationsversuche nicht möglich. Die Komponente σ_{Hmax} steht hier etwa senkrecht zu einem mit ca. 70° einfallenden Gang. Sie weicht deshalb um ca. 20° von der Horizontalen ab. Die Komponente σ_{Hmin} verläuft horizontal im Gangstreichen. Bemerkenswert ist die Parallelität von σ_{Hmax} mit der von *Thurm* u.a., 1977, S. 286, Abb. 1 für den Meßort angegebenen Hauptkompressionsrichtung (E-W), abgeleitet aus rezenten horizontalen Krustenbewegungen. Weitere Meßgebiete liegen in Steinsalzformationen und ergaben einen isotropen Spannungszustand. Es konnte auch meßtechnisch nachgewiesen werden, daß in einzelnen geologischen Stockwerken in ein und demselben Meßgebiet durchaus nach Betrag und Richtung der Komponenten unterschiedliche Spannungszustände existieren.

Die Ursachen sind sowohl in den betreffenden Gesteinseigenschaften (Steinsalz bzw. Sedimente) als auch in der tektonischen Beanspruchungsgeschichte (*Hessmann* und *Schwandt*, 1981) zu suchen.

4. Geomechanische Diskussion der Ergebnisse

Bei Betrachtung der immer größer werdenden Zahl von Meßergebnissen des Grundspannungszustandes im Gebirge besteht kein Zweifel, daß in sehr vielen Meßorten der tatsächlich herrschende Spannungszustand von den konventionellen Lastannahmen abweicht. Insbesondere sind die Beträge und die Anisotropie der horizontalen Spannungskomponenten größer als die entsprechenden Werte, die sich aus dem Deckgebirgsgewicht und der Elastizitätstheorie berechnen lassen. Andererseits jedoch werden in den meisten analytischen und in vielen numerischen Standsicherheitsberechnungen von Grubenbauen konventionelle Lastannahmen verwendet, ohne daß es immer zu offenkundigen Fehlbewertungen kommt. Viele im Berg- und Felsbau heute angewendeten Parameter und Abmessungen sind von den früher angewendeten nicht so verschieden, wie nach den neuen Spannungsmeßergebnissen zu erwarten wäre. Das ist sicher eine der Ursachen für die Skepsis, mit der mancher praktisch tätige Geotechniker den neueren Spannungsmeßwerten gegenübersteht.

Die oben dargestellten Ergebnisse, vor allem die Gegenüberstellung der Analyse der rezenten horizontalen Krustenbewegungen mit den geophysikalischen Meßergebnissen im Bergbau, zeigen, daß die Ursache der in Bergbaugebieten gemessenen Spannungen tektonischer Art sind, d.h., daß ihre Quellen in tieferen Schichten der Kruste und in der tektonischen Geschichte eines Gebietes liegen. Durch den Berg- und Felsbau wird demnach nur ein relativ kleiner Tiefenbereich desjenigen Teils der Kruste erfaßt und verändert, der der Wirkung eines bestimmten tektonisch bedingten Spannungsfeldes unterliegt. Für den Berg- und Felsbau ist deshalb nicht in erster Linie der aus der Gravitation und der Tektonik resultierende Spannungszustand selbst, sondern hauptsächlich die Wechselwirkung der wirkenden primären Spannungen mit dem Verformungs- (und Bruch-) Verhalten der im Bergbaugebiet anstehenden Gesteinsschichten von Bedeutung.

Ein Faktor, der diese Wechselwirkung beeinflußt und damit die Auswirkung verschiedener Grundspannungszustände auf das Verhalten der untertägigen Hohlräume bestimmt, ist die Steifigkeitsverteilung im Gebirge.

Betrachtet sei zunächst das Beispiel eines Einzelhohlraumes im ansonsten unverritzten Gebirge. Maßgebend dafür, ob der Grundspannungszustand unmittelbar das Konturverhalten und damit z.B. die Standsicherheit und die Ausbaubelastung unmittelbar bestimmt oder nur mittelbar und abgeschwächt, ist das Verhältnis der Gebirgssteifigkeiten der Bereiche in der direkten Hohlraumumgebung zu denen in größerer Entfernung vom Hohlraum (mehrere Hohlraumdurchmesser). Nur wenn das den Hohlraum direkt umgebende Gebirge eine hohe Steifigkeit aufweist, wird das Konturverhalten direkt vom Grundspannungszustand beeinflußt, im umgekehrten Fall ist die Beeinflussung nur indirekt oder sie fehlt vollkommen.

Ähnlich gestaltet sich die Wechselwirkung bei Hohlraumsystemen wie z.B. Abbaugebieten. Da die vertikale Komponente des Grundspannungszustandes auch bei tektonischer Beeinflussung im wesentlichen durch das Deckgebirgsgewicht bestimmt wird, wird z.B. die Belastung der Abbaupfeiler in erster Näherung nach wie vor durch das Abbauverhältnis und die Teufe (d.h. das Deckgebirgsgewicht) bewirkt. Das Deckgebirge und das Liegende jedoch unterliegen den tektonisch geprägten horizontalen Spannungen. Das geomechanische Verhalten der Deckgebirgs- und Liegendschichten wird deshalb stark vom tatsächlich gegebenen Grundspannungszustand bestimmt. Das kann bei ausgedehnten Abbaufeldern die Beanspruchung der Abbaupfeiler zusätzlich verändern (*Knoll* u.a. 1979). Unter diesem Aspekt kann ein Gebirgsspannungszustand, der durch hohe Beträge der horizontalen Komponenten gekennzeichnet ist, auch durchaus eine günstige Wirkung haben, indem sich z.B. der Biegewiderstand der Deckgebirgsschichten erhöht und dadurch die Herstellung großer Hohlräume oder die Senkung der Abbauverluste in begrenzten Feldesteilen ermöglicht werden. Bei steiler Lagerung wird dagegen die tektonisch geprägte Horizontalspannung im Abbau direkt wirksam und bestimmt sowohl die Belastung der Festen als auch die Belastungsverhältnisse an den Abbaurändern. Auch hier werden die quantitativen Beziehungen von der Verteilung der Steifigkeiten im Gebirge festgelegt.

Beim Zusammenwirken des Gebirgsspannungszustandes mit der flüssigen Phase im Gebirge beim Abbau von Lagerstätten sind mehrere Gesichtspunkte zu beachten. Neben seinem Einfluß auf das Verformung- und Festigkeitsverhalten verschiedener Gesteine und der damit verbundenen Veränderung der Steifigkeitsverhältnisse im Gebirge, wird das Gebirgswasser vor allem in den Klüften und Störungszonen des Gebirges wirksam. Wie im Zusammenhang mit dem geomechanischen Mechanismus der flüssigkeitsinduzierten Seismizität im Einzelnen untersucht wurde (*Knoll* 1978), können Kluft- oder Störungswasserdrücke die Festigkeitsverhältnisse in den Störungsbereichen durch Änderung der Festigkeitseigenschaften der im Störungsbereich anstehenden Gesteine herabsetzen und so eine Annäherung an den Grenzzustand herbeiführen. Sie können aber auch über das Gesetz der effektiven Spannungen den Grenzzustand im Störungsbereich auf direktem Wege herbeiführen. Wenn der Grenzzustand erreicht ist, hängt es dann sehr wesentlich von der Orientierung der betreffenden Störung zur Richtung der Komponenten (vor allem der horizontalen Komponenten) des realen Grundspannungszustandes im Gebirge ab, in welcher Weise die Spannungsumlagerung beim Versagen erfolgt. Die Skala der Möglichkeiten reicht vom allmählichen Spannungsabbau bis zur flüssigkeitsinduzierten Seismizität. Darüber hinaus bestimmen die horizontalen Komponenten des Gebirgsspannungszustandes in hohem Maße die Fähigkeit von geologischen Störungen zur Aufnahme und Weiterleitung von Flüssigkeiten und Flüssigkeitsdrücken. Störungszonen, die parallel zur Richtung der maximalen horizontalen Druckspannung streichen, sind zur Weiterleitung von Flüssigkeiten und zur Fortleitung von Flüssigkeitsdrücken mehr geeignet, als senkrecht zu σ_{Hmax} streichende Störungszonen.

Die Kenntnis des natürlichen Spannungszustandes im Gebirge und die Gesetzmäßigkeiten seiner Wechselwirkung mit dem geomechanischen Gebirgsverhalten beim Berg- und Felsbau sind deshalb besonders dann von entscheidender Bedeutung, wenn durch intensiven Bergbau oder durch andere großräumige Beeinflussungen des natürlichen Gleichgewichtes im Gebirge größere Spannungsumlagerungen hervorgerufen werden.

Bei geeigneten Steifigkeitsverhältnissen im Gebirge kann der Gebirgsspannungszustand jedoch auch bei lokalen Standsicherheitsfragen zum bestimmenden Faktor werden.

Die Quantifizierung und der experimentelle Nachweis bestimmter Steifheitsverteilungen im Gebirge erfordert noch weitere geomechanische Forschungsarbeit.

Literatur

Groß, U., Knoll, P.: Hydraulische Aufreißmessungen in Tiefbohrungen und Bestimmung des Gebirgsspannungszustandes im oberen Teil der Erdkruste. Vortrag z. VII. Plenarsitzung des Int. Büros für Gebirgsmechanik, Katowice, VR Polen, 1981 (Veröff. in Vorbereitung).

Hessmann, W., Schwandt, A.: Bruchtektonik im Salinar und im Deckgebirge. Z. f. angew. Geologie *3,* 283–292 (1981).

Hubbert, M. K., Willis, D. G.: Mechanics of Hydraulic Fracturing. Trans. AIME *210,* 153–168 (1957).

Kehle, R. O.: The Determination of Tectonic Stresses Through Analysis of Hydraulic Well Fracturing. J. Geophys. Res. *69/2,* 259–273 (1964).

Knoll, P.: Geomechanische Modellvorstellungen zum Mechanismus des spröden Bruches des Gebirges in Bergbaugebieten. Diss. B, Bergakademie Freiberg, 1981.

Knoll, P., Schnöke, H. J., Schmidt, M., Freitag, K., Voigt, J., Georgi, F.: Determination of the Natural Stress-state in a Transversely Isotropic Rock Mass. Amer. Geophys. Union, Washington D.C. *12/6,* 403–406 (1977).

Knoll, P., Schwandt, A., Thoma, K.: Die Bedeutung geologisch-tektonischer Elemente im Gebirge für den Bergbau, dargestellt am Beispiel des Werra-Kalireviers. V. Int. Symp. on Salt, Hamburg. Northern Ohio Society, 105–113 (1980).

Knoll, P., Thoma, K., Bankwitz, P., Thurm, H., Schneider, M. M.: Spannungsverteilung im Südosten der DDR, abgeleitet aus direkten Untertagemessungen und rezenten Krustenbewegungen. Neue Bergbautechnik *7,* 366–370 (1978).

Knoll, P., Vogler, G., Schmidt, M.: Bisherige Ergebnisse von Spannungsmessungen mit Hilfe der Bohrlochentlastungsmethode. Freib. Forsch.-H. *A 569,* 29–45 (1977).

Knoll, P.: Analyse der Gebirgsspannungen in Bergbaurevieren der DDR. Freib. Forsch.-H. *C 349,* 61–73 (1979).

Kohlbeck, F., Scheidegger, A. E.: Gebirgszustand und neotektonische Spannungen im Gebiet des Bergbaus von Bleiberg, Kärnten. Rock Mech. *14,* 1–25 (1981).

Menzel, W., Weber, D.: Ergebnisse von Aufreißversuchen im Salzgebirge. Vortrag z. VII. Plenarsitzung des Int. Büros f. Gebirgsmechanik, Katowice, VR Polen, 1981 (Veröff. in Vorbereitung).

Rummel, F., Alheid, H. J.: Hydraulic Fracturing Stress Measurements in SE-Germany and Tectonic Stress Pattern in Central Europe. Conf. on Intra-Continental Earthquakes, Ohrid, Jugoslavia, 1979.

Thurm, H., Bankwitz, P., Bankwitz, E., Harnisch, G.: Rezente horizontale Deformationen der Erdkruste im Südostteil der DDR. Petermanns Geogr. Mitt. *4,* 281–304 (1977).

Anschrift der Verfasser: Dr. sc. techn. *Peter Knoll,* Dr.-Ing. *Uwe Groß,* Dr.-Ing. *Wolfgang Menzel,* Institut für Bergbausicherheit, Friederikenstraße 60, DDR-7030 Leipzig, Deutsche Demokratische Republik.

Rock Mechanics, Suppl. 12, 227–236 (1982)

Rock Mechanics
Felsmechanik
Mécanique des Roches
© by Springer-Verlag 1982

Deformationen im tragfähigen Gebirge – Ja oder Nein? Konsequenzen für den Hohlraumbau

Von

H. K. Helfrich

Mit 3 Abbildungen

Zusammenfassung – Summary

Deformationen im tragfähigen Gebirge – Ja oder Nein? Konsequenzen für den Hohlraumbau. Mit dem Thema besteht die Absicht eine Diskussion anzuregen, die dem Ingenieurgeologen und Bauingenieur darüber Aufschluß geben sollte, ob es eine eindeutige Antwort gibt – in der einen oder anderen Richtung – oder die gleichberechtigte Existenz beider Richtungen – oder ob spezielle Erfahrungen des Bauunternehmers beachtet werden können, ein Versuch, der unglücklicherweise oftmals zu Konfrontationen mit dem Bauherrn und seinen Ratgebern führt.

Konkret dreht es sich um die Frage, wieviel Zeit darf nach dem Freilegen der Gebirgsoberfläche im Hohlraum verstreichen, bis die erste Sicherung einzubringen ist. Gemäß der NÖT soll das Gebirge durch die Zulassung einer „gewissen" Deformation aktiv zur Stabilität beitragen und die Norm S.I.A. 198 sieht vor, die erste Sicherung hinter der Brust in Intervallen abhängig von den angetroffenen Gebirgsverhältnissen einzubringen.

Leider sieht das in der Praxis aber oft anders aus. Es wird auch unter Bedingungen, die Deformationen im dazu geeigneten Gebirge zulassen, Abschlag für Abschlag das sofortige Einbringen der Sicherung gefordert (spätestens in 8 Stunden), damit auch die geringste Relaxation des Gebirges verhindert wird.

An Hand eines Beispieles werden die Problemstellung und die daraus erwachsenden Konsequenzen, die das Verhältnis Bauvertrag–Unternehmer beeinflussen, diskutiert. Es handelt sich offenbar um ein Kommunikationsproblem, wonach die Erkenntnisse nicht dorthin gelangen, wo sie am notwendigsten sind – in die Projektierung und in den Vortrieb.

Deformations in Bearing Rock Mass – Yes or No? Consequences for Underground Construction. Concerning the topic the intension exists to create a discussion which should give additional information to the engineering geologist and the construction engineer if a clear answer exists – either Yes or No – or about a coexistence – or if special experiences by the contractor should be taken into consideration which unfortunately often might lead to confrontations with the client and his advisers.

Focused is the question for everybody well known: How long time should pass after exposing a rock surface within an underground construction before a temporary support must be installed.

0080–3375/82/Suppl. 12/0227/$ 02.00

According to the NATM a deformation of the rock mass into a certain extend will activate a kind of selfbearing effect, and the norm S.I.A. 198 recommends the installation of temporary support behind the face in space-intervals adapted to the encountered rock mass condition.

In reality however, the demand often has been met, that temporary support should be installed immediately round by round (within 8 hours) unrelated to the rock mass condition in order to avoid any relaxation.

Based on an example, the specific background as well as the related consequences will be discussed, particularly if the relation contract and contractor is concerned.

The importance of a geotechnical expectation model, including the geological and rock mechanical conditions, specifically for each individual site, their critical evaluations and prognosis control must be pointed out.

Rock mass classification and rock mass behaviour should be based on several systems and evaluated not on calculated figures only, but also taking into account the specific importance of a parameter and the geological environment as a whole. Such evaluations allow a modern support philosophy using the rock mass with associated deformation as a support factor.

Knowledge and experiences created during the last three decades have developed very useful ideas and methods. However, due to the lack of communications in between scientists and technicians or clients and contractors, the state of technology in many cases do not reach the tunnel face.

1. Einleitung

Im Rahmen des 30. Geomechanik-Kolloquiums erscheint es angebracht, auf Probleme hinzuweisen, die hinsichtlich der Zulassung oder Nichtzulassung von Deformationen im tragfähigen Gebirge nach wie vor auftreten.

Von welcher Seite man es auch betrachtet, Theorie oder Praxis, es entwickeln sich immer wieder heiße Diskussionen im Zusammenhang mit Hohlraumbauten, die von der Tatsache beseelt zu sein scheinen, daß zumindest zwei Weltanschauungen vertreten sind: Das Gebirge soll mit gezielten Bewegungen zur Stabilität beitragen — jede Bewegung muß verhindert werden. Dieser Gegensatz spiegelt gewissermaßen das Verhältnis Theorie — Wirklichkeit wider, da gerade das Nein vielfach im Felde angetroffen wird.

Vom Ingenieurgeologen und Bauingenieur aus gesehen wäre es wünschenswert zu wissen, ob es eine eindeutige Antwort gibt — in der einen oder anderen Richtung — oder die gleichberechtigte Existenz beider Richtungen — oder ob auch spezielle Erfahrungen des Bauunternehmers beachtet werden können, ein Versuch, der unglücklicherweise oftmals zu Konfrontationen mit dem Bauherrn und seinen Ratgebern führt.

Eine Antwort, etwa im Sinne „es kommt darauf an", schließt bereits ein ja ein, das eintrifft, wenn es das Gebirge zuläßt. Als Praktiker mit der Einsicht über die grundlegende Notwendigkeit der Theorie möchte der Verfasser im folgenden ein Stimmungsbild vermitteln und die Probleme aufzeigen, die sich ergeben können.

2. Diskussionsgrundlage

Man könnte mit der Feststellung beginnen, daß es in der Wissenschaft und Technik immer verschiedene Lösungen geben wird, Lösungen, die aber sicher nicht immer gleichwertig sein werden. Gemeinsam ist jedoch, daß theoretische Lösungen in der Praxis erprobt werden müssen und die brauchbaren Inhalt von Methoden oder Konzepten werden sollen.

Schwierigkeiten treten auf, wenn theoretische Lösungen zu Glaubensbekenntnissen werden. Solche können auch dann noch aufrechterhalten werden, wenn sie in der Praxis erworbenen Erkenntnissen entgegensprechen. Solange daraus keine technisch-wirtschaftlichen Nachteile entstehen, kann die Diskussion als akademisch aufgefaßt werden und man könnte das Los entscheiden lassen.

Für den Hohlraumbau bedeutet die Zu- oder Nichtzulassung geeigneter Deformationen technisch-wirtschaftliche Vor- bzw. Nachteile. Welche Deformationen stehen zur Debatte:
– Erste elastische Aufdehnung
– Geringe Deformationen im mm- oder cm-Bereich.

Um eventuellen Mißverständnissen auszuweichen sei hinzugefügt, daß alle Deformationen, die zur Auflockerung führen, selbstverständlich verhindert werden müssen.

Entsprechend den Erfahrungen des Verfassers, die sich mit denen skandinavischer Tunnelbauer – was das Bauen im tragfähigen Gebirge betrifft – decken, soll sich das Gebirge bewegen, damit es optimal zur Eigenstabilität beitragen kann. Die Stabilität unzähliger Hohlräume im skandinavischen präkambrischen Grundgebirge spricht für sich selbst. Die Deformation liegt in zulässigen Grenzen.

Hinzu kommen wichtige Vorteile. Die Anpassung der Sicherung an „zulässige" Gebirgsreaktionen schafft größere Arbeitsfreiheit vor Ort und eine Begrenzung der Sicherungsmaßnahmen auf ein der Deformation entsprechendes Ausmaß. Wird die zulässige Deformation systematisch verhindert, lernt man diese und deren Eigenschaften nie kennen, muß aber den Vortrieb regelmäßig unnötigerweise unterbrechen und greift auf eine systematische Sicherung zurück, die in solchen Fällen keineswegs zweckentsprechend ist.

Sowohl im Zusammenhang mit theoretischen Darlegungen der NÖT (NATM), deren Ausführungen und Erfahrungen, sowie Erkenntnissen aus der oben erwähnten skandinavischen Hohlraumbautradition ist einzusehen, daß eine Sofortsicherung für jeden Abschlag oder eine Zeitbegrenzung auf beispielsweise höchstens 8 Stunden nach erfolgtem Abschlag, wie sie heute oftmals gefordert wird, im standfesten Gebirge und bei geeigneten Voraussetzungen keineswegs notwendig ist. Es sei in diesem Zusammenhang auf die Vorteile der NÖT (*Müller* und Co., 1978) und die Vorschriften des Schweizer Ingenieur- und Architekten-Vereins (Norm S.I.A. 198, 1975) verwiesen. Nicht vergessen werden darf *Muir Woods* Äußerung in der Arbeit Water Power & Dam Construction (*Muir Wood*, 1980), wonach das Gebirge erst nach zwei oder mehreren Abschlägen vor dem Ausbau volle Reaktionen zeigt und damit erst den notwendigen Umfang von Ausbauarbeiten zum Ausdruck bringt.

Selbstverständlich wird nur das standfeste-nachbrüchige Gebirge (beispielsweise Klasse I und II nach *Pacher* & Co., 1973) betrachtet, für welche zeitliche Beschränkungen für den Großteil der Sicherungsarbeiten nicht vorgeschrieben werden.

Noch deutlicher geht das aus der Norm S.I.A. 198 hervor. Hier werden drei Bereiche ausgeschieden (Abb. 1):

– Brustbereich (L$_1$) bei Ausbruchsbreite 6 m　　　3 m
– Vortriebsbereich (L$_2$) Ausbruchsbreite 6 m　　20 m
– Rückwärtiger Bereich (L$_3$) Ausbruchsbreite 6 m　200 m

auf die die Sicherungsmaßnahmen für die Klassen I und II verteilt werden können (Norm S.I.A. 1975).

AUSBRUCHSBREITE　6 m

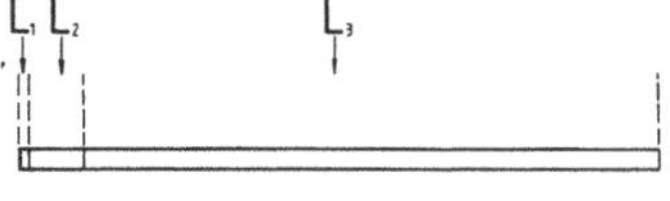

L$_1$ = BRUSTBEREICH　　　　　 =　 3 m
L$_2$ = VORTRIEBSBEREICH　　 =　20 m
L$_3$ = RÜCKWÄRTIGER BEREICH = 200 m

Abb. 1. Arbeitsbereichsgliederung vor Ort
Working areas related to the face distance

Alle diese Hinweise können nur dahingehend gedeutet werden, daß die eingangs gestellte Frage – im gültigen Bereich – mit einem eindeutigen Ja zu beantworten ist. Unverständlich erscheinen daher Forderungen von Fachleuten, die immer wieder im Zusammenhang mit Hohlraumbauten aufgestellt werden, daß keinerlei Deformation im standfesten Gebirge zu gestatten sei, wo doch beispielsweise die erste elastische Aufdehnung gar nicht erst verhindert werden kann.

Vertritt in einer solchen Situation der Unternehmer die Ja-Seite, kann das zu zweierlei Konsequenzen führen:

– Man baut entsprechend den Vorschriften und reduziert damit die Möglichkeit technisch-wirtschaftlicher zu bauen, oder

– es entspinnt sich ein Dialog, der nicht selten zur totalen Konfrontation führen kann, da der Unternehmer seine Erfahrung im Geiste einer konstruktiven Zusammenarbeit dem Projekt zugute kommen lassen will, was in vielen Fällen zu technisch-wirtschaftlichen Lösungen führen kann, aber aus den verschiedensten Gründen – Prestige – der Unternehmer ist ja nur ein Bauausführender – usw. abgelehnt wird.

In der Folge sind zwei für die Diskussion wichtige Teilfragen zu behandeln, nämlich der sachliche Diskussionsinhalt, sprich Datenunterlage und Bauvertrag.

Beide können schwerwiegende Unsicherheiten enthalten, da erstere von der Güte des initialen Erwartungsmodelles, Auffassungen, Gültigkeit der Untersuchungsergebnisse, Interpretationen und der Reichweite der Schlußsätze (*Helfrich,* 1978) abhängig ist, letztere sich entweder gar nicht oder eben begrenzt auf die erarbeiteten Gebirgsverhältnisse und Verhalten um den Hohlraum bezieht, die von der Wirklichkeit nicht unwesentlich abweichen können. Damit kann ein Bauvertrag schnell die Quelle eines Konfliktes werden. Schiedsgerichte können davon ein Lied singen!

Mit Nachdruck sei hier darauf hingewiesen, daß mit der Datenunterlage nicht allein die ingenieurgeologischen, sondern selbstverständlich auch die felsmechanischen Eigenschaften umfaßt sind, somit auch die letzteren den oben gestellten Forderungen (Erwartungsmodell, Gültigkeit, Reichweite, Prognoseniveau nach *Helfrich*, 1978) unterliegen.

Die Darlegung *Muir Woods* (1980): „Gute Tunnelpraxis hat gezeigt, daß sich der Konstruktionsprozeß bis zur Beendigung des Bauwerkes fortsetzt und die Kontraktverhältnisse die natürlichen Unsicherheiten im Tunnelbau beachten sollen, sodaß nicht gute Ingenieurkunst durch starre Kontraktanwendung ausgeschaltet wird", erscheint vorerst ein Wunschtraum.

Diese Äußerung wird umso verständlicher, wenn man bedenkt, daß Voraussagen über Gebirgsverhältnisse weder sicher noch genau genug sind, um Verbau- und Ausbaumaßnahmen definitiv im Vorhinein abstellen zu können (*Müller*, 1978). Dennoch stoßen als Regelfall Änderungen im unterzeichneten Bauvertrag, angepaßt an die angetroffenen Gebirgsverhältnisse und Verhaltensweisen, auf große Schwierigkeiten, die nicht zuletzt darin begründet sind, daß es, um einige zu nennen:

— An gegenseitigem Vertrauen fehlen kann.
— Glaubensbekenntnisse aneinander geraten oder verschiedene Schulen
　　(Lehrmeinungen) vertreten werden sollten.
— Der Bauvertrag keine Flexibilität zuläßt.

Vieles geht letztlich auf die Tatsache zurück, daß es bei der Gebirgsbeurteilung keine absoluten und eindeutigen Maßstäbe gibt.

30-jährige Forschung und Entwicklung auf dem Gebiete der Felsmechanik führten u.a. zu Richtlinien, zu Klassifizierungssystemen verschiedenster Art mit einer reichen Parameterauswahl. Der Vielfalt des Gebirges entsprechend dürfen sie aber nicht schematisch, also ohne gesunden Hausverstand angewendet werden, sondern sie sind selektiv dem jeweiligen Milieu anzupassen.

3. Beispiel

An Hand eines Beispiels soll das Problem der Interferenz: Vortrieb — Sicherungsmaßnahmen erläutert werden.

Für einen Hohlraumbau in präkambrischen Gneisen wurde vorgeschrieben, daß die Gebirgsankerung mit vorgespannten Ankern systematisch und nicht später als 8 Stunden nach dem jeweiligen Abschlag auszuführen ist. Sucht man nach Motiven für eine Achtstundenregel, so findet man in den Vorschriften für den Bau der U-Bahn in Washington einen Passus, der eine solche Achtstundenregel enthält, wobei jedoch zu bemerken ist, daß diese Regel sich sicher auf gewisse Gebirgsverhältnisse bezieht und daher auch nur für diese Gültigkeit hat. Die Praxis zeigt, daß oftmals Projekte miteinander verglichen werden, deren geologische Voraussetzungen gänzlich voneinander abweichen.

Wird angenommen, daß die spezifisch geologischen Verhältnisse mit beim Sprengen zu Sand zerfallenden diaphthoritisierten Glimmerschiefern, sozusagen als Lex Kariba (Abb. 2), einfach auf jedes beliebige geologische Milieu, gleichgültig ob es sich um gesunden Granit oder Tonschiefer handelt, übertragen werden — die Geologie wäre überflüssig. Dabei zeigt sich aber in der Verschiedenheit der geologischen Verhältnisse und deren Besonderheiten die Wichtigkeit, gerade diese in den Modellvorstellungen zu erfassen.

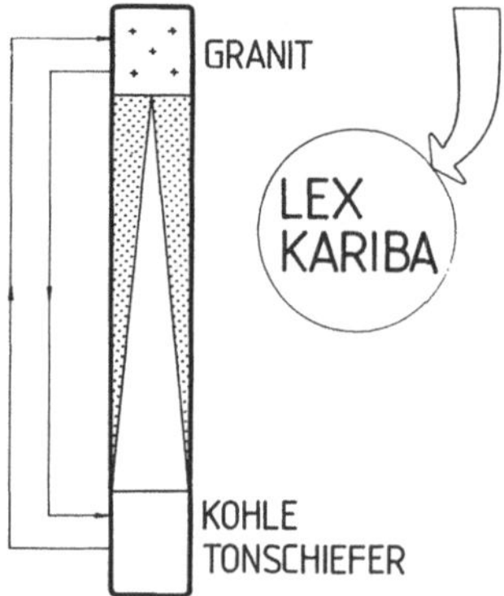

Abb. 2. Beurteilung spezieller Gebirgsverhältnisse nach schlechten Erfahrungen und nicht gemäß deren ingenieurgeologischen und felsmechanischen Charakteristik
Estimation of the rock mass conditions related to negative experiences but unrelated to the specifically geotechnical characteristics

Der Vortrieb im eingangs genannten Gebirge zeigt vielfach eine genügende Standfestigkeit, um die Gebirgsankerung 2 oder 3 Abschläge später einbringen zu können. Schädliche Deformationen konnten keine beobachtet werden.

Für die Bewertung des Gebirges in situ kann, um ein Beispiel zu nennen, die Q-Bewertung (nach *Barton* et al., 1974) herangezogen werden, die auf folgende Formel aufbaut:

$$Q = \frac{RQD}{J_\mathrm{n}} \cdot \frac{J_\mathrm{r}}{J_\mathrm{a}} \cdot \frac{J_\mathrm{w}}{SRF}$$

Hier bedeuten:

Q Gebirgsqualität (Rock Mass Quality)
RQD Rock Quality Designation
J_n Anzahl der Kluftscharen (Joint set number)
J_r Kluftflächenrauhigkeit (Joint roughness number)
J_a Kluftflächenveränderung (Joint alteration number)
J_w Kluftwasserführung (Joint water reduction factor)
SRF Streßreduktionsfaktor (Stress reduction factor)

Es ergibt sich aus den Tabellen *Bartons* sehr rasch, daß dem Faktor J_n entscheidende Bedeutung zukommen kann.

Bei Werten für RQD = 90–100, J_n = 2, J_r = 3, J_a = 0,75, J_w = 1 und SRF = 1 erhält man einen Q-Wert von 180, der darauf hindeutet, daß ein Hohlraum mit der Spannweite von 20 m ohne systematischen Ausbau errichtet werden kann.

Bewertet man das Kluftgefüge so, daß einzelne Großklüfte mit großen Abständen als mechanisch wirksame, das Gebirge im Kleinbereich beeinflussende Kluftschar aufgefaßt wird und die Parallelstruktur des Gneises zu einer weiteren Kluftschar macht, würde man J_n statt mit 2 mit 9 bewerten und so einen Q-Wert von 20 erhalten, der bereits einen Systemausbau vorsehen würde.

Hier ergibt sich im System eine große Gefahr zu erkennen, die dann hervortritt, wenn alle Teilparameter als gleichrangige Faktoren aufgefaßt werden. Die sich ergebenden Q-Werte sind dann Eintopfgerichte. Werden aber die einzelnen Teilparameter gemäß deren Gewicht (Bedeutung) behandelt, dienen die erzielten Werte als vergleichende Sortierung, wobei schließlich der numerisch gleiche Wert zu unterschiedlichen Schlußsätzen führen wird. Der Verfasser geht noch einen großen Schritt weiter und verwendet meistens vier Systeme: Standzeit (*Lauffer*, 1958), RMR (*Bieniawski*, 1976), Q (*Barton* et al., 1974) und die spezifischen Eigenheiten des geologischen Milieus.

Barton (1976) gibt weiterhin Kriterien für permanent unverbaute Hohlräume wie folgt (siehe auch Abb. 3):

$$J_n \leqslant 9, \quad J_r \geqslant 1.0, \quad J_a \leqslant 1.0, \quad J_w = 1.0, \quad SRF \leqslant 2.5$$

mit folgenden Randbedingungen:

Wenn $RQD \leqslant 40$, sollte $J_n \leqslant 2$ sein,

wenn $J_n = 9$, sollte $J_r \geqslant 1.5$ und $RQD \geqslant 90$ sein,

wenn $J_r = 1$, sollte $J_n < 4$ sein,

wenn $SRF > 1$, sollte $J_r \geqslant 1.5$ sein,

wenn $SPAN > 10$ m, sollte $J_n < 9$ sein,

wenn $SPAN > 20$ m, sollte $J_n \leqslant 4$ und $SRF \leqslant 1$ sein.

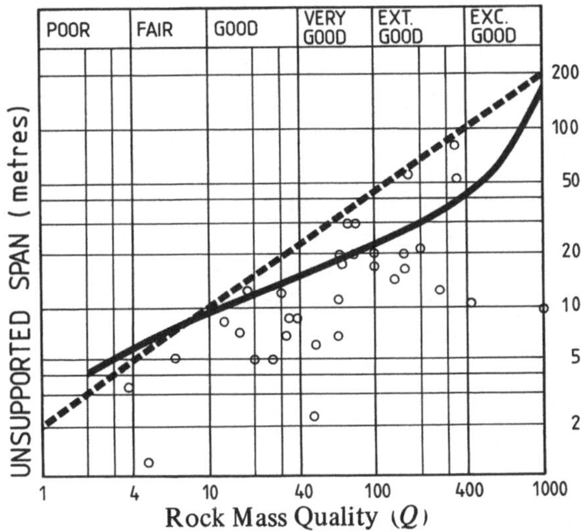

Abb. 3. Beurteilung der maximalen Spannweite in permanent unverstärkten Hohlräumen Estimation of the maximum design span for permanently unsupported man-made openings (curved envelope); after *Barton*, 1976

Sämtliche dieser Randbedingungen sind erfüllt, Bewegungen nicht beobachtet, was die Auffassung bestätigen sollte, daß ein systematischer Ausbau nicht erforderlich erscheint.

Hier wäre ein Beispiel, wie die Konstruktion zusätzliche Erkenntnisse bringt, die zu Modifikationen des Bauvertrages Anlaß geben sollten. Wird dennoch am ursprünglichen Konzept festgehalten, ergeben sich Fragestellungen, die den Rahmen dieser Diskussion sprengen würden.

4. Folgerungen

Sollte es nur an der Aussagegenauigkeit, was die Gebirgseigenschaften betrifft, liegen, die der Kernpunkt divergierender Beurteilungen sein kann, so könnte man schließen, daß es optimistische Lösungen geben wird, die ein gewisses Risiko enthalten, oder pessimistische, die sehr kostenaufwendig werden können.

In beiden Fällen wird es notwendig sein, die Gründe eingehend zu diskutieren. Es könnte ja der Fall vorliegen, daß ein genereller Verbau aus psychologischen Gründen gefordert wird, der keineswegs eine felsmechanische Notwendigkeit darstellt (psychologischer Verbau). Nicht gesprochen wird über regionale Ver- und Ausbauphilosophien verschiedener Schulen.

Auch was die Anwendung eines gebirgsangepaßten Ankersystems betrifft, herrschen divergierende Auffassungen — es gibt ja auch einen ganzen Urwald von Systemen, zu denen sich nun auch Stahlrohrspreizhülsenanker (Schweiz) und Swellex-Anker (Schweden) gesellt haben, unter denen man zu wählen hat. Man möchte fast von einer Inflation sprechen, nicht zuletzt bedingt durch den Einsatz finiter Elementmodelle mit eindrucksvollen zwingenden Lösungen, die nur allzu oft als letzte Wahrheit betrachtet werden, ganz vergessend, daß auch diese nur Richtlinien geben und als solche abgeschätzt werden müssen.

Wahlunterschiede entstehen natürlich auch, wenn die ingenieurgeologischen Verhältnisse nur phänomenologisch und nicht funktionell betrachtet werden. Hiezu gehören auch Angaben über das Kräftespiel im Gebirge, ohne die die Funktionsweisen kaum realistisch zu erfassen sind.

Es muß leider festgestellt werden — und das nicht ohne Nachdruck —, daß oftmals geologische Daten für die gebirgstechnische Beurteilung nicht herangezogen werden können. Die Gründe dafür können vielartig sein, beispielsweise:
- Daß ihr Vorhandensein nicht erkannt worden ist.
- Daß sie ungenügende Relevanz zu technischen Lösungen zeigen und daher keine interpretierbaren Resultate liefern. Sie können damit auch nicht für die Bewertung herangezogen werden.
- Daß sie Eigenschaften repräsentieren, die nicht in Relation zu den vertretenen Gebirgsklassen stehen.
- Daß sie Voruntersuchungen entstammen, die keine quantitativen Aussagen und keine Bewertung des Untersuchungs- und Aussageniveaus enthalten.

Werden Mängel an Hand der Anbotsunterlagen offenbar, so hat der Unternehmer zwei Möglichkeiten: Entweder er kann auf eigene Erfahrungen zurückgreifen, die entsprechenden Standorte aufgrund eigener Modellvorstellungen analysieren, den Informationsinhalt ergänzen und damit konkrete alternative Vorschläge erbringen; oder er muß sich gegen alle denkbaren Abweichungen absichern, sich vielleicht sogar auf spätere Prozesse verlegen, um nicht ohne spürbaren Verlust das Projekt beendigen zu müssen.

Kein ungewöhnliches Resultat: Das Projekt wird viel teurer als von Beginn an budgetiert, ein Fall, der eintreten muß, wenn Bauverträge die spezifischen gebirgstechnischen Verhältnisse einfach nicht oder nur ungenügend berücksichtigen.

Dazu braucht es aber nicht zu kommen. Die felsmechanische Forschung hat so viel Fruchtbares geleistet, nur scheint es ein Kommunikationsproblem zu sein, daß die Erkenntnisse nicht bis dorthin gelangen, wo der Hohlraum projektiert wird oder anfängt. Das ist nicht zuletzt auf den Inhalt der Ausbildung an den Universitäten — wissenschaftlich oder technisch — ausgerichtet, die den wirtschaftlichen Konsequenzen einer mangelnden Integration von Wissenschaft und Praxis nicht genügend Raum widmen. Die wirtschaftliche Bedeutung geologischer und felsmechanischer Aussagen kann nicht eindringlich genug ausgedrückt werden. Sie sind doch die Unterlage von technischen Fragestellungen und zugeordneten Maßnahmen (meistens sehr kostenaufwendig!).

Werden diese Voraussetzungen vor allem von der Geologie erfüllt, werden auch ganz selbstverständlich die erarbeiteten Daten und Aussagen ernst genommen, welche als Bedingungen für einen fruchtbringenden kostensparenden Dialog anzusehen sind.

Dem Kernproblem — mangelnde Kommunikation — kann Abhilfe geschaffen werden. Allen, die zur Entwicklung des Ideengutes beigetragen haben, muß gesagt werden, daß leider die Ideen und Forschungsergebnisse oftmals gar nicht angewendet werden. Anstatt Theorie und Methodik einseitig zu verfeinern, wäre es notwendig dahingehend zu wirken, daß die Erkenntnisse — abgestimmt auf die jeweiligen Voraussetzungen — auch wirklich bis in den Vortrieb kommen.

Bezugnehmend auf die Deformation im standfähigen Gebirge würde das bedeuten, daß Hunderte von Millionen nicht dafür aufgewendet werden, um eine Deformation des Gebirges, wo sie stabilisierend wirkt, zu verhindern.

Literatur

Barton, N., Lien, R., Lunde, J.: Engineering Classification of Rock Masses for the Design of Tunnel Support. Rock Mechanics 6, 189–236 (1974).

Barton, N.: Recent Experiences With the Q-System of Tunnel Support Design. Proceedings of the Symposium on Exploration for Rock Engineering Vol. 1, Johannesburg, BALKEMA Rotterdam, 1976.

Bieniawski, Z. T.: Rock Mass Classification in Rock Engineering. Proceedings of the Symposium on Exploration for Rock Engineering Vol. 1, Johannesburg, BALKEMA Rotterdam, 1976.

Helfrich, H. K.: The Engineering-Geologic Expectation Model as a Basis for the Prognosis in Underground Construction. Rock Mechanics, Suppl. 7, 13–26 (1978).

Lauffer, H.: Gebirgsklassifizierung für den Stollenbau. Geologie und Bauwesen 24, 46–51 (1958).

Muir Wood, A. M., Cooper, W. H., Kidd, B. C.: Dams and Their Tunnels. Water Power & Dam Construction, 32, 47, 49, Feb., March 1980.

Müller-Salzburg, L., Fecker, E.: Grundgedanken und Grundsätze der „Neuen Österreichischen Tunnelbauweise". Grundlagen und Anwendung der Felsmechanik. Felsmechanik Kolloquium Karlsruhe 1978, Trans. Tech. Publication Clausthal, 1978.

Müller-Salzburg, L.. Der Felsbau, Bd. 3: Tunnelbau. Stuttgart: Enke 1978.

Norm S.I.A. 198: Untertagebau — Begriffe, zusätzliche Allgemeine Bedingungen und Meßvorschriften. Schweizerischer Ingenieur- und Architekten-Verein, Zürich, 1975.

Pacher, F., Rabcewicz, L. v., Golser, J.: Zum derzeitigen Stand der Gebirgsklassifizierung im Stollen- und Tunnelbau. XXII. Geomech. Kolloquium. Salzburg, 1973.

Anschrift des Verfassers: Prof. Dr. *Hans K. Helfrich*, Brunnsvägen 5, S-182 45 Enebyberg, Schweden.

Rock Mechanics, Suppl. 12, 237–246 (1982)

**Rock Mechanics
Felsmechanik
Mécanique des Roches**
© by Springer-Verlag 1982

Criteria of Structural Geology and Rock Mechanics for the Storage of Heated Compressed Air in Aquifers

By

H. J. Pincus

Summary – Zusammenfassung

Criteria of Structural Geology and Rock Mechanics for the Storage of Heated Compressed Air in Aquifers. Studies have been in progress since 1977 to establish criteria for suitable sites for storage of compressed air in porous, permeable rocks, and to identify geological parameters to be monitored in operating installations. At present, field tests are being undertaken to bridge the gap between laboratory and operating conditions.

The types of traps successfully exploited in the oil and gas industry are technically attractive for the storage of compressed air. Clean quartz sandstones are the most promising reservoir rocks.

Domed (anticlinal) models have been used in preliminary calculations and planning. For such a structure, the following minima have been proposed: closure, 10 m; aquifer thickness, 10 m; thickness of caprock, 6 m; depth, 200 m; porosity, 10 %; and permeability, 300 md.

Zones of impermeability within the reservoir rock or zones of permeability within the caprock could render the structure useless.

Based on laboratory studies, the most important independent and dependent variables are respectively rock type and permeability. The St. Peter Sandstone and the Mt. Simon Sandstone are good candidates for reservoir rock.

Several areas in the north-central United States appear to have geological characteristics favorable to compressed air storage.

Die Kriterien der Strukturgeologie und der Felsmechanik für die Speicherung erhitzter Preßluft in grundwassertragendem Gestein. Schon seit 1977 sind Untersuchungen durch mehrere Laboratorien im Gange mit dem Ziel, Kriterien für geeignete Lagen zur Speicherung von Preßluft in porösem, durchlässigem Felsgestein zu erstellen und geologische Parameter zu identifizieren, die bei Einrichtungen, die in Betrieb genommen werden, zu beobachten sind. Gegenwärtig werden von einer Industriegruppe Feldversuche angestellt mit dem Ziel, die Lücke zwischen dem Laboratorium und den Operationsbedingungen zu überbrücken.

Die Arten der Fallen, die in der Öl- und Gasindustrie erfolgreich ausgenutzt werden, sind technisch auch für die Speicherung von Preßluft attraktiv. Strukturen, die für die jahreszeitliche Speicherung von Erdgas erfolgreich ausgenutzt werden, sind von besonderem Interesse. Reiner Quarz-Sandstein ist das vielversprechendste Gestein für die Preßluftspeicherung.

Bei vorläufigen Berechnungen und Plänen hat man kuppelförmige (antiklinale) Modelle verwendet. Für eine solche Struktur wurden die folgenden Mindestwerte vorgeschlagen: Strukturrelief: 10 m; Dicke des grundwassertragenden Gesteins: 10 m; Dicke des Deckgesteins: 6 m; Tiefe: 200 m; Porosität: 10 %; und Durchlässigkeit: 300 md.

0080–3375/82/Suppl. 12/0237/$ 02.00

238 H. J. Pincus:

Die geforderte Mindesttiefe beruht auf der Überlegung, daß der Luftdruck den Überlagerungsdruck nicht übersteigen darf.

Zonen der Undurchlässigkeit innerhalb des Speichergesteins oder Zonen der Durchlässigkeit innerhalb des Deckgesteins könnten die Struktur für die Speicherung von Preßluft unbrauchbar machen. Dünne Schiefertonschichten innerhalb eines Sandsteinreservoirs brauchen keine gegenteiligen Folgen zu haben, da der Fluß meistens parallel zur Schichtung verläuft. Senkrecht zur Schichtung verlaufende Klüfte, die mit undurchlässigem Material angefüllt sind, könnten den Fluß außerordentlich behindern, besonders wenn sie undurchlässige Laminae durchqueren. Ursprüngliche oder durch Luftspeicherung verursachte Bruchstellen in der Deckschicht könnten einen Luftverlust nach oben und möglicherweise schädigende Umwelteinflüsse zur Folge haben.

Untersuchungen von Sandstein, Schieferton und Karbonatgestein im Laboratorium ergaben, daß die Art des Gesteins eine weit wichtigere Variable ist als Lufttemperatur, Luftdruckabfall über den Probestücken, durchschnittlicher Druck der durch die Probestücke fließenden Luft, und Zykluszahl des wechselnden Luftflusses durch die Probestücke. Luftdruckabfall und Lufttemperatur sind die nächstwichtigsten Variablen. Die sensitivste abhängige Variable ist die Durchlässigkeit, aber alle festgestellten Verminderungen sind sehr klein. Porosität, Druckfestigkeit und Youngscher Modul werden offenbar nicht beträchtlich beeinflußt, wenn man erhitzte Preßluft durch die Gesteinsproben strömen läßt. Bisher gemessene Veränderungen in thermalen Eigenschaften scheinen unbedeutend zu sein.

Der beste Kandidat für Speichergestein unter den bisher untersuchten Gesteinsarten ist ein reiner, mittel- bis grobkörniger Quarz-Sandstein, der gleichmäßig gekörnt und mit Silika mässig gebunden ist. Das wird am besten exemplifiziert durch Proben des St. Peter Sandsteins. Ein anderer guter Kandidat ist der Mt. Simon Sandstein.

Introduction

Studies by several laboratories have been in progress since 1977 to establish criteria for suitable sites for storage of compressed air in porous, permeable rocks and to identify geological parameters to be monitored in operating installations. At present, field tests are being undertaken in Illinois by an industrial group, to bridge the gap between laboratory and field conditions (*Allen, Kannberg,* and *Doherty*, 1981).

The purpose of such storage is to improve the operation of electrical power systems by charging aquifers with compressed air when generating capacity exceeds demand, and discharging air during periods of peak-power demand (*Katz* and *Lady*, 1976). The storage of compressed air in aquifers is the mechanical equivalent of hydroelectric pumped storage and of compressed air storage in mined solution cavities and in underground excavations in hard rock.

Geological requirements for the entrapment of natural gas, petroleum, and confined ground water are essentially the same as those for the storage of compressed air in aquifers. The seasonal storage underground of natural gas has provided information that is relevant to the underground storage of compressed air, however these two types of storage do differ substantially in cycling-frequency, and in temperature, viscosity, and chemistry of the stored gases.

The operating conditions for a compressed-air aquifer-storage system will be approximately as follows: air temperature, 200° C; mean air-pressure, 4–8 MPa; amplitude of air-pressure cycling, 10 % of mean air pressure; number of air-pressure cycles, 250 daily cycles per year for 30 years, or 7500 cycles. Since air pressure must not exceed overburden pressure, the reservoir rock must be at a depth of at least 200 m to store air at a pressure of 6 MPa.

Air will be charged and discharged through an array of wells laid out in a grid. As air is built up in the system over a period of months, the mean volume of air in storage will expand, displacing water outward; when the system attains the desired size, the "air bubble" will be maintained at approximately the same volume and pressure, plus and minus daily fluctuations. A cylinder of hot, dry rock will surround each well, and in time, neighboring cylinders may coalesce.

Essential for the operation of such a system are reservoir rock to store the air, on overlying cap rock to hold the air in the reservoir rock, and suitable geometry of cap and reservoir to provide entrapment. The most important characteristics of the reservoir rock are porosity and permeability. The most important characteristics of the cap rock is its overall impermeability. Each must be capable of maintaining its desirable characteristics during the operating lifetime of the system.

Laboratory Studies

From 1977–1980, a research team at the University of Wisconsin-Milwaukee conducted laboratory and supporting field studies (*Pincus*, 1978a, 1978b, 1979, 1980a, 1981) of rocks (Figure 1) from the north-central United States, that is, from the states of Wisconsin, Illinois, Minnesota, Indiana, and Iowa (*Cutler*, 1979; *Marshall*, 1979; *Gross*, 1980; *Hopper*, 1980; *Pujol-Rius*, 1980; *Swingen*, 1981). The independent variables in these laboratory studies were air temperature, mean air-pressure, amplitude of air-pressure cycling, number of air-pressure cycles, and type of rock. The dependent variables were permeability, porosity, compressive strength, Young's modulus, thermal conductivity, specific heat, linear thermal expansion, and an optical correlation coefficient used to measure changes in rock fabric (*Pincus*, 1980b). Experiments were carried out under confinement, to simulate in situ conditions.

Special methods were developed for treating the rock surfaces to enhance pore-grain structure for fabric analysis. Several types of statistical analysis were used, including analysis-of-variance, multiple regression, and paired t-tests.

The results of these studies have indicated that rock type is far more important than the other independent variables, namely, air temperature, air-pressure drop across specimens, mean pressure of air flowing through specimens, and number of cycles of alternating air flow through specimens. Air-pressure drop and air temperature are the next most important independent variables. The most sensitive dependent variable is permeability, but any decreases detected are very small. Porosity, compressive strength, and Young's modulus are apparently not affected adversely by cycling rocks with heated compressed air. Changes in thermal properties appear to be insignificant. Fabric analysis by optical correlation indicates no significant changes with cyclic ventilation, which is consistent with the results of microscopic examination. In the case of one-directional flow of air, optical diffraction analysis does indicate changes in fabric that could be explained by downstream transport of fines.

Cambrian and Ordovician Surface Rock-Units in Wisconsin

Epoch	Series		
ORDOVICIAN	Cincinnatian	Neda Brainard Fort Atkinson	Maquoketa
		Scales	
	Champlainian	Galena Decorah *Platteville }	Sinnipee
		*St. Peter	Ancell
	Canadian	Shakopee Oneota }	Prairie du Chien
CAMBRIAN	St. Croixian	Trempeauleau	{ *Jordan St. Lawrence
		Tunnel City (*Franconia)	Mazomanie
		Elk Mound	{ Wonewoc Ironton *Galesville *Eau Claire *Mt. Simon

* These units or their equivalents have been studied in the laboratory.

Fig. 1. Rocks studied as potential storage media for compressed air (Compiled by *R. A. Swingen*; adapted from *Pincus*, 1980b, Fig. 2).

Additional studies of the effects of cyclic displacement of an air-water interface in specimens of St. Peter Sandstone have yielded results entirely consistent with those obtained for the dry-air ventilation of the St. Peter, that is, no significant changes in properties or fabric (*Pujol-Rius*, 1980). This is an important conclusion, because it indicates that water did not affect the stability of the rocks tested.

The best candidate for reservoir rock studied so far is a clean, medium-to coarse-grained quartz sandstone that is well-sorted and moderately cemented with silica. This is best exemplified by the St. Peter Sandstone. Another good candidate is the Mt. Simon Sandstone.

Proposed Criteria

Proposed quantitative geologic criteria for compressed air storage in aquifers are shown in Table 1. Proposed lithological, mechanical, and structural characteristics are shown in Table 2. Mechanical properties of two candidate reservoir rocks are shown in Table 3.

Table 1. *Proposed Quantitative Geologic Criteria*

	Preliminary Design Criteria (*Stottlemyre*, 1978)	Field Test Criteria (*Allen, Kannberg, and Doherty*, 1981)	Criteria for Full-Scale Storage (*Allen, Trapp, and Jensen*, 1981)
1. Porosity	$> 10\%$		$> 10\%$
2. Reservoir Pore Volume		$< 10^6\,\mathrm{m}^3$	
3. Reservoir Permeability	> 300 md	> 300 md	> 300 md
4. Reservoir Thickness	> 9 m	> 5 m	> 10 m
5. Caprock Thickness	> 6 m	> 6 m	> 6 m
6. Structural Relief (closure)	> 46 m	> 5 m	> 10 m
7. Bedding Dip		$< 15°$	$< 15°$
8. Radius of Reservoir		> 100 m	
9. Depth of Reservoir	> 183 m	> 200 m	
10. Ground Water Discovery Pressure		$> 1.035\,\mathrm{KP_a}$	
11. Caprock Threshold Pressure		$> 1380\,\mathrm{KP_a}$	> 2 (Max. Injection Pressure-Discovery Pressure)
12. Ground Water Gradient		Negligible	Negligible

Table 2. *Proposed Lithological, Mechanical and Structural Characteristics*

Composition of Reservoir Rock	clean quartz-sandstone, medium-to coarse-grained, well-sorted, moderately cemented with silica
Stability of Reservoir Rock and Caprock	permeability, porosity, elastic properties, and strength essentially insensitive to cyclic ventilation with heated, compressed air during the lifetime of the facility (250 cycles/year x 30 years = 7500 cycles)
Structural Features	absence of impermeable barriers (seams and filled joints) in reservoir rock oriented perpendicular to direction of flow (which is parallel to the bedding) absence of permeable channels (open, connected joints) in caprock which cut across more than a small fraction of the thickness of the caprock absence of minor structures which trap air or water in zones in which they should move freely uncomplicated storage structure, free of significant offsets from faults and of large changes in facies
Other	structure in area of low seismicity and volcanic activity absence of hydrocarbons

Table 3. *Mechanical Properties of Candidate Reservoir Rocks*

	St. Peter Sandstone	Mt. Simon Sandstone
Compressive Strength (Confining Pressure 6.89 MPa)	39 MPa	103 MPa
Young's Modulus (Confining Pressure 6.89 MPa)	$9\,(10)^3$ MPa	$27\,(10)^3$ MPa
Porosity	22 % (water)	19 % (gas)
Permeability	$3 \cdot 8\,(10)^3$ md (water)	$2 \cdot 7(10)^2$ md (gas)

It is essential that pores or other openings in the reservoir rock be interconnected in a system providing adequate rates of mass flow. The rock must be chemically and mechanically stable under operating conditions. It is well known that coarse sandstones, particularly in the north-central United States, tend to be cleaner (purer) mineralogically than their finer-grained equivalents (*Buschbach*, 1975; *Wilman* and *Buschbach*, 1975).

Any of several factors will decrease the usefulness of the rock as a reservoir for compressed air. With decreasing grain size, the permeability will decrease and the abundance of other minerals is likely to increase. Poorer sorting will decrease permeability and porosity. Increasing amounts of carbonate cement will likely decrease chemical stability. How combinations of such changes will act in concert is best addressed initially by laboratory study.

Of immediate concern is the role of impermeable zones within the reservoir rock. Seams of shale, parallel to the bedding of the sandstone reservoir, need not have adverse effects. Since most flow will take place parallel to the bedding, the effects of such seams would be to separate the reservoir into overlapping stacks of parallel reservoirs. Around the well-bores such seams might cause some problems resulting from wash-outs along the sandstone-shale contact or from differential thermo-mechanical responses.

Jointing in the reservoir rock might increase porosity and permeability. Vertical joints, or joints perpendicular to the bedding, could act as dams if filled with impermeable materials. Filled joints that intersect impermeable seams could effectively divide the reservoir into blocks of permeable material isolated from each other by impermeable curtains and blankets; such a structure could be undetected even with exploratory drilling.

Permeability and porosity may also vary gradually through a reservoir rock, particularly parallel to the bedding. This could have a profound effect on overall charge-discharge characteristics, and would result in substantially different characteristics for different wells in the same system.

Variations in porosity affect the available volume of storage space in the reservoir rock. As the porosity increases, the total volume of reservoir rock required decreases, for a specified volume of storage space. Thus, doubling the porosity reduces the thickness or area required by 50 %, in flat-lying rocks. Such a reduction in area would be expressed by a decrease in the radius of a circular area or in the side of a square area by about 30 %.

Promising Areas

Based on studies conducted by personnel in this project and on extensive published geological data (*Buschbach*, 1975; *Wilman* and *Buschbach*, 1975; *Ostrom*, 1971), the following areas in the north-central United States hold promise for compressed air energy-storage in aquifer-type rocks:

a) A large area in the southern part of southeastern Minnesota has good potential for storage in Paleozoic sandstones (*Marshall*, 1979). The following reservoir/cap rock pairs are promising: 1) Mt. Simon/Eau Claire, 2) middle Eau Claire greensand/upper Eau Claire, and 3) Galesville/Franconia.

b) In eastern Iowa and southwestern Wisconsin there are three possible reservoir cap/rock pairs (*Gross*, 1980). 1) Mt. Simon/Eau Claire, Galesville/Franconia, and 3) St. Peter/Glenwood and Maquoketa. Both *Marshall* and *Gross* conclude that suitable structures appear to be concentrated in their study areas along the Midcontinent Gravity High, which extends from northwestern Wisconsin through north-central Iowa to Kansas.

c) The Cambrian and Ordovician sandstones along the Kankakee Arch in northern Indiana and Illinois should be considered as potential reservoirs (*Hopper* 1980). Some have been used successfully for gas storage, such as the Mt. Simon, Eau Claire, Galesville, and St. Peter.

It appears that one of the most effective steps to take in the early stages of selecting and developing sites for storage of compressed air is to start with known structures in which fluids, particularly gas, have been stored successfully. Of course, acquisition of such sites might be accompanied by large legal, economic, and environmental burdens.

A thorough exploration program, especially with adequate drilling, both vertical and inclined, and accompanied by first-class property-testing of the drill cores, is essential no matter how promising an area may appear to be.

It is important that exploration for suitable sites not be restricted to the search for domed (anticlinal) structures. The variety of traps successfully exploited in the oil and gas industry should provide models for exploration targets.

Suggested Variables to be Monitored in Situ

Based on studies in this project, the independent variables that should be monitored in the field are flow-rate and temperature of the air. The temperature of the rock should also be monitored in three dimensions below, through, and above the reservoir rock. The most important dependent variable to be monitored is permeability, or more precisely, change in permeability. Although results so far indicate no systematic changes in porosity or microstructure, common sense dictates that changes in each of these be detected, should they occur. Common sense also dictates that water in all of its ambient forms be monitored.

The foregoing does not purport to be a complete list of variables to be studied. For example, it is also desirable that changes in some mechanical and thermal properties of both reservoir rock and cap rock be detected accurately and promptly, should they occur.

Suggestions for Future Work

It is suggested that the following additional work be done:
a) Systematic study of caprock permeability, in particular with respect to its dependence on temperature, pressure, cyclical loading (fatigue), and chemical environment.
b) Joint study of laboratory results obtained so far and data obtained from field tests now in progress.
c) Further analytical study of the relations among rock properties.

Acknowledgements

The technical assistance of colleagues and students at the University of Wisconsin-Milwaukee is acknowledged with gratitude. Support for this work has been provided by the U.S. Department of Energy through Battelle Pacific Northwest Laboratories and by the University of Wisconsin-Milwaukee. The views and conclusions expressed in this paper should not be interpreted as necessarily representing the official policies, expressed or implied, of the Department of Energy, Battelle Pacific Northwest Laboratories, or the University of Wisconsin-Milwaukee.

Much of this paper has been extracted from annual technical reports submitted to Battelle, and especially from the final annual report (*Pincus*, 1980b).

References

Allen, R. D., Kannberg, L. D., Doherty, T. J.: Aquifer field test for compressed air energy storage. Intersociety Energy Conversion Engineering Conference, Atlanta, 1981.

Allen, R. D., Trapp, J. S., Jensen, T. E.: Site characterization for injection of compressed air into an aquifer. Proceedings, 22nd U.S. Symposium on Rock Mechanics, Cambridge, 1981.

Buschbach, T. C.: Cambrian System. Bulletin, Illinois State Geological Survey, Urbana 95, 39–41 (1975).

Cutler, R. M.: Laboratory studies of the effects of compressed air energy storage on selected reservoir rock and caprock. M.S. Thesis, University of Wisconsin-Milwaukee, Milwaukee, 1979.

Gross, D.: Compressed air energy storage in Cambro-Ordovician sandstones of eastern Iowa and southwestern Wisconsin. M.S. Thesis, University of Wisconsin-Milwaukee, Milwaukee, 1980.

Hopper, J. W.: The effects on rock properties of cycling heated compressed air in selected rocks, with emphasis on thermal properties. M.S. Thesis, University of Wisconsin-Milwaukee, Milwaukee, 1980.

Katz, D. L., Lady, E. R.: Compressed air storage for electric power generation. Ann Arbor: Ulrich's Books, Inc., 1976.

Marshall, T. B.: Compressed air storage in Paleozoic sandstones of southeastern Minnesota. M.S. Thesis, University of Wisconsin-Milwaukee, Milwaukee, 1979.

Ostrom, M. E.: Preliminary report on results of physical and chemical tests of Wisconsin silica sandstones. Information Circular 18, Wisconsin Geological and Natural History Survey, Madison, 1971.

Pincus, H. J.: The storage of compressed air in porous, permeable rocks. Proceedings, 19th U.S. National Symposium on Rock Mechanics, Lake Tahoe, Vol. *1*, 215–222 (1978).

Pincus, H. J.: Geological aspects of storage of compressed air in porous, permeable rocks. Proceedings, Third International Congress, International Association of Engineering Geology, Madrid, Vol. *III/2*, 107–116 (1978).

Pincus, H. J.: Measurement of changes in rock fabrics. Proceedings, Fourth Congress of the International Society for Rock Mechanics, Montreux, Vol. *I*, 265–271 (1979).

Pincus, H. J.: Relationships among properties of rocks used for storage of heated, compressed air. Bulletin, International Association of Engineering Geology, Krefeld *22*, 179–184 (1980).

Pincus, H. J.: Underground compressed air energy storage rock mechanics and geology components. FY 1980 Progress Report, Report to Battelle Pacific Northwest Laboratories, University of Wisconsin-Milwaukee, Milwaukee, 1980.

Pincus, H. J.: Studies of the Mt. Simon Sandstone as a potential storage reservoir for compressed air. Proceedings, 22nd U.S. Symposium on Rock Mechanics, Cambridge, 1981.

Pujol-Rius, A.: The effects of cycling an air-water interface in St. Peter Sandstone. M.S. Thesis, University of Wisconsin-Milwaukee, Milwaukee, 1980.

Stottlemyre, J. A.: Preliminary stability criteria for compressed air storage in porous media reservoirs. Battelle Pacific Northwest Laboratories, Richland, PNL-2685, UC-94b, 1978.

Swingen, R. A.: Evaluation of the St. Peter Sandstone and Joachim Dolomite for compressed air energy storage, with emphasis on thermal properties. M.S. Thesis, University of Wisconsin-Milwaukee, Milwaukee, 1981.

Wilman, H. B., Buschbach, T. C.: Ordovician System, Bulletin, Illinois State Geological Survey, Urbana *95*, 61–63 (1975).

Address of the author: Prof. *H. J. Pincus*, Departments of Geological Sciences and Civil Engineering, University of Wisconsin-Milwaukee, WI 53201, U.S.A.

Rock Mechanics, Suppl. 12, 247–261 (1982)

Rock Mechanics
Felsmechanik
Mécanique des Roches
© by Springer-Verlag 1982

Gefräste Stollen in Österreich von 1979–1981, Erfahrungen und Vergleiche

Von

Karl Angerer

Zusammenfassung — Summary

Gefräste Stollen in Österreich von 1979–1981 – Erfahrungen und Vergleiche. In den Jahren 1980 und 1981 wurden 11 Stollen in Österreich für Fräsvortrieb vergeben, die allein rund 50 % der gesamten gefrästen Stollen- und Schachtlängen betragen. Über die Anteile der verschiedenen Fräsendurchmesser und Fräsenerzeugnisse an der gesamten Fräsleistung in Österreich wird berichtet. Es wird auf die Wirtschaftlichkeit des Fräsbetriebes eingegangen und die wesentlichsten Kostenarten und deren Einfluß auf die Gesamtkosten werden an Hand zur Zeit laufender Fräsbetriebe beschrieben.

Die Bedeutung geologischer Voruntersuchungen, deren gründliche Ausarbeitung als Ausschreibungsunterlagen, werden an einigen Soll-Ist-Vergleichen jüngster Fräsvortriebe in Österreich aufgezeigt. Für die Beurteilung der Fräsbarkeit eines Gebirges und der Ermittlung der Leistungsanschätzung für den Fräsfortschritt wird vorgeschlagen, von den bisher angegebenen Kennwerten aus Symptomen abzugehen und an deren Stelle die mineralogische Zusammensetzung, das Interngefüge des Gesteins und das Gebirgsgefüge zu erfassen und zu schildern.

Die Tatsache, daß in unseren Alpen Störbereiche verschiedener Art im Gebirge nicht umgangen werden können, bedingt einen umfangreichen Einbau von Stützmaßnahmen. Um diese vornehmen zu können, wurden schon wesentliche technische Vorkehrungen in Fräsmaschinen vorgesehen.

In Zukunft werden kleinere Verschleißkosten durch metallurgische Entwicklung, leichteres und schnelleres Wechseln der Abbauwerkzeuge hinter dem Fräskopf sowie konstruktive Vorkehrungen erwartet, welche das Setzen von Stützmaßnahmen im Maschinenbereich ermöglichen.

Bored Tunnels in Austria Between 1979 and 1981 – Experience and Comparison. In 1980 und 1981, in Austria the construction of 11 tunnels by boring machines has been placed, what is about 50 % of all bored tunnel and shaft lengths. The paper gives informations about the share of different boring diameters and boring machines in the whole boring performance in Austria. The economy of the boring operations is dealt with, and the most essential kinds of costs and their influence on the total costs are described on the basis of present boring operations.

The importance of geological preliminary investigations and their thorough preparation for tender documents are demonstrated in comparing planned and reached performances in recent boring headings in Austria. For assessing the borability of a rock mass and the determination of performance in the boring progress, it is proposed to disgress from the hitherto given characteristic values emerged from symptoms and instead of them to cover and describe the mineralogic composition, the intern fabrics of the rock mass and the rock structure.

0080–3375/82/Suppl. 12/0247/$ 03.00

Tab. 1. *Fräsvortrieb in Österreich bis 1981*
Bored tunnels in Austria until 1981

Nr.	Projekt	Auftraggeber	Baubeginn	Länge km	Durchmesser m	Maschinenhersteller
1	Floitenbach	TKW	1967	0,26	2,14	Wirth
2	Stollen Wattenbach	Bunzl u. Biach	1969	1,00	2,56	Robbins
3	Wetterstrecke 7. Sohle	Kupferbergbau Mitterberghütte	1969	1,01	3,02	Robbins
4	Österreicherstollen	Gem. Wien	1970	0,65	2,90	Robbins
5	Hirzbachüberleitung	TKW	1971	4,89	2,40	Wirth
6	Geißsteinstollen	Gletscherbahn Kaprun	1972	3,26	3,60	Wirth
7	Richtstollen Pfänder	BM Bauten u. Techn.	1974	6,74	3,55	Wirth/Robbins
8	Rotlechstollen	EW Reutte	1975	4,67	3,46	Wirth
9	Vomperbachstollen	Gem. Schwaz	1975	2,30	3,80	HRT
10	Rotenbergstollen	VKW	1975	5,42	3,90	Robbins
11	Abwasserstollen Feldkirch	Abw. Verband Feldkirch	1976	0,70	2,56	Robbins
12	Beileitung Sölk	Steweag	1976	3,29	3,98	Robbins
13	Druckschacht Unterstufe Sellrain-Silz	Tiwag	1977	2,00	3,20	Wirth
14	Beileitung Donnersbach	Steweag	1977	+4,89 7,13	3,55	Robbins
15	Druckstollen Unterstufe Sellrain-Silz	Tiwag	1977	4,47	3,90	Robbins
16	Druckschacht Oberstufe Sellrain-Silz	Tiwag	1977	1,20	4,80	Wirth

17	Druckschacht Böckstein	Safe	1978	0,93	2,15	Demag
18	Überleitungsstollen Hüttwinkl	Safe	1978	6,20	2,30	Demag
19	Druckstollen Böckstein	Safe	1978	4,20	2,70	Demag
20	Horlachbeileitung Sellrain-Silz	Tiwag	1978	5,50	2,70	Demag
21	Sondierstollen Bürs	VIW	1978	1,55	3,90	Robbins
22	Turrachbeileitung	Steweag	1979	8,90	3,05	Robbins
23	Triebwasserstollen KW Bodendorf	Steweag	1979	9,20	3,55	Robbins
24	Druckschacht Häusling	TKW	1979	1,30	3,90	Robbins
25	Amberg-Sondierstollen	BMfBuT	1981	2,96	3,50	Robbins
26	Obere Sill-Druckstollen	Gem. Innsbruck	1981	5,90	3,70	Wirth
27	Strubklamm	Gem. Salzburg	1981	4,40	3,30	Robbins
28	Wöllastollen	Kelag	1981	7,50	3,50	Jarva
29	Hintermuhr, Beileitung	Safe	1981	6,20	3,20	Robbins
30	Druckstollen Walgau-Bürs	VIW	1981	10,78	6,25	Robbins
31	Druckstollen Walgau-Beschling	VIW	1981	10,18	6,25	Robbins
32	Beileitung Nord und Süd Zillergründl	TKW	1981	13,50	3,05	Robbins
33	Stollen Wattenbach	Swarovski	1981	3,49	3,70	Robbins
34	Schrägschacht Pitztal	Pitztaler Gletscherbahn	1981	3,50	3,90	Robbins
35	Druckstollen Ofenwald	TKW	1981	7,60	4,70	Jarva

The fact that in our Alps it is not possible in any case to by-pass areas of disturbances of different kinds, requires an extensive provision of supporting measures. For this purpose already essential technical arrangements have been made in boring machines.

For the future we expect lower wearing costs due to the metallurgical development, also an easier and faster changing of the working tools behind the cutter head as well as constructive measures, which enable the placement of supporting equipment.

Einleitung

Die bisher in den Suppl.-Bänden veröffentlichten vier Berichte von *John & Wogrin, Pircher, Rienössl, Schneider* über in Österreich gefräste Stollen oder Schächte erstrecken sich auf Leistungen bis 1979, dieser soll für Interessierte eine Fortsetzung in Berichterstattung und Festhalten von Kenndaten sein. Er erstreckt sich deshalb auch ausschließlich auf entsprechende Leistungen in unserem Land.

1. Leistungsbericht

In bezug auf das Thema des XXX. Kolloquiums: Einen Überblick über 30 Jahre Felsbau zu geben, muß man in Erinnerung rufen, daß in Österreich zum ersten Mal 1967 versucht wurde, einen Stollen zu fräsen. Berichte über solche Ergebnisse und Erfahrungen können also nur einen Zeitraum von 14 Jahren umfassen.

Von 1967 bis 1979, also in 12 Jahren, wurden in Österreich 24 Stollen oder Schächte im Fräsbetrieb aufgefahren und fertiggestellt. In den letzten zwei Jahren sind unter Beteiligung zahlreicher, sehr interessierter Konkurrenten weitere 11 Baulose für diese Vortriebsart vergeben worden, von denen mit Stichtag 9. Oktober 1981 in 7 Baulosen bereits gefräst wird. Bei den restlichen 4 Losen sind die Einrichtungen und Vorbereitungsarbeiten im Gange. Einige dieser Baulose sind nach Varianten angeboten, für den Fräsvortrieb bestimmt worden.

Die Tabelle 1 zeigt eine Zusammenstellung aller in Österreich gefrästen Stollen und Schächte, wobei die Reihung und Numerierung nach dem Baubeginn erfolgte. Weiters werden Baulose auch eines Stollens dann gesondert angeführt, wenn sie an verschiedene Auftragnehmer vergeben wurden.

Insgesamt wurden in Österreich bis Oktober 1981 rd. 91,0 km gefräst, wovon 83,0 km auf Stollen und 8,0 km, das sind nicht ganz 9 %, auf Schächte entfallen.

Diese Zahlen beinhalten Anfahrtstrecken, die unter Umständen im Sprengbetrieb vorgetrieben wurden.

Die weiteren, bereits in Auftrag gegebenen Baulose haben insgesamt eine Länge von 75,0 km, wovon der Schachtanteil 3,5 km = 4,5 % beträgt.

Zusammengefaßt ergibt dies eine durch Fräsen hergestellte bzw. noch herzustellende Länge von 166,9 km, von denen rd. 12,0 km oder rund 7 % auf Schrägschächte fallen.

Entsprechende Leistungen des österreichischen Bergbaues sind darin nicht enthalten.

Die Tabelle 2 zeigt die zur Zeit in Österreich in Arbeit befindlichen Fräs- und Sprengvortriebe, wobei nicht zu übersehen ist, daß unter den Sprengvortrieben

auch Straßentunnel, also nicht nur Stollen, angeführt sind. Klarzustellen ist
weiters, daß der Einsatz von Teilschnittfräsen nicht in diesen Bericht aufgenommmen wurde.

Tab. 2. *Vortriebe in Österreich (1981). Fräsvortriebe*
Tunnel driving in Austria (1981) – by tunnel boring machines

Nr.	Projekt	Bauherr	Länge km	ϕ m	m²	Maschine
1	Amberg, Sondierstollen (A 14)	BMfBuT	2,96	3,50	9,62	Wirth
2	Obere Sill, Druckstollen	Innsbruck	5,90	3,70	10,75	Wirth
3	Strubklamm	Salzburg	4,40	3,30	8,55	Robbins
4	Wöllastollen	Kelag	7,50	3,50	9,62	Jarva
5	Hintermuhr, Beileitung	Safe	6,20	3,20	8,04	Robbins
6	Druckstollen Bürs	VIW	10,78	6,25	30,68	Robbins
7	Druckstollen Beschling	VIW	10,18	6,25	30,68	Robbins
1	Beileitung Ziller	TKW-AG	13,50	3,05	7,31	Robbins
2	Stollen Wattenbach	Swarovski	3,49	3,70	10,75	Robbins
3	Pitztal	Pitztaler-Gletscherbahn	3,50	3,90	11,95	Robbins
4	Druckstollen Ofenwald	TKW-AG	7,60	4,70	17,35	Jarva

Sprengvortriebe
By blasting

Nr.	Projekt	Bauherr	Länge km	m²
1	Plabutsch (Sondierstollen)	BMfBuT	8,20	9,60
2	Perjen, Landeck (A 12)	BMfBuT	2,88	70,00
3	Bosruck (A 9)	PAG	5,00	107,00
4	Gratkorn Süd (A 9)	PAG	1,58	131,00
5	Zirmseebeileitung	Kelag	0,16	8,00
1	Tanzenberg	BMfBuT	2,38	67,00
2	Sachsenburg	BMfBuT	0,52	66,00
3	Gräbern	BMfBuT	2,15	67,00

Bei dieser Gelegenheit einige Vergleichszahlen und Hinweise allgemeiner Art:
Bekanntlich hat eine vom Engländer *Beaumont* in den Jahren 1881–1883
gebaute Maschine bei einem Sondierstollen für den Kanaltunnel im Jahre 1884
auf französischer Seite rd. 1700 m und auf
    englischer Seite   807 m
mit einem Durchmesser von 2,14 m aufgefahren.

Tab. 3. *Querschnittsgruppen und Längen*
Groups of Cross Section and Length

Nr.	Querschnittsgruppe von – bis (m)		Länge Gesamt (km)	je Einsatz (km)
1	2,15	2,50	13,98	2,33
2	2,70	3,30	46,36	5,15
3	3,40	3,60	46,35	6,60
4	3,70	3,90	31,22	3,46
5	4,70	4,80	8,80	4,40
6	6,25		20,96	10,48

Weitere druckluftbetriebene Fräsen wurden in den Jahren 1856–1903 gebaut.

Die erste elektrisch betriebene Maschine baute *Sigafour* 1905. Nach 1916 wurde keine druckluftbetriebene Maschine mehr gebaut.

Bis Frühjahr 1981 wurden nach Rückrechnung von Angaben einzelner Erzeuger auf der Welt 2000 km Stollen gefräst, wobei diese Zahl mit der notwendigen Vorsicht aufzunehmen ist.

2. Fräsendurchmesser

Hier wird gezeigt wie viele gefräste lfm auf die verschiedenen Fräsendurchmesser entfallen. Es sind dabei die Fräsendurchmesser für Schrägschächte nicht gesondert angeführt, da mit Ausnahme von ϕ 2,15 m die anderen Schachtfräsen in ihren Durchmessern auch den Stollenfräsen entsprechen.

Die Gruppeneinteilung ist nicht nach maschinenbedingten Vorlagen erfolgt. Wie jeder weiß, sind die üblichen Größenveränderungen an einer Fräse im Bereich von 20–30 cm möglich. Es könnten daher die Fräsen mit Durchmesser von z.B. 2,70–3,90 m auch in anderen Abstufungen zusammengefaßt werden. Der Gehalt an Information würde dadurch sicher nicht wesentlich beeinflußt werden.

Nach Maschinenherstellern geordnet ergibt dies für Robbins 62,6 %, für Wirth 17,0 %, für Demag 10 %, für Jarva 9 % und für sonstige 1,4 %-Anteile. Hiebei waren ein österreichisches Unternehmen an 13 Projekten, eines an 12, eines an neun, zwei an 5, drei an 3, sechs an 2 und elf an 1 Vorhaben beteiligt.

Nahezu alle in Österreich gefrästen Stollen dienen Wasserkraftwerksanlagen. Daraus folgen projektbedingte optimale Durchmesser für Stollen und Schächte, die aus den betriebswirtschaftlichen Gegebenheiten der Anlagen nicht kleiner gewählt werden sollen. Eine mögliche Vergrößerung des Durchmessers bedeutet höhere Herstellungskosten durch Fräsen. Es ist daher der Wunsch, die Stollendurchmesser möglichst den zur Zeit erzeugten Größen von Fräsmaschinen anzupassen, verständlich und richtig, die Auswirkungen solcher Bemühungen sind aber sicher nicht so bedeutend, wie man sie sich vorstellt. Die vielen, allein in Mitteleuropa vorhandenen und jeweils nicht eingesetzten Fräsen, machen bei der bestehenden harten Preiskonkurrenz große Kostenveränderungen möglich. Ein geplanter fortlaufender Einsatz einer Fräse bei mehreren Bauvorhaben und die damit mögliche 100 %-ige Maschinenabschreibung ist in Österreich auch den Auftraggebern zufolge Unbestimmtheit der Realisierbarkeit von Bauvorhaben kaum möglich.

Als Erkenntnis bezüglich der Querschnittsgrößen von Frässtollen ist die Abkehr von Minimaldurchmessern festzustellen. Die nachteiligen Erfahrungen, welche bei sehr kleinen Durchmessern so um 2,50 m mit den Installationen für alle Transporte, vor allem aber für die einzubauenden Stützmaßnahmen gemacht werden mußten, haben bewirkt, daß theoretisch ausreichende Minimalquerschnitte nicht mehr allein bestimmend für die Wahl des Fräsendurchmessers blieben.

3. Die Wirtschaftlichkeit des Fräsvortriebes

Die größte Bedeutung für die Entscheidung, ob ein Stollen in Sprengbetrieb oder mit Fräse hergestellt werden soll, haben zweifellos Art, Zusammensetzung und Verhalten des zu durchfahrenden Gebirges, oder wie der Baupraktiker vereinfacht fragt: „Was haben wir für eine Geologie?"

Daraus folgt als erste Forderung, daß die planenden und ausschreibenden Stellen den geologischen Erkundungen größte Aufmerksamkeit zuordnen müssen. Es wird festgehalten und mit Nachdruck darauf hingewiesen sowie später in Beispielen gezeigt, daß unseren Ausschreibungen in Österreich sehr gründliche und gewissenhafte geologische Unterlagen beigegeben werden. Ihre Beschreibungen beinhalten mineralogisch-geologische Angaben über die zu erwartenden Zonen, sowie die Zusammenfassung zu Homogenbereichen, wobei besonders die Lagerung, Zerlegung, die Mineralanteile und Verbandsparameter berücksichtigt werden. Oft erfolgen die Angaben gemittelt oder in Grenzen, nicht nach der Lage von Häufungen bzw. Dichten.

Fast immer liegen ingenieurmäßig verwertbare Aussagen vor. Vergleiche der ausgeschriebenen mit den aufgefahrenen geologischen Zonen zeigen natürlich auch die Grenzen, welche auch für sorgfältigste Obertagebeobachtungen und den daraus gezogenen Rückschlüssen gegeben sind.

Zu Beginn des Fräsens in Österreich herrschte die Meinung vor, daß die Wirtschaftlichkeit dafür nur dann gegeben sei, wenn der Stollen mit Innenbeton herzustellen ist. Das Vermeiden des großen Überprofils beim Ausbruch und die damit mögliche Ersparnis beim Innenbeton lassen den Fräsvortrieb billiger als den Sprengvortrieb werden. Die großen maschinentechnischen Fortschritte im Fräsenbau, die bedeutenden Preissteigerungen für Löhne, Gehälter und Energie haben die Kritierien für einen wirtschaftlichen Fräseneinsatz vermehrt und damit auch deren Einfluß verschoben.

Aus der Praxis ein Vergleich zwischen dem Überprofil bei einem Druckstollen, der im Sprengbetrieb ausgebrochen wurde und dem nachfolgenden gefrästen Beileitungsstollen.

Dabei ergab sich für den Druckstollen ein Überprofil von 205,6 % bzw. 3,31 m³ Mehrbeton je Laufmeter gegenüber 15 % Überprofil bzw. 0,23 m³ je

Laufmeter, d.h. eine Ersparnis von 3,08 m³ je Laufmeter Beton beim Fräsvortrieb. In Schilling ausgedrückt bedeutet das bei der Länge von 5230 m und einem angenommenen Betonpreis von 1500,– S/m³ 24,2 Mio. S.

Die 205 % Überprofil ergeben sich aus der Bezugsgröße von nur 15 cm Beton und dem Überwiegen der Gebirgsklasse 1.

4. Die Leistungsanschätzung

Die Leistungsanschätzung für einen zu planenden oder auszuführenden Frässtollen ist nach wie vor Kriterium Nr. 1. Die planende Stelle benötigt die Leistungsanschätzung für das Studium des Projektes und dessen Variantenmöglichkeiten. Die Überlegungen, ob überhaupt gefräst werden kann oder soll, wie der zeitliche Ablauf zu erwarten ist, müssen mit größter Sorgfalt angestellt werden, um das Ausführungsrisiko des letztendlich gewählten Projektes so klein wie möglich zu halten.

Für den anbietenden Unternehmer ist die Leistungsanschätzung Grundlage seiner Kostenermittlung. Er benötigt dazu möglichst sorgfältig ausgearbeitete Ausschreibungsunterlagen und muß sich dann auf seine eigene Erfahrung stützen und sehr vorsichtig mit übermittelten Informationen Dritter umgehen.

Die Fräsenhersteller werden zur Leistungsanschätzung von Auftraggeber- und Auftragnehmerseite herangezogen. Sie verfügen über verschieden breit gestreute Erfahrungen. Ihre Leistungsangaben können umso sicherer als Grundlage zur Preisermittlung herangezogen werden, je detaillierter und präziser sich die Hersteller vertraglich binden lassen.

Die Kriterien oder Parameter, welche Aufschluß über Fräsbarkeit eines Gebirges oder die Fräsleistung geben, sind in den Veröffentlichungen von *Pircher* (1980) und *Rienössl* (1980) in Rock Mechanics der Zahl und Bedeutung nach angeführt. Alle Angaben über Druck, Zug, Biegezug, Spaltzug sind Gesteinseigenschaften, deren Aussagekraft mit zunehmender Gebirgszerlegung schwindet (*Mikura*, 1979). Ein Vorschlag wäre, im Gegensatz zu den bisherigen Kennwerten aus Symptomen wie Druckfestigkeit, Scherfestigkeit, Spaltzugfestigkeit, Eindrückwiderstand, Abrasion, Verformungsmodul, Rückprallhärte überzugehen auf Angaben der Ursachen wie die mineralogische Zusammensetzung, das Interngefüge (Struktur, Textur), Mikrorisse, Korngröße, Verbandseigenschaften des Gesteins und Gebirgseigenschaften wie sedimentäre und Schieferstrukturen, Störungen, Klüfte und den Grad der Zerlegung. Dies ist ingenieurmäßig besser verwertbar.

Die Genauigkeit geologischer Erkundung und Prognose und deren Grenzen müssen hier nochmals erwähnt werden.

Der Soll-Ist-Vergleich der Gebirgszonen des Druckstollens Böckstein zeigt:
Der sicherlich einfache Gebirgsaufbau ist zutreffend vorhergesagt worden. Daß Störungszonen auch an anderen Stellen auftraten darf niemand verwundern.

Der Fensterstollen, der im Sprengbetrieb aufgefahren wurde, mußte nach anfänglich vorgefundenem Fels eine Hangschuttzone durchörtern. Da als Variante im Pauschale angeboten, bereitete dies nur der Arge Sorgen. Mit dem Fräsen wurde am Gabelpunkt steigend begonnen. Schon nach kurzer Zeit mußte festgestellt werden, daß die Maschine älterer Bauart durch den extrem harten Gneis überfordert war. Es wurden kaum Chips herausgebrochen sondern überwiegend gemahlen. Das etwas vermehrt zutretende Wasser wirkte sofort breibildend und die bei dieser Maschine unten liegende Kettenförderung konnte ihre Funktion kaum erfüllen. Die mittlere Fräsleistung von 8 m/Tag blieb weit unter der mit 14 m/Tag angeschätzten. Von einem besonderen Ereignis soll noch berichtet werden. Ab Station 1200 trat aus den Klüften Radongas aus. Die zulässige Belastung für Menschen in "working level" gemessen, ist mit 0,33 festgelegt und wurde bei sehr starken Schwankungen als Mittelwert mit 1,40 gemessen. Die Arbeit mußte eingestellt werden. Erst nach Verstärkung der Bewetterung und gesichertem Ausleiten der Abluft durch den Fensterstollen konnten zuträgliche Arbeitsbedingungen geschaffen und die Arbeit wieder aufgenommen werden. Zusammenfassend: Kein geglückter Fräseneinsatz.

Soll-Ist-Vergleiche der beiden hintereinander liegenden Stollen Turrach Beileitung und Triebwasserstollen KW Bodendorf:

Beide Stollen wurden mit Fräsen desselben Herstellers, jedoch mit etwas verschiedenem Durchmesser aufgefahren. Vor allem wird auf die Übereinstimmung zwischen Soll und Ist in der Geologie hingewiesen. Die Gebirgszonen traten nur geringfügig verschoben auf. Die Schwierigkeiten lagen woanders. Bei Beileitungsstollen drückten starke Zerrüttungszonen die mittlere Fräsleistung. Wesentlicher an dem großen eingetretenen Zeitverlust aber waren Maschinenausfälle an der erst 1979 erzeugten Neukonstruktion. Der Beileitungsstollen wurde aber dennoch zur Gänze gefräst.

Ganz anders der Ablauf im Triebwasserstollen. Nach sehr guten Fräsleistungen über rd. 8200 m begann dann eine Störzone mit Wasserzutritten. Anfängliche Versuche, die Stützmaßnahmen hinter dem Bohrkopf zu setzen scheiterten, da Nachbrüche sofort am Bohrkopf auftraten. Es mußte bei steigenden Wasserzutritten, die schließlich 40–50 l/sec erreichten, vor dem Bohrkopf gesichert werden. Es wurde 20–50 cm vorgefräst, die Maschine bei gleichzeitigem Überfirsten zurückgezogen, Vollringe außerhalb des Profiles gestellt, wozu man seitlich ausschrämen mußte, dann konnte versucht werden, an der Brust weiter zu fräsen. Diese wies noch dazu wechselnde Bereiche von harten, weichen oder zerlegten Zonen auf. Nach mühseligen Versuchen und Anstrengungen mußte nach 150 m bei einer mittleren Tagesleistung von 1,0 m das Fräsen aufgegeben werden. Der dadurch in Frage gestellte terminliche Ablauf verlangte für die restlichen rd. 800 m einen Gegenvortrieb mit konventionellem Sprengen. Die Maschine wurde, um ein früheres Betonieren zu ermöglichen, nach hinten ausgefahren.

Zusammenfassung

Die hier gegebene gute geologische Vorhersage wäre für jeden Sprengbetrieb ausreichend und ohne wesentliche Folgen gewesen. Der Fräsvortrieb im Triebwasserstollen mußte eingestellt werden, die Abförderung sank zu einem kübelweisen nach Hintenreichen der Gesteinsbrocken ab. Die eingetretenen Terminverzögerungen stellten ein großes Projektsrisiko dar! Auch als sehr gut beschriebene Fräsmaschinen können bei Neukonstruktionen große Zeit- und Leistungsausfälle bringen.

Der geologische Soll-Ist-Vergleich für den Zalumstollen des Bauloses Bürs im Druckstollen Walgau:

Zuerst die Lagesituation: Ein Fensterstollen teilt das Baulos Bürs in die Stollen Valkastiel und Zalum.

Ausschreibungsgemäß war der Fräsvortrieb zuerst für den Zalum-, dann für den Valkastielstollen vorgesehen. Die außerordentlich gründliche geologische Aufnahme und Vorhersage führte zur verblüffend guten generellen Übereinstimmung mit dem Ist-Zustand. Es war weiters in der Ausschreibung festgehalten, daß mit Erreichen der Arosazone der Fräsvortrieb wahrscheinlich eingestellt werden muß und die verbleibenden 1730 m im Sprengvortrieb aufzufahren sind.

Die Serie der Gesteine der Arosazone wurde zurecht bereichsweise als so stark gestört beschrieben, daß die härteren Gesteine als tektonische Gerölle in feinblättrig weichen Tonschiefern schwimmen.

Die außergewöhnlich guten Fräsleistungen vorher, nicht zuletzt ermöglicht durch eine wohldurchdachte Installation und technische Ausrüstung für den Einbau von Stützmaßnahmen rechtfertigen den Versuch, auch die Arosazone zu durchfräsen. Mit großer Sorgfalt in den verstärkten Stützmaßnahmen und durch Hilfsmaßnahmen, welche die Verspannung der Maschine ermöglichten und bei stark reduzierten Fräsleistungen gelang dies auch zur berechtigten Freude aller. Die Aussicht, doch den gesamten Zalumstollen fräsen zu können war groß geworden. Die Raiblerschichten brachten dann aber das Ende des Fräsvortriebes. Diese steil bis flach nach ober- und unterstrom fallenden Schichten weisen bis zu feinem Grus zerriebene Dolomite auf. Auch die vorhergesagten „größeren Wassereintritte" begannen in dem noch dazu fallenden Stollenteil mit anfangs 40–70 l/sec. Die sehr zerstörten und zerlegten Schichten führten zu 3–4 m großen Nachbrüchen in der Firste und auch seitlich, welche den Bohrkopf freilegten und den Blick nach vorne freigaben.

Als die Wasserzutritte 260 l/sec erreichten, mußte der Fräsbetrieb eingestellt und auf Sprengbetrieb umgestellt werden. Es konnten also durch verstärkte Stützmaßnahmen bei stark verringerten Tagesfräsleistungen immerhin 900 m mehr im Maschinenbetrieb aufgefahren werden, als der Ausschreibung nach zu erwarten war.

Nach sieben Wochen Umstellungszeit der Fräse vom Zalum- in den Valkastielstollen läuft der Vortrieb dort bis Station 2000 mit sehr guten Tagesleistungen.

Zusammenfassung

Durch die genaue und gründliche geologische Erkundung und Beschreibung hatte der Auftraggeber die Überzeugung, daß von den insgesamt rd. 20 km Walgaustollen der beiden Lose Bürs und Beschling rund 1700 m konventionell im Sprengbetrieb aufgefahren werden müssen. Die Vorhersage war dem Grunde nach absolut richtig und hat ihre Wertigkeit in Überlegungen des Zeitablaufes und in der Kostenbildung bestätigt erhalten.

Für den Maschinenvortrieb spricht, daß bei Ausnützung aller technischen Möglichkeiten, aber auch bei gründlicher Vorsorge für umfangreiche Stützmaßnahmen der Fräsvortrieb in den Bereichen der Arosazone möglich wurde. Andererseits muß ebenfalls festgehalten werden, daß rund 900 m nur im Sprengvortrieb aufzufahren waren.

Tab. 4. *Anteile der Kosten bei Frässtollen*
Percentage of cost for bored tunnels

Fräs-stollen	Beton-ausklei-dung	Löhne und Gehälter %	Gerät AV und Repar. %	Meißel und Ersatzt. %	Anker Stahl Bewehrg. %	Sonstiges %	Summenmittel		Fräse als:
							Lohn %	Gerät u. Sonstiges %	
1	teilweise	46,50	22,90	8,60	1,40	14,00	52,30	47,70	Neukauf
2	teilweise	42,00	29,70	10,50	0,70	17,10	46,00	54,00	— „ —
3	teilweise	40,00	29,50	7,70	5,20	17,60	45,00	55,00	— „ —
4	ja	52,60	23,70	8,40	0,30	13,80	56,50	43,50	— „ —
5	ja	48,00	22,00	6,30	1,80	21,90	48,00	52,00	Mietgerät
Mittel-wert	—	45,80	25,60	8,30	1,90	16,90	49,60	50,40	
Abweichungen vom Mittelwert		+6,8 −5,8	+4,1 −3,6	+2,2 −2,0	+3,3 −1,6	+5,0 −3,1	+6,9 −4,6	+4,6 −6,9	

5. Kostenarten

Von den vielen Kostenarten, welche die Gesamtaufwendungen für einen Fräseneinsatz darstellen, seien die wesentlichsten mit dem Versuch, sie gewichtsmäßig zu ordnen, in Tabelle 4 angeführt. Die fünf zum Vergleich herangezogenen Frässtollen sind unter gleichen Kalkulationsgrundlagen angeboten worden. Die Abweichungen bei den einzelnen Kostenansätzen und auch bei den Mittelwerten lassen keine „Gesetzmäßigkeit" erkennen. Die einzige Folgerung daraus ist, daß jedes Angebot für sich gewissenhaft zu kalkulieren ist!

5.1 Löhne und Gehälter

Wie bei jeder industriellen-maschinellen Erzeugung ist es auch beim Fräseinsatz möglich, den Personaleinsatz klein zu halten. In Abhängigkeit von einer sehr überlegten, weitgehenden maschinellen Ausstattung konnten die Lohnkosten beim Fräsvortrieb im Mittel 10 % unter vergleichbare beim Sprengvortrieb gesenkt werden. Weitere Lohneinsparungen sind sicher vom Maschinisierungsgrad abhängig.

5.2 Gerätekosten

Hier sollte vorerst Augenmerk auf die jeweils angegebene Möglichkeit gelegt werden, kann man anmieten oder muß investiert werden. Hinweise auf volkswirtschaftliche Momente werden meist nicht beachtet. Da jedoch Investitionen für einen Fräsbetrieb überwiegend im Ausland getätigt werden müssen, bedeutet dies bei der großen Zunahme von Fräseinsätzen schon eine spürbare Mehrung unseres Devisenbedarfes. Der jeweilige Käufer solcher Maschinen kann das Währungsrisiko sicher nicht einschätzen und kaum vertraglich verhindern. Die im Jahre 1981 bis Oktober eingetretene Wertsteigerung des Dollars zusammen mit der Hochzinswelle spüren einige österreichische Unternehmungen bei vorher getätigten Kaufabschlüssen. Mehrkosten dieser Art können bei laufenden Bauverträgen nur durch Leistungssteigerung hereingebracht werden. Wie das bei den geübten Leistungsansätzen möglich sein soll, wissen auch sehr erfahrene Ingenieure oft nicht.

Die Vorgabe einer Abschreibung auf 20 km Stollen mag maschinentechnisch gerechtfertigt sein. Die Frage nach einem gesicherten Einsatz für 20 km kann nur selten bejaht werden. Wie sollen unter solchen Umständen allein die Kosten für Verzinsung angesetzt werden?

Es wurde der AV-Anteil der Fräsmaschinen für 20 km Nutzungsdauer und dem Dollarkurs je Ende 1980 für 12 österreichische Einsätze ermittelt. Das Ergebnis in Tabelle 5 bestätigt die bekannte Zunahme des Abschreibungsanteiles vom kleinem zum großen Fräsendurchmesser von rund 750,– S/lfm bei ϕ 2,30 m auf 3000,– S/lfm bei ϕ 6,25 m.

Wesentlich aussagekräftiger ist der Abschreibungsanteil in S/m^3. Es muß festgestellt werden, daß er im Gesamtanteil der Kosten klein ist, bei den verschiedenen Durchmessern bis rund 4,0 m wenig voneinander abweicht und erst beim großen Durchmesser entscheidend geringer wird.

Tab. 5. *Abschreibung einer Fräse*
Afa (Nutzungsdauer 20 km, Preisbasis 1980)
Umrechnung zum Tageskurs des jeweiligen Anbots
Depreciation (time of use 20 km, amount of acquisition 1980)
Conversion of day's rate of exchange of the concerned offer

	Querschnittsgruppe		Afa	
Nr.	von – bis (m)		S/lfm	S/m^3
1	2,15	2,50	750,–	181,–
2	2,70	3,30	1000,–	141,–
3	3,40	3,60	1250,–	130,–
4	3,70	3,90	1350,–	119,–
5	4,70	4,80	–	–
6	6,25		3000,–	98,–

Bedeutend schwieriger anzuschätzen und von oft sehr wechselhaftem Einfluß sind die Verschleiß- und Reparaturkosten. Hier können leider auch nur die allgemein bekannten Grenzwerte angegeben werden. Veröffentlichte Werte sind nicht immer vergleichbar, sie beziehen sich oft auf verschiedene Leistungen oder beinhalten nur Material- oder Lohnanteile.

Die Meißelkosten und damit zu erfassende Reparaturkosten der Meißelkörper sind allgemein etwas geringer geworden und liegen

bei Kalkgestein bei 40,– bis 80,– S/m^3
bei Hartgestein bei 100,– bis 200,– S/m^3,

wobei Extremwerte bis zu 500,– S/m^3 leider erreicht wurden.

Die generelle Regel, daß kleinerer Durchmesser größeren Meißelverbrauch bedeutet und umgekehrt, hat ihre Gültigkeit bis ca. 4,50–5,0 m Durchmesser.

Sehr schwankend liegen die allgemeinen Reparaturkosten zwischen 20,– bis 70,– S/m^3. Sie können bei Neuinvestitionen unter Umständen als Prozentsatz des Anschaffungswertes besser in der Abschreibung berücksichtigt werden.

5.3 Energieverbrauch

Der Engergieverbrauch bezogen auf den gefrästen m^3 kann durch entsprechende getrennte Zählung des Strombedarfes für Vortrieb und allgemeinen Bedarf obertage sehr genau verfolgt werden. Er liegt bei den letzten Fräseinsätzen bei 25–60 kWh/m^3.

6. Stützmaßnahmen

Besondere Erwähnung verlangen die Probleme der Stützmaßnahmen.

Zu Beginn der Fräsvortriebe war man sicherlich der Ansicht, daß gefräst nur dann werden kann oder soll, wenn das Gebirge oder dessen Verhalten eine Stützung erst hinter der Maschine oder hinter dem Nachläufer ermöglicht. Dies hat sich wesentlich geändert: Man fragt nicht ob man Stützmaßnahmen in Form von Spritzbeton, Ankern oder Stahlbögen anbringen kann, sondern man stellte sich in kurzer Zeit die Aufgabe, wie man diese Maßnahmen und in welchem Umfang man sie zeitgerecht erfüllen kann. Die Tatsache, daß gerade in unseren Alpen Gebirgsstörungen durch Trassierungsmaßnahmen nicht umgangen oder vermieden werden können bewirkte sehr bald diese Umstellung. Die Überlegungen und Erfahrungen in dieser Hinsicht führten zum Fräsvortrieb und teilweisem oder vollständigem Tübbingeinbau. Damit näherte sich diese Vortriebsart im Gebirge sehr dem Schildvortrieb im nicht standfesten Boden.

Selbst auf die Gefahr hin, heftige Diskussionen auszulösen, stelle ich in diesem Zusammenhang die Frage, inwieweit oder wann überhaupt findet die NÖTM ein zwangweises Ende durch starren Ausbau beim Fräsvortrieb; beim Schildvortrieb mit starrem Tübbingeinbau kann man sicher nicht mehr von der NÖTM sprechen. Ist die Herstellung einer mittragenden Gebirgszone durch Ankerung bei den geringen Deformationen, welche ein Fräsbetrieb im Maschinenbereich noch zuläßt, das entscheidende Kriterium dafür? Wenn bei einem Fräsvortrieb nachfolgende Überfirstungen vorgenommen werden müssen, dann waren die durch die Fräse ermöglichten Stützmaßnahmen entweder zu gering oder der Fräseinsatz als solcher nicht mehr angezeigt.

7. Künftige Entwicklungen

Abschließend die Frage, was wir vom Fräsvortrieb erwarten. Daß dieser bei Stollenprofilen immer mehr angesetzt werden wird, ist außer Zweifel. Nur bei großen Tunnelprofilen wird auf längere Sicht der Sprengvortrieb vorherrschen, zumindest so lange, wie wir unsere erfahrenen Tunnelvortriebsmineure und Ingenieure erhalten können.

Bei den Fräsen für Stollenvortriebe wird es sicher wesentliche Verbesserungen in der Metallurgie geben. Größere Anpreßdrucke je Meißel und geringerer Verschleiß müßten so möglich werden. Das Verlangen nach leichterem Austausch der Verschleißteile von hinter dem Bohrkopf wird durch konstruktive Maßnahmen sicher möglich werden.

Der Einbau von Stützmaßnahmen hinter dem Bohrkopf muß über den ganzen Stollenumfang möglich werden. Die Verwendung des schon lange bekannten nassen Spritzbetonmörtels könnte große arbeitstechnische Erleichterungen bringen.

Nicht zuletzt wird die Verwendung von vergrößerten Teilschilden oder von verschieb- oder veränderbaren Vollschilden in Verbindung mit starrem Ausbau das Fräsen auch dort noch ermöglichen, wo ihm heute noch Grenzen gesetzt sind.

Bei allem technischen und mechanischen Fortschritt im Fräsenbau bitte ich vor allem die Auftraggeber, die letzten Erfahrungen nicht zu übersehen, daß in unseren oft sehr zerstörten und zerlegten Gesteinen mit den damit verbundenen Wasserzutritten, Fräsvortriebe auch *unmöglich werden können*.

Literatur

John, M., Wogrin, J.: Geotechnische Auswertung des Richtstollens für den Vollausbruch am Beispiel Pfändertunnel. Rock Mechanics, Suppl. *8*, 173—194 (1979)

Mikura, E.: Schnelle und verläßliche Verfahren zur Prognostizierung der Fräsleistung. Rock Mechanics *12*, 221–230 (1980).

Pircher, W.: Erfahrungen im Fräsvortrieb bei der Kraftwerksgruppe Sellrain-Silz. Rock Mechanics, Suppl. *10*, 127–154 (1980).

Rienössl, K.: Normierung in Bauverträgen für den maschinellen Tunnelvortrieb. Rock Mechanics, Suppl. *10*, 103–112 (1980).

Rienössl, K.: Mechanischer Stollenvortrieb mit Vollschnittmaschinen in Österreich. Ö.I.Z. *23*, 138–146 (1980).

Schneider, E.: Mechanische Auffahrung des Triebwasserstollens beim Kraftwerk Langenegg der Vorarlberger Kraftwerke AG. Rock Mechanics, Suppl. 7, 189–201 (1978).

Anschrift des Verfassers: Baurat h.c. Dipl.-Ing. *Karl Angerer*, Mitglied des Vorstandes der Universale Hoch- und Tiefbau AG, Renngasse 6, A-1010 Wien, Österreich.

Rock Mechanics, Suppl. 12, 263–273 (1982)

Rock Mechanics
Felsmechanik
Mécanique des Roches
© by Springer-Verlag 1982

Maschineller Vortrieb eines 26 km langen Tunnels unter schwierigen Bedingungen

Von

S. Babendererde

Mit 6 Abbildungen

Zusammenfassung – Summary

Maschineller Vortrieb eines 26 km langen Stollens unter schwierigen Bedingungen. In Guatemala wird für das Wasserkraftwerk Rio Chixoy Medio ein 26 km langer Druckstollen mit einem Ausbruchdurchmesser von 5,67 m zwischen dem Speicher und dem Krafthaus mit Vortriebsmaschinen und konventionell aufgefahren.

Die Planung der Wasserkraftanlage und des Tunnels in einem geologisch wenig erschlossenen Gebirge erforderte umfangreiche und aufwendige Vorerkundungen; umso mehr, weil die für den Vortrieb ungünstige Geologie mit großen Karsthöhlen und die starken Niederschläge mit über 4000 mm pro Jahr die Ausführung erheblich beeinflussen.

Es wird über den maschinellen Vortrieb dieses sehr langen Tunnels berichtet, bei dem eine Wirth-Vortriebsmaschine eine Strecke von 11 600 m von einem Vortriebsort aus auffuhr, eine zweite, unter einem Verbruch einer großen Karsthöhle, verschüttet wurde und eine Robbins-Maschine zusätzlich eingesetzt wurde.

Der große Wasserandrang mit bis zu 1300 l/sec und die erheblichen organisatorischen Einflüsse der ungewöhnlich großen Tunnellängen sind die Merkmale, die die Schwierigkeiten dieses Tunnelvortriebs kennzeichnen. Durch Gegenüberstellung der Vortriebsleistungen mit den wichtigsten Parametern der Erschwernisse soll versucht werden, deren Einfluß abzuschätzen.

Mechanical Drivage of a 26 km Long Tunnel in the Face of Difficult Geological Conditions. For the hydroelectric scheme Rio Chixoy Medio in Guatemala a 26 km long penstock tunnel with a 5.67 m excavation cross section is being driven between the reservoir and the power house. Drivage is partly by means of a tunnel boring machine and partly by conventional heading.

Design and planning of the hydroelectric scheme and the tunnel to be realized in geologically hardly explored strata required extensive and sophisticated preliminary exploration, all the more since the unfavourable geology with large karst cavities and heavy rainfall of over 4,000 mm per year considerably affects heading progress.

The paper deals with the mechanical heading of this very long tunnel where 11,600 m were driven from one heading point by means of a Wirth tunnel boring machine, where the rupture of a large karst cavity buried a second tunnnel machine and which required the utilization of an additional Robbins machine.

The considerable inrush of water — up to 1,300 l/sec — and the important organizational impacts of the exceptionally long tunnel stretches are the distinctive features illustrating the unusual difficulties encountered on this tunnelling job. By comparing the heading achievement with the major parameters of the impediments the author tries to evaluate their bearing.

Als am 15. 8. 1980 um 13.00 Uhr der Schichtführer des Vortriebs Agua Blanca durch den zurückgezogenen Bohrkopf der Wirth-Maschine kroch, um sich ein Bild von dem Verbruch der Ortsbrust zu machen, glaubte er noch, die geologische Störung mit Verzugsblechen und Spritzbeton vor dem Bohrkopf überwinden zu können, wie es die Mannschaft auf der bisher 5100 m langen Vortriebsstrecke wohl schon mindestens 25 mal gemacht hatte. Der Verbruch war nur 3 m breit, 3 m tief und etwa 6 m hoch. Der Wasseranfall von etwa 50 l/sec war normal.

Aber eine Stunde später, um 14.05 Uhr, brach das mit Wasser vermischte Geröll einer großen Karsthöhle mit Donnergetöse in den Tunnel und verschüttete völlig die Vortriebsmaschine mitsamt dem 150 m langen Nachläufer.

Die hierbei entstandene Flutwelle überstieg die Gleise um etwa 1 m. Die Mannschaft konnte sich, begünstigt durch den zufälligen Schichtwechsel, mit knapper Not unversehrt retten.

Das war das Ende eines der maschinellen Vortriebe des 26 km langen Druckstollens Pueblo Viejo-Quixal der Wasserkraftanlage Rio Chixoy Medio in Guatemala etwa 200 km nördlich von Guatemala City.

Es zeigte allen Beteiligten wieder einmal das hohe Risiko, das wir im Tunnelbau eingehen, auch wenn alle bisher bekannten Vorkehrungen getroffen werden, um solche Schadensfälle zu verhindern.

Die Ingenieurgemeinschaft Lahmeyer International, Motor Columbus und International Engineering Co., unter Führung von *Lahmeyer*, hatte in mehrjährigen Studien seit 1972 die geologischen und hydrologischen Bedingungen für den Bau der Wasserkraftanlage Rio Chixoy Medio erkundet.

Sie liegt in einem bis zu 2600 m hohen Gebirge, welches der nördlichen mittelamerikanischen Sierra zugeordnet ist und aus Gesteinen des Palaeozoikums und des Mesozoikums besteht und sich im Tunnelbereich aus Wechsellagerungen aus Anhydrit, Kalkstein, Kalksteinbreccie, dolomitischem Kalkstein, Schluffstein, Sandstein und Mergel zusammensetzt (Abb. 1).

Mit einem 106 m hohen Felsdamm wird bei Pueblo Viejo der Rio Chixoy aufgestaut und das Wasser durch einen mit Stahlbeton verkleideten Druckstollen mit 5,64 m Ausbruchdurchmesser zum Krafthaus Quixal geleitet. Dadurch wird die S-förmig verlaufende 58 km lange Flußstrecke auf 26 km Tunnel reduziert und hierbei eine hydraulisch nutzbare Höhe von 400 m gewonnen.

Das Gebirge war wenig erschlossen und zeigt in weiten Zonen Karsterscheinungen. Die Tunneltrasse liegt tief im Berg, mit einer Überdeckung bis zu 1400 m. Die außerordentlich starken Niederschläge mit bis zu 4000 mm pro Jahr fließen zum Teil in das unterirdische Karstgerinne ab und lassen Quellen mit einer Schüttung bis zu 20 m^3/sec aus den Talflanken sprudeln, die kurz danach wieder versickern. Bei diesen Randbedingungen für den Tunnelbau, ist das Risiko nicht mehr abwägbar, wenn nicht sorgfältige und umfangreiche Voruntersuchungen durchgeführt werden (Abb. 2).

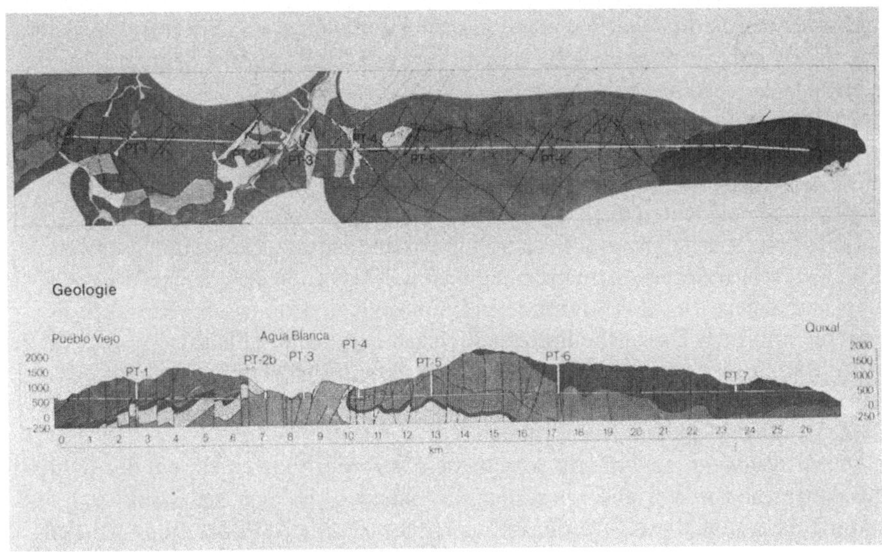

Abb. 1. Geologie
Geology

Abb. 2. Karst
Leached limestone

Geologische Untersuchungen

Die Ingenieurgemeinschaft untersuchte die geologischen Strukturen, um ein Modell zu formulieren mit der Darstellung von Schichtfolgen, Schichtdicken, den Verwerfungs- und Karstzonen.

Hierfür wurde die Oberfläche auf ganzer Tunnellänge und 3 km Breite genau kartiert und dabei eine genaue Beschreibung der Lithologie und Stratigraphie gefertigt.

7 tiefe, bis zur Tunneltrasse hinab reichende Kernbohrungen mit einer Länge von insgesamt 3060 m wurden für die Untersuchung intensiv genutzt. Nicht nur, daß sie als Ergänzung und Überprüfung der geologischen Aufnahme herangezogen wurden, sie waren auch Grundlage der geomechanischen Untersuchungen.

Geophysikalische Messungen, ausgeführt von Geotest, Zollikofen, Schweiz, sollten die geologischen Aufnahmen ergänzen. Es wurden elektrische Widerstandsmessungen, die AMT-Methode, seismische Reflektions- und Refraktionsmessungen und das Down-the-hole-geophysical-logging ausgeführt.

Mit der elektrischen Widerstandsmessung von der Oberfläche und aus den Bohrungen erhoffte man, insbesondere hydrogeologische Informationen zu erhalten. Wichtige Angaben also in einem Karstgebirge.

Die Audio-Magneto-Telluric, abgekürzt AMT, Methode ist ein bei der Ölsuche häufig angewandtes Verfahren mit dem die Grenzen geologischer Strukturen und Verwerfungszonen geortet werden sollen. Allein für die AMT-Methode wurden von 177 Stationen entlang der Tunnelachse in 354 Versuchen elektromagnetische Wellen unterschiedlicher Frequenz ausgesandt und von verschiedenen Stationen die unterschiedlichen spezifischen Widerstände gemessen. Ihre Interpretationen ergeben ausgeprägte Schichten mit einheitlichen spezifischen Widerständen, deren Ränder in Zusammenhang mit den geologischen Aufnahmen auf Störzonen schließen lassen.

Beim Down-the-hole-geophysical-logging werden einige physikalische Parameter der verschiedenen Gesteine und der Gefügestrukturen gemessen und miteinander verglichen. Dieses Verfahren wurde in den 7 tiefen Bohrungen ausgeführt und umfaßt Messungen des elektrischen Widerstands, Reaktionen seismischer Wellen, der Radioaktivität, der Temperatur und anderer physikalischer Größen.

Geotechnische Untersuchungen

Die in situ und in Laboratorien der Universitäten San Carlos, Guatemala und l'Ecole Polytechnique, Lausanne, durchgeführten geotechnischen Untersuchungen sollten die geologisch bedingten technischen Bedingungen klären, unter denen der Tunnel vorgetrieben wird.

Im Verlauf der geotechnischen Untersuchungen wurden Klassifikations-Tests durchgeführt, um die geomechanischen Kennwerte der zu durchfahrenden Gebirgsschichten festzustellen, Stability-Analysis-Tests vorgenommen, um Aufwand und Zeitpunkt des Einbaus von Sicherungsmaßnahmen zu ermitteln und Tests unternommen, um die Schnittleistung von Tunnelvortriebsmaschinen zu bestimmen.

Hydrologische Untersuchungen

Hydrologische Untersuchungen sollten die Grundwasserzuflüsse beim Tunnelvortrieb im voraus ermitteln.

Durch die Deutung des geologischen Aufbaus, der geologischen Geländeauf-
nahme, der Kartierung der Quellen, der Auswertung der Durchlässigkeits-Tests
in den Bohrlöchern und der Feststellung des Horizonts und der Fließrichtung des
Grundwassers gelang es, ein Modell zu entwickeln, mit welchem der unterirdische
Abfluß der Niederschläge abgeschätzt werden konnte.

Dazu war es notwendig, die Wassermengen zu ermitteln, die in einem
1500 km² großen Gebiet als Niederschläge zu Boden fallen, oberflächlich in den
Flüssen abfließen, verdunsten oder ins Gebirge versickern und teilweise wieder
als Quellen an die Oberfläche drängen (Abb. 3).

Abb. 3. Quelle im Karstgebirge
Spring in leached limestone

Meteorologische Stationen wurden eingerichtet und die Niederschläge, die
Wassermengen in den Flüssen und die Luftfeuchte über mehrere Jahre gemessen.

Durch diese sehr sorgfältigen Vorarbeiten gelang es, Voraussagen über die
Größenordnung des Wasserzuflusses bei den Tunnelbauarbeiten aufzustellen, die
eine gute Grundlage für die Ausschreibung darstellten.

Im hydrogeologischen Report forderte der Consultor im verkarsteten geologischen Bereich Pampur eine starke Quelle, die in der Nähe des Tunnels wieder
versickerte, vor dem Tunnelbau zu fassen und abzuleiten und bei km 23,770
einen Drainagestollen vorab bis unter die spätere Tunneltrasse aufzufahren.
Beide Vorschläge wurden durchgeführt und ersparten dem Bauherrn und dem
Unternehmer viel Verdruß.

Schlußbericht

Im Schlußbericht wurden die Ergebnisse der Untersuchungen zusammengefaßt und die geotechnischen Bedingungen erläutert, unter denen der Tunnel auf-

gefahren werden muß. Eine Fülle von physikalischen und geomechanischen Daten wurde zusammengetragen und dokumentierte den Umfang, die Sorgfalt und die Dichte dieser Untersuchungen. Die Ingenieurgemeinschaft wertete die Ergebnisse aus und folgerte, daß der konventionelle Vortrieb auf der ganzen Tunnellänge, mit Ausnahme der Anhydritzonen, ohne besondere Auflagen möglich sei. Ein mechanischer Vortrieb konnte auf 53 % der Strecke ohne Vorbehalt, auf 24 % mit Einschränkungen, und auf 23 % nicht empfohlen werden.

Den Angebotsunterlagen wurde der geologische Bericht mit allen Untersuchungsergebnissen beigefügt und im Leistungsverzeichnis die Geologie entlang der Tunneltrasse in fünf Gebirgsgüteklassen nach *Bienawski* aufgeteilt.

Nach einer internationalen Ausschreibung erhielt die Hochtief AG, Essen, am 11. 4. 1977 den Auftrag, den Tunnel Pueblo Viejo-Quixal vorwiegend mit Tunnelvortriebsmaschinen aufzufahren. Die vereinbarte Bauzeit war 53 Monate.

Ausführung

Baustelleneinrichtung

Bevor die Vortriebsarbeiten aufgenommen werden konnten, mußte die Baustelle eingerichtet werden, eine in unerschlossener tropischer Gebirgslandschaft und weit entfernt von jeder industriellen Versorgung nicht einfache Aufgabe. Gerade die Lagerhaltung und der Nachschub für einen mechanischen Vortrieb, dessen Leistung unmittelbar davon abhängt, daß im Schadensfall das benötigte Ersatzteil sofort zur Verfügung steht, muß sorgfältig geplant werden. Sie bindet über die Bauzeit ein erhebliches Kapital.

In Agua Blanca, bei km 7,9, wo der Tunnel den Rio Chixoy mit einer Brücke kreuzt und von wo aus in beiden Richtungen der Vortrieb mit Vollschnittmaschinen begonnen werden sollte, wurde die generelle Baustelleneinrichtung aufgebaut, und in Quixal eine Einrichtung für den konventionellen Vortrieb.

Zeitlicher Ablauf des Tunnelvortriebs Agua Blanca

In Agua Blanca wurden zwei Wirth-Vollschnittmaschinen mit einem Bohrdurchmesser von 5,65 m montiert. Die Bohrköpfe waren bestückt mit 35 Stück Einscheibendisken-Meißel, Durchmesser 325 mm. Das Drehmoment betrug 810 KNm, der Anpreßdruck 6.350 KN.

Hinter dem Bohrkopf konnten Streckenbögen nur per Hand versetzt werden. Anker und Spritzbeton sollte hinter den Verspannungen von hydraulisch beweglichen Arbeitsbühnen aus eingebracht werden.

Die Verladebandanlage wurde an Rollenböcke gehängt, die mit Ankern in der Firste befestigt waren. Dadurch blieb genügend Raum, um die Ortbetonsohle unmittelbar hinter der Maschine zu betonieren.

Die Wirth-Maschine Agua Blanca Süd begann am 21. 6. 1978 mit dem Vortrieb in Richtung Pueblo Viejo in Kalkstein bzw. Kalksteinbreccie, zunächst ohne Wasserzutritt. Doch bald verminderte sich die Standfestigkeit des Gebirges und erzwang nach einem Verbruch Streckenbögen in engem Abstand direkt hinter dem Bohrkopf einzubauen.

Wirth-Vollschnittmaschinen haben zwei Abspanneinrichtungen mit je 4 hydraulisch bewegten Pratzen, die zwischen den Streckenbögen gegen das Gebirge gedrückt werden. Bei engem Abstand der Streckenbögen wird der Zwischenraum mit Holzauflagen ausgefüttert. Dies behindert den Vortrieb, wird aber bald durch die wachsende Routine der Mannschaft ausgeglichen.

Die Leistung wurde schnell gesteigert und hätte hohe Werte erreicht, wenn nun nicht immer mehr Wasser zugeflossen wäre. Dadurch entstanden immer wieder kleine Verbrüche an der Ortsbrust, die Sicherungen vor dem Bohrkopf erzwangen. Die routinierten Mannschaften schafften diese kleinen Verbrüche bald in 24 Stunden.

Abb. 4. Verschüttete Tunnelbohrmaschine
Buried tbm

Abb. 5. Wasserschwall nach Verbruch
Flood after rupture

Der Wasserzufluß vor Ort schwankte zwischen 1 l/sec und 330 l/sec nach 5000 m Vortrieb. Im ständigen Dauerregen im vierschichtigen Betrieb, auch über die Wochenenden hinweg, wurde der Tunnel zäh und hartnäckig vorangetrieben, bis nach 5102 m am 15. August 1980 der Inhalt einer Karsthöhle, die unbe-

merkt unterfahren war, hinter dem Bohrkopf in den Tunnel brach und innerhalb von wenigen Stunden die Maschine mitsamt dem 150 m langen Nachläufer
völlig verschüttete (Abb. 4).

Der Wasserzufluß betrug in diesem Moment bis zu 2500 l/sec. Die Maschine
ist verloren und mußte umfahren werden (Abb. 5).

Glücklicher verlief der Vortrieb mit der Wirth-Maschine Agua Blanca Nord.
Sie hatte zwar auch nicht standfestes Gebirge zu durchfahren, aber die Wasserzuflüsse blieben in Grenzen. Dennoch, die Menge der eingebauten Sicherungsele-
mente sind ein Indiz für das wenig standfeste Gebirge.

Auch diese Vortriebsmannschaft überwand eine Unzahl kleiner Verbrüche
mit routinierter Sachkenntnis, konnte aber den Stillstand der Maschine bei mehreren Verbrüchen erst nach Wochen beenden.

Der Vortrieb Agua Blanca Nord zeichnet sich durch die Gesamtlänge des von
einem Portal aufgefahrenen Tunnels aus. Erst nach 11 700 m vorgetriebener
Strecke wurde die Maschine im Gebirge demontiert. Die dargestellten Leistungswerte zeigen, daß sich die spezifische Leistung trotz der zunehmenden Entfernung nicht vermindert hat, obgleich auf der Strecke zur gleichen Zeit mit dem
Vortrieb des Gewölbebetons betoniert wurde, wodurch die Versorgung der Vortriebsmaschine erheblich behindert wird.

Quixal

Vom Portal Quixal aus wurde zunächst der Tunnel in Richtung Agua Blanca
konventionell mit einem vierarmigen gleisgebundenen Atlas Copco-Bohrjumbo
vorgetrieben. Ein Salzgitter HL 600 lud das Haufwerk über ein Hägglund-Band
auf eine Mühlhäuser-Verladeanlage. 1800 m wurden mit diesem System aufgefahren, mit Wochenleistungen von etwa 30 m. Es waren kaum Sicherungsarbeiten
nötig. Erst im letzten Teil der Strecke quollen die Bohrlöcher zu, der Sprengstoff
ließ sich nicht hineinschieben.

Die Baustelle stellte auf Fräsvortrieb mit einer Teilschnittmaschine Westfalia WAV 170 um. Das Ausbruchmaterial wurde ähnlich wie bei den Vollschnittmaschinen über ein an der Firste befestigtes Förderband geladen. So konnte
auch hier die Betonsohle unmittelbar hinter der Maschine betoniert werden. Die
Leistungen blieben etwas über 30 m pro Woche, obgleich die Gesteinsfestigkeiten
ständig zunahmen und das Wasser den Vortrieb zunehmend behinderte. War beim
Sprengvortrieb der Wasserzufluß bis auf 90 l/sec, am Portal gemessen, gestiegen,
so erreichte er beim Fräsvortrieb bald 500 l/sec.

Mit steigender Gesteinsfestigkeit wurde der Fräsvortrieb unwirtschaftlich.
Er wurde nach 1800 m eingestellt und eine Robbins-Vollschnittmaschine eingesetzt. Es sollte ursprünglich die Agua Blanca Süd Maschine nach ihrem Durchschlag mit dem Vortrieb von Pueblo Viejo hierher umgesetzt werden. Doch dann
war sie verschüttet.

Deshalb wurde eine 10 Jahre alte Robbins-Maschine mit einem Bohrdurchmesser von 5,65 m eingesetzt. Sie hat ein Drehmoment von ca. 750 KNm, der
Anpreßdruck beträgt 4.990 KN. Sie ist mit Einscheibendisken, Durchmesser
355 mm, bestückt.

Nach anfänglichen Schwierigkeiten mit dem unter hohem Wasserzufluß nicht standfesten Gebirge — so mußte nach einem Verbruch die zu durchfahrende Karsthöhle erst mit kleinen Stollen, die dann ausbetoniert wurden, stabilisiert werden — wurde die Leistung ständig gesteigert. Mit 53 m wurde die höchste Tagesleistung und mit 1068 m die höchste Monatsleistung auf der Baustelle gefahren. Hierbei ist jedoch zu berücksichtigen, daß die Entfernung zum Tunnelportal maximal nur 6,4 km betrug und die Betonierarbeiten auf der Strecke nur gering waren. Nach einer sich ständig steigernden Leistung, ist der Durchschlag am 18. September 1981 erfolgt.

Pueblo Viejo

Verzögerungen in der Anlaufphase der Baustelle zwangen dazu, ab März 1979 auch in Pueblo Viejo einen konventionellen Sprengvortrieb einzurichten.

Gebohrt wurde mit Handhämmern von einem zweibühnigen Gerüstwagen, geladen mit einem Radlader Cat 960 und geschuttert mit normalen 12 t LKW.

Günstige geologische Bedingungen ermöglichten einen zügigen Vortrieb mit Wochenleistungen von etwa 35 m.

Als man sich nach ca. 2400 m der Verbruchstelle der Agua Blanca Süd-Maschine näherte, wurde der Vortrieb sehr vorsichtig fortgeführt. Jedoch trotz aller Vorsichtsmaßnahmen verbrach am 22. 3. 1981 die Ortsbrust nur 29 m vom Durchschlag entfernt. Wasser drang in den Tunnel, der mit einem Gefälle von 1 % aufgefahren war und füllte ihn in einigen Stunden. Nach ein paar Tagen wurde es abgepumpt und man stellte bereits bei 1230 m fest, daß Verbrüche auch auf der Strecke erfolgt waren. Heute ist der Tunnel bis ca. 2100 m saniert.

Wir sind, obgleich wir über Wochen mit beiden Vortrieben nur noch 29 m auseinander standen, wieder etwa 300 m vom Durchschlag entfernt. Wir haben aber inzwischen von Agua Blanca Süd aus die Störung überwunden und hoffen, in ein paar Monaten auch die Verbruchstrecke saniert zu haben (Abb. 6).

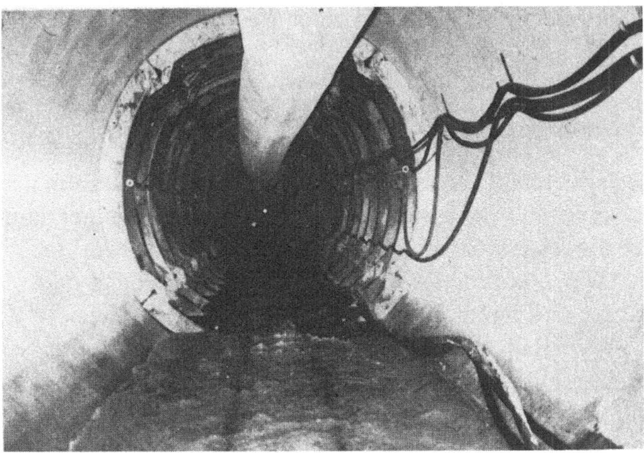

Abb. 6. Starker Wasserzufluß
High water in-flow

Einfluß der Wasserzuflüsse

Die ungewöhnlich hohen Wasserzuflüsse, die großen Vortriebslängen und das gleichzeitige Betonieren der Innenschalen bestimmen neben dem Verbruch bei km 2.455 den Verlauf der Bauarbeiten. Deshalb sollen diese Einflüsse noch näher betrachtet werden.

Die Wasserzuflüsse betrugen im Maschinenbereich bis zu 330 l/sec, sie addierten sich aber über die Tunnellänge gemessen erheblich und waren am Portal des Vortriebs Agua Blanca Süd 1300 l/sec, am Portal Quixal über 1000 l/sec.

Das Wasser schwemmte, wenn mehr als 10 l/sec von der Ortsbrust aus zuflossen, große Mengen an Feinteilen des Bohrguts auf die Sohle, welche dann hinter der Bohrmaschine mühsam mit der Schaufel auf ein Förderband geladen werden mußten. Alle Versuche, diesen Arbeitsgang zu mechanisieren, scheiterten. Der Arbeitstakt für den Einbau der Betonsohle richtete sich nach der Sohlenreinigung.

Wenn mehr Wasser zufloß, konnte auch die Ortbetonsohle nicht ohne Probleme betoniert werden.

Daß die Arbeit zur Instandhaltung des Gleises durch große Wasserzuflüsse sehr erschwert wird, insbesondere wenn die Schienen überflutet sind, ist bekannt. Daß die Schwierigkeiten mit der wachsenden Tunnellänge und mit einer steigenden Transportleistung zunehmen, ist sicher.

Auf dieser Baustelle strebten alle hierfür gültigen Einflußparameter einem Maximum zu. Die Wassermengen überfluteten im Vortrieb Agua Blanca Süd und Quixal regelmäßig die Wasserrinne in der Betonsohle mit einem Fassungsvermögen von 240 l/sec. Die Vortriebslängen waren extrem lang und gleichzeitig mußte nicht nur das Bohrgut bei hohen Vortriebsleistungen abtransportiert, sondern auch der Beton für die Innenschale hereingefahren werden.

Auch die Arbeiten, die nötig sind, um das Gewölbe der Innenschale zu betonieren, wurden dann stark behindert, wenn mehr als 240 l/sec durch die Arbeitsstelle flossen. Die über die Betonsohle strömenden Wassermassen wurden vor der Arbeitsstelle aufgestaut und durch 8″ dicke Schläuche durch die Schalung gepumpt. Diese Arbeitsmethode funktionierte bis zu einer Wassermenge von etwa 800 l/sec.

Vergleich der spezifischen Leistungswerte

Die spezifischen Leistungswerte aller Vortriebe wurden beim Kolloquium auf einer Grafik gezeigt, wobei jeweils die mittlere Wochenleistung auf einer Tunnelstrecke von 200 m Länge dargestellt wurde. Andere, die Leistung beeinflussende Parameter, wie der Wasseranfall, der Einbau von Streckenbögen und Ankern und die Vortriebslänge, wurden aufgezeichnet. Die Aufzeichnungen zeigen für die Bedingungen dieser Baustelle folgende Ergebnisse:

1. Ohne Vollschnittmaschinen hätte der Tunnel nicht annähernd in der vereinbarten Bauzeit hergestellt werden können. Die Leistung der Vollschnittmaschinen ist unter ungünstigen Bedingungen, wie in Agua Blanca Süd, doppelt so hoch, wie der konventionelle Vortrieb und unter günstigen Bedingungen, wie in Quixal, über fünfmal so hoch.

2. Ein Fräsvortrieb mit einer Teilschnittmaschine leistete bei den angetroffenen Verhältnissen nicht mehr als ein konventioneller Vortrieb.

3. Selbst hohe Wasserzuflüsse sind bei Vollschnittmaschinen zu beherrschen. Sie behindern den Vortrieb umso mehr, je stärker sie die Standzeit des Gebirges verringern, je umfangreicher sie die Feinteile des Bohrguts abschwemmen und je mehr das Transportgleis beansprucht wird. Dennoch ist wegen der glatt gebohrten Sohle die Wasserableitung einfacher zu lösen als beim konventionellen Vortrieb.

4. Hohe Wasserzuflüsse behindern erheblich die Betonierarbeiten des Gewölbes der Innenschale, wenn die Abflußkapazität der Wasserrinne in der Sohle nicht mehr ausreicht.

5. Der Einbau von Sicherungselementen aus montierbaren Einzelteilen wie Streckenbögen, Verzugsblechen usw. selbst im Maschinenbereich, behindern den Vortrieb nicht so nachhaltig, als daß nicht die wachsende Routine der Mannschaft dieses ausgleichen könnte. Anders ist es, wenn Spritzbeton im Maschinenbereich verwendet werden muß.

Die erfolgreiche Ausführung dieses Tunnels, unter den schwierigen Umständen, wäre nicht möglich gewesen, ohne die sachkundige, faire Leitung des Bauherrn, des Instituto Nacional de Electrificacion, Guatemala, und nicht ohne die intensiven, aufschlußreichen Voruntersuchungen und nicht ohne die erfahrene und kenntnisreiche Bauleitung durch die Ingenieurgemeinschaft Lahmeyer International, Motor Columbus und International Engineering, San Francisco.

Der Erfolg wurde aber auch gewährleistet durch die große Einsatzbereitschaft und den Mut unserer Mineure, Meister und Ingenieure vor Ort.

Anschrift des Verfassers: Dipl.-Ing. *Siegmund Babendererde*, Hochtief AG, Postfach 10 17 62, D-4300 Essen 1, Bundesrepublik Deutschland.

Rock Mechanics, Suppl. 12, 275–293 (1982)

Rock Mechanics
Felsmechanik
Mécanique des Roches
© by Springer-Verlag 1982

Bau des Nakayama-Tunnels
Kampf gegen Bergwasser und vulkanisches Lockergestein

Von

P. Egger, T. Ohnuki und Y. Kanoh

Mit 11 Abbildungen

Zusammenfassung — Summary

Bau des Nakayama-Tunnels. — Kampf gegen Bergwasser und vulkanisches Lockergestein.
Der Bau des 14,8 km langen Nakayama-Tunnels, auf der Neubaustrecke Ohmiya-Niigata gelegen, wurde 1972 begonnen und sollte wegen bedeutender geologisch bedingter Verzögerungen die termingerechte Fertigstellung der 275 km langen Strecke in Frage stellen.

Die Tunneltrasse verläuft zwischen zwei Vulkanen und durchörtert in 200 bis 400 m
Tiefe junge Eruptionsprodukte (Bims, Tuffe, Brekzien, Aschen und Laven) von äußerst geringer Festigkeit; nur auf einer kurzen Strecke steht standfester Dioritporphyr an. Der Bergwasserspiegel liegt etwa 200 m über dem Tunnelniveau.

Die Bauarbeiten wurden in fünf Lose unterteilt, wovon die drei mittleren nur durch
Schächte (300 bis 380 m tief) zugänglich sind. In zweien dieser Schächte traten Wasserzuflüsse auf, die bis zu 10 m^3/min erreichten und umfangreiche Verpressungen erforderlich mach-
ten. Die Verpreßgutaufnahme betrug etwa 20 000 m^3 für einen Schacht.

Bei zwei katastrophalen Wassereinbrüchen während der Tunnelvortriebsarbeiten in den
mittleren Baulosen wurden die Baustellen in kürzester Zeit geflutet, und das Wasser stieg im
Schacht auf 200 m über Tunnelsohle. Daraufhin wurde die Tunneltrasse seitlich abgelenkt, um
länger im gesunden Dioritporphyr zu bleiben. Durch umfangreiche Verpressungen wurden die
lockeren Vulkanablagerungen in den restlichen Tunnelabschnitten abgedichtet und verfestigt.
Dicke und Festigkeit des Verpreßkörpers wurden nach einem neuen Verfahren unter Berücksichtigung des Strömungsdruckes bemessen. Die Injektionen wurden von der Geländeoberfläche und ergänzend von Stollen aus hergestellt. In den verpreßten Bereichen wurde der Tunnel unter Anwendung der NÖT aufgefahren, wobei die Standsicherheit durch systematische
Messungen überprüft wurde. Ende 1981 wurde der Tunnel durchgeschlagen.

*Construction of the Nakayama Tunnel. — A Fight Against Water Inflows and Loose
Ground.* The construction of the 14,8 km long Nakayama tunnel which is situated along the
new railway line from Ohmiya to Niigata began in 1972. Due to adverse geological conditions,
it was seriously delayed and became the "weak link" in the 275 km long line.

The tunnel is situated between two volcanoes at 200 to 400 m depth and crosses young
deposits (pumice, tuff, breccia, ashes and lava) of very poor quality. Only for a short length,
there is sound diorite-porphyrite. The ground water level is situated 200 m above the tunnel.

The construction works were subdivided into 5 contract sections, the three central ones
being accessible only through shafts (300 to 380 m deep). The excavation of two of these
shafts was marked by water inflows of up to 10 m^3/min which required extensive grouting.
The grout take for one shaft was as high as 20 000 m^3.

0080–3375/82/Suppl. 12/0275/$ 03.80

During the tunnel excavation, there occurred two catastrophic water inflows which flooded the construction sites, and within several hours the water level rose 200 m above the tunnel. It was then decided to shift the tunnel laterally in order to remain in diorite-porphyrite for a greater length.

Extensive grouting was performed for tightening and consolidating the loose volcanic deposits to be crossed by the tunnel. Dimensions and strength of the grout body were evaluated using a new procedure with consideration of the seepage pressures. The grouting works were executed from the ground surface and, in addition, from drifts. In the grouted zones, the NATM was used for the tunnel construction, the stability was checked by systematic monitoring. At the end of 1981, the tunnel was holed through.

1. Die Joetsu-Linie des Japanischen Schnellbahnnetzes

Die erste japanische Schnellbahnstrecke (Shinkansen) von Tokyo nach Osaka wurde vor etwa 20 Jahren eröffnet, und heute benützen sie täglich etwa 350 000 Fahrgäste. 1970 beschloß das japanische Parlament ein großzügiges Ausbauprogramm für das Shinkansen-Netz, wobei dem Bau der Joetsu-Linie eine besondere Priorität eingeräumt wurde.

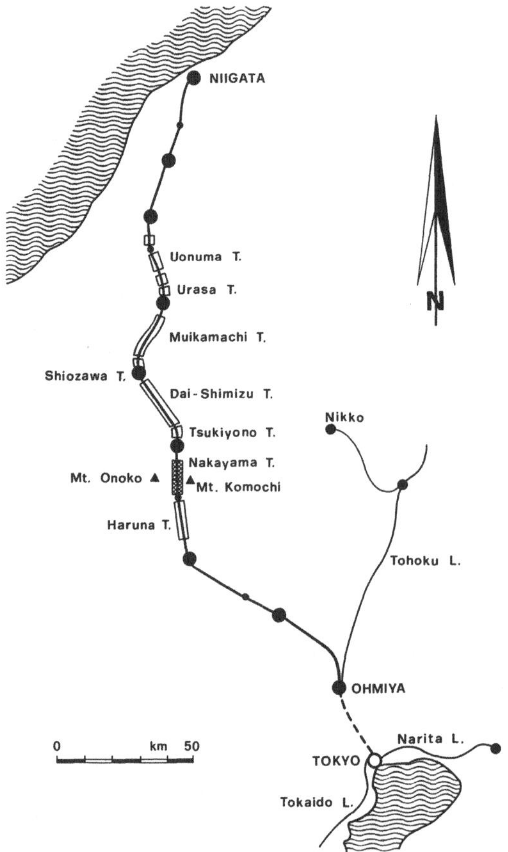

Abb. 1. Joetsu-Linie des japanischen Schnellbahnnetzes
Joetsu-line of the Japanese Shinkansen network

Diese 275 km lange Schnellbahnstrecke verbindet die Städte Ohmiya nahe
Tokyo und Niigata an der Japanischen See (Abb. 1), wobei sie das bis zu 2000 m
hohe und für heftige Schneefälle bekannte Mikumi-Gebirge quert. Trotz des ge-
birgigen Charakters ist die Strecke doppelgleisig und auf eine Geschwindigkeit
von 260 km/h ausgelegt. Dies hat zur Folge, daß etwa 38 % der Streckenlänge,
nämlich 106 km in Tunneln verlaufen, wozu unter anderen der Dai-Shimizu-Tun-
nel (mit einer Länge von 22,2 km der längste fertiggestellte Verkehrstunnel der
Welt), der 15,4 km lange Haruna- und der 14,8 km lange Nakayama-Tunnel
zählen.

Der Bau der Joetsu-Linie begann 1971, die Fertigstellung ist für 1982 geplant; die Baukosten werden auf etwa 8 Mia US $, d.s. etwa 500 Mio S/km ge-
schätzt.

2. Allgemeine Anlageverhältnisse des Nakayama-Tunnels

Der Nakayama-Tunnel liegt in der Südrampe der Gebirgsstrecke; er beginnt
in der Nähe der Stadt Shibukawa in 250 m Seehöhe und verläuft ziemlich genau
nordwärts mit einer gleichmäßigen Steigung von 12 Promille. Dabei unterfährt
der Tunnel in 200 bis 400 m Tiefe ein zwischen zwei jungquartären Vulkanen
(Mt. Komochi, Mt. Onoko) gelegenes Plateau und mündet schließlich in der Nähe
der Stadt Numata.

Ebenso wie die offenen Strecken ist der Tunnel doppelspurig; seine lichte
Breite beträgt 9,60 m in der Geraden (Abb. 2a) und erfährt einen krümmungsab-
hängigen Zuschlag (Abb. 2b). Nach Erfordernis wird ein Sohlgewölbe angeordnet.

Die Bauarbeiten für den Tunnel begannen im Februar 1972 und wurden in
fünf Lose unterteilt, wovon die drei mittleren nur durch vertikale Schächte zugänglich waren. Dabei handelt es sich um die tiefsten Schächte − 295 m bis
372 m −, die je im japanischen Tunnelbau zur Anwendung gelangten.

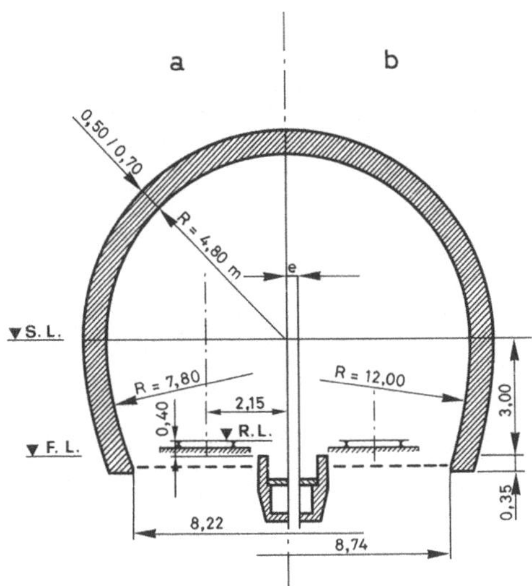

Abb. 2. Regelquerschnitt: (a) in gerader Strecke, (b) in Kurven
Typical section: (a) for straight line, (b) for curves

3. Geologisch-Geotechnische Verhältnisse

3.1. Geologische Verhältnisse des Nakayama-Tunnels

Die geologischen Verhältnisse des Nakayama-Tunnels (Abb. 3) sind durch
einen jungquartären Vulkanismus gekennzeichnet, der das tertiäre Substratum
(dargestellt durch Punktraster) überprägte. Auch dieses besteht aus pyrokla-
stischen Sedimenten, im wesentlichen aus Tuffen der Nakayama- und Honjyuku-

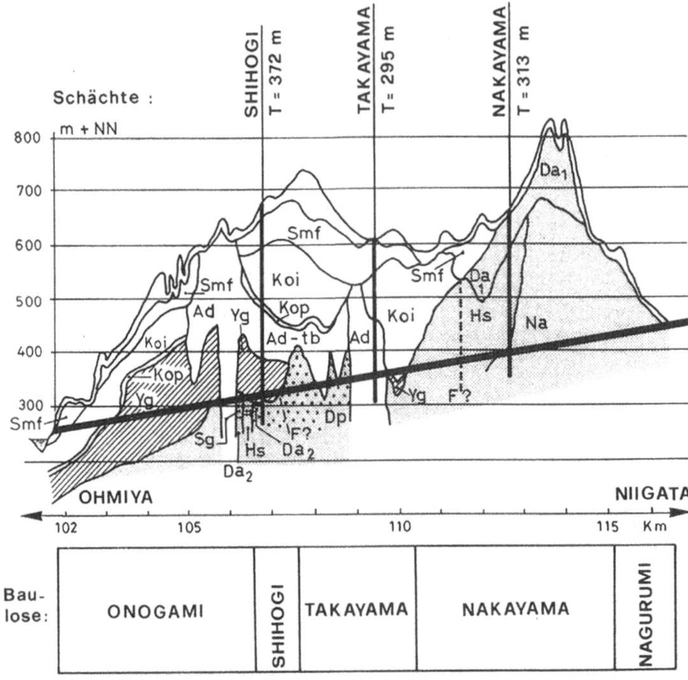

Abb. 3. Geologischer Längenschnitt des Nakayama-Tunnels mit Angabe der fünf Baulose
Geological profile of the Nakayama tunnel with indication of the five construction sections

Legende: Legend:

Quartär	Smf	Shibukawa-Vulkanschlamm		Quaternary	Smf	Shibukawa-mudflow
	Koi	Komochi-Tuffbrekzien			Koi	Komochi-tuff breccia
	Kop	Komochi-Bimstuff			Kop	Komochi-pumice tuff
	Ad	Ayado-Andesite			Ad	Ayado-andesite
	Yg	Yagisawa-Formation			Yg	Yagisawa-formation
Tertiär	Da	Shimokawada-Dacite		Tertiary	Da	Shimokawada-dacite
	Hs	Honjyuku-Tuffbrekzien			Hs	Honjyuku-tuff breccia
	Na	Nakayama-Formation			Na	Nakayama-formation
	Dp	Dioritporphyr-Intrusion			Dp	Dioritporphyr-intrusion
	F	Verwerfung			F	fault

Formationen, sowie aus Intrusionen von Dioritporphyr (gröberer Punktraster). Dieser ist gesund, nur in den obersten Metern angewittert und stellt das standfesteste Gebirge im Nakayama-Tunnel dar. Die tertiären Tuffe sind submarinen Ursprungs und gewöhnlich gut verfestigt; ihr Mineralbestand ist jedoch teilweise in quellfähige Tone umgewandelt.

Die Oberfläche des Tertiärs ist äußerst unregelmäßig, außerdem durch mehrere Verwerfungen verstellt. Darüber liegen in regelloser Abfolge quartäre Vulkanauswürfe und -ergüsse verschiedener Formationen. Beim Bau des Tunnels traten Schwierigkeiten vor allem beim Durchörtern der *Yagisawa*-Gruppe auf (in Abb. 3 schraffiert dargestellt), die folgenden typischen Schichtenaufbau zeigt (von unten nach oben, vgl. Abb. 4):

— Dto: *Hanglehm* (detritus deposits) gering durchlässig, Übergang zum verwitterten Dioritporphyr; $\sigma_c \cong 3,5 \ \text{MN/m}^2$.

— Yg-pt: *Bimssteintuff* (pumice tuff), teilweise tonig; $\sigma_c \cong 1 \ \text{MN/m}^2$.

— Yg-lt: *Lapilli-Tuff*, bestehend aus mittel- bis grobkörniger Schlacke in feinkörniger Matrix aus vulkanischer Asche. Unverfestigt, nicht kernbar. Nimmt bei Zutritt von Wasser Fließsand-Charakter an.

— Yg-tb: *Tuffbrekzie*, enthält 5 bis 8 cm große Andesitbrocken sowie fein- bis mittelkörnige Schlacke. Sehr locker und stark wasserdurchlässig.

— Yg-la: *Andesit-Lava*, porös, stark zerklüftet, nahe der Oberfläche stark entfestigt.

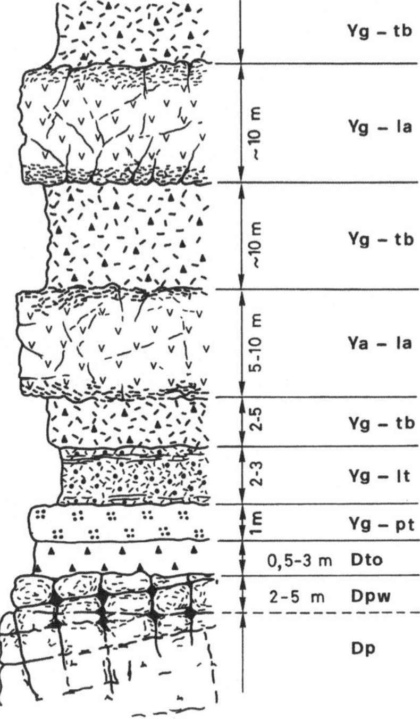

Abb. 4. Schichtenfolge der unteren Yagisawa-Gruppe (Yg); Legende im Text
Stratigraphic column of lower Yagisawa group; Legend in the text

Der Bergwasserspiegel wurde etwa 50 bis 80 m unter Gelände angetroffen, d.h. bis etwa 250 m über dem Tunnelniveau.

Wie der Längsschnitt (Abb. 3) zeigt, durchörtert der Tunnel im nördlichen Bereich tertiäre Tuffe und Schluffsteine der Nakayama- und Honjyku-Gruppen, worin Quellerscheinungen zu befürchten waren; im mittleren Bereich Dioritporphyr und Andesit, doch unterbrochen von quartären Sedimenten, die hauptsächlich der Yagisawa-Gruppe angehören; im Süden schließlich werden hauptsächlich die quartären Yagisawa- und Komochi-Gruppen durchfahren.

Der Bau der Schächte und des Tunnels in den quartären, großteils unverfestigten Sedimenten (Tuffen, Brekzien, Aschen) ließ erhebliche Schwierigkeiten erwarten, zumal in jenen Bereichen, die tief unter dem Bergwasserspiegel liegen.

3.2. Geomechanische Laborversuche

Zur Abschätzung des geotechnischen Verhaltens der verschiedenen Schichten wurden an den Kernen aus den Aufschlußbohrungen Druckversuche durchgeführt. Diese zeigten für den Dioritporphyr eine Druckfestigkeit von $\sigma_c \cong 100 \, MN/m^2$ und für die Andesit-Lava $\sigma_c \cong 22 \, MN/m^2$, dagegen lagen die Festigkeiten der verschiedenen vulkanischen Sedimente deutlich tiefer: etwa $\sigma_c \cong 10 \, MN/m^2$ für die tertiären, jedoch nur 1 bis 5 MN/m^2 für die kernbaren quartären Ablagerungen (Dto, pt). Die quartären Lapilli-Tuffe und Tuffbrekzien waren überwiegend derart schwach verfestigt, daß sie nicht gekernt werden konnten.

4. Tunnelentwurf

4.1. Allgemeines

Die Entwurfsgrundsätze für den Nakayama-Tunnel entsprechen jenen der zahlreichen anderen Tunnel der Joetsu-Linie. Bei gegebenem Lichtraumprofil variiert die Gewölbedicke und die Sohlausbildung — ohne oder mit Sohlgewölbe — in Abhängigkeit von der Gebirgsgüteklasse und der Höhenlage des Bergwasserspiegels.

4.2. Berücksichtigung des Strömungsdruckes

Wie erwähnt, durchörtert der Tunnel streckenweise unverfestigte Sedimente unter einem Wasserdruck von 2 bis 2,5 MN/m^2, die zur Konsolidierung und Abdichtung verpreßt werden mußten. Die Dimensionierung des Verpreßkörpers (erforderliche Dicke und Festigkeit) erfolgte in mehreren Stufen:

a) Zunächst wurde eine grobe Vorbemessung unter der Annahme durchgeführt, daß der Verpreßkörper undurchlässig und voll plastifiziert sei und allein durch den statischen Wasserdruck auf die Außenfläche belastet werde. Dieses Bemessungsverfahren war jedoch mechanisch unbefriedigend, da es auf etwas willkürlichen Voraussetzungen beruhte.

b) Deshalb wurde in einer zweiten Stufe der Strömungsdruck des Wassers berücksichtigt, und zwar unter der Annahme, daß der gesamte statische Wasserdruck allein über die Dicke des Verpreßkörpers abgebaut werde. Der solcherart ermittelte Strömungsdruck wurde in das Gebirgskennlinien-Verfahren eingeführt (siehe Anhang), wodurch sich folgende Beziehung zwischen der erforderlichen

Festigkeit des Verpreßkörpers (σ_c), dem statischen Wasserdruck ($p_{o,w}$) und den geometrischen Abmessungen von Tunnel (R_o) und Verpreßkörper (R_{inj}) ermitteln ließ:

$$\sigma_c \geqslant \frac{p_{o,w}}{\ln\,(R_{inj}/R_o)}$$

Beispielsweise erhält man für 200 m Wasserdruck, 6 m Tunnelradius und 6 m Verpreßkörperdicke eine erforderliche Festigkeit des Verpreßkörpers von $\sigma_c \geqslant 2{,}8\ \text{MN/m}^2$.

c) Für Sonderfälle schließlich, z.B. bei Schichtgrenzen im unmittelbaren Tunnelbereich wurden zunächst die Strömungsdrücke numerisch oder analog ermittelt und hierauf in ein herkömmliches FE-Programm eingeführt.

4.3. Bauweisen in Abhängigkeit von den geotechnischen Bedingungen

Auf Grund der Erfahrungen und Tradition der japanischen Tunnelbauer war vorgesehen, den Nakayama-Tunnel je nach den Gebirgsverhältnissen nach einer der beiden folgenden Bauweisen aufzufahren:

a) Belgische Bauweise (Abb. 5a) mit Schutterstollen ("1") in Sohlmitte: Auffahren der Kalotte ("2"), Betonieren des Kalottengewölbes ("3"), Strossenausbruch ("4") mit Unterfangung der Ulmen ("5") – in genügend standfestem Gebirge.

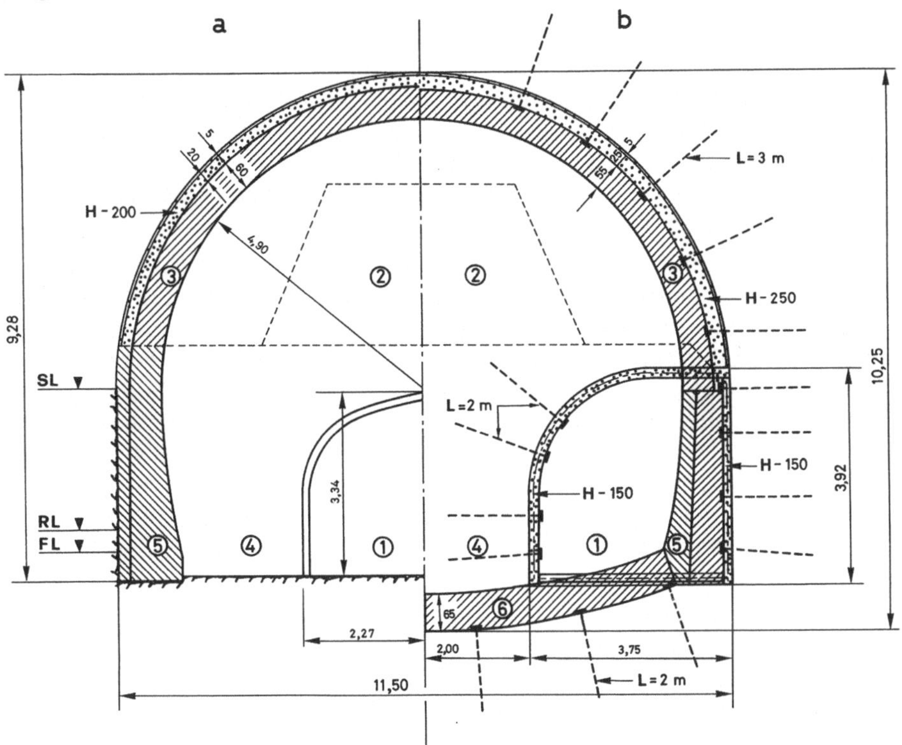

Abb. 5. Bauweisen im Regelfall: (a) Belgische Bauweise; (b) Kernbauweise; Legende im Text
Typical construction methods: (a) Belgian; (b) Side drift method; Legend in the text

b) Kernbauweise (Abb. 5b) mit zwei Ulmenstollen ("1") und Betonieren der Gewölbeauflager, Ausbruch der Kalotte ("2") mit Schutterung in die Ulmenstollen, Herstellen des Kalottengewölbes ("3"), hierauf Ausbruch des Kerns und gegebenenfalls der Sohle ("4"), Verstärkung der Gewölbeauflager ("5"), Sohlgewölbe ("6") − in schwierigen Gebirgsverhältnissen.

Zur Sicherung war der amerikanische Stahlverbau vorgesehen, mit Stahlbögen und Holzverzug, bei Bedarf Liner-Plates und Hinterbetonierung.

Auf Grund der Bauerfahrungen wurde der ursprüngliche Entwurf bereichsweise abgeändert, und zwar in einer stark druckhaften Strecke in quellendem Gebirge (der Nakayama-Gruppe), sowie in den unter 200 m Wasserdruck stehenden, durch Verpressung vergüteten Schichten der Yagisawa-Gruppe. Hier wurde nach den Prinzipien der NÖT zunächst die Sicherung mit Spritzbeton, Ankern und Tunnelbögen eingebracht und erst nach Abklingen der Deformationen die Innenschale betoniert.

Dies bot für das quellende Gebirge den Vorteil, daß der Verbau gewisse Gebirgsdeformationen gebremst zuließ; im verpreßten Lockergestein konnte der Gefahr von Wassereinbrüchen infolge ungewollter Gebirgsauflockerung durch das rasche und flächenhafte Einbringen der Sicherung Einhalt geboten werden.

Als Bauhilfsverfahren wurden je nach den örtlichen Gegebenheiten Verpressungen, Drainagen und Rohrschirmdecken vorgesehen.

4.4. Kontrollmessungen

Vor Beginn der Ausbruchsarbeiten wurde in den verpreßten Bereichen der Injektionserfolg hinsichtlich Dichtigkeit und Verfestigung überprüft: Es wurden Kontrollbohrungen hergestellt und als Kriterium für ausreichende Dichtigkeit ein größter Wasserzudrang von $q = 0,5$ l/min · lfm bzw. insgesamt $Q = 5$ l/min pro Bohrloch festgelegt.

Desgleichen wurde die durch die Verpressungen erzielte Festigkeit durch Laborversuche an Bohrkernen sowie durch Feldversuche geprüft: Kerne aus dem verpreßten Lapilli-Tuff zeigten Druckfestigkeiten von $\sigma_c = 4$ bis 5 MN/m^2 und Verformungsmoduli von $E_{50} = 300$ bis 700 MN/m^2. In den Bohrlöchern durchgeführte Pressiometerversuche ergaben einen Grenzdruck von $p_l = 9$ bis 15 MN/m^2 und einen Modul von $E_{pr} = 700$ bis 2000 MN/m^2. Schließlich wurden noch Großscherversuche an 60×60 cm^2 großen Blöcken angestellt, die Peak-Werte von $\phi_p = 23°$, $c_p = 0,37$ MN/m^2 sowie Restwerte von $\phi_r = 12°$, $c_r = 0,1$ MN/m^2 brachten; leider ließ sich beim Herausarbeiten der Blöcke eine gewisse Störung des Gebirgsverbandes nicht vermeiden, weshalb die Ergebnisse auf der sicheren Seite liegen.

Zur Überwachung des Gebirgsverhaltens während der Ausbruchsarbeiten wurde ein Meßprogramm ausgearbeitet, dessen Hauptaugenmerk auf die verpreßten Lockergesteinsstrecken gerichtet war; es umfaßte systematische Firstnivellements und Konvergenzmessungen, sowie an ausgewählten Stellen Extensometer und Meßanker, Druckmeßdosen für Radial- und Tangentialspannungen im Spritzbeton und schließlich Porenwasserdruckgeber.

5. Bauerfahrungen

Die Bauarbeiten am Nakayama-Tunnel begannen im Frühjahr 1972 mit dem
Abteufen der Schächte für die drei mittleren Baulose. Im Folgenden wird im
wesentlichen über die Erfahrungen beim Los Shihogi berichtet, bei dem die
schwierigsten Gebirgsverhältnisse angetroffen wurden; die anderen Baulose werden nur fallweise gestreift.

5.1. Abteufen der Schächte

Die Aufschlußbohrungen für den 372 m tiefen Schacht Shihogi hatten gezeigt, daß bis zur Endteufe quartäre vulkanische Sedimente, wie Tuffbrekzien
(tb), Aschen und Laven (la) anstanden (Abb. 6). Der Bergwasserspiegel wurde in
86 m Tiefe angetroffen, sodaß starker Wasserzudrang in den Schacht befürchtet
werden mußte. Deshalb wurden vor Beginn der Abteufarbeiten rund um den
Schacht 8 Bohrungen von 370 m Tiefe hergestellt und verpreßt, mit dem Ziel,
den Wasserzudrang zum Schacht unter 500 l/min zu halten.

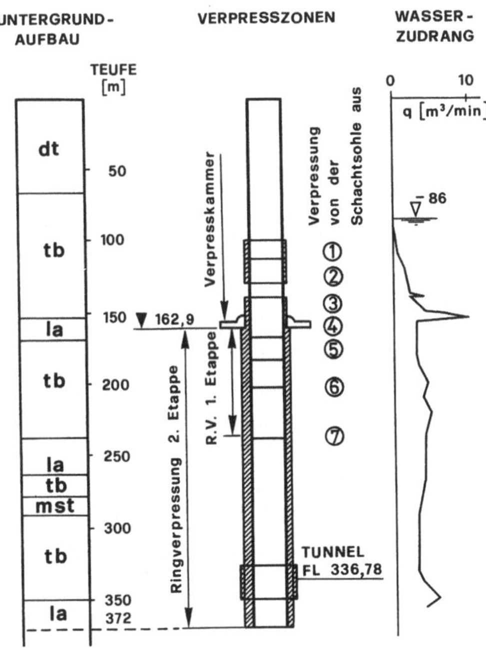

Abb. 6. Schacht Shihogi: Untergrundaufbau, Verpreßzonen und Wasserzudrang
Shihogi shaft: Geological section, grouting zones and water inflow

Der Aushub des 6 Meter Durchmesser aufweisenden Schachtes erfolgte in
1,20 m tiefen Abschnitten; nach jedem zweiten Schritt wurde die Betonverklei-
dung nachgezogen. Die Teufarbeiten gingen bis zum Erreichen des Bergwasserspiegels ohne besondere Vorkommnisse vonstatten; dann aber begann der Wasserzufluß rasch zuzunehmen, sodaß bei Teufe 100,8 m eine zusätzliche Verpressung von der Schachtsohle aus ("1") erforderlich wurde. Der Erfolg der Injektionen ließ jedoch zu wünschen übrig: Der Wasserzudrang stieg trotz weiterer

vier von der Sohle aus durchgeführten Verpressungen ("2" bis "5") bis zur Teufe 162,9 m auf etwa 10 m³/min an und behinderte die Arbeiten stark. In der Tat erforderte das Abteufen der etwa 80 m Schacht unterhalb des Bergwasserspiegels etwa ein Jahr Bauzeit.

Zur Beschleunigung der Arbeiten wurde auf Teufe 162,9 m eine den Schacht ringförmig umschließende Verpreßkammer errichtet. Dies ermöglichte, in der Folge gleichzeitig weiter abzuteufen und einen Verpreßschirm rund um den Schacht herzustellen. Diese Ringverpressung wurde in zwei Etappen — zuerst 72 m, dann 211 m tief — mittels drei bzw. zwei konzentrischer Reihen von Bohrungen durchgeführt. Der Bohrlochabstand betrug 1,50 bis 1,70 m, die Dicke des Verpreßkörpers etwa 4 Meter. Diese Injektionen erlaubten das weitere Abteufen des Schachtes mit einem von 10 auf 3 bis 4 m³/min reduzierten Wasserzudrang. An zwei Stellen ("6" und "7") mußte dennoch noch zusätzlich von der Sohle aus injiziert werden. Anfang 1976, also nach kanpp vier Jahren Bauzeit, wurde die Endteufe von 372 m erreicht.

Bei den Abteufarbeiten für den Schacht stellte sich bald heraus, daß die anfänglich eingepreßten Zementsuspensionen und Zement-Wasserglas-Gemische nicht in die Poren der Tuffbrekzien und vulkanischen Aschen einzudringen vermochten und nur Claquagen hervorriefen, was den ungenügenden Verpreßerfolg erklärte. Daraufhin wurde Acrylamid-Harz verpreßt, das zwar gut in die Poren eindrang, jedoch dem Wasserdruck nicht standhielt und in den Schacht ausgepreßt wurde. Schließlich wurde Silikatgel mit einem organischen Reagenzmittel verwendet, das endlich die gewünschte Abdichtung und Verfestigung erzielte. Insgesamt wurden für den Bau des Shihogi-Schachtes etwa 20 000 m³ Injektionsgut verpreßt, davon die Hälfte Silikatgel.

Vergleichbare Probleme mit dem Bergwasser gab es auch beim Schacht Takayama. Auch hier wurde mit Verpressungen von der Schachtsohle aus versucht das Gebirge abzudichten, jedoch mit mäßigem Erfolg. Daraufhin wurden 8 Stück 200 m tiefe Brunnen hergestellt, wodurch bei einer Förderleistung von 24 m³/min der Wasserspiegel von 30 auf 104 m Tiefe unter Gelände abgesenkt werden konnte. Als der Schachtaushub jedoch weiter fortschritt, trat wieder starker Wasserzufluß auf, der bei Teufe 120 m etwa 10 m³/min erreichte und das Weiterteufen praktisch unmöglich machte. Im Gegensatz zum Shihogi-Schacht wurde das Gebirge bis zum Erreichen der Felsoberfläche nunmehr von der Sohle aus injiziert, und zwar nach der Methode Solétanche, mit Hilfe von Manschettenrohren in drei 25 m tiefen Abschnitten. Die anstehenden Tuffbrekzien und Aschen wurden mit Silikatgel erfolgreich abgedichtet, sodaß die Wasserzuflüsse auf 1 bis 2 m³/min zurückgingen und der Schacht fertig ausgehoben werden konnte. Die gesamte Bauzeit für den Takayama-Schacht betrug 3 1/2 Jahre.

5.2. Tunnelvortrieb

Durch die Erfahrungen beim Abteufen der Schächte gewitzigt, wurde beim Vortrieb des Tunnels dem Bergwasser besondere Aufmerksamkeit gewidmet.

Im südlichsten Baulos Onogami (Abb. 3) wurden systematisch horizontale Erkundungsbohrungen bis zu 300 m der Tunnelbrust vorauseilend hergestellt. Diese zeigten, daß mit dem Erreichen der Yagisawa-Gruppe der Wasserdruck und zum Teil die Wassermengen stark zunahmen. Deshalb wurde von der Belgischen

auf die Kernbauweise umgestellt und parallel zum Tunnel in etwa 20 m Abstand
ein, streckenweise sogar zwei Dränstollen vorgetrieben, um das Bergwasser an der
Brust der Ulmenstollen zu entspannen. Die Drainagewirkung schwankte erheblich in Abhängigkeit von der Natur der durchörterten Schichten — im Mittel
fielen etwa 10 m^3/min pro Kilometer Tunnel an —, ermöglichte jedoch insgesamt den Tunnelvortrieb ohne allzugroße Schwierigkeiten.

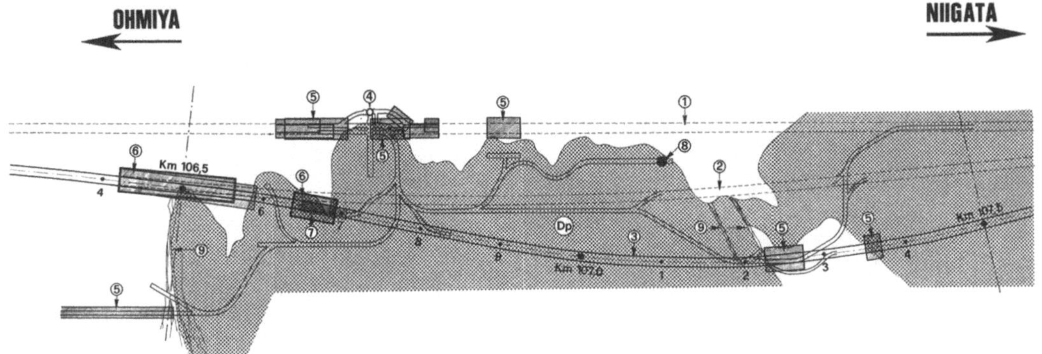

Abb. 7. Lageplan des Loses Shihogi; 1) Ursprüngliche Tunneltrasse; 2) Erste Variante; 3) Ausgeführte Tunneltrasse; 4) Schacht; 5) Injektion vom Stollen aus hergestellt; 6) Injektion von
der Geländeoberfläche aus hergestellt; 7) Rohrschirmdecke; 8) Wassereinbruch; 9) Verwerfungen, Störungen; Dp) Dioritporphyr
Map of Shihogi construction section, 1) Original tunnel axis; 2) First alternative solution;
3) Final tunnel axis; 4) Shaft; 5) Grouting from drift; 6) Grouting from ground surface;
7) Pipe roof; 8) Heavy water inflow; 9) Faults; Dp) Diorite-porphyrite

Im Baulos Shihogi (Abb. 7) war das Problem des Bergwassers noch wesentlich gravierender, da keine natürliche Vorflut vorhanden war und alles anfallende
Wasser durch den Schacht hinausgepumpt werden mußte. Die Bemühungen konzentrierten sich deshalb zunächst auf zwei Ziele: Einerseits so schnell wie möglich einen Verbindungsstollen zum Los Onogami vorzutreiben, andererseits die
lockeren, wasserführenden Schichten systematisch zu verpressen, um den Tunnel
auffahren zu können. Dies geschah sowohl vom Schachtfuß aus, als auch von
einem Hilfsstollen, der im gesunden Dioritporphyr vorgetrieben wurde. Nach verschiedenen kleineren Zwischenfällen stieg im März 1979 nach dem Ausbrechen
einer Verpreßkammer am Rande des Dioritporphyr-Stocks der Wasserzudrang an
der Stollenbrust plötzlich stark an und erreichte innerhalb von zwei Tagen etwa
100 m^3/min. Diese Wassermenge überstieg bei weitem die installierte Förderleistung von 30 m^3/min und flutete das gesamte Stollensystem des Loses Shihogi
einschließlich den Schacht, worin sich der Wasserspiegel nach wenigen Stunden
210 m über den Tunnel einstellte. Glücklicherweise kamen bei diesem Zwischenfall keine Menschen zu Schaden, doch bedeutete er einen bedeutenden Material-
und vor allem Zeitverlust.

Während der Sanierungsarbeiten — von März bis Dezember 1979 — wurde
eine ergänzende Aufschlußkampagne durchgeführt, die eine genauere Kenntnis
des Schichtenverlaufes, insbesondere der Oberfläche des Dioritporphyrs (Punktraster in Abb. 7) vermittelte. Die Bohrungen zeigten die Möglichkeit auf, durch

eine Verlegung der Tunneltrasse nach Osten den quartären Schichten weitgehend auszuweichen. Ein erster Vorschlag wurde revidiert, weil noch Yagisawa-Schichten bei km 107,2 angetroffen wurden, die durch ein geringes Weiterrücken der Trasse vermieden werden konnten (Abb. 8).

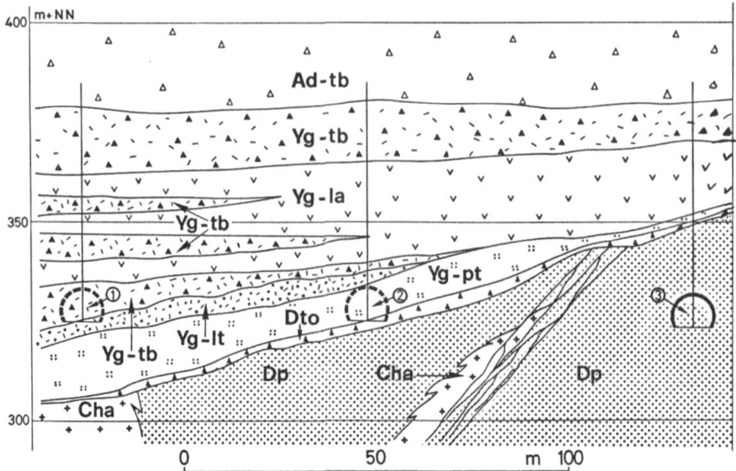

Abb. 8. Geologischer Schnitt bei km 107,2
Geological section at ch. 107,2 km

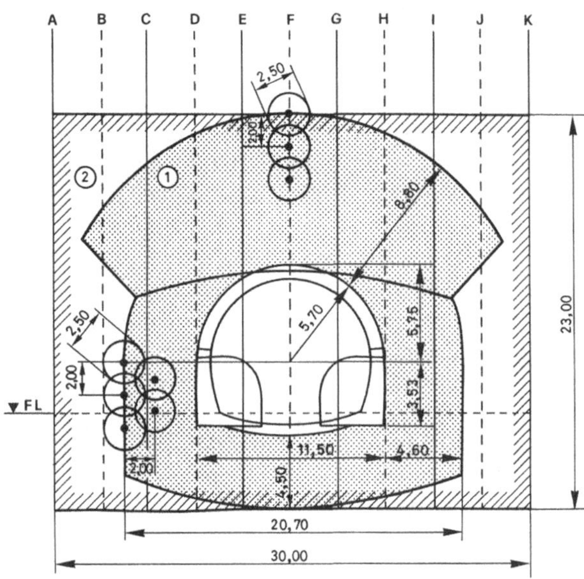

Abb. 9. Querschnitt durch den Verpreßkörper rund um den Tunnel; 1 Vom Stollen aus hergestellt; 2 Von der Geländeoberfläche aus hergestellt
Section through the grouted zone around the tunnel; 1 Grouting from drift; 2 Grouting from ground surface

Die endgültige Trasse läuft nur mehr über eine kurze Strecke am Losbeginn im Quartär, durchörtert ein Stück tertiären Grünen Tuffs (km 107, 230 bis 107,360) und bleibt sonst im Dioritporphyr. Zur Beschleunigung der Bauarbeiten wurde beschlossen, die beiden Quartär-Bereiche von der Geländeoberfläche aus zu verpressen. Bis zu 40 Bohrgeräte standen gleichzeitig im Einsatz, um in einem Raster von 6 m x 3 m die etwa 340 m tiefen Bohrungen zur Herstellung des 30 m breiten und 23 m hohen Verpreßkörpers (Abb. 9) abzuteufen. Injiziert wurde im wesentlichen Silikatgel mit Drücken von 6 bis 8 MN/m^2, um das in Tunnelniveau unter mehr als 2 MN/m^2 Druck stehende Bergwasser mit Sicherheit zu verdrängen; die verpreßten Mengen beliefen sich auf 30 bis 40 % des Verpreßkörpervolumens.

Während dieser Arbeiten erfolgte im März 1980 erneut ein Wassereinbruch, ähnlich wie ein Jahr zuvor, und zwar im Nachbarlos Takayama; über den bereits fertiggestellten Verbindungsstollen zum Los Shihogi flutete er beide Baulose, und wieder stieg das Wasser etwa 200 m hoch in den Schächten.

Nach dem Abdichten wurden die Arbeiten am Verbindungsstollen zum Los Onogami beschleunigt, um endlich einen freien Wasserabfluß zu schaffen. Doch traf der Stollen eine Verwerfung mit starkem Wasserzudrang an, der ein Abdichten mit vorauseilender Verpressung erforderlich machte. Um bereits vor dem Stollendurchschlag eine gewisse Wassermenge gravitativ abführen zu können, wurde außerdem eine Horizontalbohrung mit 300 mm Durchmesser zur Verbindung der Lose Onogami und Shihogi in Angriff genommen.

Die Baustelle geriet infolge der Wassereinbrüche in immer stärkeren Zeitdruck: Ende 1980 war im Los Shihogi noch kein einziger Laufmeter Tunnel auf der endgültigen Trasse aufgefahren und die Verpressungen von der Geländeoberfläche waren noch voll im Laufen; dennoch sollte der Termin der Betriebsaufnahme im Jahr 1982 gehalten werden.

Um den Tunnelausbruch möglichst zu beschleunigen, wurde die Zahl der Angriffspunkte durch mehrere Stichstollen erhöht. Im Quartär am Losbeginn (km 106,500−106,620) wurde die Kernbauweise, sonst die Belgische Bauweise mit Schutterstollen vorgesehen.

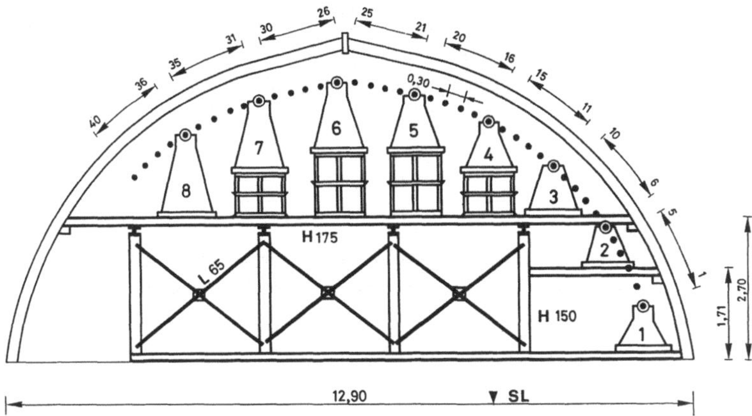

Abb. 10. Anordnung der Bohrgeräte für die Rohrschirmdecke
Layout of the drilling machines for the pipe roof

Die Injektionsarbeiten von der Geländeoberfläche wurden im April 1981 abgeschlossen und, um ganz sicher zu gehen, durch Verpressungen vom Stollen aus ergänzt. Auf 56 m Länge, von km 106,650–106,706 wurde außerdem eine Rohrschirmdecke (Abb. 10) angeordnet, da dort die Oberfläche des Dioritporphyrs den Tunnel schleifend schneidet. Sie besteht aus 40 Rohren ϕ 73/62 mm mit 30 cm Achsabstand; zu ihrer Herstellung arbeiteten 8 Bohrgeräte gleichzeitig.

Der Ausbruch des Sohlstollens ging mit 5 Angriffen rasch und ohne Schwierigkeiten vonstatten, ebenso der Kalotten- und Strossenausbruch im Dioritporphyr. Desgleichen wurde die Rohrschirmstrecke ohne besondere Vorkommnisse aufgefahren.

Zeitraubend gestaltete sich hingegen der Tunnelvortrieb am Losbeginn, wo abschnittsweise vorauseilende Verpressungen mit dem Ausbruch der Ulmenstollen abwechselten; erst zum Schluß wurden Kalotte, Kern und Sohle nachgezogen.

Die Vortriebssicherung erfolgte im zentralen Sohlstollen mit Stahlbögen und Dielenverzug, während für die im Quartär gelegenen Ulmenstollen Spritzbeton, Anker und Bögen verwendet wurden. Entsprechend wurde die Kalotte im Dioritporphyr und grünen Tuff mit Stahlbögen und Dielen, nur streckenweise mit Spritzbeton gesichert, während im Quartär systematisch 25 bis 30 cm Spritzbeton, dazu Bögen in 80 cm Abstand und 11 Stück 3 Meter lange Anker pro Abschlag zur Anwendung kamen.

Im Dezember 1981 wurde die Verbindung zum Los Onogami durchgeschlagen, womit die für das Jahr 1982 geplante Fertigstellung des Nakayama-Tunnels nach zehn Jahren schwierigster Arbeit endlich greifbare Gestalt annimmt.

5.3. Meßergebnisse

Im Baulos Shihogi wurde besonders in den Bereichen der verpreßten quartären Lockersedimente Wert auf eine systematische Kontrolle des Gebirgs- und Tunnelverhaltens gelegt.

Im injizierten Lapilli-Tuff hergestellte Kontrollbohrungen brachten im Mittel 20 l Wasser pro Minute, während in entsprechenden Bohrungen außerhalb des Verpreßkörpers zwischen 100 und 1800 l/min anfielen.

Der gesamte Wasseranfall im Los Shihogi betrug im Juli 1981, da die Oberflächenverpressungen vollständig und jene vom Stollen aus beinahe abgeschlossen waren, etwa 8 m³/min.

Während der Tunnelauffahrung wurden systematisch auf die gesamte Länge des Bauloses Konvergenzmessungen durchgeführt, die Ergebnisse sofort an die EDV-Anlage weitergegeben und ausgeplottet. Während im Dioritporphyr nur wenige Millimeter Konvergenzen beobachtet wurden, betrugen diese beim Übergang zu den quartären Ablagerungen (km 106,587) bereits beim Auffahren der Ulmenstollen bis zu 25 mm (Abb. 11), klangen aber nach zwei bis drei Wochen gut ab. Extensometer- und Meßankerbeobachtungen in demselben Querschnitt wiesen auf eine Dicke der Auflockerungszone um die Ulmenstollen von etwa 3 m hin.

MESSQUERSCHNITT KM 106.587

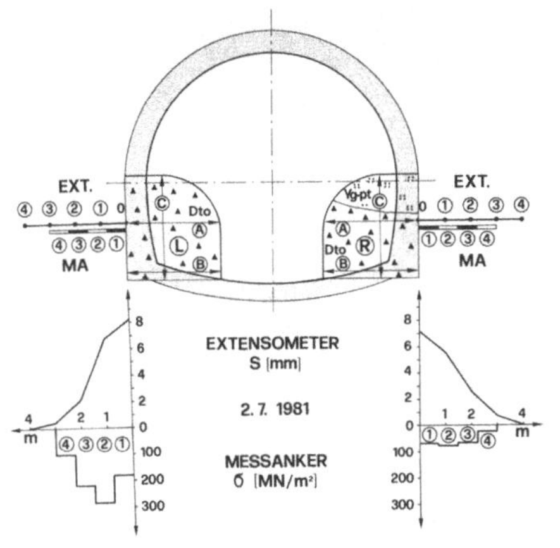

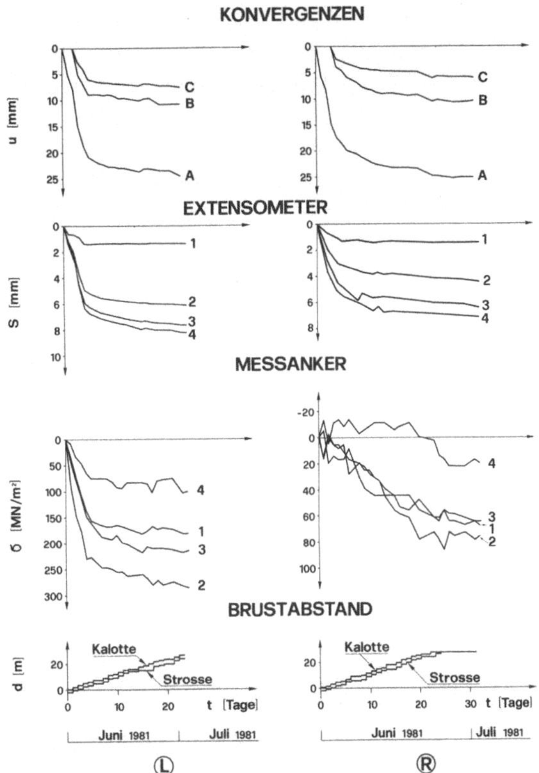

Abb. 11. Meßquerschnitt bei km 106,587
Monitoring section at ch. 106,587 km

Die Kontaktdrücke zwischen Gebirge und Spritzbeton stabilisierten sich im Ulmenstollen bei etwa $0{,}1$ MN/m^2, die Tangentialspannungen im Spritzbeton bei $0{,}8$ MN/m^2.

Erfreulicherweise ließ das Auffahren der Kalotte die Bewegungen nicht wieder aufleben, sodaß der Tunnel ohne besondere Schwierigkeiten fertig ausgebrochen werden konnte.

6. Schlußfolgerungen

Die außergewöhnlichen Schwierigkeiten, mit denen alle am Bau des Nakayama-Tunnels Beteiligten zu kämpfen hatten, und die oft schmerzhaften Bauerfahrungen lassen den Versuch angebracht erscheinen, aus der heutigen Sicht einige Lehren für den Tunnelbauer zu ziehen:

a) Die äußerst unregelmäßige Oberfläche des tertiären Substratums, verschärft durch die Existenz mehrerer Verwerfungen verurteilte die *geologische Vorhersage* für den mittleren Bereich des Tunnels zum Scheitern; in den beiden Eingangsbereichen waren die Verhältnisse klarer, da der Tunnel im Süden ausschließlich quartäre, im Norden tertiäre Ablagerungen vulkanischer Herkunft zu durchörtern hatte.

Das *tunnelbautechnische Gebirgsverhalten* war im mittleren Bereich des Tunnels noch schwerer vorherzusagen, da dort der Bergwasserspiegel etwa 200 m über Tunnelniveau lag und sich zur stratigraphischen Ungewißheit noch jene des Einflusses des Bergwassers gesellte.

b) Wegen der geringen bis fehlenden Verfestigung der meisten quartären Vulkanablagerungen war dort der Kerngewinn in den Aufschlußbohrungen gering; die Bohrungen mußten verrohrt werden, sodaß die *Vorhersage der Wasserdurchlässigkeit* der verschiedenen Horizonte und eine zielführende Ausarbeitung des *Verpreßprogramms* im vorhinein kaum möglich erschien.

c) Dieser Tunnel zeigte deutlich die *Grenzen der Aussagekraft eines Gebirgsaufschlusses allein durch Bohrungen* auf. Rückblickend betrachtet wäre der Vortrieb eines *Erkundungs- und Drainagestollens* durch die lockeren und wasserführenden quartären Ablagerungen und durch den Grenzbereich zum Tertiär nicht nur gerechtfertigt, sondern höchst vorteilhaft gewesen.

d) Wegen der angetroffenen geologischen und hydrogeologischen Verhältnisse waren die Tunnelarbeiten in den mittleren, *nur durch Schächte zugänglichen Baulosen* mit einem stark erhöhten Risiko verbunden. Die beobachteten heftigen Wassereinbrüche sowohl beim Abteufen der Schächte als auch beim Tunnelvortrieb kosteten erfreulicherweise keine Menschenleben, doch viel Zeit und Geld. Das Projekt stand oder fiel mit der Beherrschung des Bergwassers, d.h. bei den gegebenen Verhältnissen mit dem Erfolg der Verpreßarbeiten, die in den lockeren vulkanischen Aschen, Tuffen und Brekzien beträchtliches Lehrgeld kosteten.

e) Wenn sich der Bau des Nakayama-Tunnels trotz aller Schwierigkeiten der Vollendung nähert, so ist das vor allem dem Können der ausführenden Unternehmungen, doch nicht zuletzt der verständnisvollen Zusammenarbeit zwischen Bauherrn und Auftragnehmern zuzuschreiben, sowie der beiderseitigen Bereitschaft, *in jeder Situation eine konstruktive Lösung zu suchen.*

Anhang

Bemessung des Verpreßkörpers auf Strömungsdruck

a) Problemstellung

Gegeben sei ein kreisrunder Tunnel (Radius R_0) in einem homogenen, isotropen, wasserdurchlässigen Gebirge; die effektiven Primärspannungen (p_0) seien isostatisch, der ungestörte Wasserdruck in Tunnelhöhe betrage $p_{0,w}$. Der Tunnel sei von einem kreiszylindrischen Verpreßkörper (Außenradius R_{inj}) geringer Durchlässigkeit umgeben, bei dessen Durchsickerung der gesamte Wasserdruck abgebaut wird. Gesucht ist der Zusammenhang zwischen Dicke und erforderlicher Festigkeit des Verpreßkörpers unter Berücksichtigung des Strömungsdruckes.

b) Sickerströmung

Auf Grund des Darcyschen Gesetzes und der Kontinuitätsbedingung erhält man nach kurzer Rechnung:

$$p_\text{w} = p_\text{o,w} \; \frac{\ell n\, r - \ell n\, R_\text{o}}{\ell n\, R_\text{inj} - \ell n\, R_\text{o}} \qquad (1)$$

$$q = \frac{2\,\pi \cdot k}{\gamma_\text{w}} \; \frac{p_\text{o,w}}{\ell n\, R_\text{inj} - \ell n\, R_\text{o}} \qquad (2)$$

$$\vec{j} = \frac{p_\text{o,w}}{\ell n\, R_\text{inj} - \ell n\, R_\text{o}} \cdot \frac{1}{r} \qquad (3)$$

mit p_w = Wasserdruck im Abstand r vom Tunnelmittelpunkt

$\quad \gamma_\text{w}$ = spezifisches Gewicht des Wassers

$\quad k \quad$ = Durchlässigkeitsbeiwert des Verpreßkörpers

$\quad \vec{j} \quad$ = Strömungsdruck

$\quad q \quad$ = Sickerwassermenge

c) Elastischer Fall

Für den Fall, daß Gebirge und Verpreßkörper elastisch bleiben, lassen sich die Einflüsse des Gebirgs- und des Strömungsdrucks, sowie des Ausbauwiderstands (p_i) linear überlagern. Der Strömungsdruck allein bewirkt im gesamten Gebirge Druckspannungen in tangentialer Richtung (σ_θ), während in radialer Richtung (σ_r) nur ein begrenzter ausbruchsnaher Bereich des Verpreßkörpers auf Druck, der außengelegene Bereich jedoch auf Zug beansprucht wird.

An der Tunnelwand und am Außenrand des Verpreßkörpers nehmen die Hauptspannungen folgende Werte an:

$$r = R_\text{o} \qquad \sigma_\text{r} = p_\text{i} \qquad (4a)$$

$$\sigma_\theta = 2\,p_\text{o} - p_\text{i} + \frac{p_\text{o,w}}{1-\nu} \qquad (4b)$$

$r = R_\text{inj}$

$$\sigma_\text{r} = p_\text{o}\, \frac{R_\text{inj}^2 - R_\text{o}^2}{R_\text{inj}^2} + p_\text{i} \cdot \frac{R_\text{o}^2}{R_\text{inj}^2} - \frac{p_\text{o,w}}{2\,(1-\nu)} \cdot$$
$$\left(\frac{R_\text{o}^2}{R_\text{inj}^2} + \frac{R_\text{inj}^2 - R_\text{o}^2}{R_\text{inj}^2} \cdot \frac{1-2\,\nu}{2\,(\ell n\, R_\text{inj} - \ell n\, R_\text{o})} \right) \qquad (5a)$$

$$\sigma_\theta = p_\text{o}\, \frac{R_\text{inj}^2 + R_\text{o}^2}{R_\text{inj}^2} - p_\text{i} \cdot \frac{R_\text{o}^2}{R_\text{inj}^2} + \frac{p_\text{o,w}}{2\,(1-\nu)} \cdot$$
$$\left(\frac{R_\text{o}^2}{R_\text{inj}^2} + \frac{R_\text{inj}^2 - R_\text{o}^2}{R_\text{inj}^2} \cdot \frac{1-2\,\nu}{2\,(\ell n\, R_\text{inj} - \ell n\, R_\text{o})} \right) \qquad (5b)$$

Die Gültigkeit der getroffenen Annahme des elastischen Verhaltens muß durch Vergleich mit der Bruchbedingung ($\sigma_\theta = \sigma_\text{c} + \lambda_\text{p} \cdot \sigma_\text{r}$ mit σ_c = einachsige

Druckfestigkeit, $\lambda_p = (1 + \sin \phi)/(1 - \sin \phi))$ kontrolliert werden. Desgleichen ist für Verpreßkörper geringer Dicke zu überprüfen, ob an seinem Außenrand Zugspannungen (Gl. 5a, $\sigma_r < 0$) auftreten.

d) Elasto-plastischer Fall

Ist die Bruchbedingung an der Tunnelwand überschritten, wird der Verpreßkörper teilweise ($r \leqslant R'$) plastifiziert. Aus der Gleichgewichtsbedingung unter Berücksichtigung des Strömungsdrucks und der Bruchbedingung ergeben sich die Hauptspannungen im plastifizierten Bereich und dessen Grenze:

$R_o \leqslant r \leqslant R'$:

$$\sigma_r = \left(\frac{r}{R_o} \right)^{\lambda_p - 1} \cdot \left(p_i + \frac{\sigma_c'}{\lambda_p - 1} \right) - \frac{\sigma_c'}{\lambda_p - 1} \tag{6a}$$

$$\sigma_\theta = \lambda_p \cdot \sigma_r + \sigma_c \tag{6b}$$

$$\text{mit} \qquad \sigma_c' = \sigma_c - \frac{p_{o,w}}{\ell n\, R_{inj} - \ell n\, R_o} \tag{7}$$

$$\frac{R'}{R_o} = \left\{ \frac{(2 p_o^* - \sigma_c) \cdot (\lambda_p - 1) + \sigma_c' \cdot (\lambda_p + 1)}{(\lambda_p + 1) \cdot [p_i (\lambda_p - 1) + \sigma_c']} \right\}^{\frac{1}{\lambda_p - 1}} \tag{8}$$

$$\text{mit} \qquad p_o^* = p_o + \frac{p_{o,w}}{2(1 - \nu)} \cdot \frac{\ell n\, R_{inj} - \ell n\, R'}{\ell n\, R_{inj} - \ell n\, R_o} \tag{9}$$

Für den Fall ohne Ausbau ($p_i = 0$) vereinfachen sich die Ausdrücke; insbesondere erhalten wir für die Radialspannungen:

$$\sigma_r = \frac{\sigma_c'}{\lambda_p - 1} \cdot \left[\left(\frac{r}{R_o} \right)^{\lambda_p - 1} - 1 \right] \tag{10}$$

Soll das Auftreten von radialen Zugspannungen im Verpreßkörper ausgeschlossen werden, muß gelten: $\sigma_c' > 0$ oder

$$\sigma_c \geqslant \frac{p_{o,w}}{\ell n\, R_{inj} - \ell n\, R_o} \tag{11}$$

Der Ausdruck Gl. (11) gibt die Mindestdruckfestigkeit des Verpreßkörpers an, damit er ohne Hilfe eines Tunnelausbaus der Wirkung des Strömungsdrucks widerstehen kann. Bei Vorhandensein eines Ausbaus gilt entsprechend:

$$\sigma_c \geqslant \frac{p_{o,w}}{\ell n\, R_{inj} - \ell n\, R_o} - p_i (\lambda_p - 1) \tag{12a}$$

bzw.

$$p_i \geqslant \frac{1}{\lambda_p - 1} \cdot \left[\frac{p_{o,w}}{\ell n\, R_{inj} - \ell n\, R_o} - \sigma_c \right] \tag{12b}$$

e) Verhältnisse an der Tunnelbrust

Werden für den Bereich der Tunnelbrust in erster Annäherung kugelsymmetrische Verhältnisse angenommen, so lautet der Ausdruck für die Radialspannungen im plastifizierten Bereich nahe dem Ausbruchsrand:

$$\sigma_r = \left(\frac{r}{R_o}\right)^{2(\lambda_p-1)} \left(\frac{\sigma_c}{\lambda_p-1} - \frac{p_{o,w}}{2\lambda_p-1}\frac{R_{inj}}{R_{inj}-R_o}\right) -$$

$$- \frac{\sigma_c}{\lambda_p-1} + \frac{p_{o,w}}{2\lambda_p-1}\frac{R_{inj}}{R_{inj}-R_o}\frac{R_o}{r} \tag{13}$$

Soll wiederum das Auftreten von Zugspannungen ausgeschlossen werden, muß gelten:

$$\sigma_c \geqslant p_{o,w} \cdot \frac{1}{2} \cdot \frac{R_{inj}}{R_{inj}-R_o} \tag{14}$$

f) Folgerungen

Bei gegebener Dicke des Verpreßkörpers wird die mindest erforderliche Festigkeit nach Gl. (14) — Standsicherheit der Brust — ermittelt; dabei wird für den Tunnel ein Ausbauwiderstand nach Gl. (12b) benötigt. Wird die Mindestfestigkeit nach Gl. (11) ermittelt, ist — rein statisch betrachtet — die Standsicherheit auch ohne Ausbau gegeben.

Die Verschiebungsfelder für den elastischen und elasto-plastischen Fall lassen sich mittels des Hookeschen Gesetzes bzw. nach dem Gebirgskennlinienverfahren berechnen. Für den praktischen Gebrauch wurden die entsprechenden Algorithmen programmiert.

Anschriften der Verfasser: Priv.-Doz. Dr. *P. Egger*, Laboratorium für Felsmechanik, EPFL, CH-1015 Lausanne, Schweiz; *T. Ohnuki*, Deputy Director Japan Railway Constr. Public Corp., Nakayama-Tunnel Div., Tokyo; *Y. Kanoh*, Deputy Head, Sato Kogyo Co. Ltd., Tokyo, Japan.

Rock Mechanics, Suppl. 12, 295–309 (1982)

Rock Mechanics
Felsmechanik
Mécanique des Roches
© by Springer-Verlag 1982

Das Urfa-Tunnelprojekt

Von

G. Judtmann und R. Pöttler

Mit 14 Abbildungen

Zusammenfassung — Summary

Das Urfa-Tunnelprojekt. Der Urfa-Doppeltunnel mit einer Gesamtlänge von 26,4 km und einem Innendurchmesser jeder Tunnelröhre von 7,5 m ist das Kernstück einer Bewässerungsanlage, mit der das durch den in Planung befindlichen Ata-Türk-Staudamm aufgestaute Eufratwasser in die Ebene Urfa — Harran und Mardin — Ceylanpinar im türkischen Grenzgebiet zu Syrien geleitet werden soll.

Das zu durchörternde Gebirge besteht aus homogenen, horizontal gelagerten Mergelschichten mit einer einachsigen Druckfestigkeit von 5 bis 10 N/mm^2. Es wird der Vortrieb der beiden Tunnel nach der Neuen Österreichischen Tunnelbauweise im Kalotten-Strossen-Vortrieb von den beiden Portalen und von einem 1,5 km langen Zugangsstollen etwa in der Mitte beschrieben.

Zur Bewältigung des Innendruckes (statisch 36 m Wassersäule, dynamisch 50 m Wassersäule) wurde ein Vorschlag über die Vorspannung der Innenauskleidung durch Spaltinjektion nach dem TIWAG-Verfahren ausgearbeitet. Die dafür ausgearbeiteten technischen und wirtschaftlichen Untersuchungen werden erläutert.

The Urfa Tunnel Project (Turkey). Within one of the world's biggest irrigation programs one wants to channel water of the Euphrates, which is to be banked by the planned Atta Turk Dam to a plain situated south of Urfa and Mardin at the Syrian border.

For topographical reasons it is necessary to drive a 26.4 km long tunnel underneath a tableland consisting of two tubes side by side with an inner diameter of 7.62 m.

The planning and call for tenders for this project was initiated by the National Turkish Organisation for Hydroelectric and Irrigation Projects (DSI). In the year 1977 a contract was fixed with the Turkish contractor Dogus for the construction of the tunnel with technical consulting by ILF Consulting Engineers.

The mountains that are to be cut through consist of different marls, their resistance lying at about 10 N/mm^2. In the heading the driving is executed by means of a cutter or by excavation with blasting, in the bench by ripping. As far as safety is concerned one kept to the principles of the New Austrian Tunnelling Method. Until the middle of 1981 about 10 km of the tunnel were driven.

Rock-mechanical calculations were undertaken in order to determine the behaviour of the rock during the different stages of driving. Moreover, one aimed at testing how the rock reacts to the radial pressure applied by the TIWAG prestressing (injection of mortar between the inner and outer lining using a pressure of 2000 kN/m^2).

0080–3375/82/Suppl. 12/0295/$ 03.00

Three different heights of overburden were observed, namely 55 m, 100 m and 330 m. The calculations were executed in a way that the hardening of the shotcrete and also the increasing rock deformations and consequently the increasing strain on the lining could be simulated by increasing the distance from the face.

The main result of the calculations was that the chosen shotcrete thicknesses were sufficient.

The arrangement of anchors turned out to have a favourable effect on the deformation behaviour of the rock mass. Prestressing the inner lining is only purposeful as of an overburden of 100 m or more.

Due to the uniform structure, small amount of jointing and stratification of the marl found at the Urfa Tunnel, the calculations carried out by means of a FEM program were more realistic than is the case with tunnels in very inhomogeneous rock.

1. Einleitung

Mit einem der größten Bewässerungsprojekte der Welt sollen die Ebenen südlich von Urfa und Mardin an der syrischen Grenze im Südosten der Türkei bewässert werden. Dieses Gebiet ist an und für sich sehr fruchtbar, leidet aber, da es in dieser Gegend nur in den Wintermonaten Niederschläge gibt, an akutem Wassermangel.

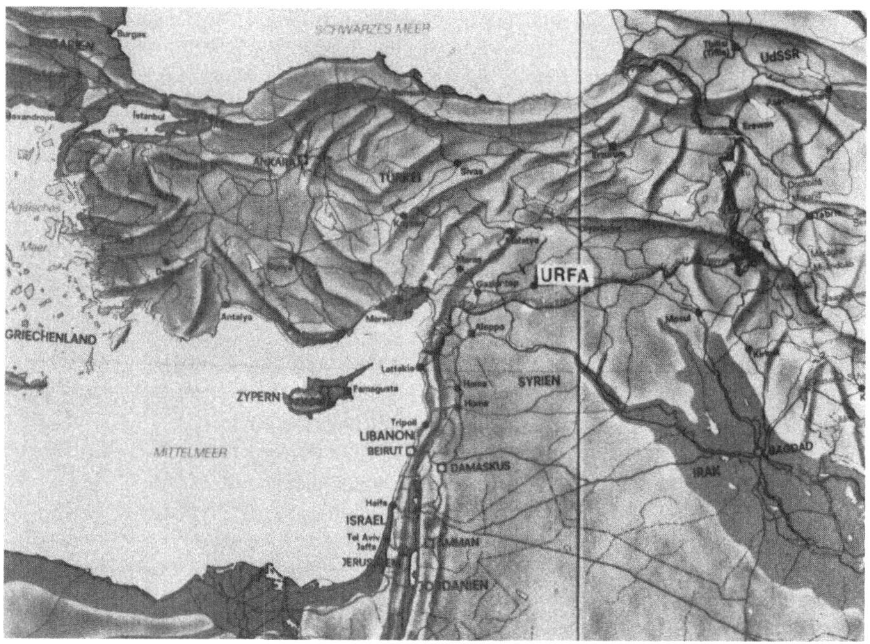

Abb. 1. Karte der Türkei
Map of Turkey

Der Eufrat soll südlich von Adiyaman mit Hilfe des fast 170 m hohen und rd. 60 Mio. m³ Steinschüttung umfassenden Atatürk Staudammes zu einem Stausee von 48,5 Mill. m³ Wasser aufgestaut werden. Aus diesem Stausee wird in der Nähe von Bozowa das für die Bewässerung der genannten Ebenen notwendige

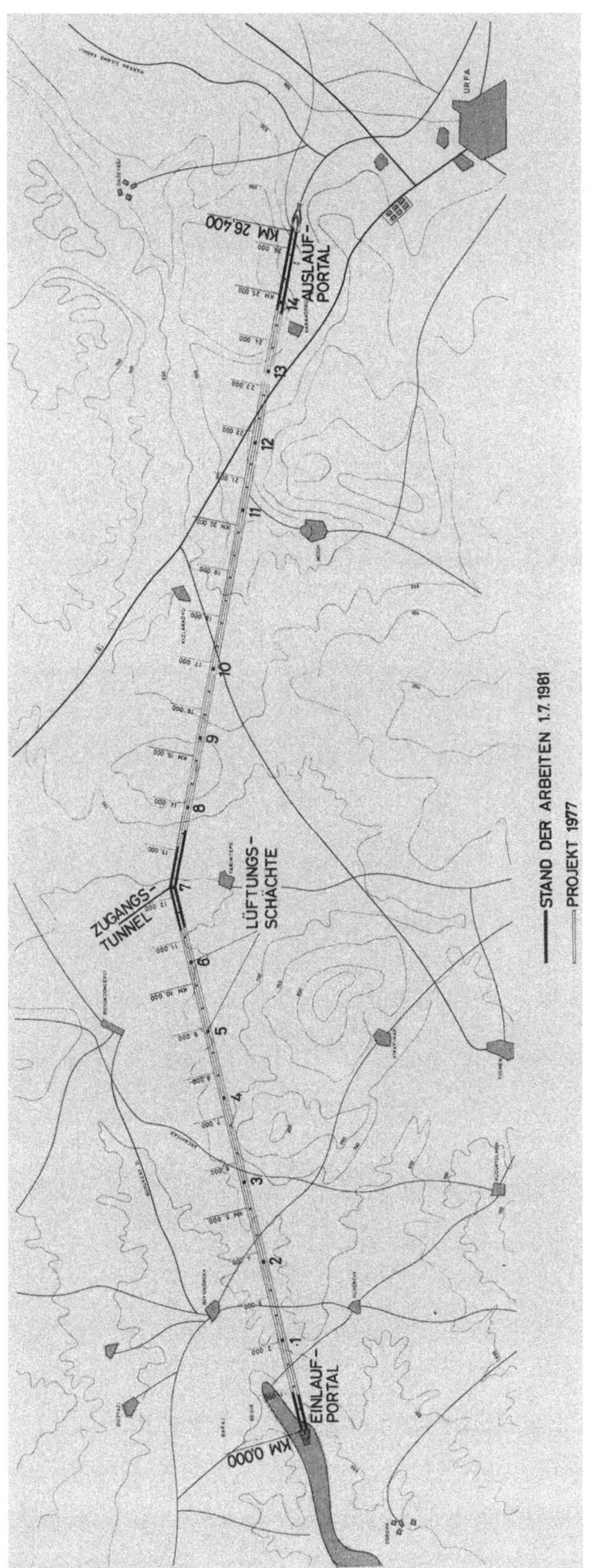

Abb. 2. Lageplan der Urfa-Tunnel Projekte
Site plan for the Urfa-Tunnel projects

G. Judtmann und R. Pöttler:

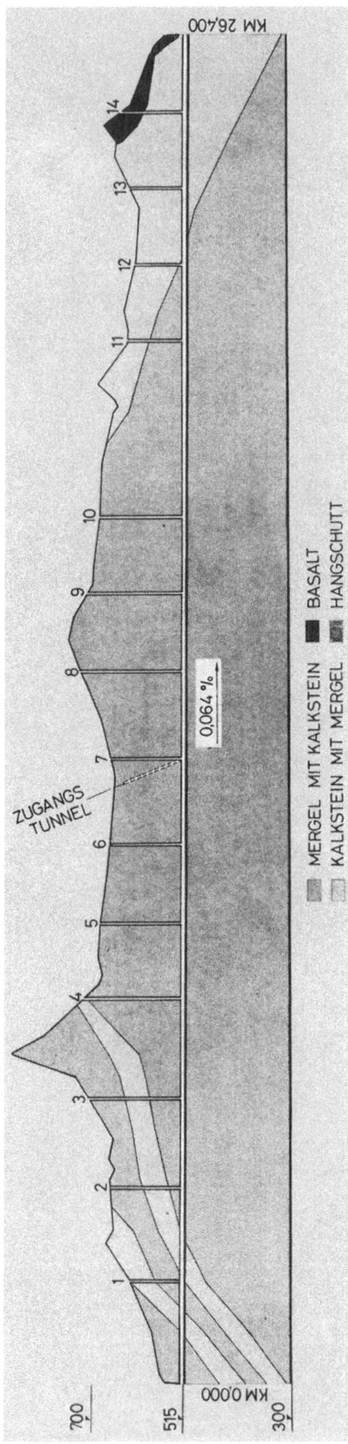

Abb. 3. Längenschnitt mit eingetragener Geologie
Longitudinal section with geology

Wasser entnommen und durch einen Doppelröhrentunnel mit 26,4 km Länge bis nördlich der Stadt Urfa geleitet. Die Anlage des Tunnels ist aus topographischen Gründen notwendig, da zwischen dem eingeschnittenen Eufratbett und den zu bewässernden Ebenen eine Hochfläche liegt. Die weitere Verteilung des Wassers erfolgt über ein ausgedehntes Kanalnetz. Das ganze System ist für eine Wassermenge von 330 m^3 je Sekunde ausgelegt.

2. Geologische Verhältnisse

Das durch den Tunnel zu durchörternde Gebirge besteht aus mächtigen Mergellagen, über die nachstehende Kennwerte angegeben werden.

Kalkgehalt: 40–60 %

Dolomitgehalt: 15–30 %

Quarzgehalt um 4 %

Verschiedene Tonmineralien, wie Illite und Montmorillonite sind ebenfalls eingelagert.

Bis zu 1,3 % sind verschiedene organische Bestandteile enthalten.

Raumgewicht 18,8–21 kN/m^3

einachsige Druckfestigkeit 5–8 N/mm^2

natürlicher Wassergehalt um 20 %

Das Gestein läßt sich außerordentlich leicht bearbeiten und ist dennoch standfest.

Es ist sowohl der Einsatz von mechanischen Vortriebsmitteln als auch der Vortrieb mittels Bohren und Sprengen möglich.

Bedingt durch den hohen natürlichen Wassergehalt wurde ein Quellen des Gebirges nicht beobachtet. Die ungeschützte Felsoberfläche löst sich allerdings durch Austrocknung auf und muß aus diesem Grund sehr rasch nach dem Freilegen geschützt werden.

3. Bauanlage

Die Gesamtlänge des Tunnelsystems beträgt, wie schon erwähnt, 26,4 km. Die Tunnel sind, bis auf eine abgeflachte Sohle, mit 3,8 m Breite, kreisförmig. Der lichte Durchmesser beträgt 7,62 m. Der Ausbruchsdurchmesser rd. 9 m.

Die beiden Tunnel haben einen Achsabstand von 40 m. In Längsabständen von 500 m werden Verbindungstunnel ausgeführt, die sich im Zuge der Vortriebsarbeiten sehr vorteilhaft erweisen. Bis auf einen Knick, etwa in der Mitte, verläuft die Tunnelachse gerade. Das Längsgefälle ist äußerst gering und beträgt 0,065 %.

Der Ausbau ist zweischalig vorgesehen. Eine Außenschale die mit den Mitteln der Neuen Österreichischen Tunnelbauweise hergestellt wird, soll die Gebirgskräfte aufnehmen. Eine Innenschale in Ortbeton gibt dem Tunnel die notwendige glatte Oberfläche.

Vom Ausschreibungsprojekt her war, da die Tunnel durch die Verschlußorgane am unteren Ende unter Druck stehen können (bis 3,5 bar), eine Bewehrung der Innenschale vorgesehen. Diese Bewehrung kann zwar die Ringzugkräfte aufnehmen, Risse im Beton können aber dadurch nicht vermieden werden. Wegen des wasserempfindlichen Gesteins schien daher diese Ausführung bedenklich und

von ILF wurde in Zusammenarbeit mit Herrn Dipl.-Ing. *Bonapace* der TIWAG
ein Vorschlag über eine Injektionsvorspannung des Innenbetons ausgearbeitet.
Auf die dafür notwendigen Berechnungen und Untersuchungen wird später näher
eingegangen.

4. Bauausführung

Nach einer Ausschreibung im Mai des Jahres 1977 wurde der Auftrag für den
Urfa-Tunnel an die Firma Dogus in Istanbul und Ankara vergeben, die das Pro-
jekt mit der technischen Beratung durch die Ingenieurgemeinschaft Lässer-
Feizlmayr angeboten hat.

Das Ausschreibungsprojekt sah vor, daß der Tunnel sowohl von den beiden
Enden, als auch von zwei Schächten aus vorgetrieben wird. Da das Herstellen von
Schächten mit entsprechend großem Durchmesser und auch der Betrieb eines
Vortriebes über einen Schacht selbst sehr schwierig und zeitraubend ist, wurde
von ILF ein Vorschlag ausgearbeitet, statt der beiden Schächte einen Schrägstol-
len mit 1,5 m Länge und 6 % Neigung herzustellen, von dem aus der Tunnel nach
zwei Seiten vorgetrieben werden kann. Es standen für die Vortriebsarbeiten somit insgesamt 8 Angriffspunkte zur Verfügung.

Für die Durchführung des Vortriebes wurden anfänglich Überlegungen angestellt, die Tunnel mit Vollschnittmaschinen aufzufahren. Der Einsatz von Vollschnittmaschinen wäre bei diesem Gestein ohne weiteres möglich gewesen.
Wegen der schwierigen wirtschaftlichen Verhältnisse in der Türkei, die eine derartig hohe Investition nicht ermöglicht hätten, entschloß man sich aber, das Tun-
nelsystem konventionell im Kalotten-Strossenvortrieb vorzutreiben. Zwei bei
der Firma Dogus bereits vorhandene Teilschnittmaschinen Westfalia WAV 170
wurden eingesetzt und zusätzlich 3 Stück elektrohydraulische Bohrwaagen der

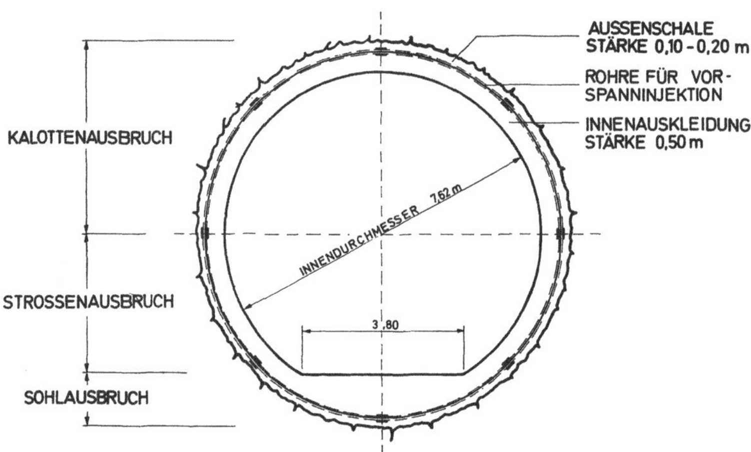

Abb. 4. Regelquerschnitt mit Injektionsdruckvorspannung
Typical cross-section showing prestressing with concrete

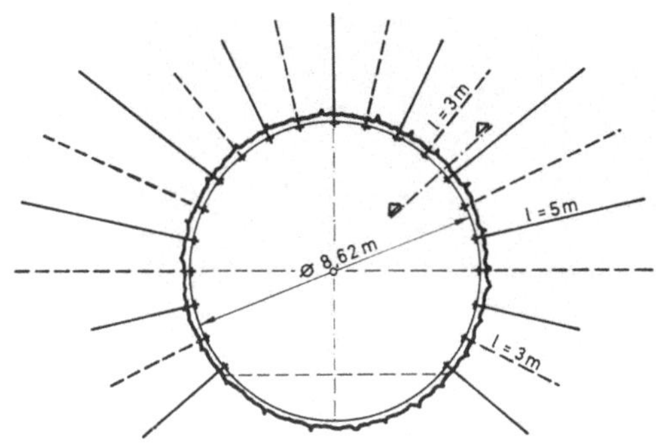

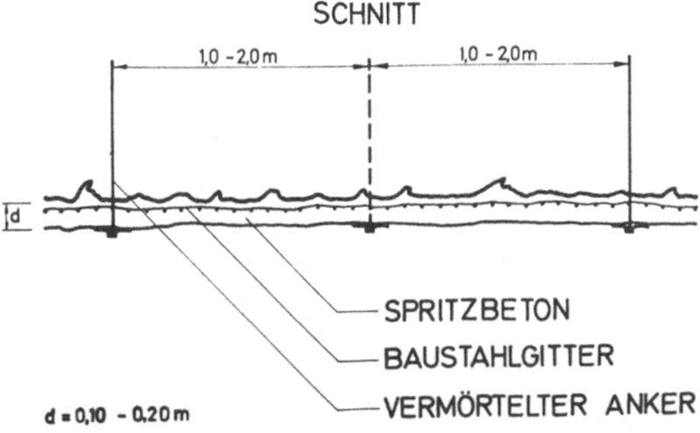

Abb. 5. Sicherungsschema
Support measures

Abb. 6. Einlauf des Urfa-Tunnels
Inlet of the Urfa-Tunnel

                    G. Judtmann und R. Pöttler:

Abb. 7. Einsatz der Teilschnittmaschine
Selective cutting machine in operation

BEWETTERUNG

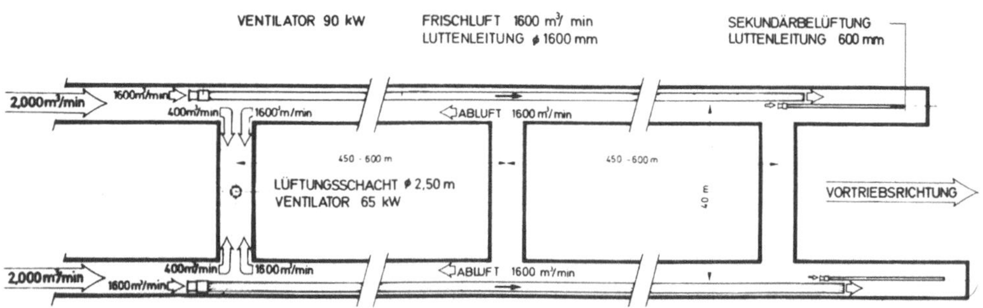

Abb. 8. Schematische Darstellung der Bewetterung für den Bauzustand
Schematic drawing of the ventilation for construction procedures

Firma Tamrock für einen Sprengvortrieb angekauft. Zwei weitere kleinere Teilschnittmaschinen vom Typ Dosko, die bei der Firma ebenfalls vorhanden waren, kamen außerdem zum Einsatz. Der Einsatz der Teilschnittmaschinen, insbesondere der Westfalia-Teilschnittmaschinen, hat sich außerordentlich gut bewährt Das Material wurde über die Förderbänder dieser Maschinen, direkt auf Schwerlastfahrzeuge geladen und so auf Deponien transportiert, die in unmittelbarer Nähe der einzelnen Angriffsstellen lagen.

Der Abbau der Strosse konnte, dank der zwei nebeneinanderliegenden Tunnel, jeweils auf die volle Breite, in einem zwischen zwei Verbindungstunnel liegenden 500 m langen Abschnitt vorgenommen werden. Das Material wurde durch Reißen mit einer schweren Planierraupe gelöst und anschließend mit Radladern auf LKW verladen und abtransportiert.

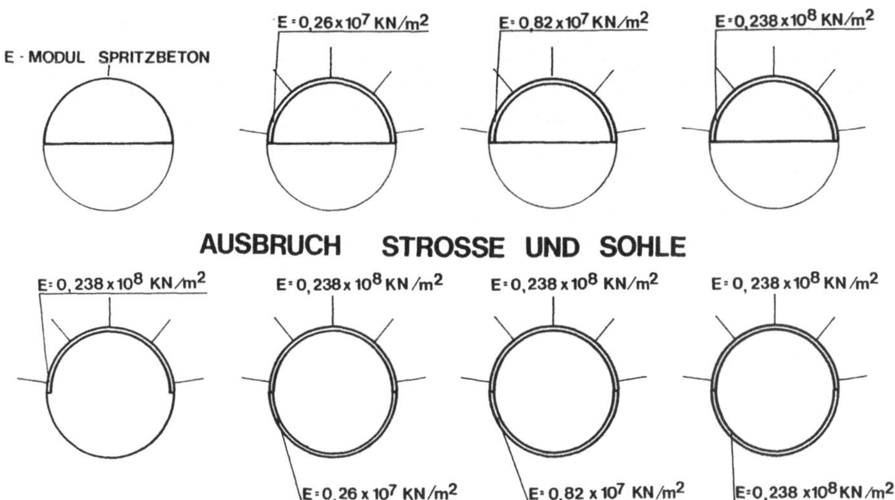

Abb. 9. Elastizitätsmodul der Außenschale für die einzelnen Berechnungsschritte
Modulus of elasticity of the outer lining for the individual calculation stages

Die Sicherung sowohl der Kalotte als auch des Strossenbereiches erfolgt mit den Mitteln der Neuen Österreichischen Tunnelbauweise, mit 10 bis 15 cm Spritzbeton, Baustahlgitter, Felsankern in der Firste mit 3 m Länge und in den Ulmen mit 5 m Länge. Tunnelbögen waren nur in den Eingangsstrecken notwendig. Zur Sicherung der Strosse genügte eine Spritzbetonstärke von 10 cm und Felsanker von 3 m Länge.

Die Vortriebsarbeiten sind im Jahre 1979 relativ gut angelaufen und bis zur Mitte des Jahres 1981 konnten bei den insgesamt acht Vortrieben rund 10 km Tunnel ausgebrochen werden.

Für die Herstellung der Innenauskleidung ist folgende Vorgangsweise vorgesehen: Ausbruch der Sohle, Betonieren der Sohle und anschließend Betonieren des Innenringes mittels Stahlschalung in 12 m langen Abschnitten.

Bei einem derartig langen Tunnel spielt die Lüftung während der Bauausführung eine große Rolle. Es wurden auch hier eingehende Untersuchungen vorgenommen und gemeinsam mit der Firma Korfmann ein einfaches Lüftungssystem entwickelt. Bei jedem dritten Verbindungstunnel wird ein Lüftungsschacht mit einem lichten Durchmesser von 2 m hergestellt, über den mit zwei beim Schachtkopf installierten Ventilatoren die Abluft abgesaugt wird. Das Ansaugen der Frischluft erfolgt über die einzelnen Tunnelröhren. Sie wird durch Luttenleitungen mit 1,6 m Durchmesser so weit vorgedrückt, wie der Tunnel voll ausgebrochen ist, die Bewetterung der Kalotte selbst erfolgt über eine Sekundärbewetterung mit einem Durchmesser von 600 mm.

5. Statische Berechnungen

Die felsmechanischen Berechnungen für das URFA-Tunnelprojekt wurden hauptsächlich aus 2 Gründen durchgeführt:

a) Um das Gebirgstrageverhalten während der verschiedenen Etappen des Ausbruchs zu erhalten (Erkennen von kritischen bzw. hoch beanspruchten Stellen im Gebirge, Zusammenwirken Gebirge und getroffene Ausbaumaßnahmen).

b) Um die Reaktion des Gebirges auf den durch die TIWAG-Vorspannung aufgebrachten radialen Druck zu untersuchen (Zementmilchinjektion zwischen Innen- und Außenschale mit einem Druck von ca. 2 MN/m²). Dieser radiale Druck sollte die Innenschale vorspannen und damit die Wasserdichtigkeit der Innenschale auch bei hohen hydraulischen Drücken gewährleisten.

Die Berechnungen wurden mit Hilfe eines elektronischen Rechenprogrammes (MISES 3, TDV Pircher Graz) durchgeführt. Das Programmsystem MISES dient zur Berechnung von dreidimensionalen Spannungsproblemen. Es verwendet die "Finite-Element"-Methode. Als Elementtypen werden grundsätzlich isoparametrische Elemente verwendet.

Diese Elemente werden durch Stabelemente ergänzt. Dadurch ist es möglich, Anker in die Berechnung einzuführen.

Durch die Gleichförmigkeit sowie die geringe Klüftung und Schichtung des beim URFA-Tunnels angetroffenen Mergels konnte erwartet werden, daß die Berechnung mit Hilfe eines FEM-Programmes wirklichkeitsnäher ist als dies bei Tunneln in sehr inhomogenem Gebirge der Fall ist. Durch die Homogenität des Gebirges war es auch möglich, die Streuung der Eingabewerte gering zu halten. Umfangreiche Parameterstudien, wie dies bei inhomogenen Gebirgen oft notwendig ist, konnten unterbleiben.

5.1. Lastannahmen und Materialkennwerte

Es wurden folgende Gebirgs- bzw. Materialkennwerte der Berechnung zugrundegelegt (auf der Grundlage von Labor-Versuchen).

Fels:

Elastizitätsmodul-Belastung:	$0,95 \cdot 10^4$ MN/m²
Elastizitätsmodul-Entlastung:	$1,15 \cdot 10^4$ MN/m²
Querkontraktion (Be- und Entlastung):	0,24
Innerer Reibungswinkel:	30°
Kohäsion:	3,2 MN/m²
Druckfestigkeit (einachsial):	8 MN/m²
Spezifisches Gewicht:	0,021 MN/m³
Seitendruckbeiwert in beiden Richtungen (quer und längs zur Tunnelachse):	0,32

Als Versagenskriterium beim Fels wurde die Fließbedingung nach Druckev-Prager der Berechnung zugrundegelegt.

Anker:

Ankerlänge:	3,5 m
Anzahl:	8 Stück im Kalottenbereich
Querschnitt:	5,3 cm²
Elastisches Materialverhalten	

Spritzbeton:

Spritzbetonstärke:	0,15 m

Elastizitätsmodul: $2,56 \cdot 10^4$ MN/m^2
Querdehnungszahl: 0,167
Elastisches Materialverhalten

Die Annahme eines elastischen Materialverhaltens des Spritzbetons sowie der Anker erwies sich im nachhinein insofern als richtig, da die auftretenden Spritzbetonspannungen bzw. Stahlspannungen im Anker im Vergleich zur Bruchspannung sehr gering waren.

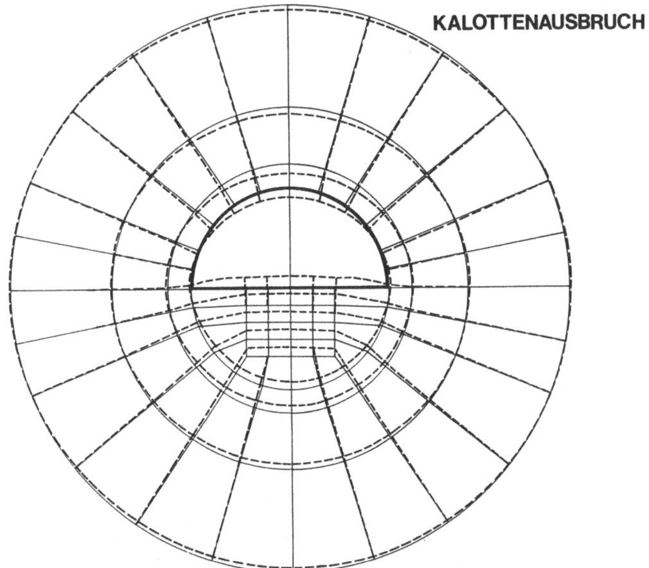

Abb. 10. Überlagerung 330 m: Verformung beim Kalottenausbruch
Overburden 330 m: Deformation during excavation of the heading

5.2. Rechenmodell

Auf Grund einer ersten Durchrechnung konnte festgestellt werden, daß sich die beiden Röhren (Achsabstand 40 m) gegenseitig nur minimal beeinflussen:

Die Änderung der vertikalen Spannungen in der Mitte der beiden Röhren beträgt infolge Ausbruch einer Tunnelröhre 1 %, die der horizontalen Spannungen maximal 5 %. Es erschien daher gerechtfertigt, die Symmetrie der Anordnung der Tunnelröhren und im Ausbruchsquerschnitt für die Berechnung auszunutzen.

Die einzelnen Ausbruchsphasen (Kalotte, Strosse, Sohle, Einbau des Außen- und des Innengewölbes) wurden in der Berechnung durch entsprechende Änderungen des FEM-Netzes berücksichtigt. Es wurde derart vorgegangen, daß sowohl das Erhärten des Spritzbetons, als auch die zunehmende Belastung des Ausbaus durch das Ansteigen der Verformungen bei der Vergrößerung der Entfernung von der Ortsbrust simuliert werden konnte. Ebenso wurde berücksichtigt, daß sich das Gebirge vor der Ortsbrust (in Richtung des Vortriebes) durch das elastische Verhalten in Tunnellängsrichtung teilweise entspannt bzw. verformt hat, ohne die Spritzbetonschale oder die Anker zu beanspruchen.

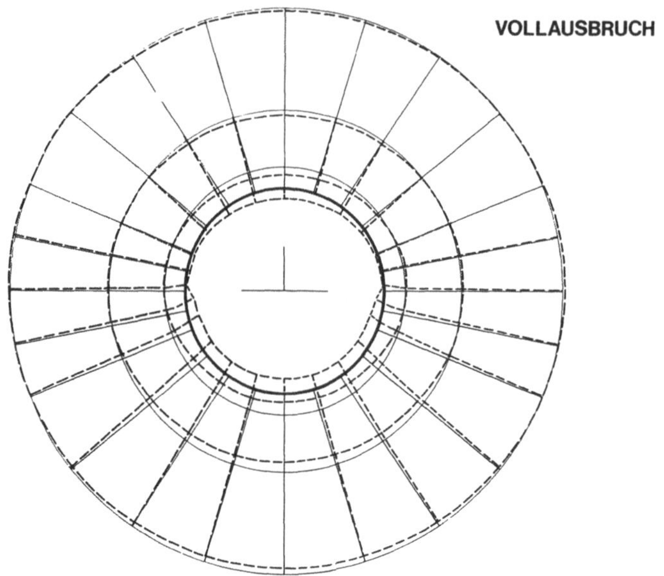

Abb. 11. Überlagerung 330 m: Verformung Endzustand
Overburden 330 m: Final deformation

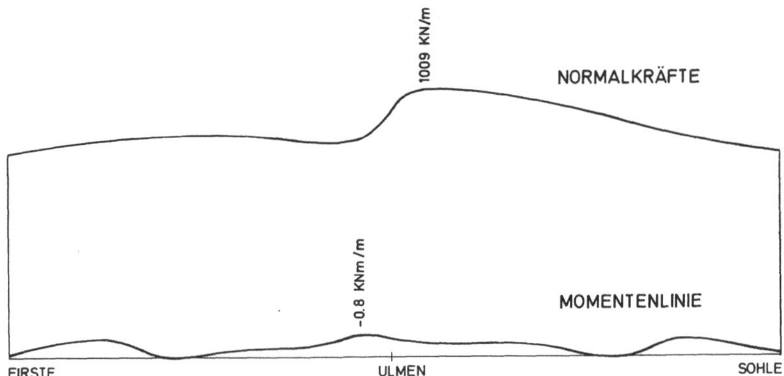

Abb. 12. Überlagerung 50 m: Schnittkräfte in der Spritzbetonschale infolge Ausbruch und Zementmilchinjektion (vor dem Versagen der Außenschale)
Overburden 50 m: Sectional forces in the shotcrete lining resulting from excavation and cement slurry injection (before failure of the outer lining)

Zur durchgeführten viscoplastischen Analyse:

Das plastische Verhalten eines Kontinuums ist charakterisiert durch eine nicht eindeutige Beziehung zwischen Spannung und Dehnung. Es treten bei Erreichen der Bruch- bzw. Fließbedingung plastische Deformationen auf. Die Spannungskombinationen dürfen das gewählte Bruchkriterium im vorliegenden Fall (Drucker-Prager) nicht überschreiten. Ergeben sich bei einer ersten elastischen Berechnung im Gebirge Stellen (z.B. am Ausbruchsrand im Ulmenbereich) an denen ein Überschreiten erfolgt, so werden diese Spannungen schrittweise so

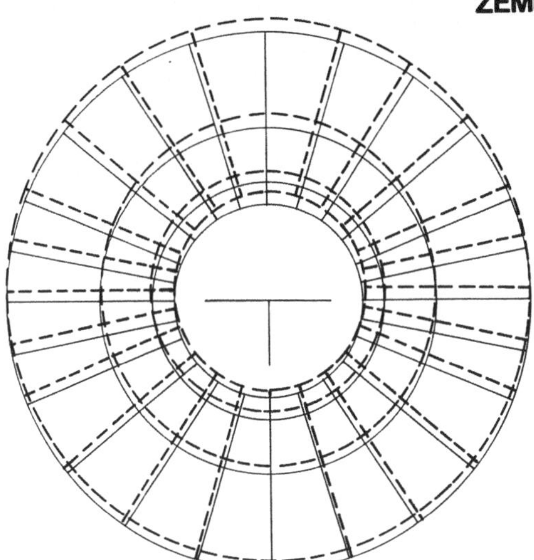

Abb. 13. Überlagerung 50 m: Verformung infolge Ausbruch und Zementmilchinjektion nach dem Versagen der Außenschale
Overburden 50 m: Deformation resulting from excavation and cement slurry injection after failure of the outer lining

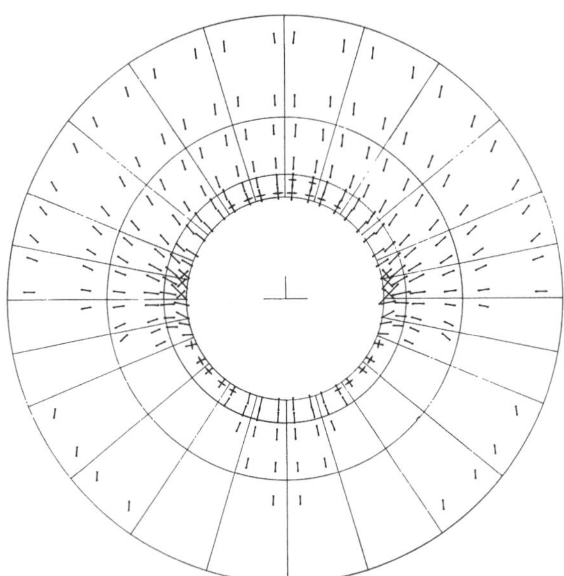

Abb. 14. Überlagerung 50 m: Hauptspannungen infolge Ausbruch und Zementmilchinjektion nach dem Versagen der Außenschale
Overburden 50 m: Principle stresses resulting from excavation and cement slurry injection after failure of the outer lining

lange abgebaut und in das Berginnere umgelagert, bis die o.a. Bedingung an jeder Stelle erfüllt ist. Dieser Vorgang erfolgt iterationsweise. Bei dieser Iteration kommt es zu zunehmenden plastischen Verformungen und damit zu einer ansteigenden Belastung des Ausbaus.

5.3. Ergebnisse

Es wurden insgesamt 3 verschiedene Überlagerungshöhen untersucht: 330 m, 110 m und 50 m.

5.3.1. Überlagerungshöhe 330 m

Diese Überlagerungshöhe stellt den Extremwert der auftretenden dar. Es war zu erwarten, daß für diese Überlagerung das Gebirge am Ausbruchsrand sowie der Ausbau (Spritzbetonschale und Anker) zufolge Gebirgsdruck am meisten beansprucht sein wird. Das Aufbringen der TIWAG-Vorspannung ist bei dieser großen Überlagerung unproblematisch und wurde daher auch nicht untersucht. Eine einfache Berechnung an einer gelochten Scheibe zeigte, daß die durch die TIWAG-Vorspannung am Ausbruchsrand auftretenden Zugspannungen von den Sekundärspannungen im Gebirge überdrückt bzw. unter die Zugfestigkeit des Gebirges abgemindert werden.

Die wesentlichsten Ergebnisse für die Gebirgs- und Spritzbetonbeanspruchung waren:

Gebirge:

max. Druck (Ulmenbereich):	12,0 MN/m²
horizontale Konvergenz:	8 mm im Ulmenbereich
Firstsetzung:	3 mm
Sohlhebungen:	5 mm

Im Ulmenbereich wurde die Gesteinsfestigkeit überschritten, es traten plastische Zonen auf.

Dieser Bereich war allerdings äußerst klein (ca. 1,5 m ins Gebirge).

Dieses Rechenergebnis wurde auch von Beobachtungen bestätigt: Es kam im Ulmenbereich bei großen Überlagerungen zu schalenförmigen Abplatzungen.

Spritzbeton:

max. Druck:	10,5 MN/m²
max. Zug:	0,6 MN/m²

Beide Werte liegen für Spritzbeton unterhalb der aufnehmbaren. Die auftretenden Momente und Querkräfte im Spritzbeton sind von untergeordneter Bedeutung.

5.3.2. Überlagerung 110 m

Die Beanspruchung des Gebirges und des Ausbaues waren bei dieser Überlagerungshöhe von zweitrangiger Bedeutung und sollen hier nicht weiter erwähnt werden (die Gesteinsfestigkeit wurde an keiner Stelle überschritten).

Es interessierte bei dieser Überlagerung vielmehr die Reaktion des Gebirges und der Außenschale auf die Zementmilchinjektion zwischen Innen- und Außenschale. Sowohl Außenschale als auch das Gebirge am Ausbruchsrand werden durch den radialen Injektionsdruck auf Zug beansprucht, die Innenschale auf radialen Druck.

Es wurde festgestellt, daß die Außenschale nicht mehr in der Lage ist, die auftretenden Zugkräfte zu übernehmen. In einem zweiten Iterationsschritt wurde die Außenschale als gerissen in die Berechnung eingeführt und die aus der Zugbelastung der Außenschale resultierende radiale Last zusätzlich auf das Gebirge aufgebracht (bei dieser Lastannahme wirkt der volle Injektionsdruck auf das Gebirge).

Die FEM-Berechnung ergab, daß am Ausbruchsrand im Gebirge noch immer Druckspannungen auftreten, bzw. die Zugspannungen derart klein sind, daß nicht mit einem Zugversagen des Gebirges und damit mit einer Spaltbildung infolge der TIWAG-Vorspannung gerechnet werden mußte.

5.3.3. Überlagerung 55 m

Für diese Überlagerungshöhe wurde im Prinzip gleich vorgegangen, wie dies bei der Überlagerung von 110 m der Fall war.

Die auftretenden Zugspannungen am Ausbruchsrand des Gebirges überschreiten jedoch die Zugfestigkeit des anstehenden Mergels, falls der Injektionsdruck um ca. 40 % erhöht wird. Ein Auftreten von Zugrissen und eine damit verbundene Spaltbildung im Gebirge infolge der Zementmilchinjektionsvorspannung wurde als wahrscheinlich angesehen. Es mußte damit gerechnet werden, daß die erforderliche Vorspannung mit dem TIWAG-Verfahren nicht mehr zustandegebracht werden kann, bzw. daß durch die im Gebirge entstehenden Risse ein hoher Verbrauch an Injektionsgut auftritt.

Eine technische und wirtschaftlich vertretbare Grenze für die TIWAG-Vorspannung war damit also mit einer minimalen Überlagerungshöhe von ca. 100 m gegeben.

5.4. Schlußbemerkung

In diesem speziellen Fall der homogenen Gebirgsverhältnisse war die FEM-Berechnung eine Hilfe für das Abschätzen des Tragverhaltens des Gebirges und des Ausbaus vor allem auch, um den Grenzwert der Überlagerung für die TIWAG-Vorspannung zu ermitteln. Durch die angetroffenen Verhältnisse (Homogenität des Gebirges) konnte erwartet werden, daß die errechneten Werte mit den in der Praxis auftretenden vergleichbar sind.

Anschrift der Verfasser: Dipl.-Ing. *G. Judtmann*, Dipl.-Ing. *R. Pöttler*, Ingenieurgemeinschaft Lässer-Feizlmayr, Framsweg 16, A-6020 Innsbruck, Österreich.